普通高等教育"十一五"国家级规划教材

电动机的单片机控制

（第4版）

王晓明　编著

北京航空航天大学出版社

内 容 简 介

电动机的数字控制是电动机控制的发展趋势，用单片机对电动机进行控制是实现电动机数字控制最常用的手段。本书详尽、系统地介绍了常用的直流电动机、交流电动机、步进电动机、无刷直流电动机、交流永磁同步伺服电动机、开关磁阻电动机的控制原理和采用单片机进行控制的方法，并给出了单片机控制电路和软件；同时，还介绍了用于电动机驱动的常用功率元器件的特性和驱动电路，用于电动机闭环控制的常用传感器的原理以及与单片机的接口电路，用于电动机优化控制的数字 PID 与数字滤波的算法和编程。

本书适合对电动机的单片机控制感兴趣的初学者使用，也可作为高等院校机械电子工程、电气工程及其自动化、工业自动化、电机和电器智能化等专业的教材，还可作为相关专业工程技术人员的自学用书。

图书在版编目(CIP)数据

电动机的单片机控制 / 王晓明编著. -- 4 版. -- 北京 : 北京航空航天大学出版社, 2015.11
ISBN 978-7-5124-1952-0

Ⅰ. ①电… Ⅱ. ①王… Ⅲ. ①电动机—单片微型计算机—计算机控制—高等学校—教材 Ⅳ. ①TM321.2

中国版本图书馆 CIP 数据核字(2015)第 275488 号

电动机的单片机控制(第 4 版)
王晓明 编著
责任编辑 刘晓明
*
北京航空航天大学出版社出版发行
北京市海淀区学院路 37 号(邮编 100191) http://www.buaapress.com.cn
发行部电话:(010)82317024 传真:(010)82328026
读者信箱:emsbook@buaacm.com.cn 邮购电话:(010)82316936
涿州市新华印刷有限公司印装 各地书店经销
*
开本:710×1 000 1/16 印张:20.5 字数:437 千字
2015 年 12 月第 4 版 2015 年 12 月第 1 次印刷 印数:4 000 册
ISBN 978-7-5124-1952-0 定价:45.00 元

第 4 版前言

不管是工业 4.0 的“智能工厂”和“智能生产”，还是中国制造 2025 的“智能制造”，都离不开数字化与自动化。绝大部分可动自动化设备的动作执行体就是电动机。因此在这一工业革命的进程中，电动机的数字控制必将成为重点领域。本书第 4 版正是在这一大背景下孕育而生的。希望本书能为从事电动机数字控制相关专业的工程技术人员水平的提高和高校培养相关专业人才方面做出一点贡献。

本书的修订主要是在第 3 版的基础上增加了“开关磁阻电动机的单片机控制”一章。这样，本书的内容就覆盖了全部应用电动机的种类。

特别感谢北京航空航天大学出版社及相关工作人员与本人长期友好的合作和提供的各项帮助。感谢曾红、潘静、董振宇、王晓磊、赵英、杨红梅、赵忠义、康乐、黄海龙、于涛、庄喜润、杨秀艳、刘瑶 、周青山、李光旭、谭微、倪鹏、董玉林、张桐、冯准、常甲兴、赵波、李玉美等为本书的修订所做的资料收集和整理、电路设计、程序设计与试验、文字校对和图形绘制等工作，以及对我的工作所给予的各种支持和鼓励。

王晓明

2015 年 10 月

前　言

电动机作为最主要的动力源或运动源，在生产和生活中占有重要的地位。随着计算机技术的发展以及新型电力电子功率器件的不断涌现，电动机的控制技术在近些年来也发生了深刻的变化，以单片机和 DSP 为主的全数字控制成为主流。这巨大变化的背景，一方面促使许多工程技术人员进行知识更新，另一方面促使高校尽快培养这方面的人才来满足社会需求。单片机，尤其是 8 位单片机是最便宜的控制器，与 DSP 相比，掌握单片机技术的人较多，因此电动机的单片机控制技术更容易推广。本书正是为此目的创建了一整套电动机的单片机控制知识体系，来满足大专院校培养人才和工程技术人员更新知识的需求。

全书共 10 章：第 1～5 章主要介绍电动机控制所涉及的基本知识和技术，包括用于电动机驱动的电力电子开关器件、用于电动机反馈的检测传感器、用于电动机控制优化的数字 PID 算法和数字滤波算法。第 6～10 章分别介绍了直流电动机、三相交流异步电动机、步进电动机、无刷直流电动机、交流永磁同步伺服电动机这些常用电动机的单片机控制和接口方法。

本书在编写思路上有如下特点：

第一，力求使本书面向初学者，因此十分注意使读者能够掌握电动机的各种控制原理和方法，注意各种概念的介绍，在编写上尽量通俗、具体、详细。

第二，注意实用化。摒弃了用单片机去模拟 PWM 等不实用的控制方法，摒弃了那些用分立元件组成的控制电路，而更多地利用新型单片机的 PWM 口，更多地利用专用集成电路，使只用一片 8 位单片机就能轻松地承担电动机的控制任务。

第三，选择了读者最熟悉的 51 兼容单片机和美国微芯公司的

8位单片机作为举例之用,只要有51单片机基础的读者或PIC单片机基础的读者都能很容易地看懂本书中所给出的例子。

第四,注意给读者介绍最新的技术和最新的知识。

本书第1版自2002年出版后,深受读者的喜爱和好评,除了在中国大陆热销外,也在中国台湾和香港地区以及日本产生了热烈的反响,读者遍及海内外。这些年来,该书多次荣登多家书店畅销书排行榜,2004年获得第六届全国大学出版社优秀畅销书奖,2006年第2版入选普通高等教育"十一五"国家级规划教材,2007年被批准为辽宁省普通高等学校精品教材。目前已有包括北京航空航天大学、北京理工大学、武汉理工大学、哈尔滨工程大学、中国石油大学、华侨大学、南昌大学、杭州师范大学、辽宁工业大学等几十所高校使用本书作为教材或参考书,来培养本科生和研究生;许多企业也把这本书作为培训资料,来培养技术骨干。除了作为教材外,书中的电路和程序也被工程技术人员广泛地应用,来解决实际中遇到的技术问题或者直接形成产品。至今已有数百篇科技论文和一些书籍引用了本书部分内容,从中可以看到我们在推广和普及电动机数字控制技术方面取得的可喜成绩。

本次修订是在第2版的基础上针对读者的反馈意见以及教学中发现的不当之处而进行的全面、系统化的修改。

在这里衷心地感谢北京航空航天大学出版社在处理有关本书被盗版的诉讼过程中所做的不懈努力和坚定态度,也感谢北京航空航天大学出版社长期以来对作者在各方面所给予的大力支持。还要特别感谢佟绍成、李卫民、曾红、张广安、何勍、卫绍元、齐世武、李成英、王宏祥、张德强、张波、董振宇、潘静、杨红梅、赵英、王晓磊、康乐为本书的资料搜集和整理、图形绘制、文稿校对、程序和电路试验所做的工作以及给予我的各种支持和鼓励。

敬请读者继续为本书提供建设性意见。我的电子信箱:motor-nc@126.com.

作　者

2011年2月

目录

绪 论

1. 电动机的控制

在电气时代的今天,电动机一直在现代化的生产和生活中起着十分重要的作用。无论是在工农业生产、交通运输、国防、航空航天、医疗卫生、商务与办公设备中,还是在日常生活所用的家用电器中,都大量地使用着各种各样的电动机。据资料统计,现在有90%以上的动力源来自于电动机,我国生产的电能大约有60%用于电动机。电动机与人们的生活息息相关,密不可分。

我们都知道,动力和运动是可以相互转换的,从这个意义上讲,电动机也是最常用的运动源。对运动控制的最有效方式是对运动源的控制,因此,常常通过对电动机的控制来实现运动控制。实际上国外已将电动机的控制改称为运动控制。

对电动机的控制可分为简单控制和复杂控制两种。简单控制是指对电动机进行启动、制动、正反转控制和顺序控制,这类控制可通过继电器、可编程控制器和开关元件来实现。复杂控制是指对电动机的转速、转角、转矩、电压、电流等物理量进行控制,而且有时往往需要非常精确的控制。以前,对电动机简单控制的应用较多;随着现代化步伐的加快,人们对自动化的需求越来越高,使电动机的复杂控制逐渐成为主流,其应用领域极为广泛。例如:军事和宇航方面的雷达天线、火炮瞄准、惯性导航、卫星姿态、飞船光电池对太阳跟踪的控制等;工业方面的专用加工设备、数控机床、工业机器人、塑料机械、印刷机械、绕线机、纺织机械、新型工业缝纫机、绣花机、泵和压缩机、轧机主传动、轧辊等设备的控制;计算机外围设备和办公设备中磁盘驱动器、光盘驱动器、绘图仪、扫描仪、打印机、传真机、复印机等的控制;音像设备和家用电器中录音机、录像机、数码相机、数码摄像机、VCD和DVD机、洗衣机、冰箱、空调、电扇、电动自行车的控制等。本书主要介绍电动机复杂控制的原理和方法,这些控制统称为电动机的控制。

电动机控制技术的发展得益于微电子、电力电子、传感器、永磁材料、自动控制、微机应用等技术的最新发展成就。正是这些技术的进步使电动机控制技术在最近20多年发生了翻天覆地的变化。其中电动机控制部分已由模拟控制逐渐让位于以单片机为主的微处理器控制,形成了数字与模拟的混合控制系统和纯数字控制系统的应用,并正向全数字控制方向快速发展。电动机驱动部分所用的功率器件经历了几次更新换代,目前开关速度更快、控制更容易的全控型功率器件MOSFET和IGBT已成为主流。功率器件控制条件的变化和微电子技术的使用也使新型的电动机控制方法能够得到实现,脉宽调制控制方法(PWM、SPWM和SVPWM)、变频技术在交流调速中得到广泛应用。永磁材料技术的突破与微电子技术的结合又产生了一批新型电动机,如永磁直流电动机、交流伺服电动机、开关磁阻电动机、无刷直流电动机、专为变频调速设计的交流电动机等。这一切变化似乎都是在瞬间完成的,让人感觉到技术进步的魅力。

2. 单片机对电动机控制所起的作用

微处理器取代模拟电路作为电动机的控制器有如下特点:

- 电路更简单。模拟电路为了实现控制逻辑,需要许多电子元件,使得电路复杂化。采用微处理器后,绝大多数控制逻辑均可通过软件实现。
- 可以实现较复杂的控制。微处理器有更强的逻辑功能,运算速度快,精度高,有大容量的存储单元,因此有能力实现复杂的控制,如优化控制等。
- 具有较大的灵活性和适应性。微处理器的控制方式是由软件完成的。如果需要修改控制规律,一般不必改变系统的硬件电路,只需修改程序即可。在系统调试和升级时,可以不断尝试选择最优参数,非常方便。
- 无零点漂移,控制精度高。数字控制不会出现模拟电路中经常遇到的零点漂移问题。无论被控量是大还是小,都可以保证足够的控制精度。
- 可提供人机界面,多机联网工作。现在普遍采用单片机作为电动机的控制器。实际上,可作为电动机控制器的单元还有多种,例如工业控制计算机、可编程控制器(PLC)、数字信号处理器(DSP)等。

工业控制计算机可谓功能最强大,它有极高的速度、强大的运算能力和接口功能、方便的软件环境,但由于成本高、体积大,所以只用于大型控制系统。

可编程控制器易学易用,有良好的可靠性和抗干扰能力,有专用的运动控制模块和标准接口,可实现步进电动机和伺服电动机的运动控制。

专用于工业控制的DSP拥有快速的计算能力和强大的控制能力,集成了众多外设,可以满足所有电动机的控制应用。

单片机有较强的控制功能和低廉的价格。人们在选择电动机的控制器时,常常是在满足功能需要的同时,优先选择价格低的控制器。因此,单片机往往成为优先选择的目标,单片机是目前世界上使用量最大的微处理器。

单片机产生于20世纪70年代,在我国经历了Z80单板机时代和MCS-51单片机时代。现在老的MCS-51单片机时代已渐渐过去,新一代各种各样的单片机不断出现,以至于无法给出哪一种单片机最好的结论。新型单片机具有如下特点。

(1) 功能大大增强

许多单片机公司将16位单片机的性能下移到8位单片机,在单片机内部增加了如PWM口、比较和捕捉、A/D转换等功能,并增加了看门狗、各种串行总线接口等,使新一代单片机的功能更强大。

PWM口广泛地应用在直流电动机控制中,它经初始化设定后会自动地发出PWM控制信号,CPU只在需要调整参数时才介入。

捕捉功能在电动机控制中可用于测频，它相当于在老式单片机中用计数器与外中断联合实现测频功能。

在有模拟信号存在的情况下(例如用直流测速发电机测速，或者测量电动机绕组的输出电压或电流)，如果要将模拟信号输入单片机，则 A/D 转换器是必不可少的，将 A/D 转换器集成在单片机内会带来极大的方便。

电动机是一个电磁干扰源。电动机的启停还会影响电网电压的波动，它周围的电器开关也会引发火花干扰。因此，除了采用必要的隔离、屏蔽和电路板合理布线等措施外，看门狗的功能就显得格外重要。看门狗在工作时不断地监视程序运行的情况，一旦程序“跑飞”，会立刻使单片机复位。

单片机的另一个重大变化是出现了各种同步串行总线，如 SPI 总线、I^2C 总线。同步串行总线由于使用的信号线少(例如 SPI 使用 3 条信号线，I^2C 只使用 2 条信号线)，所以占用电路板的面积大大减小。与并行总线相比，其信号受干扰的可能性也小。单片机还有一个最突出的优点是可利用的引脚相对增多。这就是同步串行总线风靡起来的原因，它大有取代并行总线之势。在电动机的控制中，要用到键盘和显示器作为人机界面，有时还要用到外接存储器，这时使用有同步串行总线接口的芯片，将会大大减小电路的尺寸，降低成本。

此外，近年来某些单片机还集成了 LCD 驱动器、彩色 LCD 控制器、D/A 转换器、模拟比较器、放大器、滤波器以及 USB 接口等。尽管提高集成度会使单片机本身价格上升，但这会有助于加快系统设计，从而降低整体设计成本。

(2) 速度更快

速度更快是新一代单片机的又一个最大特点。用单片机对电动机进行实时控制，经常采用一些优化算法，如数字 PID 控制、数字滤波等。对于实时性很强的控制，速度低的单片机往往不能胜任。新一代单片机的速度比老式单片机的速度提高了 1 倍多，例如，Philips 公司 89CXX 系列 8 位单片机的工作频率达 33 MHz，Winbond 公司 W78 系列 8 位单片机的工作频率达到 41 MHz，Siemens 公司 SAB-C5 系列 8 位单片机的工作频率高达 48 MHz。

单片机速度的提高是因为采用了流水线技术，执行指令与提取指令可同时完成。另外，有些单片机采用了 RISC(Reduced Instruction Set Computer)结构技术，使指令执行的速度得到提高，如美国国家半导体公司的 COP8SK 系列 8 位单片机、美国 Microchip 公司的 PIC 系列8 位单片机。

(3) 小型化和低功耗

采用同步串行总线可以减少无用的引脚，另外，由于采用了内部 FLASH 存储器，没有必要保留外接并行存储器的引脚，这些都使得单片机引脚的数目大大减少。这样一来，一方面提供了更多的引脚作为 I/O 口使用，另一方面也可以去掉众多引脚而使芯片小型化。例如，美国 Microchip 公司推出的 8 引脚和 18 引脚 8 位 PIC 系列单片机，中国台湾义隆公司推出的18 引脚 8 位 EM78 系列单片机，中国武汉力源公司和韩国 LG 半导体公司合作生产的 20 引脚 8 位 GMS97C1051/2051 单片机,美国 Atmel 公司生产的 20 引脚 8 位 AT89C2051 单片机。小型化的单片机成本低,电路尺寸小。

低电压和低功耗也是新一代单片机的特色。大多数单片机都有休眠省电工作方式,低电压供电的单片机电源下限已由 2.7 V 降至 2.2 V、1.8 V,甚至 0.9 V 供电的单片机也已经问世,这些措施都可以降低单片机的功耗。这为移动设备,例如数码摄像机、便携式仪器、便携式视听设备、便携式计算机中的光盘驱动器和磁盘驱动器等的电动机控制提供了帮助。

过去多数人认为 8 位单片机不适合作为电动机的控制器,而转向使用 16 位单片机,但是现在应当对 8 位单片机刮目相看了。8 位单片机的功能和速度都与 16 位单片机不相上下,而且价格低,易于与占多数的 8 位芯片接口;同时越来越多的电动机专用集成电路的使用使单片机减轻了许多沉重的负担,因此 8 位单片机会成为普通电动机控制的主流处理器。

数字信号处理器 DSP 是近年来的后起之秀,它也属于微处理器的一种。DSP 出现在20 世纪 80 年代,随着销售价格的下降,开始逐渐进入电动机的控制领域。许多公司都研制出以 DSP 为内核的集成电动机控制芯片,例如,美国 TI 公司的 TMS2000 系列,美国 AD 公司的 ADSP - BF51xBlackfin 系列,美国微芯公司 dsPIC 系列等。这些芯片不但具有高速信号处理和数字控制功能,而且还有为电动机控制应用所必需的外围功能。例如,TMS320F240 DSP 有 32 位累加器、8 KB FLASH ROM、512 字节的 RAM、3 个定时器、16 位外部数据总线等强大的数字处理资源;此外,还有 12 路 PWM 输出、2 个 10 位 A/D 转换、可编程死区控制、可编程空间 PWM 控制等电动机控制所特有的功能。

在电动机控制系统中采用专用于工业控制的 DSP,增强了实时控制能力,不但可以实现如矢量控制、直接转矩控制等控制算法,而且也有条件完成现代控制理论或智能控制理论的一些复杂算法,如自适应控制、神经网络等。这是单片机所不及的。

3. 电力电子功率器件对电动机控制所起的作用

电力电子技术和功率半导体器件的发展对电动机控制技术的发展影响极大,它关系到电动机的功率驱动。电力电子功率器件经历了从半控(只能控制“开”不能控制“关”)到全控,从电流控制到电压控制(场控),从几 kHz 到 500 kHz 以上开关频率的变化;而电动机的控制也相应地从相控变流转变到脉宽调制和变频技术。

从 20 世纪 70 年代开始,先后出现了几种有自关断能力的全控型功率器件,如可关断晶闸管(GTO)、功率晶体管(GTR)。这些全控型功率器件取代了普通晶闸管系统,提高了工作频率,简化了电路结构,提高了效率和可靠性。原来谐波成分大、功率因数差的相控变流器,已逐步被斩波器或 PWM 变流器所取代,使电动机的调速范围明显增大。例如,利用 GTR 的直流电动机 PWM 调速系统的最大调速比可达 1∶10 000,而用普通晶闸管系统的最大调速比约为1∶100。

其后又出现了功率场效应管(MOSFET)、绝缘栅双极晶体管(IGBT)、MOS控制晶闸管(IGCT)等,形成了第三代功率器件。这些新型功率器件采用场控,工作频率可以更高,驱动电路更简单。它们正逐步取代GTO和GTR。

然而发展并没有就此停止,号称第四代的功率集成电路已崭露头角。功率集成电路是电力电子技术与微电子技术相结合的产物,它将半导体功率器件与驱动电路、逻辑控制电路、检测和诊断电路、保护电路集成在一块芯片上,使功率器件含有某种智能功能,因此又称为智能功率集成电路。

与分立功率器件组成的电动机驱动电路相比,智能功率集成电路有如下优点:

- 体积小,质量轻,但功能强大,很有可能将驱动器安装在电动机内部,形成一种"电子电动机"。
- 减少了电器元件数量,可提高系统的可靠性。内部集成的检测电路、诊断电路和保护电路提高了系统的可靠性。
- 控制电路与功率电路集成在一起,使监控更易实现。
- 集成化使电路的连线减少。减少了分布电容和分布电感及信号传输的延时,从而增强了系统的抗干扰能力。
- 集成化可以使电路参数优化,避免在使用分立元件时,不同厂商的产品所带来的兼容性问题。
- 使用集成化器件取代分立元件来实现这些功能,将大大降低系统成本。

半导体功率器件发展的另一个方向是智能功率模块IPM(Intelligent Power Module)。它是将多个(或单个)功率器件组成半桥或全桥,并集成了快速恢复二极管、栅极(或基极)驱动电路、保护电路而形成的一个混合模块。

所有这些都使电动机的驱动走向了集成化。

电动机的控制技术与微电子技术、电力电子技术的结合使其发展成为一门新的技术——运动控制;由于有微处理器和传感器作为系统的组成部分,赋予了系统智能,所以又称为智能运动控制。它作为一门多学科交叉技术而存在,当每种技术出现了新的进展时,都将使它向前迈进一步,因此电动机控制技术的进步是日新月异的。

第1章

机电传动系统的动力学基础

以电动机为动力源和运动源来驱动工作机械的系统称为机电传动系统。它将电能转变为机械能，实现工作机械的启动、停止和速度调节。

为了设计电动机的调速系统，首先必须要知道负载的大小以及负载的性质，以此作为选择电动机和确定调速系统方案的依据。本章将介绍电动机与工作机械之间的转矩和速度的关系、工作机械的负载特性，以及机电传动系统稳定运行的条件。

1.1 机电传动系统的运动方程

电动机带动工作机械的机电传动系统如图1-1所示。电动机提供电磁转矩 T，带动负载运动，负载反抗运动力。负载对运动力的反抗作用表现为负载转矩 T_Z，根据动力学列运动平衡方程式，则有

$$T - T_Z = J\frac{d\omega}{dt} \tag{1-1}$$

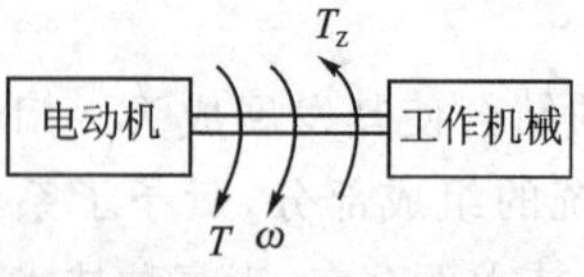

图1-1 单轴机电传动系统

式中 T——电动机的电磁转矩，N·m；

T_Z——负载转矩，N·m；

J——工作机械系统折算到电动机轴上的总转动惯量，kg·m^2；

ω——电动机的角速度，rad/s。

式(1-1)中的 $J\frac{d\omega}{dt}$是惯性力矩。当 $T>T_Z$时，$\frac{d\omega}{dt}>0$，系统加速；当 $T<T_Z$时，$\frac{d\omega}{dt}<0$，系统减速；当 $T=T_Z$时，$\frac{d\omega}{dt}=0$，系统恒速。可见，惯性力矩只在系统加速或减速时存在。

在实际工程计算中，经常用转速 n 代替角速度 ω，$n=60\omega/2\pi$。用一个假想飞轮的惯量(也称飞轮转矩)GD^2代替转动惯量 J。GD^2和 J 的关系为

$$J = \frac{mD^2}{4} = \frac{GD^2}{4g} \tag{1-2}$$

式中 G——假想飞轮的重力，N；

D——假想飞轮的直径，m；

m——假想飞轮的质量，kg；

g——重力加速度，m/s^2。

将这些变换都代入式(1-1)中，可得

$$T - T_Z = \frac{GD^2}{375} \cdot \frac{dn}{dt} \tag{1-3}$$

式中，常数 375 含有 $g=9.8\ m/s^2$ 的量纲。

由于传动系统有各种运动状态，以及工作机械负载性质的不同，电磁转矩 T 和负载转矩 T_Z 不仅大小不同，方向也是变化的。因此，对式(1-3)中的转矩符号给出一种约定，通常以转速 n 的方向作为参考：

➢ 当电磁转矩 T 的方向与转速 n 的方向相同时为正，这时 T 为驱动转矩；

➢ 当电磁转矩 T 的方向与转速 n 的方向相反时为负，这时 T 为制动转矩。

由于负载转矩 T_Z 的方向已事先反映在式(1-1)中，因此 T_Z 的方向约定与 T 相反。当 T_Z 的方向与转速 n 的方向相反时为正，相同时为负，如图 1-2 所示。

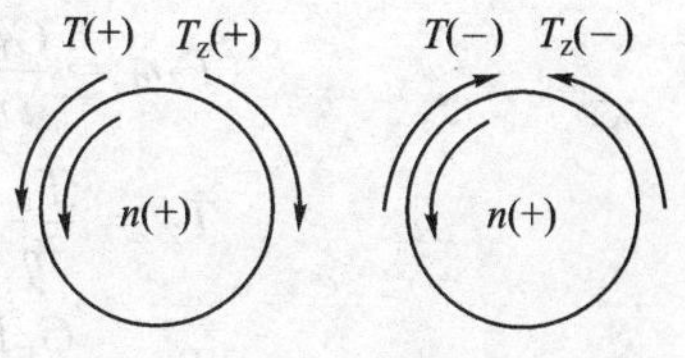

图 1-2 转矩方向符号的约定

1.2 转矩和转动惯量的折算

式(1-3)是图 1-1 所示的单轴传动系统运动方程。但在实际的机电传动系统中，在电动机与工作机械执行机构之间往往要经过齿轮减速箱、皮带传动、链传动等减速装置，这就形成了多轴传动。因此，为了列出这个系统的运动方程，必须先将各转动部分的转矩和转动惯量(或直线运动的质量)都折算到一根轴上，即简化成图 1-1 所示的最简单的单轴系统。

折算的基本原则是：折算前的多轴系统与折算后的单轴系统在能量关系上或功率关系上要保持不变。

下面以图 1-3 所示的双轴传动系统为例，来介绍折算方法。

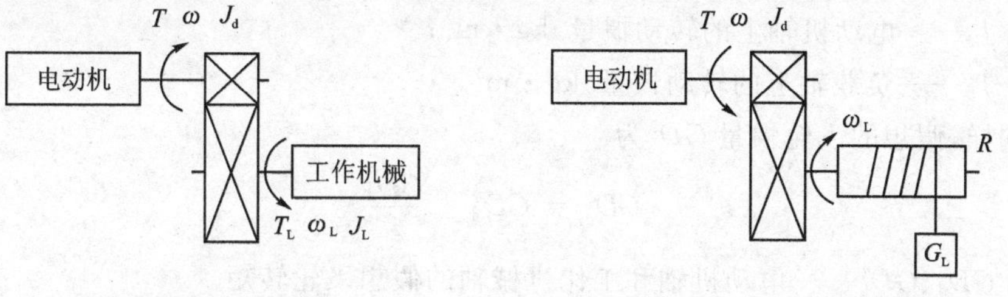

(a) 转动负载的双轴系统　　(b) 直线运动负载的双轴系统

图 1-3 双轴传动系统

1. 负载转矩的折算

在机械传动系统中,多数属于恒功率传动,在传动过程中只存在因摩擦、振动等引起的功率损耗,这些损耗一般用效率表示。总效率 η 等于各传动副效率 η_k 之积,即

$$\eta = \prod_{k=1}^{n} \eta_k \tag{1-4}$$

各传动副效率 η_k 可从机械设计手册中查得。

由图1-3,设 T_Z 表示折算到电动机轴上的负载转矩,根据恒功率机械传动关系,则有

$$\left.\begin{aligned} T_Z\omega &= \frac{T_L\omega_L}{\eta} \quad &\text{(用于转动负载)} \\ T_Z\omega &= \frac{G_L R}{\eta}\omega_L \quad &\text{(用于直线运动负载)} \end{aligned}\right\} \tag{1-5}$$

$$\left.\begin{aligned} T_Z &= \frac{T_L}{i\eta} \quad &\text{(用于转动负载)} \\ T_Z &= \frac{G_L R}{i\eta} \quad &\text{(用于直线运动负载)} \end{aligned}\right\} \tag{1-6}$$

式中 i——传动副的传动比;

T_L——负载转矩,N·m;

ω_L——负载角速度,rad/s;

G_L——重物重力,N;

R——负载圆筒半径,m。

2. 转动惯量的折算

转动惯量的折算要通过动能守恒定律进行。设 J 表示折算到电动机轴上总的转动惯量,对于图1-3(a)所示的转动负载,则有

$$\frac{1}{2}J\omega^2 = \frac{1}{2}J_d\omega^2 + \frac{1}{2}J_L\omega_L^2$$

因此,折算到电动机轴上总的转动惯量 J 为

$$J = J_d + \frac{J_L}{(\omega/\omega_L)^2} = J_d + \frac{J_L}{i^2} \tag{1-7}$$

式中 J_d——电动机轴上的转动惯量,kg·m²;

J_L——负载轴上的转动惯量,kg·m²。

同样,假想的飞轮惯量 GD^2 为

$$GD^2 = GD_d^2 + \frac{GD_L^2}{i^2} \tag{1-8}$$

式中 GD_d^2、GD_L^2——电动机轴和工作机械轴的假想飞轮转矩。

对于图1-3(b)所示的直线运动负载,则有

$$\frac{1}{2}J\omega^2 = \frac{1}{2}J_d\omega^2 + \frac{1}{2}J_L\omega_L^2 + \frac{1}{2}mv^2$$

式中 m——重物的质量，kg；

v——重物的直线速度，m/s。

因此，折算到电动机轴上总的转动惯量 J 为

$$J = J_d + \frac{J_L}{i^2} + m\left(\frac{v}{\omega}\right)^2 \tag{1-9}$$

同样，假想的飞轮惯量 GD^2 为

$$GD^2 = GD_d^2 + \frac{GD_L^2}{i^2} + 375\left(\frac{v}{n}\right)^2 \tag{1-10}$$

式中 n——电动机的转速，r/min。

通常机电传动是减速传动，$i>1$。由式(1-8)和式(1-10)可以看出，当 $i>1$ 时，电动机轴的飞轮惯量在总惯量中占主要成分，其他轴上的飞轮惯量所占成分较小。因此，工程上为了简化计算，可用近似公式进行估算：

$$GD^2 = (1+\delta)GD_d^2 \tag{1-11}$$

一般 δ 取 0.1～0.3。

对于多轴系统，可参照两轴系统的公式进行转矩折算和转动惯量折算。

1.3 负载机械和电动机的机械特性

除了要了解怎样通过负载大小选择电动机的容量外，还要根据负载的机械特性选择电动机的种类。

前面介绍的机电传动系统运动方程中，负载转矩 T_Z 可能是不变的常数，也可能是转速 n 的函数。同一轴上负载转矩和转速之间的函数关系，称为工作机械的机械特性。

不同类型的工作机械，由于自身工作的要求，其机械特性曲线的形状也不同，基本上可以分为以下几种。

1. 恒转矩机械特性

这类特性的负载转矩 T_Z 与转速 n 无关，即不管转速怎样变化，负载转矩均不变。恒转矩负载有反抗型和位能型两种，如图 1-4 所示。

反抗转矩的特点是：转矩的方向总是与转速的方向相反。当运动方向改变时，转矩的方向也改变，它总是阻碍运动进行。因摩擦和非弹性体的压缩、拉伸、扭转等作用所产生的负载转矩，都属于反抗转矩。例如，机床加工过程中所产生的负载转矩就是反抗转矩。

位能转矩则不同，位能转矩的作用方向恒定不变，与运动方向无关。它是由物体的重力和弹性体的压缩、拉伸、扭转等作用所产生的负载转矩。位能转矩在某方向阻

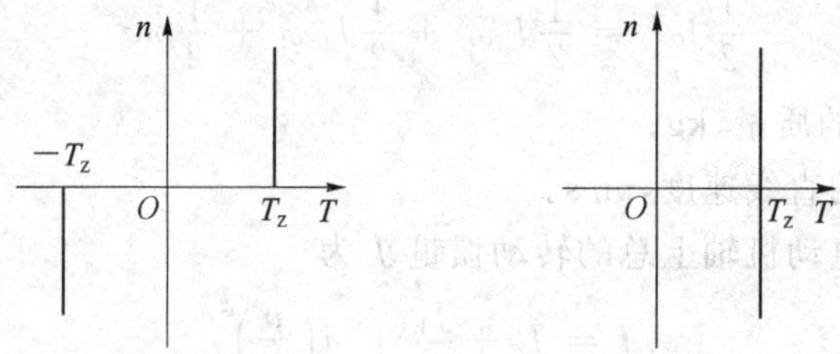

(a) 反抗转矩　　(b) 位能转矩

图 1-4　恒转矩机械特性

碍运动,在相反方向却促进运动。起重机起吊重物时,由于重力的作用方向总是指向地心的,所以它产生的负载转矩永远作用在使重物下降的方向上。

不难理解,在运动过程中,反抗转矩的符号总是正的;位能转矩的符号则有时为正,有时为负。

2. 恒功率机械特性

恒功率机械特性的负载转矩 T_Z 与转速 n 成反比,或者 T_Z 与 n 之积为常数,如图 1-5 所示。例如,一些车床,在粗加工时,切削量大,负载阻力大,必须用低速;在精加工时,切削量小,负载阻力小,为了保证表面光洁度和提高生产率,需要用高速。对不同的加工对象,选择不同的加工速度,来适应不同的转矩要求,但切削功率基本不变。

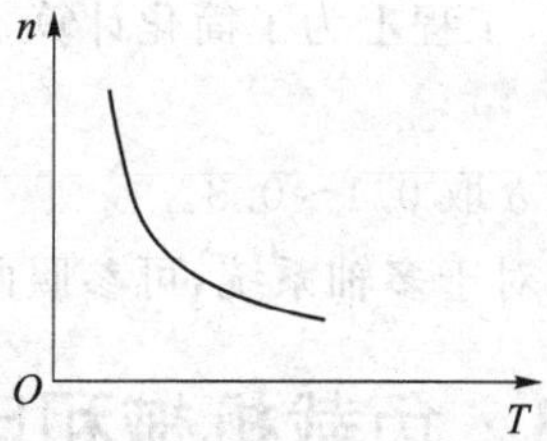

图 1-5　恒功率机械特性

3. 通风机类机械特性

这一类型的机械(如鼓风机、水泵、油泵等)是按离心力原理工作的,其中工作介质如空气、水、油等对这些机械叶片的阻力所引起的转矩基本上与转速的平方成正比,如图 1-6 所示。

虽然将负载机械特性分成以上几种典型类型,但实际负载特性往往是这几种特性的组合,所以对具体问题要具体分析。

4. 电动机的机械特性

电动机的机械特性是指电动机的转速与电磁转矩之间的关系。不同类型的电动机其机械特性也不同。图 1-7 给出了 3 种典型的电动机在不调速时的机械特性。其中特性 1 为直流他励电动机的机械特性,特性 2 为交流异步电动机的机械特性,特性 3 为直流串励电动机的机械特性。前两种的特性较硬,第 3 种的特性较软。对于特性较软的电动机,当负载发生变化时,转速就会发生较大变化,如果要求转速稳定,就必须采用闭环控制。

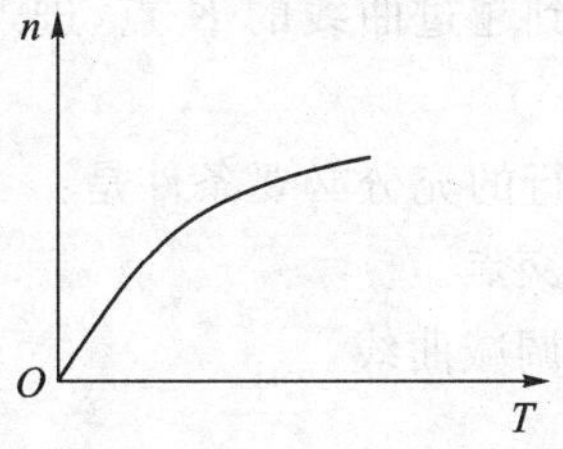

图 1-6　通风机类机械特性

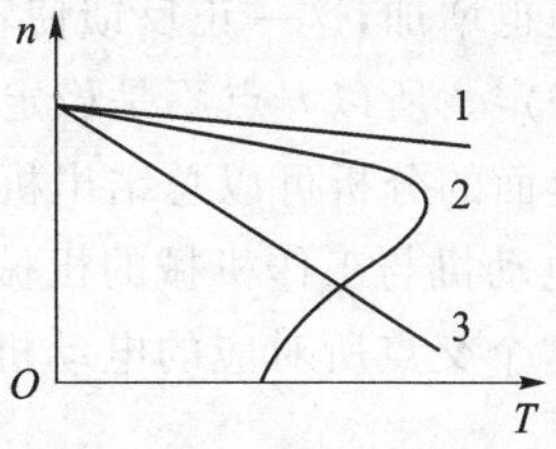

图 1-7　电动机的机械特性

1.4　机电传动系统稳定运行的条件

前面已介绍了负载的机械特性和电动机的机械特性。在机电传动系统中，电动机和工作机械被连接在一起，为了使系统运行可靠，就必须要使电动机的机械特性与工作机械的机械特性相配合，其中最基本的要求是系统要能稳定运行。

机电传动系统的稳定运行有两种含义：第一是应能以一定的速度匀速运转；第二是当系统受到某种外部干扰（如电压波动、负载转矩波动等）使转速稍有变化时，应保证干扰消除后仍能以原来的转速运行。

要做到第一点，就必须使电动机的电磁转矩与负载转矩大小相等，方向相反，相互平衡。这就意味着电动机的机械特性曲线与工作机械的特性曲线有一个交点。

但是，有交点只是保证系统稳定的必要条件，它的充分条件是这个交点必须是稳定的平衡点。

图 1-8 是一个判定交点是否为稳定的平衡点的例子。图中曲线 1 是电动机的机械特性曲线，曲线 2 是工作机械的特性曲线，两者相交于 a、b 两点，现在分析这两点是否为稳定的平衡点。先看 a 点：当系统出现干扰时，例如负载转矩增加 ΔT_Z 时，根据运动方程可知，系统转速要降低 Δn，从电动机机械特性曲线上看，$n'-\Delta n$ 对应的电磁转矩为 $T+\Delta T$，平衡了负载转矩 $T_Z+\Delta T_Z$，因此形成新的平衡点 a'。当干扰消失后，同理，平衡点又恢复到 a 点，所以 a 点是稳定的平衡点。再看 b 点：当负载转矩增加 ΔT_Z 时，系统转速要降低 Δn，但是在 b 点所在的电动机机械特性曲线段上，$n'-\Delta n$ 对应的电磁转矩为 $T-\Delta T$，使电磁转矩减小了，结果使转速进一步降低，直至停止转动；反过来，如果负载转矩减小，根据运动方程，则转速要增加，增加的转速使对应的

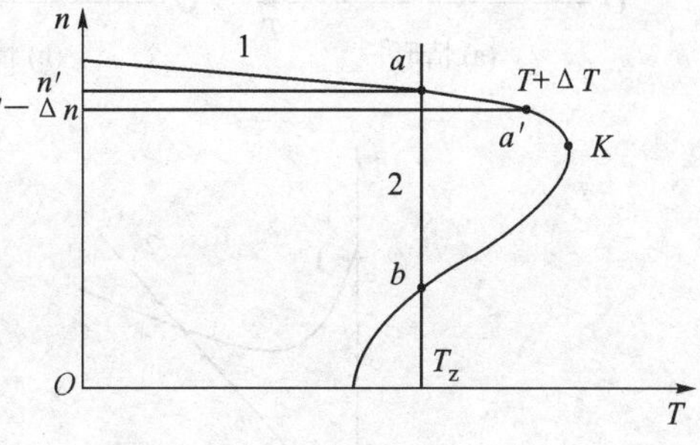

图 1-8　稳定平衡点的判定

电磁转矩也增加,这一正反馈使转速进一步增加,直到越过曲线的 K 点,进入上面曲线段后稳定。所以 b 点不是稳定的平衡点。

从上面的分析可以总结出机电传动系统稳定运行的充分必要条件是:

- 电动机与工作机械的机械特性曲线要有一个交点。
- 这个交点所对应的电动机特性曲线应该是单调减曲线。

习题与思考题

1-1 除了机械负载外,在设计电动机容量时怎样考虑传动副的摩擦和传动件的转动惯量?

1-2 为什么要将多轴传动系统折算成单轴系统?怎样折算?

1-3 如图 1-3 所示,电动机轴上的转动惯量 $J_d=2.5\ \text{kg}\cdot\text{m}^2$,转速 $n=900$ r/min,工作机械的转动惯量 $J_L=16\ \text{kg}\cdot\text{m}^2$,转速 $n_L=60$ r/min,试求折算到电动机轴上的等效转动惯量。

1-4 反抗转矩与位能转矩有何区别?

1-5 图 1-9 中,曲线 1 和 2 分别代表电动机和负载的机械特性,请判别哪些是系统稳定的平衡点?哪些不是?为什么?

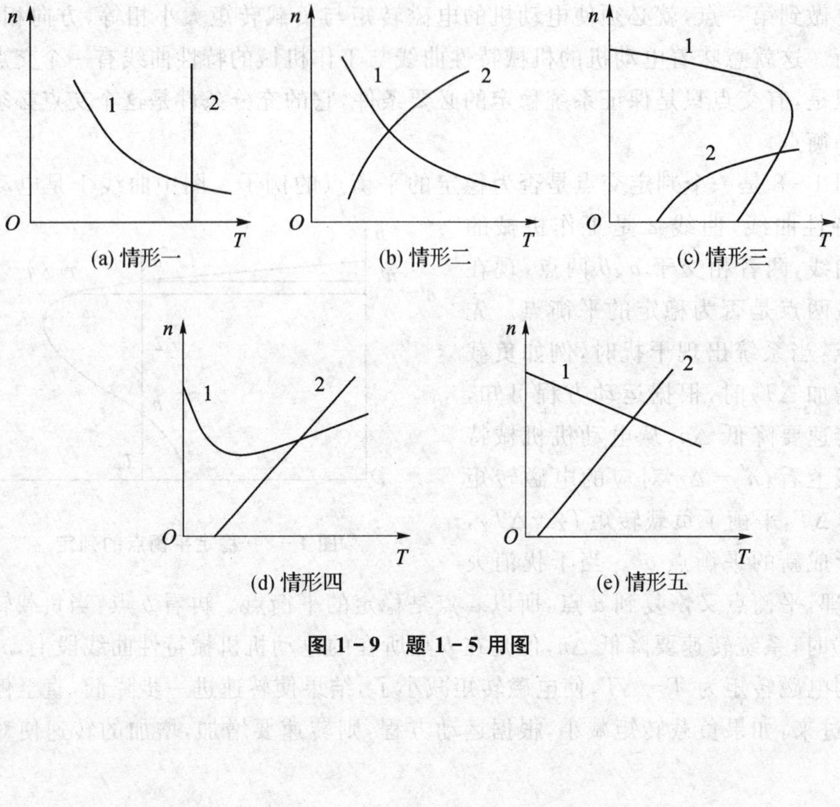

图 1-9 题 1-5 用图

第2章

常用电力电子开关器件

电动机调速系统可分成三大部分，即控制、驱动、反馈。其中，在驱动部分起主要作用的就是电力电子开关器件。电动机调速的发展依赖于电力电子开关器件的发展，例如，功率晶体管(GTR)的出现使交流电动机变频调速进入实用化。近十几年来，电力电子开关器件发展十分迅猛，不断出现的新型开关器件具有更优越的性能。它们有些正在取代老的开关器件，如功率晶体管(GTR)逐渐被绝缘栅双极型晶体管(IGBT)取代；有些由于制造成本的问题，现在还不能普及，但更具有潜力。

目前，常用的电力电子开关器件有：可关断晶闸管(GTO)、功率晶体管(GTR)、功率场效应管(MOSFET)、绝缘栅双极型晶体管(IGBT)。根据它们的特点，这些器件都有各自的应用范围。可关断晶闸管仍然在大功率和超大功率领域占统治地位，功率晶体管和绝缘栅双极型晶体管在大、中功率方面占统治地位，功率场效应管在中、小功率领域具有较强的优势。本章将详细介绍这些开关器件的性能和驱动电路。

2.1 可关断晶闸管的特性和参数

可关断晶闸管 GTO(Gate Turn-Off Thyristor)出现在20世纪60年代。它与普通晶闸管(SCR)相比，具有“自关断”功能。这使得它成为名副其实的开关器件，并在大功率应用中受到广泛欢迎。

2.1.1 可关断晶闸管的原理和性能

1. GTO 的工作原理

可关断晶闸管的结构、等效电路和电气符号如图 2-1 所示。从结构上看，可关断晶闸管可以看成是 PNP 和 NPN 这 2 种晶体管的组合。图中的 A、G、K 分别代表可关断晶闸管的阳极、门极、阴极，I_G、I_A、I_{C1}、I_{C2}分别代表门极电流、阳极电流、PNP 晶体管集电极电流、NPN 晶体管集电极电流。它的开通过程可由图 2-1(b)来说明，过程如下：

$$I_G \uparrow \rightarrow I_{C2} \uparrow \rightarrow I_A \uparrow \rightarrow I_{C1} \uparrow \rightarrow I_{C2} \uparrow \rightarrow \cdots \rightarrow I_{A,max}$$

可以看出，这是一个正反馈过程。门极电流 I_G起触发作用。

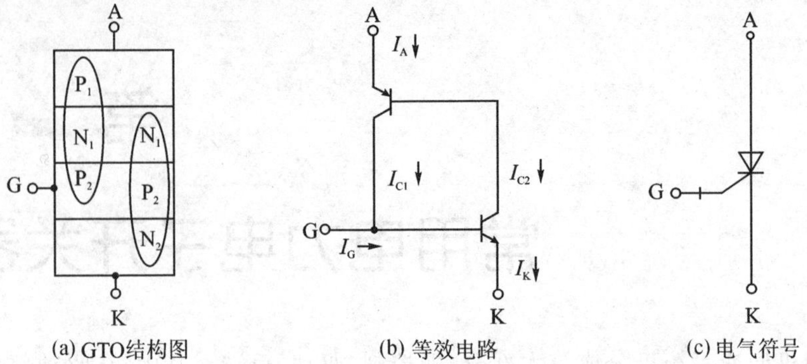

图 2-1　可关断晶闸管的结构、等效电路、电气符号示意图

可关断晶闸管的关断过程是:在门极 G 加负电压,产生足够大的反向电流 I_G,将 I_{C1} 吸走,而使 I_{C2} 减小,从而使 I_{C1} 进一步减小,形成循环,最终使 I_A 消失、GTO 关断。

2. GTO 的特性

(1) 伏安特性

GTO 的门极伏安特性和阳极伏安特性如图 2-2 所示。门极是 PN 结,所以其特性类似二极管的特性。当门极加反向电压超过 V_{GR} 时,会产生击穿现象。

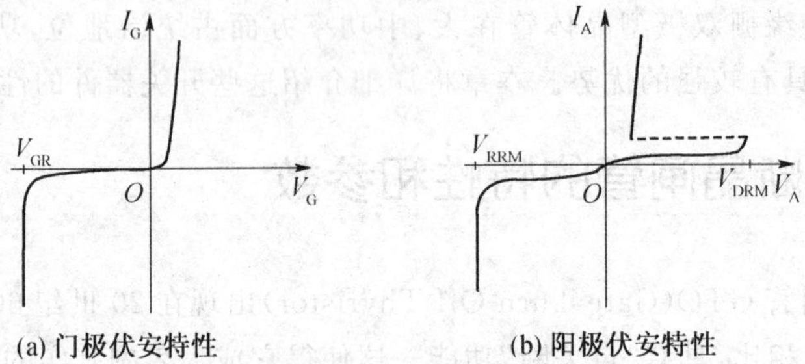

图 2-2　GTO 伏安特性

GTO 的阳极伏安特性与普通晶闸管一样。当正向电压超过 V_{DRM} 时,GTO 会导通。如果反向电压超过 V_{RRM},则 GTO 会击穿。

(2) 开通和关断特性

GTO 的开通和关断特性如图 2-3 所示。当门极加正向电流时,GTO 开通。这时,电流增加,而电压下降。开通所用的时间 t_{on} 与门极电流的大小及上升速率有关,通常称这样的开关器件为电流型开关器件。希望开通的时间越短越好,这样可以减少功率损耗。GTO 开通后,门极电流可以撤除而不影响导通状态。

当门极加反向电压时,GTO 关断。这时,电流减少,而电压上升。在关断的过程中,同样也会有功率损耗。

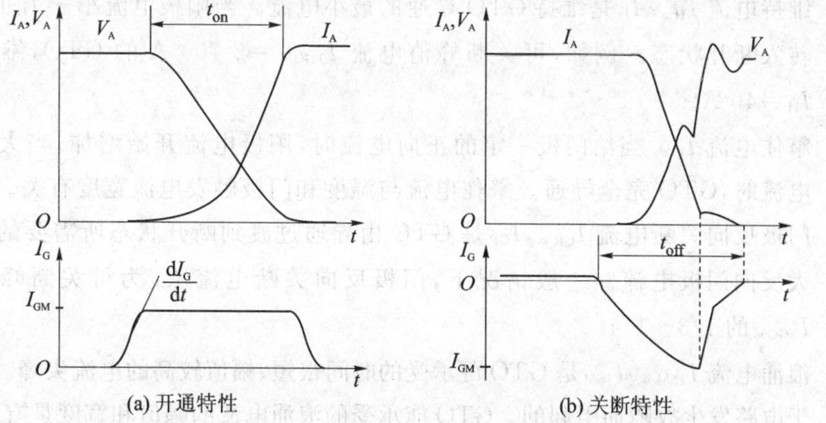

图 2-3　GTO 开通关断特性

在 GTO 开通和关断的过程中，门极的电流、电压和持续时间对 GTO 的特性影响很大。理想的门极电流、电压波形如图 2-4 所示。当 GTO 开通时，要求门极电流波形的前沿陡，后沿缓，幅度高，宽度大。当 GTO 关断时，对电流的要求与开通时相同；对电压的要求是保证足够的宽度，以确保 GTO 的关断可靠。

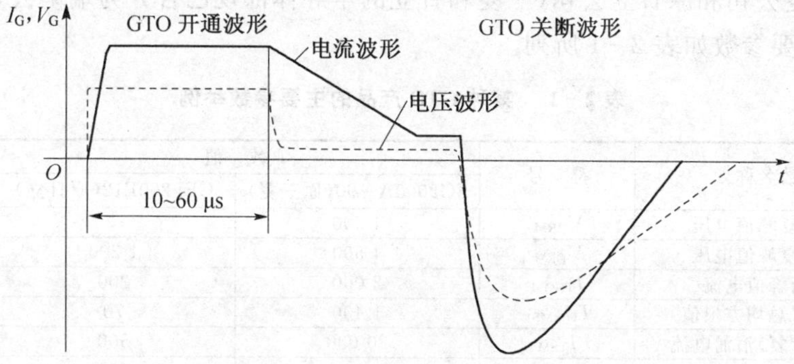

图 2-4　GTO 门极推荐控制波形

3. GTO 的主要参数

GTO 的主要参数有：

➢ 反向重复峰值电压 V_{RRM}。一般断态重复峰值电压 V_{DRM} 与反向重复峰值电压 V_{RRM} 在数值上相等。现在生产的 GTO 承受反向电压的能力低；但在逆变电路中，不可能产生很大的反向电压，因此对 GTO 的反向耐压要求不高。如果 GTO 工作在整流电路中，则要求正反向耐压能力相当。

➢ 可关断峰值电流 I_{TGQM}。I_{TGQM} 是在规定的条件下门极能控制关断的最大阳极电流。该电流与门极关断电路、主电路和缓冲电路等条件有关，一般随门极电源电压的升高而增大。

➢ 维持电流 I_H。I_H是维持GTO导通的最小电流。当阳极电流小于I_H时,GTO转入断开状态。例如,可关断峰值电流 I_{TGQM}=2 700 A的GTO,维持电流I_H=40 A。

➢ 擎住电流 I_L。当给门极一定的正向电流时,阳极电流开始增加;当大于擎住电流时,GTO完全导通。擎住电流与温度和门极触发电流宽度有关。

➢ 门极反向关断电流 I_{GR}。I_{GR}是GTO由导通过渡到断开状态所需要的瞬时最大反向门极电流。一般情况下,门极反向关断电流 I_{GR} 为可关断峰值电流I_{TGQM}的1/3~1/4。

➢ 浪涌电流 I_{TSM}。I_{TSM}是GTO可承受的时间很短、幅值较高的电流尖峰。它是由于电路发生故障而引起的。GTO能承受的浪涌电流的幅值和宽度是有限的,一般可用I^2t表示。

➢ 临界通态电流上升率 di/dt。di/dt是GTO导通时能承受的通态电流的最大上升率。如果电流上升率太大,GTO承受不了,就要加缓冲电路。

➢ 平均功率损耗。GTO正常工作时,产生的主要功率损耗有:关断转为开通时的开关损耗、通态损耗,关断时的开关损耗、门极损耗。

原三菱公司和原日立公司(三菱和日立的半导体部现已合并为瑞萨公司)的某种GTO的主要参数如表2-1所列。

表2-1 某种GTO产品的主要参数举例

参数名称	符号	数值		单位
		FG2000A-90(原三菱)	GFF200E12(原日立)	
反向重复峰值电压	V_{RRM}	4 500	—	V
断态重复峰值电压	V_{DRM}	4 500	1 200	V
可关断峰值电流	I_{TGQM}	2 000	200	A
通态电流(总均方根值)	$I_{T(RMS)}$	1 400	70	A
通态(不重复)浪涌电流	I_{TSM}	20 000	500	A
临界通态电流上升率	di/dt	500	200	A/μs
门极正向峰值电流	I_{FGM}	50	—	A
门极正向平均耗散功率	$P_{FG(AV)}$	50	12	W
门极反向峰值电流	I_{RGM}	500	—	A
门极反向峰值耗散功率	P_{RGM}	7 000	1 500	W
门极反向峰值电压	V_{RGM}	15	13	V
门极触发电压	V_{GT}	≤1.5	≤1.5	V
门极触发电流	I_{GT}	≤1 000	≤600	mA
通态峰值压降	V_{TM}	≤2.8	≤3.8	V
断态电压临界上升率	du/dt	≥1 000	≥1 000	V/μs
维持电流	I_H	—	≤4	A
擎住电流	I_L	—	≤6	A
开通时间	t_{on}	≤10	≤3	μs
延迟时间	t_d	—	1	μs
关断时间	t_{off}	≤30	4.5	μs
存储时间	t_s	—	4	μs
等效结温	θ_j	125	125	℃

2.1.2 可关断晶闸管的门极驱动电路

门极驱动电路包括三部分:门极开通电路、门极关断电路、反向偏置电路。

门极驱动电路的形式很多,其基本形式有:单电源方式、双电源方式、变压器隔离方式,如图 2-5 所示。其中图 2-5(a)适用于 100 A 的 GTO,图 2-5(b)适用于 200~300 A 的 GTO,图 2-5(c)适用于 300 A 以上的 GTO。

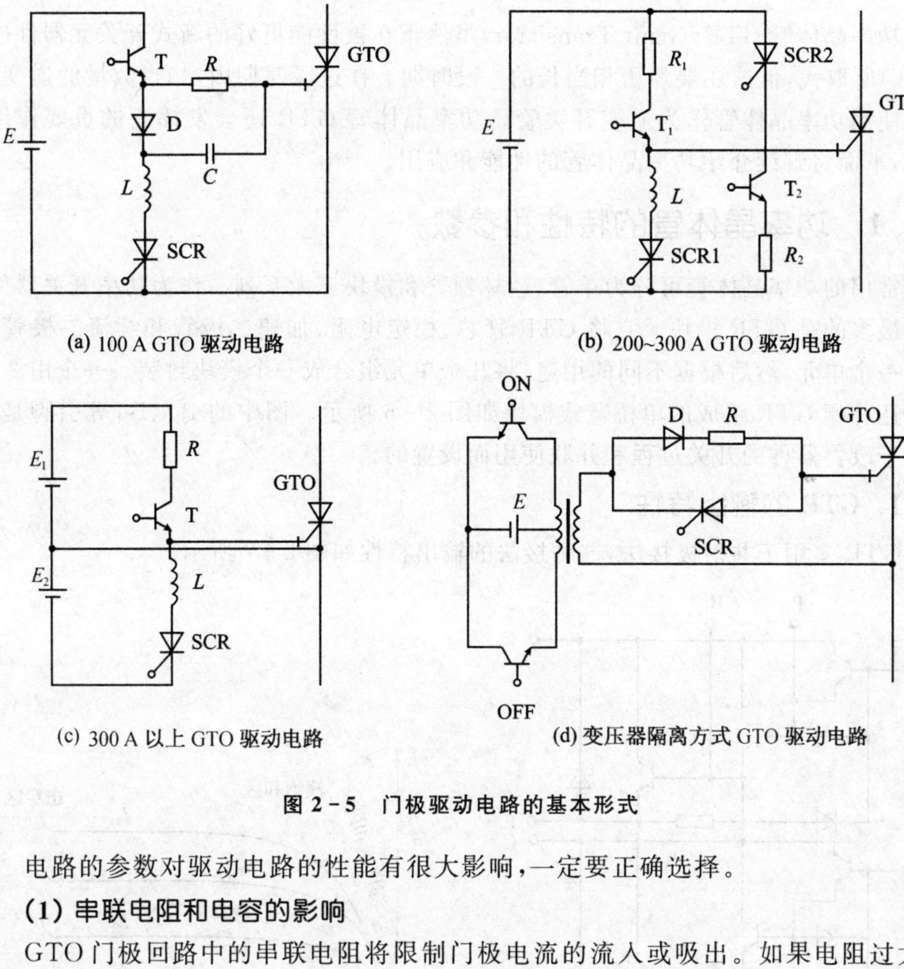

(a) 100 A GTO 驱动电路　(b) 200~300 A GTO 驱动电路

(c) 300 A 以上 GTO 驱动电路　(d) 变压器隔离方式 GTO 驱动电路

图 2-5　门极驱动电路的基本形式

电路的参数对驱动电路的性能有很大影响,一定要正确选择。

(1) 串联电阻和电容的影响

GTO 门极回路中的串联电阻将限制门极电流的流入或吸出。如果电阻过大而门极电压不高,则使门极电流过小,影响关断的能力,因此这个电阻一般很小。

在门极与阴极之间并联的电阻和电容,可以提高 GTO 的耐 du/dt 能力,增加热稳定性和抗干扰能力。

(2) 串联电感

在 GTO 关断电路中,串联一个微亨级电感可以限制门极电流的上升率,提高 GTO 的关断能力。大容量的 GTO 关断时,需要的反向电流变化率 di/dt 大,可以不加电感,靠引线就可以使 di/dt 限制在合理的范围内。对中小容量的 GTO,只需加几微亨的小电感即可。

(3) 门极反偏电压

门极反偏电压越高,阳极耐 du/dt 的能力越强。

2.2 功率晶体管的性能和应用

功率晶体管 GTR(Giant Transistor)虽然正在被性能更好的新式开关元器件(如 IGBT)所取代,但这还要经历相当长的一段时期。在这段时期内,相当数量的逆变器还在使用功率晶体管作为逆变开关管。功率晶体管 GTR 还会发挥它的重要作用。因此,下面将继续介绍功率晶体管的性能和应用。

2.2.1 功率晶体管的特性和参数

常用的功率晶体管可分为单管、达林顿管和模块三大系列。作为功率开关器件,应用最多的是 GTR 模块。它将 GTR 管芯、稳定电阻、加速二极管和续流二极管组装在一个单元,然后根据不同的用途,将几个单元组合成一个模块封装。一个由 2 个三极达林顿 GTR 组成的单桥臂式模块如图 2-6 所示。图中的 B_{11}、B_{21} 等引脚是为了便于改善器件的开关过程和并联使用而设置的。

1. GTR 的输出特性

GTR 多用于共射极接法,这种接法的输出特性如图 2-7 所示。

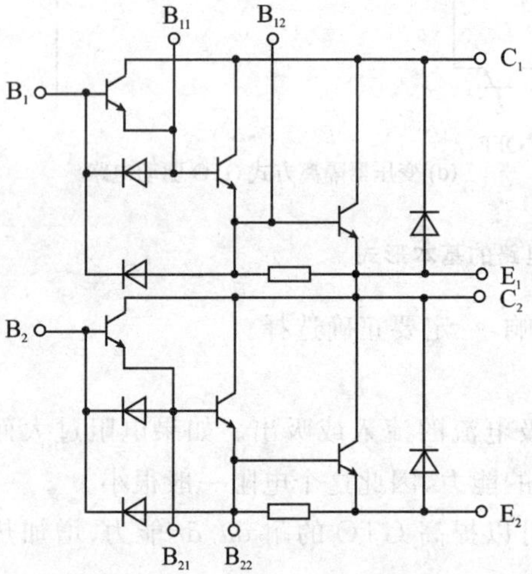

图 2-6 两单元 GTR 模块

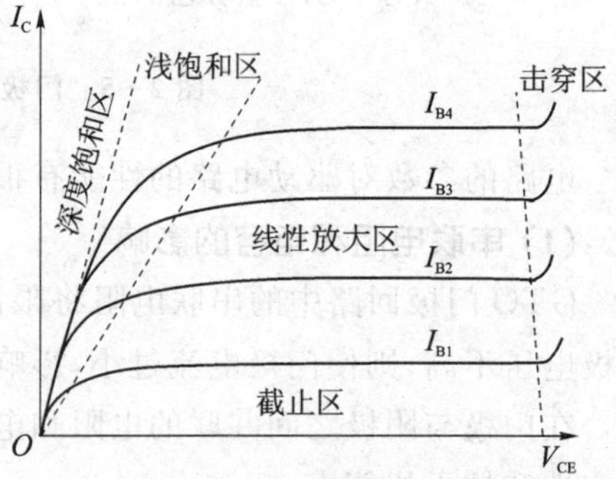

图 2-7 GTR 的输出特性

图 2-7 中共分 5 个区域。

➢ 截止区：GTR 处于关断状态。此时，$I_B=0$，漏电流 I_C 很小。

➢ 线性放大区：I_C 随 I_B 的增加而线性增加。线性放大区不是开关管的工作区，而且线性放大区的功耗较大，应尽可能少在此区域停留。

➢ 浅饱和区：介于线性放大区与饱和区之间的区域。I_C 与 I_B 不呈线性关系。

➢ 深度饱和区：GTR 处于导通状态。I_C 不随 I_B 变化。

➢ 击穿区：当 V_{CE} 增加到一定值时，I_B 即使不增加，I_C 也会增加，这时出现一次击穿现象。如果此时对 I_C 进行限制，GTR 就会恢复；反之，GTR 就会继续获得能量，发热使 I_C 进一步迅速增大，同时 V_{CE} 迅速减少，出现二次击穿现象，大量的热使集电结和发射结熔化，GTR 受到永久损坏。二次击穿现象是 GTR 的致命弱点，也是限制 GTR 发展的主要原因之一。

2. GTR 的基本参数

(1) 电流放大倍数 β

在图 2-7 中的线性放大区，I_C 随 I_B 的增加而线性增加，其比例关系可用 β 表示。达林顿式 GTR 的 β 值范围从几十到几百。

(2) 额定电压

GTR 的额定电压有多种：

$V_{CBO,B}$　发射极 E 开路，集电极 C 与基极 B 之间的反向击穿电压；

$V_{CEO,B}$　基极 B 开路，集电极 C 与发射极 E 之间的反向击穿电压；

$V_{EBO,B}$　集电极 C 开路，基极 B 与发射极 E 之间的反向击穿电压；

V_{CES}　集电极与发射极之间的饱和电压降；

V_{BES}　基极与发射极之间的饱和电压降。

(3) 其他参数

I_{CM}　集电极峰值电流，在 GTR 正常工作时所允许的最大集电极电流；

P_{CM}　集电极最大耗散功率，由集电极电压和集电极电流的乘积决定。

东芝公司和飞思卡尔(原摩托罗拉公司半导体部)的某种 GTR 产品的主要参数如表 2-2 所列。

表 2-2　某种 GTR 产品的主要参数举例

参数名称	符　号	2SD648(东芝)		MJ10048(飞思卡尔)		单　位
		测试条件	数　值	测试条件	数　值	
集电极-基极反向击穿电压	$V_{CBO,B}$	—	—	—	300	V
集电极-发射极反向击穿电压	$V_{CEO,B}$	$I_B=0$	300	$I_B=0$	250	V

续表 2-2

参数名称	符号	2SD648(东芝)		MJ10048(飞思卡尔)		单位
		测试条件	数值	测试条件	数值	
发射极-基极反向击穿电压	$V_{EBO,B}$	—	—	$I_C=0$	8	V
集电极峰值电流	I_{CM}	—	400	—	100	A
集电极最大耗散功率	P_{CM}	—	2 500	—	250	W
共射极电流放大倍数	β	$I_C=400$ A $V_{CE}=5$ V	≥100	$I_C=100$ A $V_{CE}=5$ V	≥75	—
集电极-发射极饱和电压降	V_{CES}	$I_C=400$ A $I_B=8$ A	≤2	$I_C=100$ A $I_B=2.75$ A	≤20	V
基极-发射极饱和电压降	V_{BES}	$I_C=400$ A $I_B=8$ A	≤2.5	$I_C=100$ A $I_B=2.75$ A	≤3	V
开通时间	t_{on}		1		≤4.25	ms
存储时间	t_s		8		≤20	ms
下降时间	t_f		2		≤8	ms

3. 开关特性

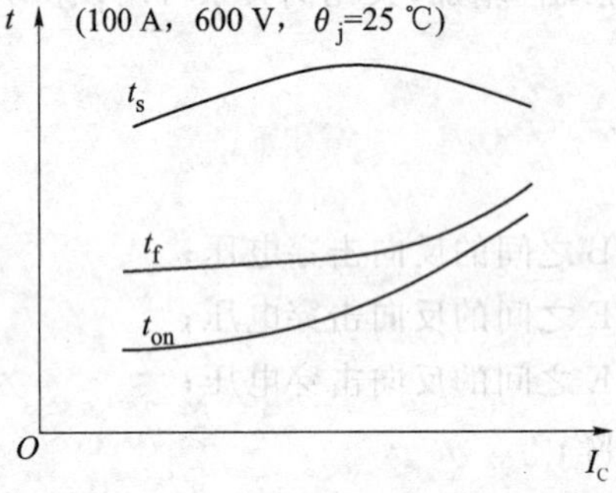

图 2-8　开关时间与集电极电流的关系

GTR 的开通时间用 t_{on} 表示，关断时间用 t_{off} 表示。关断时间 t_{off} 还可分为存储时间 t_s 和下降时间 t_f。这些时间与 GTR 的集电极电流和基极电流有关。图 2-8 表示了 100 A 的达林顿管的开关时间与集电极电流之间的关系。t_{on} 与 t_f 随 I_C 增加而增加，但存储时间 t_s 在 I_C 增加到一定值时反而减小。

GTR 的开关频率最高可达几 kHz，通常希望开关频率越高越好。为了缩短开通时间，可以选择结电容小的 GTR，提高基极正向电流的幅值和斜率。为了缩短关断时间，可以选择使用电流放大倍数小的 GTR、开通时不进入深度饱和区、增加反向偏置电流等方法。

4. 温度与散热

半导体元器件的特性参数受温度影响较大，应采取正确有效的散热措施，确保功率晶体管正常工作时不超过所规定的最大结温。

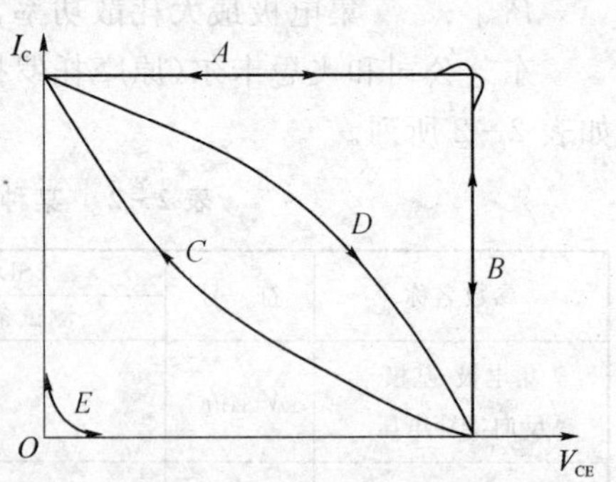

图 2-9　GTR 的开关轨迹

热量来自于 GTR 的功耗。在高频开关条件下工作时，GTR 的功耗可分成静态导通功耗和动态开关损耗两部分。开关频率越高，动态开关损耗就越大。设法改变功率晶体管工作点在开关过程的轨迹，则可以大大减少动态开关损耗。如图 2-9 所示，在具有感性负载(如电动机)的电路中,GTR 的开关轨迹曲线如图中 A、B;当采用缓冲电路时,开关的轨迹曲线如图中 C、D,显然功耗大大降低了;如果采用软开关电路,则开关的轨迹曲线如图中 E,几乎没有开关损耗。

2.2.2 功率晶体管的驱动

由于 GTR 属于电流型驱动元件,驱动电流波形要有利于缩短开关时间,减小开关损耗。理想的基极驱动电流波形如图 2-10 所示,它具有快速的上升沿和短时过冲,以加快开通。在 GTR 导通期间,应使饱和压降尽量低,以减小静态导通损耗。在关断时,要提供足够大的负基极电流,来快速放掉基极区的载流子,缩短关断时间,减小关断损耗。

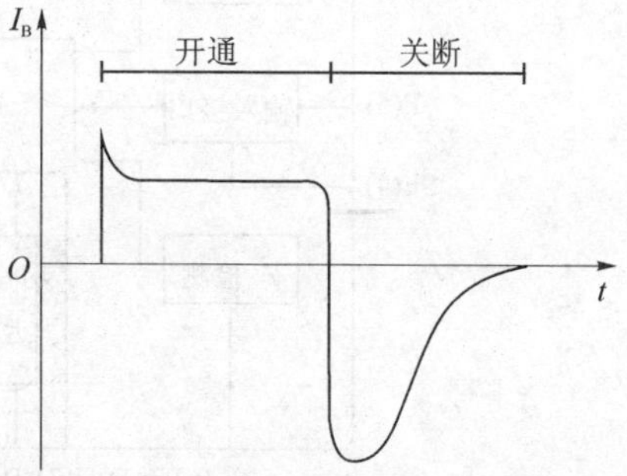

图 2-10　GTR 理想的基极驱动电流波形

GTR 的驱动电路可由分立元件制作或采用专用集成电路,现在多用专用集成电路。专用集成电路可以克服分立元件驱动电路元件多、电路复杂、稳定性差的缺点,还增加了保护功能。

EXB356 驱动集成电路可以驱动 150 A 的 GTR。该集成电路要求的输入电流为 2.6~9 mA,来驱动内置的光电耦合器,而输出的最大正向电流为 3 A,最大反向电流为 -3.4 A。

EXB356 驱动集成电路的原理图如图 2-11 所示,其应用电路如图 2-12 所示,输入信号为 5 mA,EXB356 采用双电源,其值为 ±8.5 V。

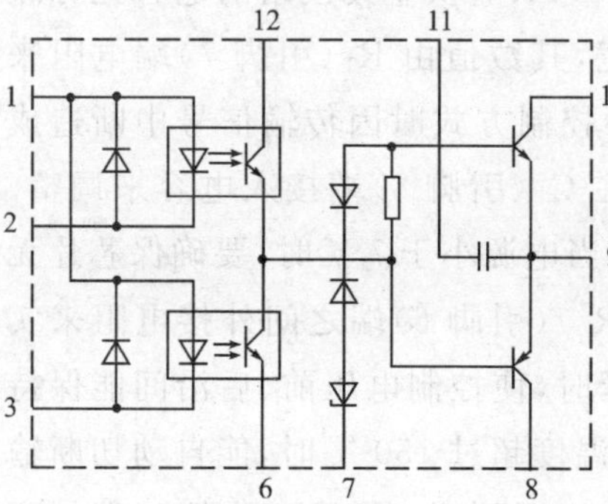

图 2-11　EXB356 驱动芯片原理图

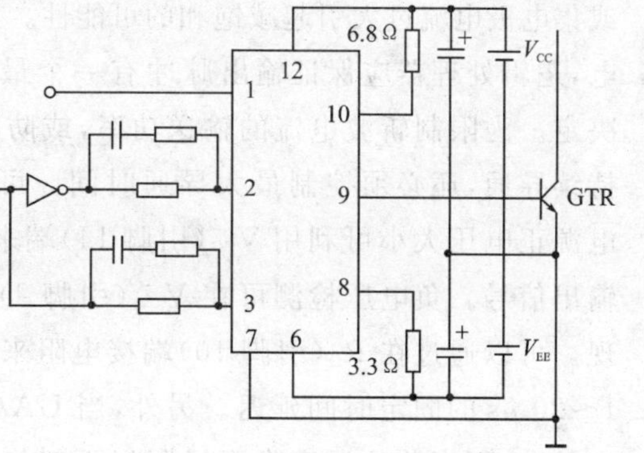

图 2-12　EXB356 应用电路

UAA4002 的原理图如图 2-13 所示。它的输出电流为 +0.5 A 和 -3 A,可以外接晶体管来扩大输出能力。

它有两种输入方式:由 SE(引脚 4)决定,SE=1 时为电平输入,SE=0 时为脉冲输入。UAA4002 还具有保护功能。

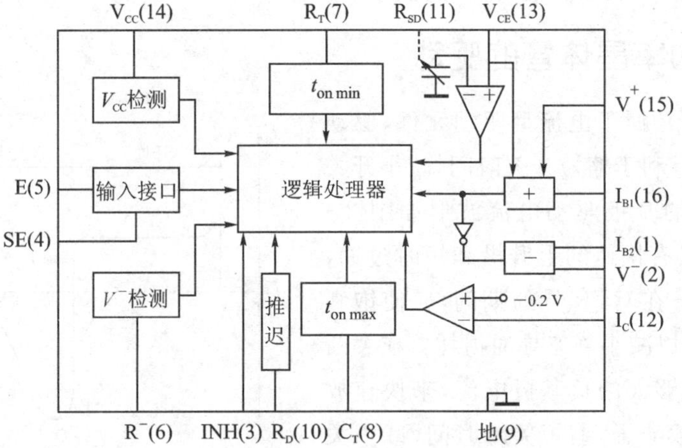

图 2-13 UAA4002 驱动芯片原理图

图 2-14 为一个 8 A、400 V 的 GTR 驱动电路实例。在此电路中,电源负回线中串接一个 0.1 Ω 的电阻,用它来检测 GTR 的集电极电流,并将检测结果引入芯片的 I_C(引脚 12)端。当该信号电压低于−0.2 V 时,比较器状态发生变化,由逻辑处理器检测并发出封锁信号,封锁输出脉冲使 GTR 关断,达到限流的目的。二极管 D 的阳极接 V_{CE}(引脚 13),阴极接 GTR 的集电极,用来检测 GTR 的集电极电压。在 GTR 开通时,比较器通过 D 来检测 V_{CE}端电压,若高于 R_{SD}(引脚 11)端上的设定电压,比较器就向逻辑处理器发出信号,处理器封锁控制输入,可防止 GTR 因基极电流不足或集电极电流过大引起减饱和的可能性。为确保 GTR 开关辅助网络的电容充分放电,逻辑处理器应保证输出脉冲有一个最小脉宽,其数值由 R_T(引脚 7)端电阻来决定。为限制斩波电流的输送功率,或防止脉冲控制方式时因传输信号中断造成持续导通,还必须控制最大导通时间。可通过在 C_T(引脚 8)端接入电容来调整。电源正电压大小可利用 V_{CC}(引脚 14)端来检测,当电源小于 7 V 时,要确保芯片无输出信号。负电压检测可在 V^-(引脚 2)端与 R^-(引脚 6)端之间外接电阻来实现。可以通过在 R_D(引脚 10)端接电阻来调整延时,使控制电压前、后沿间能保持 1~20 μs 的固定时间延迟。另外,当 UAA4002 温度超过 150 ℃时,能自动切断输出脉冲;而当芯片温度降至极限以下时恢复输出。还可以在 INH(引脚 3)端加高电平,使 GTR 停止开通或缩短开通时间。

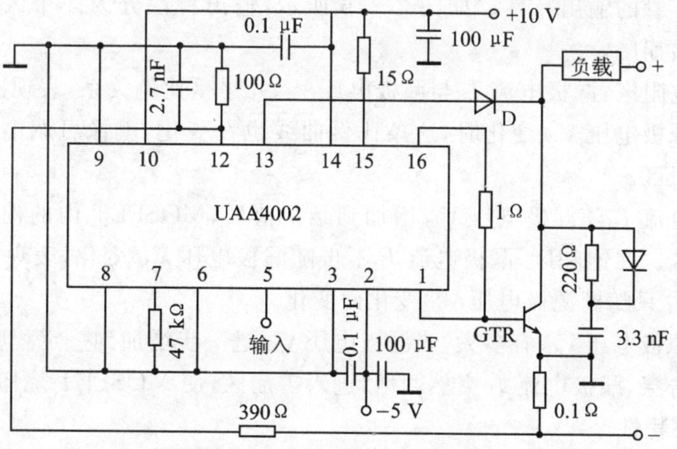

图 2－14　UAA4002 应用电路

2.3　功率场效应管的性能和应用

功率场效应管 MOSFET(Metal Oxide Semiconductor Field Effect Transistor)，产生于20 世纪 70 年代。功率场效应管有着与前面介绍的两种器件完全不同的特点。首先，它不是那种由多数载流子和少数载流子共同导电的双极型器件，而是只由一种载流子导电的单极型器件；其次，它要求的栅极驱动电流很小，因此可看成是电压控制型器件。由于具有这些特点，使得功率场效应管具有开关速度快、损耗低、驱动功率小、无二次击穿的优点，目前已得到越来越广泛的应用。

功率场效应管有 3 个引脚：栅极 G、源极 S、漏极 D。栅极 G 相当于晶体管的基极 B，源极 S 相当于晶体管的发射极 E，漏极 D 相当于晶体管的集电极 C。

根据载流子的性质，功率场效应管可分为 N 沟道和P 沟道两种类型，其电气符号如图 2－15 所示(注意，目前符号还没有一个统一标准，本符号取自于多数参考书)，箭头表示载流子移动的方向。其中，N 沟道型类似于 NPN 型晶体管，栅源极间加正向电压时，MOSFET 导通；P 沟道型类似于 PNP 型晶体管，栅源极间加反向电压时，MOSFET 导通。

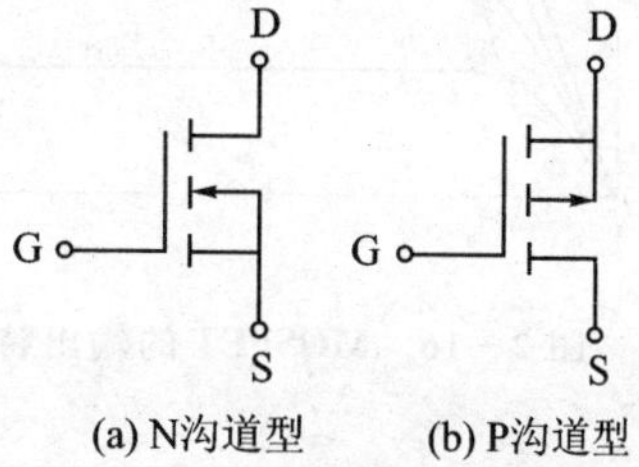

(a) N沟道型　　(b) P沟道型

图 2－15　MOSFET 的电气符号

2.3.1　功率场效应管的特性和参数

1. 静态特性

(1) 输出特性

以栅源极电压 V_{GS} 为参变量，表示漏极电流 I_D 与漏极电压 V_{DS} 关系的曲线族称为功率场效应管的输出特性。如图 2-16 所示,输出特性分为 3 个区域:可调电阻区、饱和区、雪崩区。

在可调电阻区,漏极电流 I_D 与漏极电压 V_{DS} 几乎呈比例关系,表现出一种电阻的特性。当栅源极电压 V_{GS} 变化时,这条比例曲线也在变化,就像可调电阻一样,所以称为可调电阻区。

当漏极电流 I_D 随漏极电压 V_{DS} 增加到某一值后,MOSFET 内的沟道被夹断,开始进入饱和区。在饱和区,漏极电流 I_D 不再随漏极电压 V_{DS} 变化,表现很稳定,即 I_D 饱和。此时 I_D 只随栅源极电压 V_{GS} 变化而变化。

不管栅源极电压 V_{GS} 有多大,当漏极电压 V_{DS} 进一步增加到一定程度时,漏极 PN 结发生雪崩击穿,漏极电流 I_D 突然剧增,进入雪崩区,使 MOSFET 烧坏。

(2) 转移特性

转移特性表示了 MOSFET 的栅源极电压 V_{GS} 与漏极电流 I_D 的关系,如图 2-17 所示。类似于 GTR 的电流放大倍数 β,转移特性表示 MOSFET 的放大能力,用跨导表示。跨导 g_m 定义为

$$g_m = \Delta I_D / \Delta V_{GS} \tag{2-1}$$

即表示转移特性的斜率,单位为 S(西门子)。从图 2-17 中可以看到,曲线近似一条直线,所以跨导 g_m 为常数。

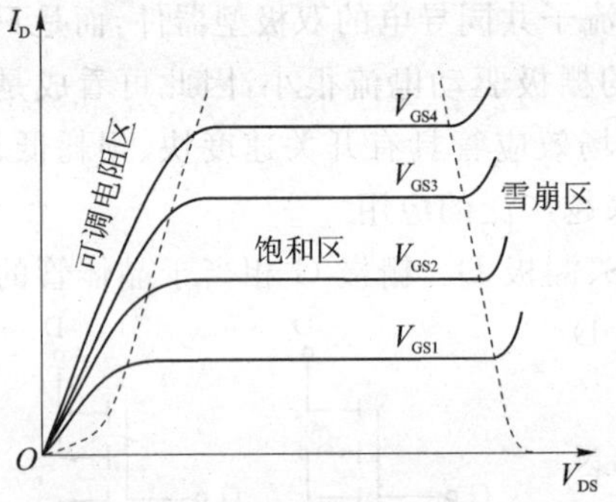

图 2-16 MOSFET 的输出特性

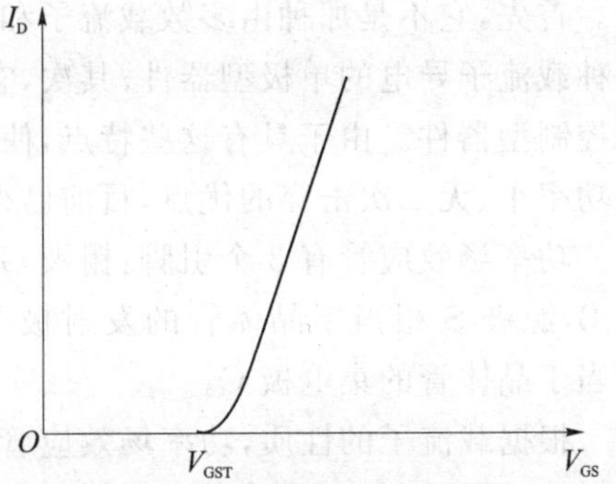

图 2-17 MOSFET 的转移特性

转移特性曲线与横轴的交点值称做开启电压 V_{GST}。只有当栅源极电压 V_{GS} 大于开启电压 V_{GST} 时,MOSFET 才开始导通。开启电压 V_{GST} 一般随温度升高而降低。

(3) 开关特性

MOSFET 的开关特性是指在开关过程中,I_D 和 V_{DS} 随 V_{GS} 的变化关系。MOSFET 的开关特性如图 2-18 所示。

开通时,由于有栅源极电容(称为输入电容 C_{iss})存在,在其充电到触发电压 V_G 以前,I_D 和 V_{DS} 都基本不变。这段时间称为延迟时间 t_d。当 V_{GS} 上升到开启电压 V_{GST}

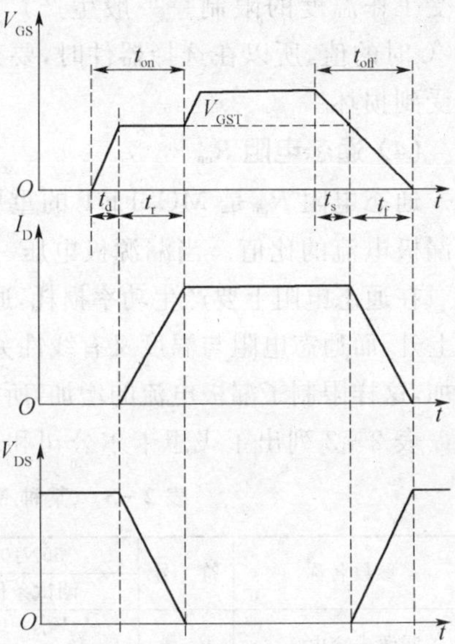

图 2-18 MOSFET 的开关特性

时，I_D才明显上升，同时 V_{DS}下降。把 I_D上升的时间称为上升时间 t_r。在上升时间里，由于 V_{DS}下降，使栅极电流经漏极与栅极之间的电容（称为反向传输电容 C_{rss}）放电到源极，基本不给输入电容 C_{iss}充电，所以在 V_{GS}曲线上出现一个平台。t_r之后，V_{GS}才上升到最高。

开通时间 t_{on}即为延迟时间 t_d与上升时间 t_r之和。

关断时，输入电容放电，使 V_{GS}下降到开启电压 V_{GST}后，I_D才开始下降，并且 V_{DS}开始上升。这段时间称为存储时间 t_s。此后，I_D下降了 90%，用了 t_f时间，t_f称为下降时间。关断时间 t_{off}即为存储时间 t_s与下降时间 t_f之和。

2. 主要参数

(1) 漏源极击穿电压 $V_{DS,B}$和额定电压 V_{DSS}

由输出特性可知，当 V_{DS}上升到一定值时，将发生雪崩击穿。这个临界电压称为漏源极击穿电压，用 $V_{DS,B}$表示。通常将 $V_{DS,B}$的 80%～90%定义为 MOSFET 的断态重复峰值电压，或称为额定电压，用 V_{DSS}表示。$V_{DS,B}$和 V_{DSS}随温度的变化而变化，当结温升高时，$V_{DS,B}$和 V_{DSS}也升高，一般结温每升高10 ℃，$V_{DS,B}$将增加 1%。这一点与 GTR 正好相反。

$V_{DS,B}$还与栅极的工作状态有关。$V_{DS,B}$是指 $V_{GS}=0$ 时的值。在栅源极之间并联电阻和加反向电压，都可以提高 MOSFET 的耐压。

(2) 漏源极 du/dt 耐量

MOSFET 的栅源极之间的电容称为输入电容 C_{iss}，栅漏极之间的电容称为反向传输电容 C_{rss}，漏源极之间的电容称为输出电容 C_{oss}，如图 2-19 所示。一般 $C_{iss} \gg C_{rss}$。当在漏源极之间加电压时，通过 C_{rss}产生一个位移电流，这个位移电流给 C_{iss}充电。当 dV_{DS}/dt 大到一定值并持续一定时间后，V_{GS}就会超过开启电压，使 MOSFET 导通。

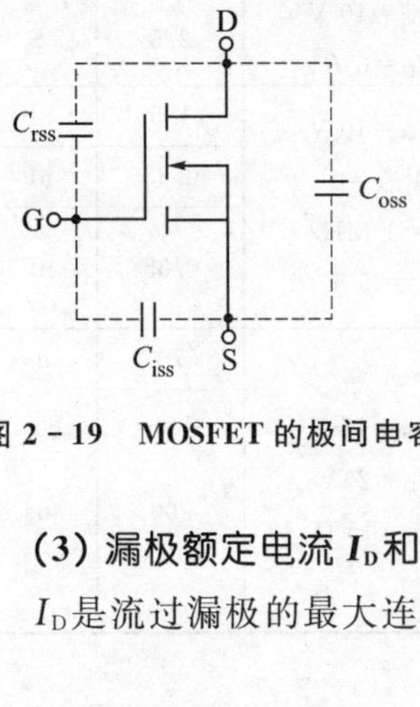

图 2-19 MOSFET 的极间电容

虽然 MOSFET 的 du/dt 耐量很大（大于 10 kV/μs），而且在逆变电路中都采取限制 du/dt 的措施，但是，为了抵抗不正常的电压尖峰（如雷击等），还是要进一步采取减小措施，如在栅源极之间并联电阻等。

(3) 漏极额定电流 I_D和峰值电流 I_{DM}

I_D是流过漏极的最大连续电流，I_{DM}是流过漏极的最大脉冲电流。这两个参数主要受工作温度的限制。一般生产厂家给出的漏极额定电流是在器件外壳温度为25 ℃时的值,所以在选择器件时,要充分考虑留有足够的裕度,防止器件在温度升高时受到损坏。

(4) 通态电阻 R_{on}

通态电阻 R_{on} 是 MOSFET 的重要参数。它是在 MOSFET 导通时,漏源极电压与漏极电流的比值。当漏源极电压一定时,通态电阻直接决定漏极电流的大小。

在通态电阻上要产生功率损耗,通态电阻越大,功率损耗就越大。功率损耗会使结温上升,而通态电阻与温度又有线性关系。与 GTR 不同的是,通态电阻随结温升高而增加,这样限制了漏极电流的增加,所以 MOSFET 不存在 GTR 那样的二次击穿问题。

表 2-3 列出了飞思卡尔公司和原日立公司生产的某种 MOSFET 产品的参数。

表 2-3 某种 MOSFET 产品的主要参数举例

参数名称	符号	55N10(飞思卡尔)		2SK313(原日立)		单位
		测试条件	数值	测试条件	数值	
漏源击穿电压	$V_{DS,B}$	$V_{GS}=0$ $I_D=5$ mA	≥100	$V_{GS}=0$ $I_D=10$ mA	≥450	V
栅源击穿电压	$V_{GS,B}$		±20		±20	V
通态漏极峰值电流	I_{DM}		≤270		≤18	A
总功耗	P_{DM}	$\theta_C=25$ ℃	≤250		≤125	W
额定结温	θ_j		150		150	℃
开启电压	V_{GST}	$V_{DS}=V_{GS}$ $I_D=1$ mA $\theta_j=100$ ℃	1.5~4			V
漏源通态电阻	R_{on}	$V_{GS}=10$ V $I_D=27.5$ A	≤0.04			Ω
不触发栅源极电压	V_{GS} (off)			$V_{GS}=10$ V $I_D=1$ mA	1~5	V
通态压降	V_{DS}	$V_{GS}=10$ V $I_D=55$ A	≤2.6	$V_{GS}=15$ V $I_D=6$ A	≤4	V
跨导	g_m	$V_{GS}=15$ V $I_D=27.5$ A	≥10	$V_{DS}=10$ V $I_D=6$ A	2.5	S
输入电容	C_{iss}	$V_{DS}=25$ V $V_{GS}=0$ $f=1$ MHz $\theta_j=25$ ℃	≤5	$V_{DS}=10$ V $V_{GS}=0$ $f=1$ MHz $\theta_j=25$ ℃	1.5	nF
输出电容	C_{oss}		≤2.5		0.33	nF
反向传输电容	C_{rss}		≤1		0.35	nF
开通时间	t_{on}	$V_{DS}=25$ V $V_{GS}=10$ V $I_D=27.5$ A $R_L=50$ Ω $\theta_j=25$ ℃	≤420	$V_{GS}=15$ V $I_D=2$ A $R_L=15$ Ω	70	ns
关断时间	t_{off}		≤750		200	ns

2.3.2 功率场效应管的驱动

功率场效应管与双极型晶体管不同，它是一个电压驱动型器件，因此可以有多种驱动形式，通常最简单和最方便的方法是通过 TTL 集成电路、CMOS 集成电路和专用集成电路芯片来驱动。

1. TTL 集成电路的驱动

MOSFET 是电压型驱动器件，因此，小功率的 TTL 电路可以驱动一般的 MOSFET。但是，普通的 TTL 集成电路的高电平输出最低是 3.5 V，而功率场效应管的开启电压是 2～4 V；用普通 TTL 直接驱动功率场效应管，驱动电压还显得低一些，所以采用集电极开路的 OC 门 TTL 集成电路来驱动。

为了提高 TTL 驱动的输出电平，可以通过一个上拉电阻接到＋5 V 电源上。不过，为了保证能有足够高的电平驱动 MOSFET，并使它导通，实际中是把上拉电阻接到＋10～＋15 V 电源上。

功率场效应管的输入电容在 MOSFET 导通和关断时要充电和放电。TTL 集成电路的驱动要为此提供条件。吸入（充电）和拉出（放电）电流对 MOSFET 的开关速度影响很大，吸入和拉出的电流越多，开关的速度就越快。图 2－20 给出了用 TTL 集成电路驱动功率场效应管的电路实例，其中上拉电阻决定了 MOSFET 的吸入电流。

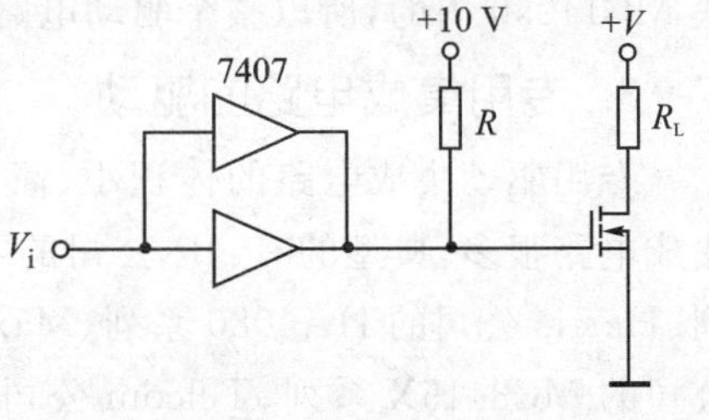

图 2－20 MOSFET 的 TTL 驱动

有时，为了保证功率场效应管有更快的开关速度，可以在 TTL 与 MOSFET 之间加一级晶体管，如图 2－21(a)所示。晶体管可以加速功率场效应管的导通速度，并减小功耗。在栅源极之间并联一只 5.1～20 kΩ 的电阻 R_2，以提高 MOSFET 的耐压、du/dt 耐量和抗干扰能力，必要时还要并联两只反串的稳压管。图 2－21(b)中的晶体管接成互补式，它们可以提高功率场效应管的导通速度和关断速度。

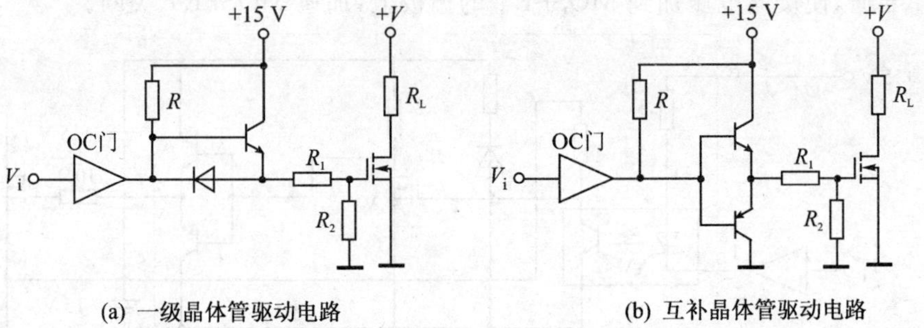

图 2－21 TTL 和晶体管驱动 MOSFET

此外，在驱动信号与晶体管之间加隔离是常用的做法，一般用隔离变压器或光电耦合器作为隔离元件。

2. CMOS集成电路的驱动

由于大多数功率场效应管用VMOS或TMOS工艺制成，所以可以用CMOS集成电路直接驱动功率场效应管。直接驱动功率场效应管有一个最明显的优点，即可以采用10～15 V的电源。这就使CMOS集成电路有10 V以上的高电平输出，因此可以驱动功率场效应管充分导通。这样，用CMOS直接驱动功率场效应管无须加上拉电阻，使得电路简单。

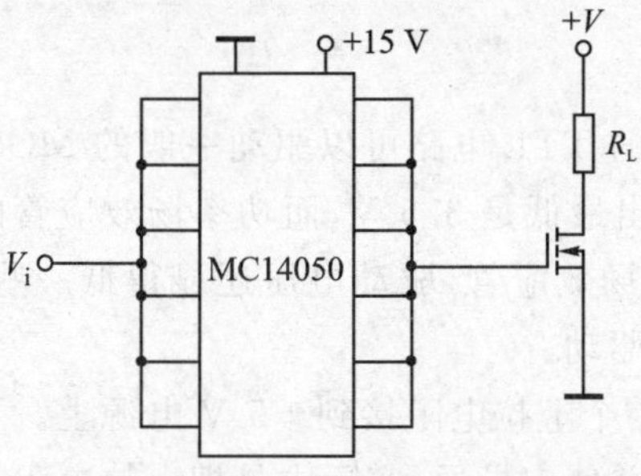

图 2-22　MOSFET的CMOS驱动

但是，CMOS集成电路带负载的能力较低，因此会影响功率场效应管的开关速度。图2-22是将6个CMOS缓冲器并联在一起，来加大驱动电流驱动功率场效应管。尽管如此，由于6个CMOS缓冲器是集成在一块MC14050内的，所以整个驱动电路仍然简单。

3. 专用集成电路的驱动

专用驱动集成电路的体积小、简单、可靠，应用广泛。能用于MOSFET驱动的集成电路很多，典型的有：IR公司的IR21系列、Unitrode公司的UC3704～3715系列、Harris公司的HA4080系列、Maxim公司的MAX621C和4427C系列、飞思卡尔公司的MC3415X系列、Telcom公司的TC4421～4429C系列、原三菱公司的M579系列等。

专用驱动集成电路M57918L驱动大功率MOSFET的实例如图2-23所示。M57918L内部有一个光电耦合器，将驱动信号隔离。当V_i输入高电平时，引脚1为低电平，使光电耦合器导通，V_1导通，V_2关断，T_1导通，使正向电压加到MOSFET的栅极上；当V_i输入低电平时，引脚1为高电平，使光电耦合器截止，V_1关断，V_2导通，T_2导通，使反向电压加到MOSFET的栅极上，加速MOSFET关断。

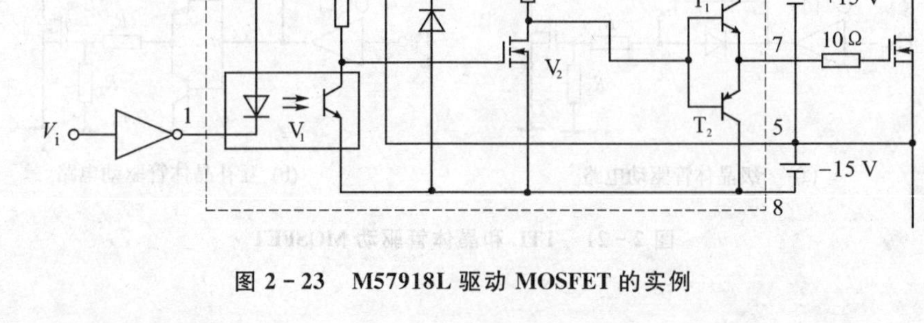

图 2-23　M57918L驱动MOSFET的实例

2.4 绝缘栅双极型晶体管的性能和应用

前面介绍的几种开关器件中，功率场效应管 MOSFET 虽然有开关速度快、输入阻抗高、热稳定性好、驱动电路简单的优点，但是，较大的通态电阻使它的最大导通电流容量受到限制，因此 MOSFET 只能用做中小功率开关元件。而 GTR 和 GTO 是双极型元件，它们具有阻断电压高、导通电流大的优点；但是，它们的开关速度慢，要求的驱动电流大，控制电路比较复杂。显然，这些开关器件各有优缺点。而其中 MOSFET 在 GTR 的不足之处表现得很优秀，在 GTR 优秀的地方却表现得有些不足。于是人们开始研究一种能同时包含 MOSFET 和 GTR 的优点的新型开关元件，这就是绝缘栅双极型晶体管 IGBT(Insulated Gate Bipolar Transistor)。

绝缘栅双极型晶体管是由 MOSFET 和 GTR 技术结合而成的复合型开关器件。N 沟道 IGBT 的等效电路和电气符号如图 2-24 所示。从图 2-24(a)中可以看出，它是由一个 N 沟道的 MOSFET 和一个 PNP 型 GTR 组成的。它实际是以 GTR 为主导元件、以 MOSFET 为驱动元件的复合管。图 2-24(b)的电气符号中，G 代表栅极，C 代表集电极，E 代表发射极，P 沟道的 IGBT 电气符号的箭头方向与此相反。

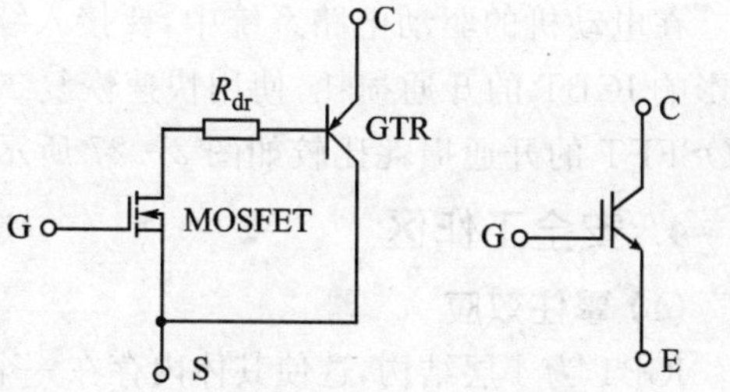

(a) 等效电路　　(b) IGBT 电气符号

图 2-24　IGBT 的等效电路和电气符号

绝缘栅双极型晶体管从 1986 年至今，发展非常迅速，目前已广泛应用在各种逆变器中，成为取代 GTR 的理想开关器件。

2.4.1 绝缘栅双极型晶体管的特性和参数

绝缘栅双极型晶体管的输出特性与 GTR 的类似，其转移特性与 MOSFET 的类似，这里不再叙述。

1. 通态电压降

高速 IGBT(50 A/600 V)和高速 MOSFET(50 A/500 V)的通态电压降比较如图 2-25 所示。MOSFET 的通态电压降在全电流范围内为正温度系数，而 IGBT 通态电压降在小电流范围内为负温度系数，在大电流范围内为正温度系数。

2. 关断损耗

在感性负载时，高速 IGBT 与 MOSFET 的关断损耗与集电极电流的关系如图 2-26所示。由图可知，常温下，IGBT 的关断损耗与 MOSFET 的大致相同。高温时，MOSFET 的关断损耗基本不变，与温度无关；而 IGBT 则不然，温度每增加

100 ℃，损耗增加约 2 倍。因此，IGBT 的关断损耗要大些。

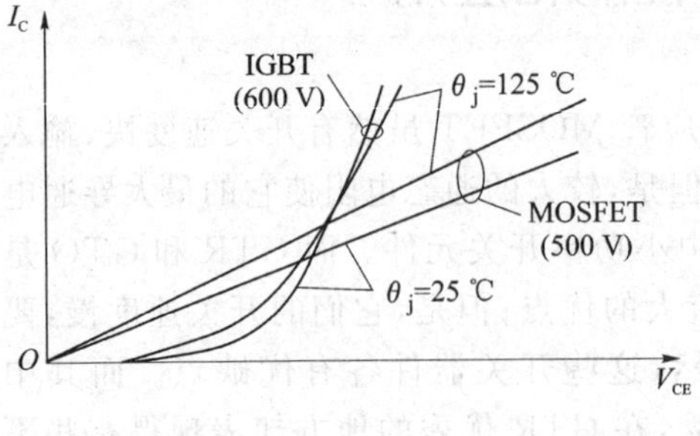

图 2-25　IGBT 与 MOSFET 通态电压降比较

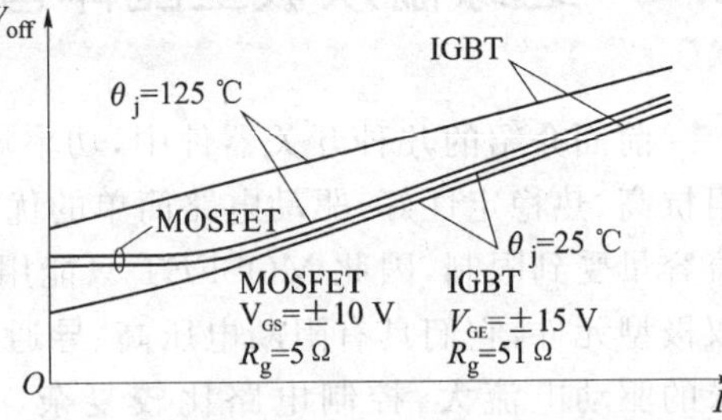

图 2-26　IGBT 与 MOSFET 的关断损耗比较

3. 开通损耗

在电动机的驱动电路系统中，要接入续流二极管，而续流二极管的反向恢复特性将影响 IGBT 的开通损耗，使用快速恢复二极管将降低 IGBT 的开通损耗。IGBT 与 MOSFET 的开通损耗比较如图 2-27 所示。

4. 安全工作区

(1) 擎住效应

IGBT 为 4 层结构，这使其体内存在一个寄生晶体管，其等效电路如图 2-28 所示。同时，在这个寄生晶体管的基极与发射极之间并联一个扩展电阻 R_{br}。当 IGBT 的集电极与发射极之间有电流 I_C 流过时，在此电阻上将产生正向偏置电压。不过，在规定的 IGBT 集电极电流 I_C 范围内，这个正向偏置电压不大，对寄生晶体管不起作用。但当集电极电流 I_C 达到一定程度时，该正向偏置电压足以使寄生晶体管导通，进而使 T_1 和 T_2 都处于饱和状态，栅极失去控制作用，这就是所谓的擎住效应。IGBT 发生擎住效应后，集电极电流 I_C 增大，造成过大的功耗，导致器件损坏。可见，集电极电流有一个临界值 I_{CM}，当 $I_C > I_{CM}$ 时，便会发生擎住效应。为此规定了集电极通态电流的最大值 I_{CM} 以及相应的栅射极间电压的最大值 V_{GEM}，超过此界限将发生擎住效应。

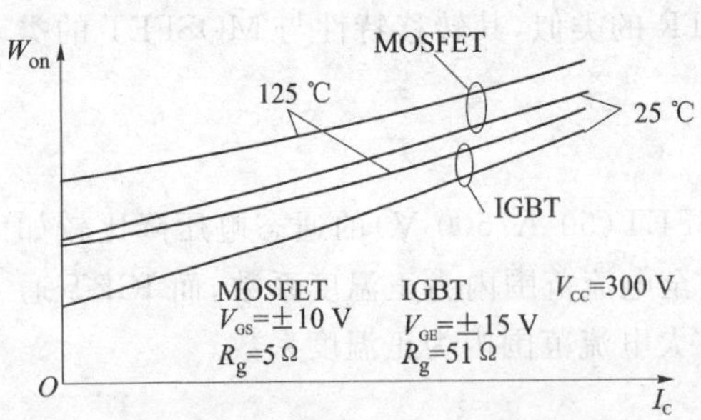

图 2-27　IGBT 与 MOSFET 的开通损耗比较

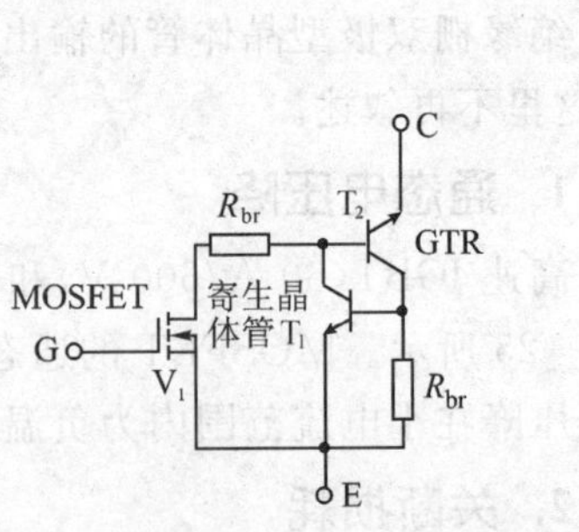

图 2-28　具有寄生晶体管的 IGBT 等效电路

在 IGBT 关断的动态过程中，如果 dV_{CE}/dt 过高，产生的位移电流流过扩展电阻 R_{br}时，也可以产生足以使寄生晶体管导通的正向偏置电压，形成擎住效应。

为了防止擎住现象的发生，使用时要保证 IGBT 的电流不要超过 I_{CM}值，同时，用增加栅极电阻 R_G的方法来延长 IGBT 的关断时间，以减小 dV_{CE}/dt 值。

值得指出的是，动态擎住所允许的集电极电流比静态擎住所允许的要小，所以生产厂商所规定的 I_{CM}值是按动态擎住所允许的最大集电极电流来确定的。

(2) 安全工作区

安全工作区反映了一个开关器件同时承受一定电压和电流的能力。IGBT 导通时的正向偏置安全工作区，是由集电极电流的最大值 I_{CM}、集-射极电压的最大值 V_{CEM}和功耗 3 条边界极限包围而成的，如图 2-29(a)所示。

最大集电极电流 I_{CM}限制了动态擎住现象的发生；最大集-射极电压 V_{CEM}限制了 IGBT 被正向电压击穿；最大功耗则是由最高允许结温所决定的，导通时间越长，发热越严重，安全工作区就越小。

IGBT 关断时的反向偏置安全工作区如图 2-29(b)所示，它随 IGBT 关断时的 dV_{CE}/dt 而改变，dV_{CE}/dt 越高，安全工作区就越小。

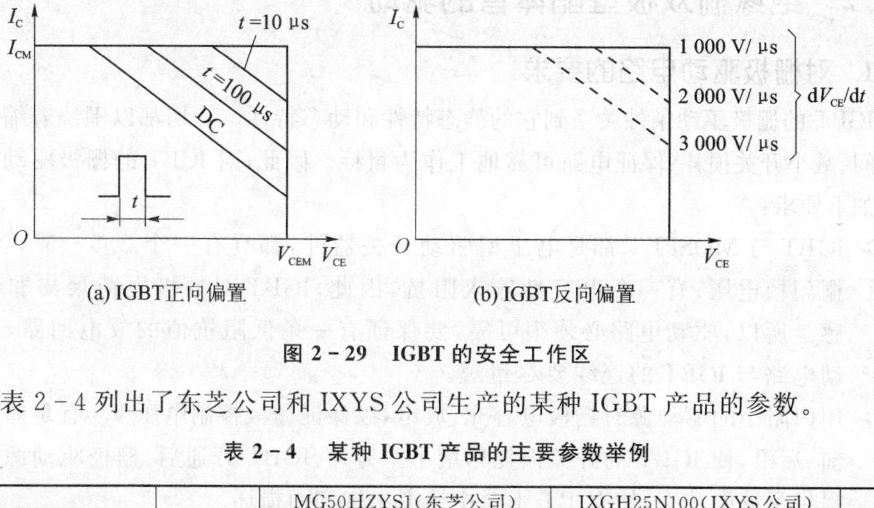

(a) IGBT正向偏置　　(b) IGBT反向偏置

图 2-29　IGBT 的安全工作区

表 2-4 列出了东芝公司和 IXYS 公司生产的某种 IGBT 产品的参数。

表 2-4　某种 IGBT 产品的主要参数举例

参数名称	符　号	MG50HZYS1(东芝公司)		IXGH25N100(IXYS 公司)		单　位
		测试条件	数　值	测试条件	数　值	
集-射极最大电压	V_{CEM}	θ=25 ℃	500	θ=25 ℃	1 000	V
栅-射极最大电压	V_{GEM}		±20		±30	V
集电极通态最大电流	I_{CM}(直流)		50		50	A
	I_{CP}(峰值)		100		100	
集电极最大功耗	P_C		300		200	W

续表 2-4

参数名称	符号	MG50HZYS1(东芝公司) 测试条件	MG50HZYS1(东芝公司) 数值	IXGH25N100(IXYS公司) 测试条件	IXGH25N100(IXYS公司) 数值	单位
集-射极击穿电压	$V_{CEO,B}$	$I_C=10$ mA $V_{GE}=0$	≥500	$I_C=0.25$ mA $V_{GE}=0$	≥1 000	V
栅-射极开通电压	V_{GET}	$I_C=50$ mA $V_{CE}=5$ V	3～6	$I_C=25$ mA $V_{CE}=V_{GE}$	2.5～5	V
集-射极饱和电压	$V_{CE(ON)}$	$I_C=50$ A $V_{GE}=15$ V	≈3	$I_C=2.5$ A $V_{GE}=15$ V	≤2.7	V
输入电容	C_{iss}	$V_{CE}=10$ V $V_{GE}=0$ $f=1$ MHz	3 000	$V_{CE}=25$ V $V_{GE}=0$ $f=1$ MHz	3 500	pF
上升时间	t_r	$V_{GE}=\pm 15$ V $R_G=51\ \Omega$ $R_C=6\ \Omega$	≈0.5	$V_{GE}=15$ V $R_G=100\ \Omega$ $V_{CE}=800$ V $I_C=25$ A	≤0.2	μs
开通时间	t_{on}		≈0.6		≤0.3	μs
下降时间	t_f		≈0.4		≤3	μs
关断时间	t_{off}		≈0.9		≤4	μs
最大允许结温	θ_j		150		150	℃

2.4.2 绝缘栅双极型晶体管的驱动

1. 对栅极驱动电路的要求

IGBT 的栅极驱动条件关系到它的静态特性和动态特性。一切都以围绕着缩短开关时间、减小开关损耗、保证电路可靠地工作为目标。因此,对 IGBT 的栅极驱动电路提出如下要求:

- IGBT 与 MOSFET 都是电压型驱动开关器件,都具有一个 2.5～5 V 的开栅门槛电压,有一个电容性输入阻抗,因此,IGBT 对栅极电荷聚集非常敏感。所以,驱动电路必须很可靠,要保证有一条低阻抗值的放电回路,即驱动电路与 IGBT 的连线要尽量短。
- 用内阻小的驱动源对栅极电容充、放电,以保证栅极控制电压 V_{GE} 有足够陡的前、后沿,使 IGBT 的开关损耗尽量小。另外,IGBT 开通后,栅极驱动源应能提供足够的功率,使 IGBT 不会中途退出饱和而损坏。
- 驱动电路要能提供高频(几十 kHz)脉冲信号,来利用 IGBT 的高频性能。
- 栅极驱动电压必须要综合考虑。在开通过程中,正向驱动电压 V_{GE} 越大,IGBT通态压降和开通损耗均下降,但负载短路时的电流 I_C 增大,IGBT 能承受短路电流的时间减小,对其安全不利。因此,在有短路过程的应用系统中,栅极驱动电压应选得小些,一般情况下应取12～15 V。在关断过程中,为了尽快放掉输入电容的电荷,加快关断过程,减小关断损耗,要对栅极施加反向电压 $-V_{GE}$。但它受 IGBT 栅射极最大反向耐压的限制,所以一般的原则是:对小容量的 IGBT 不加反向电压也能工作,对中容量的 IGBT 加 5～6 V 的反向电压，对大容量的 IGBT 要加大到 10 V 左右。

- 在大电感的负载下，IGBT 的开关时间不能太短，以限制 d*i*/d*t* 所形成的尖峰电压，确保 IGBT 的安全。
- 由于 IGBT 多用于高压场合，所以驱动电路与控制电路一定要严格隔离。
- 栅极驱动电路应尽可能简单可靠，具有对 IGBT 的自保护功能，并有较强的抗干扰能力。
- 栅极电阻 R_G 可选用 IGBT 产品说明书上给定的数值；但当 IGBT 的容量加大时，分布电感产生的浪涌电压与二极管恢复时的振荡电压增大，这将使栅极产生误动作，因此必须选用较大的电阻，尽管这样做会增大损耗。

2. IGBT 专用驱动集成电路

原则上 IGBT 的驱动特性与 MOSFET 的几乎相同，但由于两者使用的范围不同，IGBT 多用于大中功率，而 MOSFET 多用于中小功率，所以它们的驱动电路也有差异。IGBT 一般使用专用集成驱动器，它们集驱动和保护于一体。常用的专用集成电路有：富士公司的 EXB840、841、850、851 系列，IR 公司的 IR2100 系列，飞尔卡思公司的 MC35153，Unitrode 公司的 UC3714、3715，原三菱公司的 M57957～M57963 系列。下面以富士公司的 EXB840 和原三菱公司的 M57962L 为例，介绍 IGBT 的栅极驱动电路。

(1) EXB840 组成的驱动电路

EXB840 是一种高速驱动集成电路，最高使用频率为 40 kHz，能驱动 150 A/600 V 或者 75 A/1 200 V 的 IGBT，驱动电路信号延迟小于 1.5 μs，采用单电源 20 V 供电。

EXB840 的功能框图如图 2-30所示。它主要由输入隔离电路、驱动放大电路、过流检测与保护电路以及电源电路组成。其中输入隔离电路是由高速光电耦合器组成的，可隔离交流2 500 V 的信号。过流检测及保护电路根据 IGBT 栅极驱动电平和集电极电压之间的关系，检测是否有过流现象存在。如果有过流，保护电路将慢速关断IGBT，以防止过快地关断时因电路中电感产生的感应电动势升高，使IGBT 集电极电压过高而损坏 IGBT。电源电路将 20 V 外部供电电源变成+15 V 的开栅电压和－5 V 的关栅电压。

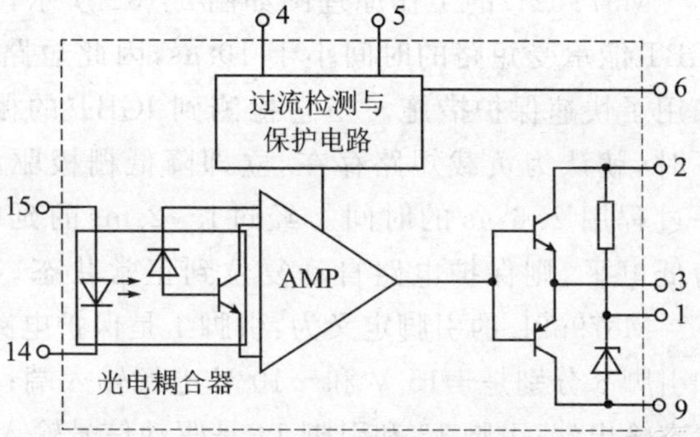

图 2-30 EXB840 芯片功能框图

EXB840 的引脚定义如下：引脚 1 用于连接反偏置电源的滤波电容；引脚 2 和引脚 9 分别是电源和地；引脚 3 为驱动输出；引脚 4 用于连接外部电容器，以防止过流保护误动作(一般场合不需要这个电容);引脚5为过流保护输出;引脚6为IGBT集电极电压监视端;引脚14和引脚15为驱动信号输入端;其余引脚不用。

采用EXB840集成电路驱动IGBT的典型应用电路如图2-31所示。其中ERA34-10是快速恢复二极管。IGBT的栅极驱动连线应该用双绞线,其长度应小于1 m,以防止干扰。如果IGBT的集电极产生大的电压脉冲,可增加IGBT的栅极电阻阻值R_G。

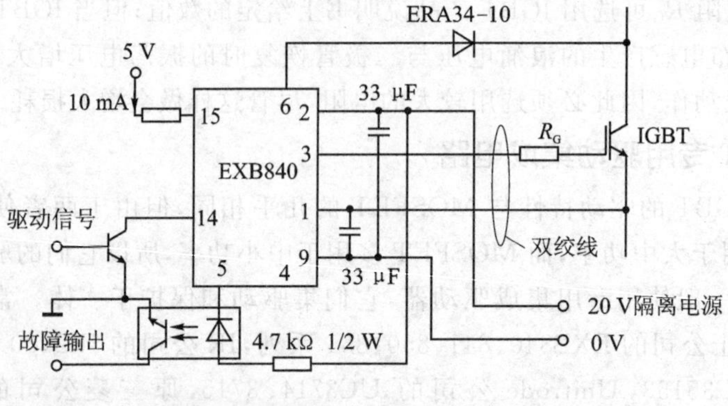

图2-31 EXB840组成的驱动电路

(2) M57962L组成的驱动电路

M57962L与EXB840的原理非常相似。它的最高使用频率为20 kHz,能驱动400 A/600 V或者200 A/1 400 V的IGBT,驱动电路信号延迟小于1.5 μs,采用+15 V和-10 V双电源供电。

M57962L的工作原理图如图2-32所示,与EXB840不同的是它的保护电路。IGBT能承受短路的时间小于10 μs,因此短路保护应在10 μs内完成。M57962L采用了快速保护措施。当它检测到IGBT的栅极电压和集电极电压同时为高电平时,就认为负载短路存在,立即降低栅极驱动电压,并从8脚输出故障信号,这一过程用2.6 μs的时间。经过1~2 ms的延时后,如果保护电路输入信号恢复为低电平,则保护电路自动复位到正常状态。

M57962L的引脚定义为:引脚1是保护电路对IGBT集电极检测输入端;引脚4和引脚6分别是+15 V和-10 V电源输入端;引脚5是驱动输出端;引脚8是故障状态输出端;引脚13和引脚14是驱动信号输入端;其余引脚不用。

采用M57962L集成电路驱动IGBT的典型应用电路如图2-33所示。其中D_1是快速恢复二极管,要求恢复时间小于0.2 μs。对于驱动高压的IGBT,D_1的恢复时间可能较长,则引脚1承受的电压就高,因此在引脚1和引脚6之间加一只稳压管,进行钳位保护。

注意:在M57962L的电源接通和断开的过程中,在电源稳定之前,M57962L都会在引脚8输出故障信号。另外,M57962L的引脚2、3、7、9、10是测试引脚,使用时不要接线。

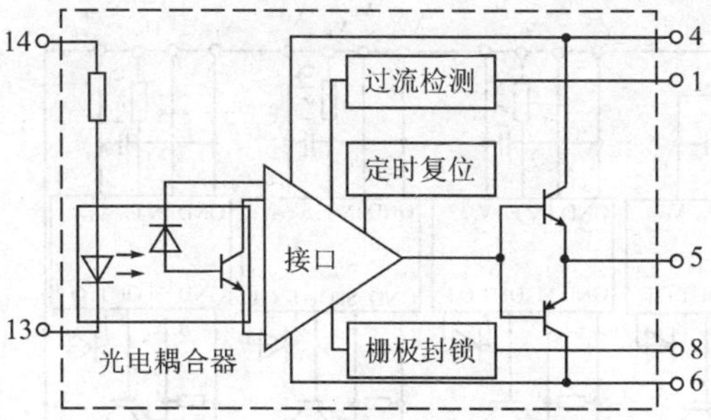

图 2-32 M57962L 芯片工作原理图

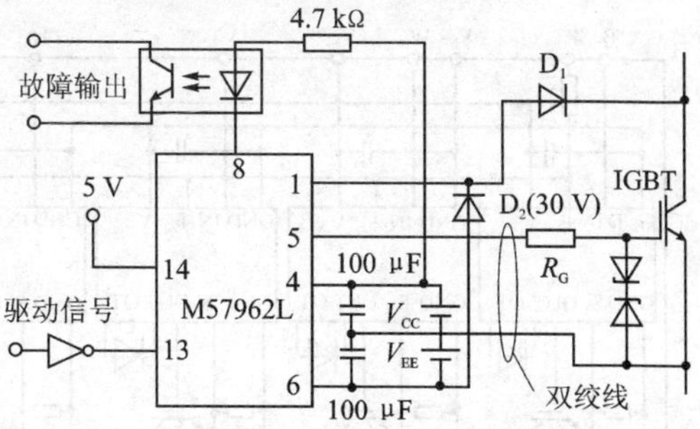

图 2-33 M57962L 组成的驱动电路

2.5 智能功率模块的性能和应用

智能功率模块 IPM(Intelligent Power Modules)是将 IGBT、IGBT 驱动电路和自保护电路集成在一个模块内所形成的器件。由于生产厂家已将 IGBT 与 IGBT 驱动电路的参数匹配成最优,并且带有可靠的自保护电路,因此可以大大减少用户在电机驱动电路和保护电路设计和制作时的工作量,降低了成本,深受人们的喜爱。IPM 自 1990 年诞生至今,几乎世界上所有的功率器件生产厂都开发出各自的 IPM 产品,IPM 已经广泛地应用在电动机驱动领域,成为最常用的功率器件。

2.5.1 智能功率模块的结构

原三菱公司 7 单元 IPM PM50RLA060 模块的外形如图 2-34 所示,其内部结构如图 2-35所示。该模块集成有 7 个 IGBT 和 7 个相应的驱动芯片。其中最左端的 IGBT 用于制动。该模块控制引脚功能如表 2-5 所列。IPM 通常制作成1 单元、2 单元、6 单元和 7 单元的 4 种封装。在不同单元时 IGBT 的分布如图 2-36 所示。

图 2-34 原三菱公司 IPM PM50RLA060 模块的外形

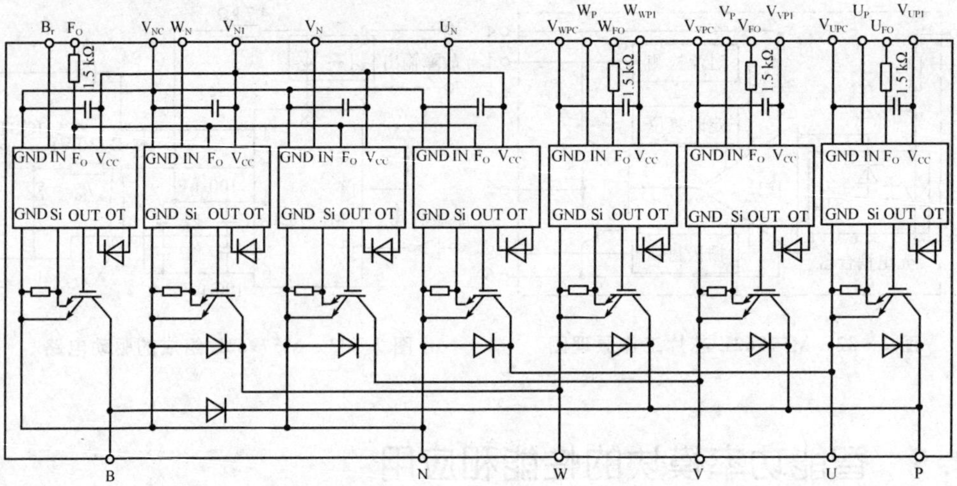

图 2-35 原三菱公司 IPM PM50RLA060 模块内部结构

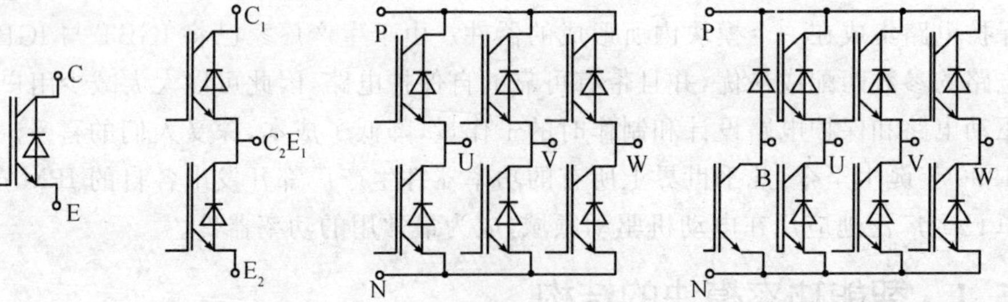

(a) 1 单元　(b) 2 单元　(c) 6 单元　(d) 7 单元

图 2-36 IGBT 的分布

表 2-5 PM50RLA060 模块控制引脚功能

引脚号	引脚名	功　能	引脚号	引脚名	功　能
1	V_{UPC}	U 相上桥臂 IGBT 驱动电源地	11	W_P	W 相上桥臂 IGBT 驱动控制输入
2	UF_O	U 相上桥臂 IGBT 故障输出	12	V_{WP1}	W 相上桥臂 IGBT 驱动电源
3	U_P	U 相上桥臂 IGBT 驱动控制输入	13	V_{NC}	下桥臂 IGBT 驱动电源地
4	V_{UP1}	U 相上桥臂 IGBT 驱动电源	14	V_{N1}	下桥臂 IGBT 驱动电源
5	V_{VPC}	V 相上桥臂 IGBT 驱动电源地	15	Br	制动 IGBT 驱动控制输入
6	VF_O	V 相上桥臂 IGBT 故障输出	16	U_N	U 相下桥臂 IGBT 驱动控制输入
7	V_P	V 相上桥臂 IGBT 驱动控制输入	17	V_N	V 相下桥臂 IGBT 驱动控制输入
8	V_{VP1}	V 相上桥臂 IGBT 驱动电源	18	W_N	W 相下桥臂 IGBT 驱动控制输入
9	V_{WPC}	W 相上桥臂 IGBT 驱动电源地	19	F_O	下桥臂 IGBT 故障输出
10	WF_O	W 相上桥臂 IGBT 故障输出			

原三菱公司的 IPM 部分产品系列如表 2-6 和表 2-7 所列。

表 2-6 原三菱公司高速 IPM 系列

型号		额定值		电机功率/kW	输出特性		内部功能						
		V_{CES}/V	I_C/A		相	电压/V	OC	SC	UV	OT	BR	PF_O	NF_O
L系列	PM50RLA060	600	50	3.7	3	220	×	√	√	√	√	√	√
	PM50RLB060						×	√	√	√	√	√	√
	PM75RLA060		75	5.5/7.5			×	√	√	√	√	√	√
	PM75RLB060						×	√	√	√	√	√	√
	PM100RLA060		100	11			×	√	√	√	√	√	√
	PM100RLB060						×	√	√	√	√	√	√
	PM150RLA060		150	15/18.5			×	√	√	√	√	√	√
	PM150RLB060						×	√	√	√	√	√	√
	PM200RLA060		200	22			×	√	√	√	√	√	√
	PM300RLA060		300	30			×	√	√	√	√	√	√
	PM50CLA060		50	3.7			×	√	√	√	×	√	√
	PM50CLB060						×	√	√	√	×	√	√
	PM75CLA060		75	5.5/7.5			×	√	√	√	×	√	√
	PM75CLB060						×	√	√	√	×	√	√
	PM100CLA060		100	11			×	√	√	√	×	√	√
	PM100CLB060						×	√	√	√	×	√	√
	PM150CLA060		150	15/18.5			×	√	√	√	×	√	√
	PM150CLB060						×	√	√	√	×	√	√
	PM200CLA060		200	22			×	√	√	√	×	√	√
	PM300CLA060		300	30			×	√	√	√	×	√	√
	PM450CLA060		450	37/45			×	√	√	√	×	√	√
	PM600CLA060		600	55			×	√	√	√	×	√	√
S-DASH系列	PM50RSD060		50	3.7			√	√	√	△	√	√	√
	PM75RSD060		75	5.5/7.5			√	√	√	△	√	√	√
	PM100RSD060		100	11			√	√	√	△	√	√	√
	PM150RSD060		150	15/18.5			√	√	√	△	√	√	√
	PM200RSD060		200	22			√	√	√	△	√	√	√
	PM300RSD060		300	30			√	√	√	△	√	√	√
	PM50CSD060		50	3.7			√	√	√	△	×	√	√
	PM75CSD060		75	5.5/7.5			√	√	√	△	×	√	√
	PM100CSD060		100	11			√	√	√	△	×	√	√
	PM150CSD060		150	15/18.5			√	√	√	△	×	√	√
	PM200CSD060		200	22			√	√	√	△	×	√	√
	PM300CSD060		300	30			√	√	√	△	×	√	√
	PM50RSE060		50	3.7			√	√	√	△	√	×	√
	PM75RSE060		75	5.5/7.5			√	√	√	△	√	×	√
	PM100RSE060		100	11			√	√	√	△	√	×	√
	PM150RSE060		150	15/18.5			√	√	√	△	√	×	√
	PM200RSE060		200	22			√	√	√	△	√	×	√

续表 2-6

系列	型号	额定值 V_{CES}/V	额定值 I_C/A	电机功率/kW	输出特性 相	输出特性 电压/V	OC	SC	UV	OT	BR	PF_O	NF_O
S-DASH系列	PM300RSE060	600	300	30	3	220	√	√	√	△	√	×	√
	PM50CSE060		50	3.7			√	√	√	△	×	×	√
	PM75CSE060		75	5.5/7.5			√	√	√	△	×	×	√
	PM100CSE060		100	11			√	√	√	△	×	×	√
	PM150CSE060		150	15/18.5			√	√	√	△	×	×	√
	PM200CSE060		200	22			√	√	√	△	×	×	√
	PM300CSE060		300	30			√	√	√	△	×	×	√
伺服系列	PM50CBS060		50	3.7			√	√	√	√	×	×	√
	PM75CBS060		75	5.5/7.5			√	√	√	√	×	×	√
	PM100CBS060		100	11			√	√	√	√	×	×	√
	PM150CBS060		150	15/18.5			√	√	√	√	×	×	√
	PM200CBS060		200	22			√	√	√	√	×	×	√
	PM300CBS060		300	30			√	√	√	√	×	×	√
V系列	PM100CVA060		100	11			√	√	√	△	×	√	√
	PM150CVA060		150	15			√	√	√	△	×	√	√
	PM200CVA060		200	22			√	√	√	△	×	√	√
	PM300CVA060		300	30			√	√	√	△	×	√	√
	PM75RVA060		75	5.5/7.5			√	√	√	△	√	√	√
	PM400DVA060		400	37	1		√	√	√	△	×	√	√
	PM600DVA060		600	45/55			√	√	√	△	×	√	√

注:OC 表示过流保护;SC 表示短路保护;UV 表示欠压保护;OT 表示过热保护;BR 表示制动;PF_O 表示上桥臂(P 侧)故障信号输出;NF_O 表示下桥臂(N 侧)故障信号输出;√表示有此功能;×表示无此功能;△表示 N 侧有此功能。

表 2-7 原三菱公司高压 IPM 系列

系列	型号	额定值 V_{CES}/V	额定值 I_C/A	电机功率/kW	输出特性 相	输出特性 电压/V	OC	SC	UV	OT	BR	PF_O	NF_O
L系列	PM25RLA120	1 200	25	3.7	3	440	×	√	√	√	√	√	√
	PM25RLB120						×	√	√	√	√	√	√
	PM50RLA120		50	7.5			×	√	√	√	√	√	√
	PM50RLB120						×	√	√	√	√	√	√
	PM75RLA120		75	15			×	√	√	√	√	√	√
	PM75RLB120						×	√	√	√	√	√	√
	PM100RLA120		100	18.5/22			×	√	√	√	√	√	√
	PM150RLA120		150	30			×	√	√	√	√	√	√
	PM25CLA120		25	3.7			×	√	√	√	×	√	√
	PM25CLB120						×	√	√	√	×	√	√
	PM50CLA120		50	7.5			×	√	√	√	×	√	√
	PM50CLB120						×	√	√	√	×	√	√
	PM75CLA120		75	15			×	√	√	√	×	√	√
	PM75CLB120						×	√	√	√	×	√	√
	PM100CLA120		100	18.5/22			×	√	√	√	×	√	√

续表 2-7

型号		额定值		电机功率/kW	输出特性		内部功能						
		V_{CES}/V	I_C/A		相	电压/V	OC	SC	UV	OT	BR	PF_O	NF_O
L系列	PM150CLA120	1 200	150	30	3	440	×	√	√	√	×	√	√
	PM200CLA120		200	37/45			×	√	√	√	×	√	√
	PM300CLA120		300	55			×	√	√	√	×	√	√
	PM450CLA120		450	75			×	√	√	√	×	√	√
S-DASH系列	PM50RSD120		50	7.5			√	√	√	△	√	√	√
	PM75RSD120		75	15			√	√	√	△	√	√	√
	PM100RSD120		100	18.5/22			√	√	√	△	√	√	√
	PM150RSD120		150	30			√	√	√	△	√	√	√
	PM50CSD120		50	7.5			√	√	√	△	×	√	√
	PM75CSD120		75	15			√	√	√	△	×	√	√
	PM100CSD120		100	18.5/22			√	√	√	△	×	√	√
	PM150CSD120		150	30			√	√	√	△	×	√	√
	PM50RSE120		50	7.5			√	√	√	△	√	×	√
	PM75RSE120		75	15			√	√	√	△	√	×	√
	PM100RSE120		100	18.5/22			√	√	√	△	√	×	√
	PM150RSE120		150	30			√	√	√	△	√	×	√
	PM50CSE120		50	7.5			√	√	√	△	×	×	√
	PM75CSE120		75	15			√	√	√	△	×	×	√
	PM100CSE120		100	18.5/22			√	√	√	△	×	×	√
	PM150CSE120		150	30			√	√	√	△	×	×	√
V系列	PM75CVA120		75	15			√	√	√	△	×	√	√
	PM100CVA120		100	18.5/22			√	√	√	△	×	√	√
	PM150CVA120		150	30			√	√	√	△	×	√	√
	PM50RVA120		50	7.5			√	√	√	△	√	√	√
	PM200DVA120		200	30/37	1		√	√	√	△	×	√	√
	PM300DVA120		300	45/55			√	√	√	△	×	√	√

注：表中“内部功能”栏目中各项说明同表 2-6。

为了防止共地产生干扰，目前流行两种方法为 IPM 内部驱动芯片提供电源：

- 使用多个隔离驱动电源，例如原三菱公司的 L 系列、V 系列和 DASH 系列的 IPM。对于使用 1 单元和 2 单元的三相逆变电路，需要提供 6 个隔离驱动电源；对于使用 6 单元和 7 单元的三相逆变电路，需要提供 4 个隔离驱动电源，3 个用于上桥臂的驱动，1 个用于下桥臂的驱动。
- 使用自举电路，例如原三菱公司的 DIP-IPM 系列和 IR 公司的 IRAM 系列。通过自举电路为上桥臂的驱动提供电源，可以只使用单一的电源，这样，大大降低了成本。

IR 公司的 IRAMS06UP60A 模块的内部结构如图 2-37 所示，其引脚功能如表 2-8所列。它只使用一个 15 V 驱动电源，通过图 2-37 中的自举限流电阻 R_3、3 个自举二极管和外接的 3 个自举电容(图中未画)组成的自举电路分别为 3 个上桥臂 IGBT 驱动电路供电。图 2-37中的热调节器用于检测 IPM 温度，通过 T/I_{TRIP} 引脚输出温度信号。当过热时，它会自动关断 IPM 的输出。IR 公司的 IPM 部分产品系列如表 2－9 所列。

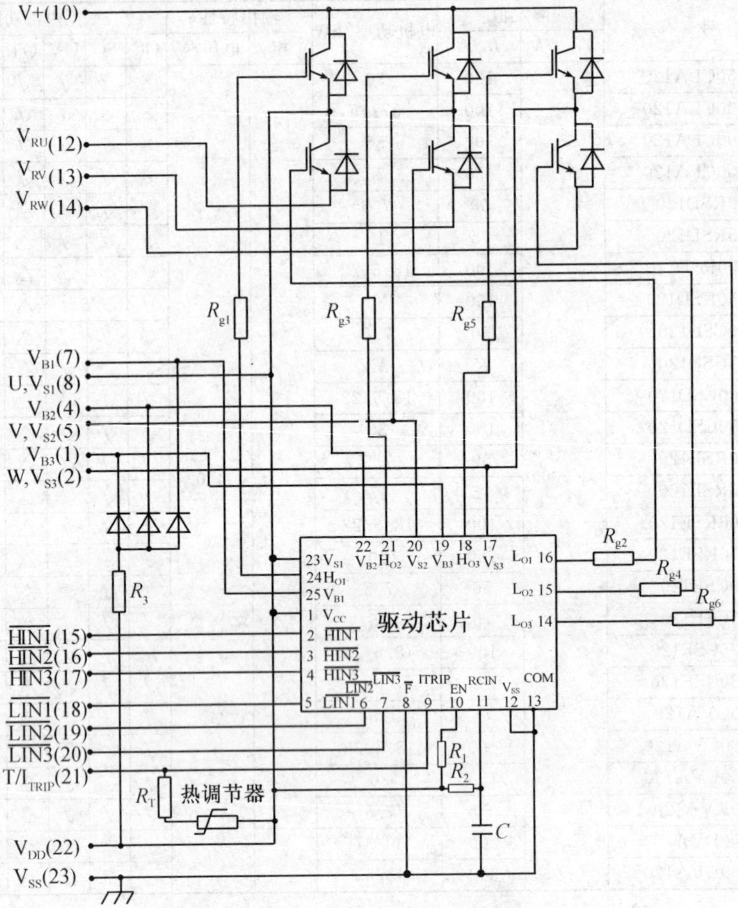

图 2－37　IR 公司 IPM IRAMS06UP60A 模块的内部结构

表 2－8　IRAMS06UP60A 模块的引脚功能

引脚号	引脚名	功　能	引脚号	引脚名	功　能
1	V_{B3}	W 相上桥臂隔离电源(外接自举电容)	13	V_{RV}	V 相下桥臂发射极端
2	W、V_{S3}	W 相输出	14	V_{RW}	W 相下桥臂发射极端
3	未用	—	15	HIN1	U 相上桥臂 IGBT 控制输入端
4	V_{B2}	V 相上桥臂隔离电源(外接自举电容)	16	HIN2	V 相上桥臂 IGBT 控制输入端
5	V、V_{S2}	V 相输出	17	HIN3	W 相上桥臂 IGBT 控制输入端
6	未用	—	18	LIN1	U 相下桥臂 IGBT 控制输入端
7	V_{B1}	U 相上桥臂隔离电源(外接自举电容)	19	LIN2	V 相下桥臂 IGBT 控制输入端
8	U、V_{S1}	U 相输出	20	LIN3	W 相下桥臂 IGBT 控制输入端
9	未用	—	21	T/I_{TRIP}	温度监控输出和关断引脚
10	V＋	总线电源正极	22	V_{CC}	15 V 电源
11	未用	—	23	V_{SS}	15 V 电源地
12	V_{RU}	U 相下桥臂发射极端			

表 2-9　IR 公司 IRAM 系列 IPM

型　号	V_{ces}/V	I_o/A (25℃)	I_o/A (100℃)	最大开关频率/kHz	型　号	V_{ces}/V	I_o/A (25℃)	I_o/A (100℃)	最大开关频率/kHz
IRAMS06UP60A	600	6	3	20	IRAMS10UP60B-3	600	10	5	20
IRAMS06UP60A-2	600	6	3	20	IRAMX16UP60A	600	16	8	20
IRAMS06UP60B	600	6	3	20	IRAMX16UP60A-2	600	16	8	20
IRAMS06UP60B-2	600	6	3	20	IRAMX16UP60B	600	16	8	20
IRAMS10UP60A	600	10	5	20	IRAMX16UP60B-2	600	16	8	20
IRAMS10UP60A-2	600	10	5	20	IRAMX20UP60A	600	20	10	20
IRAMS10UP60B	600	10	5	20	IRAMX20UP60A-2	600	20	10	20
IRAMS10UP60B-2	600	10	5	20	IRAMY20UP60B	600	20	10	20

2.5.2　智能功率模块的自保护特性

IPM 内建了一套复杂的自保护电路，它可以防止功率器件因系统功能失调或负载过重而损坏。因此，可以允许用户最大限度地利用功率器件的能力而不失可靠性。

自保护电路可以提供欠压保护、过热保护、过流保护和短路保护。下面以原三菱公司的 IPM 为例，介绍 IPM 的自保护特性。

1. 欠压保护

IPM 内部控制电路使用隔离的直流 15 V 电源，这个电源很重要，所以必须对其进行监控。

当欠压时间小于 t_{duv} 时，欠压保护电路并不动作，电路仍然正常工作。当这个电源电压降到欠压门限（U_{V_t}）以下时，欠压保护电路动作，IPM 会自动关断，并输出故障信号；在欠压保护时，电压必须超过恢复门限（U_{V_r}），这时，保护电路才解除保护，系统恢复正常操作。欠压保护电路也在系统上电和断电时工作，因此，系统控制器应该考虑延时 t_{F_O}。

欠压保护时序图如图 2-38 所示。图中分别给出了系统在上电、断电、瞬时断电、欠压恢复时的故障信号和门驱动电压的变化情况。

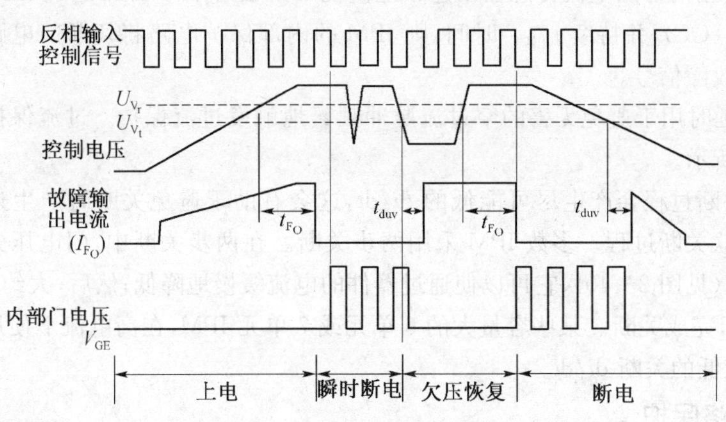

图 2-38　欠压保护时序

2. 过热保护

IPM 内部有一个温度传感器,安装在靠近 IGBT 芯片的绝缘底板上。如果底板的温度超过温度极限(OT),过热保护电路将切断 IPM 的门驱动,以保护 IPM。对于 2 单元、6 单元和7 单元的 IPM,下桥臂的 IGBT 将自动关断,上桥臂的 IGBT 不受影响,保护动作一直持续到过热结束。在保护电路动作期间,IPM 向外输出一个故障信号。只要过热条件存在,故障信号就不会消失。当温度降到过热恢复极限(OTr)以下时,IPM 恢复正常工作。IPM 过热保护时序如图 2-39 所示。

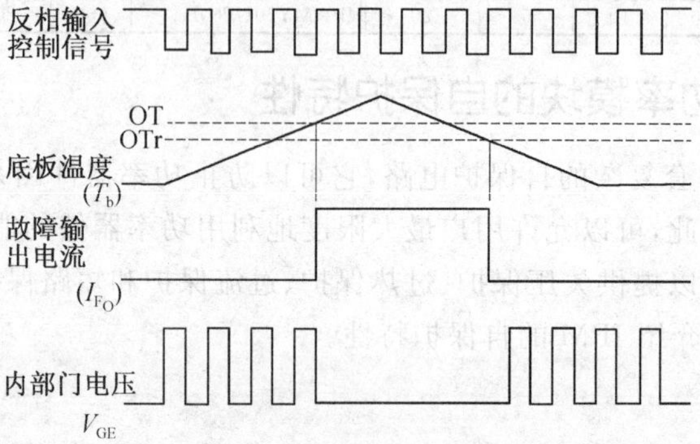

图 2-39　过热保护时序

大多数应用中,在过载和冷却系统失效的情况下,过热保护功能为 IPM 提供了有效的保护,但是,它不能确保 IGBT 不会超过结温。在特殊情况下,例如系统的电流调节功能失效或者使用超高开关频率,都有可能在底板温度还没有达到 OT 时,就使 IGBT 的结温超过 $T_{j(max)}$。

注意:在使用中还要避免连续重复触发过热保护。

3. 过流保护

IPM 使用内部的电流传感器来连续地监视 IPM 的电流。如果通过 IPM 的电流超过过流极限(OC),并持续 $t_{off(OC)}$ 时间,则 IPM 的内部保护电路将切断门电路来保护器件,并发出故障信号。

$t_{off(OC)}$ 延时用于避免无害的窄过流脉冲频繁地触发过流保护。过流保护操作时序如图2-40所示。

自动关断过程会产生尽可能低的 di/dt,这会有助于避免关断时产生过度电压尖峰,这就是软关断过程。多数 IPM 采用两步关断。在两步关断中,门电压先被降低到一个中间值(见图 2-40),它可以使通过器件的电流缓慢地降低;然后,大约 5 μs 后,门电压降到 0,完成关断。某些容量大的 6 单元或 7 单元 IPM,在高电流下使用斜坡门电压来获得较低的关断 di/dt。

4. 短路保护

如果负载发生短路或因系统控制器失效而引起上下桥臂直通,则 IPM 内部的短路

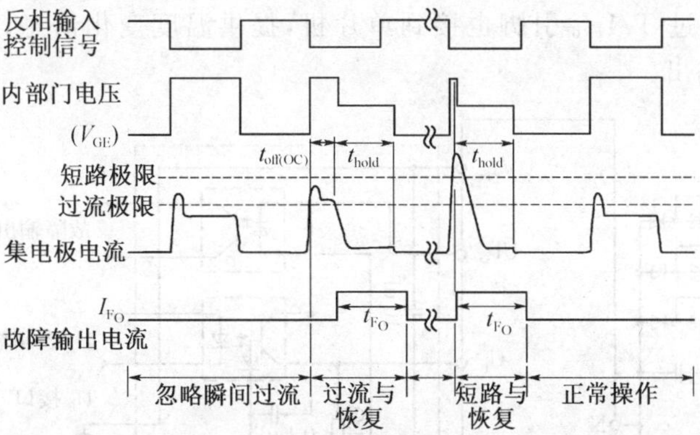

图 2-40　过流与短路保护时序

保护电路动作,以防止 IGBT 损坏。

当通过 IGBT 的电流超过短路极限(SC)时,保护电路立即关断,同时输出故障信号。可以采用与过流保护相同的技术来减小过渡电压尖峰,如图 2-40 所示。

为了减少短路检测和短路关断的响应时间,采用了一个实时电流控制电路(RTC),这个电路使响应时间小于 100 ns。

采取外部措施来避免频繁地重复触发过流保护和短路保护。

在紧急关断时,会产生较高的浪涌电压,因此在驱动电路设计中,要考虑设计缓冲电路和低电感的总线。

5. 故障信号的使用

为了使接口电路简单,IPM 的设计可使得不管什么类型的故障发生,都通过一个故障引脚输出故障信号,而且可以通过测量故障信号持续时间的长短来识别是什么故障。

2.5.3　智能功率模块的应用

原三菱公司 7 单元 IPM 用于电机驱动的接口电路如图 2-41 所示。该电路采用 4 个 15 V 隔离电源,其中每个上桥臂各用一个隔离电源,3 个下桥臂共用一个隔离电源。6 个开关管的控制输入端采用高速光电耦合器隔离,例如可选用惠普公司的光电耦合器 HCPL4504,在 15 V 电源之间,加一个 0.1 μF 薄膜或陶瓷电容,用于解耦。每个上桥臂开关管都有一个故障输出,3 个下桥臂开关管也有一个故障输出,这些故障输出以及制动控制输入也要接光电耦合器隔离,例如可选用夏普公司的低速光电耦合器 PC817。图中 C_s 是解耦电容,可在 0.1～2.0 μF 范围内选择。

IR 公司 6 单元 IPM IRAMS06UP60A 模块的电机驱动接口电路如图 2-42 所示。该电路只用 1 个 15 V 驱动电源,取代其他隔离电源的是外接了 3 个自举电容,自举电容的值根据开关频率来确定。3 个电阻分别作为 3 个相电流传感器,其上产生的 3 个电压降作为相电流反馈信号接到单片机。如果出现过流或短路故障,则单片机通过发出低电平使外接的 MOSFET 关断,从而使 IPM 关闭输出。来自 IPM 内部的温度信号通过 T/I_{TRIP} 引脚也接到单片机，提供温度变化信息，当产生过热时，IPM 自动关闭输出。

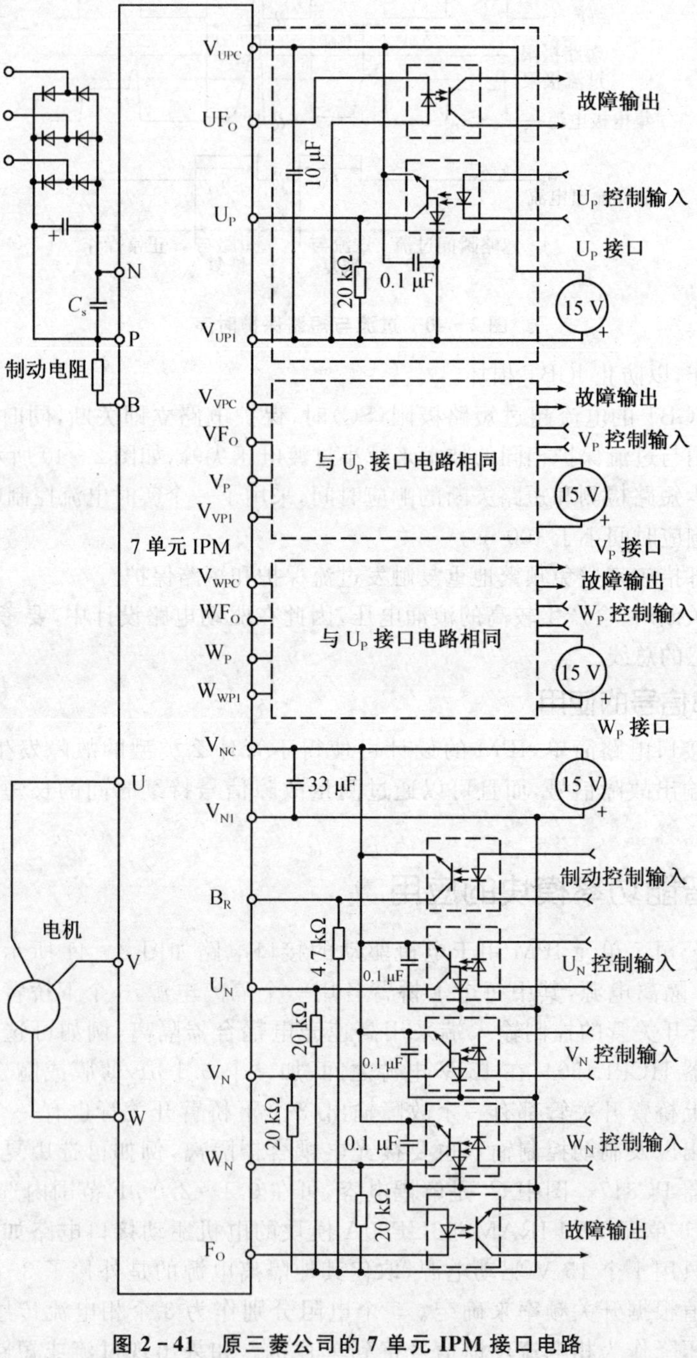

图 2-41 原三菱公司的 7 单元 IPM 接口电路

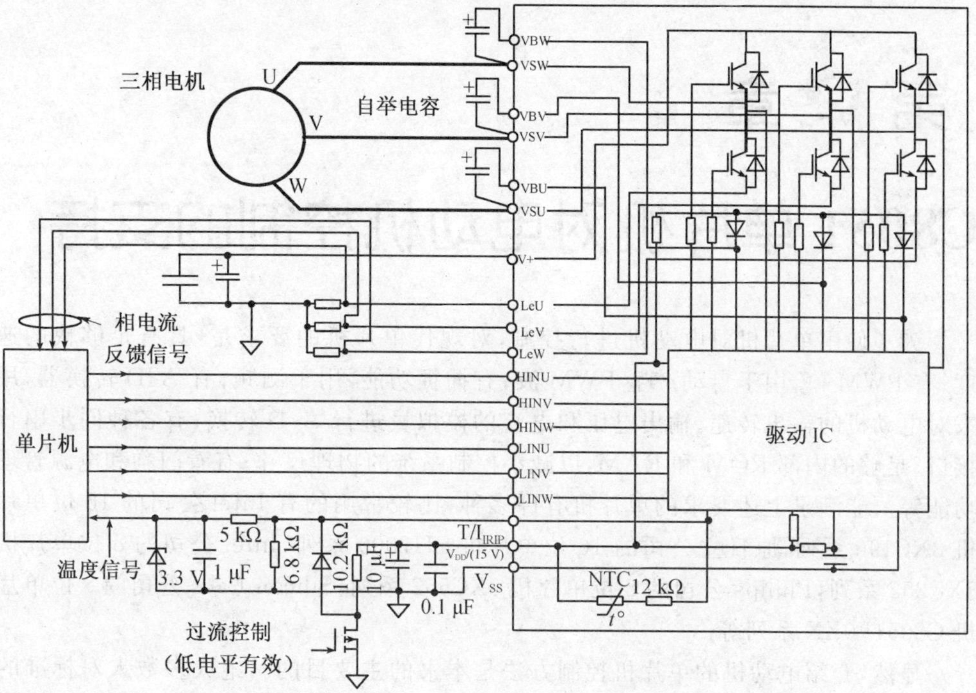

图 2-42 IR 公司的 6 单元 IPM 接口电路

习题与思考题

2-1 请叙述 GTO、GTR、MOSFET、IGBT 各自的特点及应用范围。

2-2 是什么因素影响 GTO 的开关速度?

2-3 试设计能驱动 500 A 的 GTO 驱动电路。

2-4 什么是 GTR 的二次击穿现象?如何避免二次击穿?

2-5 为什么说 MOSFET 和 IGBT 是电压型开关器件?

2-6 什么是 MOSFET 的通态电阻?它有什么作用?

2-7 用 4 只 MOSFET 作逆变桥臂,试设计其驱动电路。

2-8 如何确定 IGBT 的栅极电阻阻值?

2-9 为什么 IGBT 会发生擎住效应?如何避免?

2-10 为什么要降低开关管的损耗?如何降低?

第3章

C8051单片机对电动机控制的支持

为了使用单片机对电动机进行控制，对现代单片机的要求是：具有足够快的速度；有PWM口，用于自动产生PWM波；有捕捉功能，用于测频；有A/D转换器，用来对电动机的输出转速、输出电压和电流的模拟量进行A/D转换；有各种同步串行接口、足够的内部ROM和RAM，以减小控制系统的物理尺寸；有看门狗和电源管理功能等。能满足上述要求的单片机有许多种，比较常用的有Intel公司的16位单片机8XC196系列，原日立公司的16位单片机SH7000系列，Intel公司的8位单片机8XC252系列，Philips公司的8位单片机8XC552系列，Silicon Labs公司的8位单片机C8051F0XX系列等。

显然，介绍电动机的单片机控制方法是本书的主要目的。绝大多数人对标准的8051单片机比较熟悉，国内许多大专院校也多以标准的8051单片机作为专业基础课。实际上现在看来，标准的8051单片机功能过于简单。但是，许多有关电动机控制的书，仍然使用标准的8051单片机，通过仿真PWM口和查表法的方式对电动机进行控制。这种方式是以牺牲单片机机时来换取功能，基本上不实用，在实际中使用得不多。为了使读者达到学以致用的目的，就必须学会利用现代单片机的新功能。

为了解决多数读者对标准的8051单片机比较熟悉，而标准的8051单片机又不具备PWM等新功能这一矛盾，本书实例中选择了一种与标准的8051单片机全兼容，并且具有新功能的8位单片机C8051。本章将重点介绍这种单片机在电动机控制中的一些常用功能。

3.1 C8051F05/15单片机的特点

C8051F005/15单片机的原理框图如图3-1所示。

C8051单片机是全集成混合信号片上系统单片机。片上系统是随着半导体生产技术的不断发展、集成度越来越高、对嵌入式控制技术可靠性要求越来越高而产生的新概念，即SoC(System on Chip)，意思是整个系统都高度集成在一个芯片上。C8051单片机是功能最强大的8位单片机之一。

1. C8051F005/15单片机的片内资源

C8051F005/15单片机的片内资源有：

- 10 位/12 位多通道输入模/数转换器(ADC);
- 2 路 12 位数/模转换器(DAC);
- 2 路电压比较器;
- 电压基准(内部、外部);
- 内置温度传感器(±3 ℃);
- 16 位可编程定时器/计数器阵列(PCA),可用于 PWM 波发生器;
- 4 个通用 16 位定时器;
- 32 个通用 I/O 口;
- 带有 I²C/SMBus、SPI、UART 串行总线;
- 32 KB FLASH 内部程序存储器;
- 2 304 字节内部数据 RAM;
- 片内电源监测、片内看门狗定时器、片内时钟源。

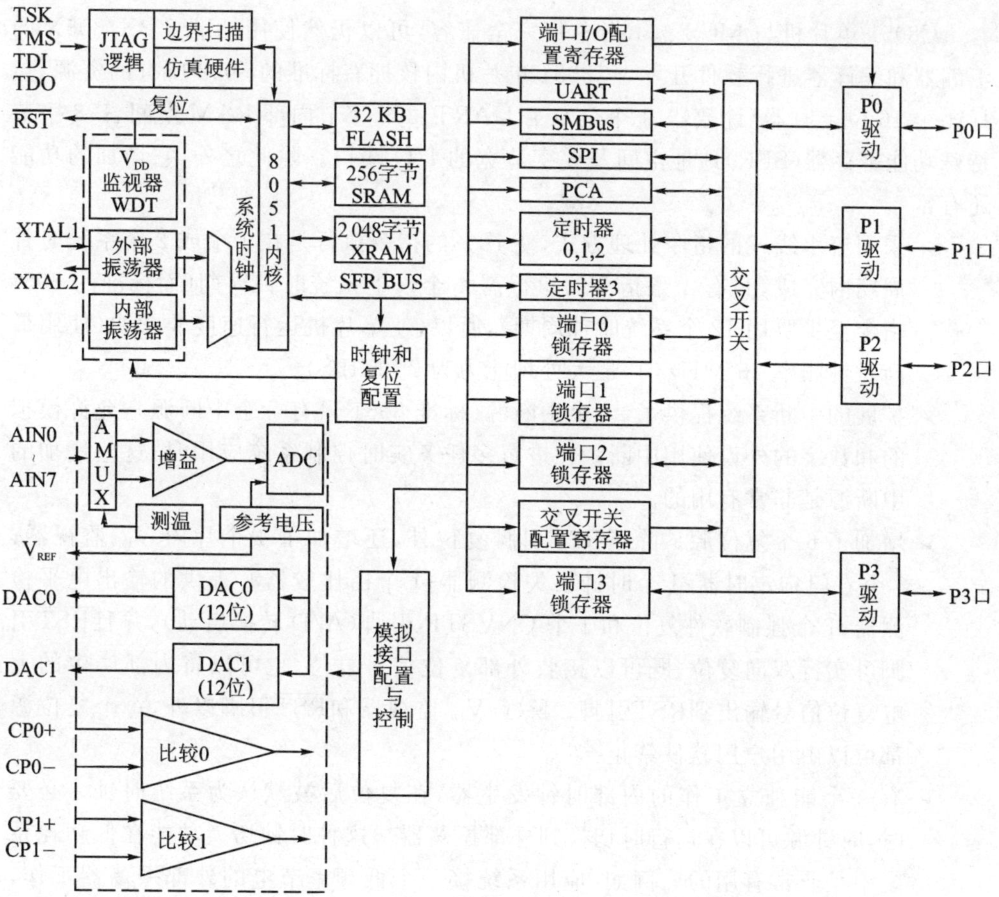

图 3-1 C8051F005/15 单片机原理框图

2. C8051F005/15 单片机的主要特点

C8051F005/15 单片机的主要特点如下:

- 具有高速的(25 MIPS(兆条指令每秒))、与 8051 全兼容的微控制器内核;
- FLASH 存储器可实现在线编程和用于非易失性数据存储(E^2 PROM 的作用);
- 工作电压典型值为 3 V(2.7~3.3 V),全部 I/O、RST、JTAG 引脚均允许 5 V 电压输入;
- 全系列芯片均为工业级(温度范围为−45~+85 ℃);
- 片内 JTAG 仿真电路提供全速、非插入式(不使用在片资源)的电路内仿真,支持断点、单步观察点、运行和停止等调试命令,支持存储器和寄存器校验和修改。

3. 增加的功能

C8051 单片机与 MCS-51 指令集完全兼容,可以仍然使用标准 803X/805X 的汇编器和编译器进行软件开发。C8051 单片机内核拥有标准的 8052 所有的资源,包括 4 个 16 位定时器/计数器、1 个全双工 UART、256 字节内部 RAM 空间、128 字节特殊功能寄存器(SFR)地址空间及 4 字节宽的 I/O 端口。除此之外,它增加的功能还有:

- 采用流水线式的指令处理方式,使 70%的指令执行是在 1 个或 2 个系统时钟周期内完成,只有 4 条指令的执行需 4 个以上系统时钟周期(而标准的 8051 指令至少要用 12 个系统时钟周期),所以,使单片机运行速度非常快(使用最高时钟频率 25 MHz 时,最大处理能力为 25 MIPS)。
- 扩展的中断系统提供了 21 个中断源(标准 8051 只有 7 个中断源),允许模拟的和数字的外设使用中断。在进行多任务实时控制系统应用时,这些增加的中断源是非常有用的。
- 增加了 6 个复位源。除了$\overline{RST}$引脚复位外,还增加了 1 个片内 V_{DD} 监视器;1 个看门狗定时器;1 个时钟丢失检测器;1 个由比较器 0 提供的输出电平检测器;1 个强制软件复位和 1 个 CNVSTR 引脚(A/D 转换启动),并且$\overline{RST}$引脚可实行双向复位,既可以接收外部复位信号复位,也可以将内部产生的上电复位信号输出到$\overline{RST}$引脚。除了 V_{DD} 监视器和$\overline{RST}$引脚以外,每个复位源都可以由用户用软件禁止。
- 有一个能独立工作的内部时钟发生器,在复位后被默认为系统时钟。必要时,时钟源可以在运行时切换到外部振荡器。这种时钟切换功能在低功耗系统中是非常有用的。例如,应用系统接一个低频率节电的外部振荡器工作,当需要时,再切换到高速(最高 16 MHz)的内部振荡器工作。外部振荡器可以使用晶体、陶瓷谐振器、RC 或外部任何其他时钟源。

- 全部采用 FLASH 内部程序存储器，存储空间为 32 KB。FLASH 存储器编程时不需要额外的编程电压，并且还可以作为非易失性数据存储器使用。
- 设计有专用的在线调试口（JTAG）和片内调试电路，所以可以实现非插入式在片仿真调试。不需要使用传统的专用仿真器。调试时，所有的数字和模拟口都能正常工作。
- 增加了数字交叉开关，它可将内部数字系统的资源如定时器、串行总线、外部中断源、A/D 转换输入、比较器输出、PWM、捕捉/比较等定向到 P0、P1 和 P2 口，也就是说在 P0、P1 和 P2 口不设专用的第二功能。这样使这些端口的工作分配更加灵活。
- 增加了可自动装载的定时器，用它可以做日历时钟。此外，特别设计了一个 16 位 PCA，用它作为 5 个可编程的捕捉/比较模块的专用定时器/计数器。每种捕捉/比较模块都有 4 种工作方式：边缘触发捕捉、比较、高速输出、PWM。
- 除设计有标准的全双工的 UART 串行接口之外，还有 Philips 或者 Intel 标准的 I^2C/SMBus 串行接口和 Freescale 标准的 SPI 串行接口。使用这两种串行接口与外部同种类串行芯片接口，可以减小应用系统的物理尺寸。
- 内部集成了 8 个通道、10～12 位 ADC 和可编程增益放大器。其 A/D 转换速度为100 ksps。可提供片内电压基准和外接电压基准。可通过编程启用内部温度传感器来监测环境温度。A/D 转换可有 4 种启动方式：软件命令、T2 溢出、T3 溢出、外部信号输入。
- 有 2 个比较器和 2 个 12 位 DAC。DAC 为电压输出模式，与 ADC 共用参考电压。

3.2 C8051 单片机的组成

3.2.1 C8051 单片机的结构

C8051 单片机的 CPU 原理框图如图 3-2 所示。

1. 指令系统

C8051 单片机的 CPU 仍然采用标准的 8051 内核，但使用流水线指令执行结构，因此速度很快。其指令系统与标准的 8051 一样，唯有 MOVX 指令增加了新功能。当将程序存储读/写控制寄存器 PSCTL 的写控制位打开时，可以用 MOVX 指令对 FLASH 进行写操作，用于更新程序代码或保存重要数据。

2. 存储器结构

C8051 单片机 F005/15 系列的存储器结构如图 3-3 所示，它与标准的 8051 存储器组织相似。内部程序存储器全部由 32 KB 的 FLASH 组成，该存储器中有 512 字节(7E00H～7FFFH)保留给制造厂商使用，用户不能使用。另有 128 字节(8000H～807FH)可供用户作为非易失性数据存储器使用。例如，将本次运行的内部 RAM 低 128 字节的数据保存到 FLASH 中，以供下次开机时继续使用。

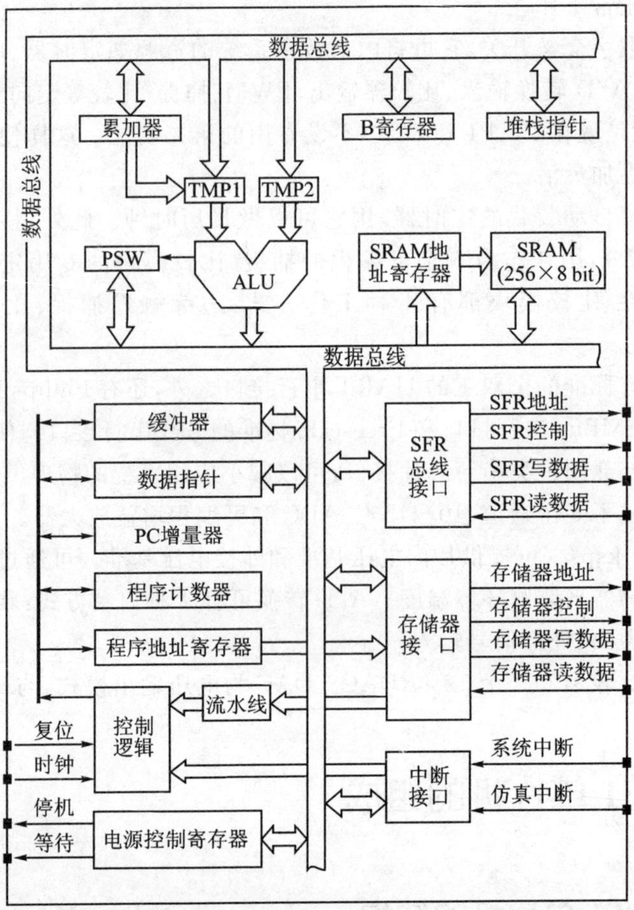

图 3-2　C8051 单片机的 CPU 原理框图

FLASH 以 512 字节为一个扇区。在编程时，要求先擦除后再写。擦除操作是以扇区为单位进行的。用软件对 FLASH 的编程过程如下：

➢ 用 FLSCL 寄存器中的 FLASCL 位允许 FLASH 存储器的写/擦除操作；
➢ 置位 PSEE(PSCTL.1)，允许 FLASH 扇区擦除；
➢ 置位 PSWE(PSCTL.0)，允许 FLASH 写入；
➢ 用 MOVX 指令向待擦除扇区内的任何一个地址写入一个数据字节；
➢ 清除 PSEE 以禁止 FLASH 扇区擦除；

➢ 用 MOVX 指令向刚擦除的扇区中所希望的地址写入数据字节(写入的字节数可以是一个字节到整个扇区之间的任何值),重复该步直到结束;
➢ 清除 PSWE 以禁止 FLASH 写入。

FLASH 在被编程或擦除期间,C8051 中的程序停止执行。

C8051 单片机内部有 256 字节的 RAM,因此,SP 堆栈的栈顶可以到 FFH。RAM 中的高 128 字节与特殊功能寄存器 SFR 共用同一地址,为了区分两者,高 128 字节的 RAM 只能间接寻址。

C8051 单片机内部还可以集成 2 KB 的 RAM。对这种 RAM 的操作仍然用 MOVX 指令。

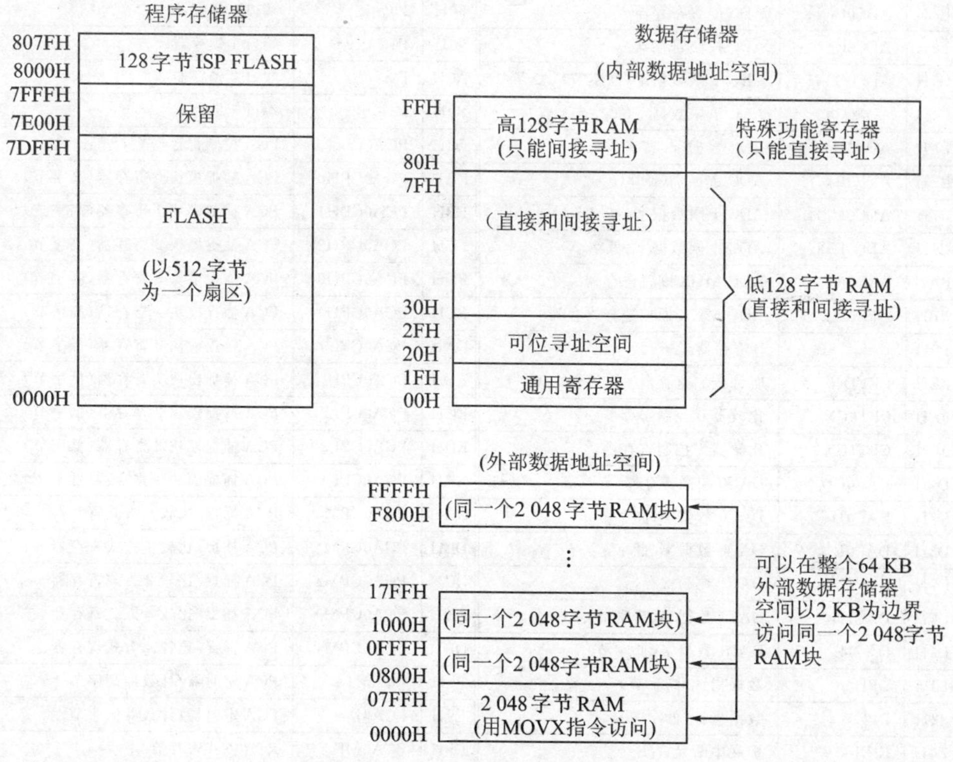

图 3-3 存储器结构图

3. 堆 栈

CPU 中有 1 个 32 位移位寄存器,用于硬件堆栈记录。每次压栈或 SP 增 1 都向该寄存器压入 1 个记录位,每次子程序调用或中断都向该寄存器压入 2 个记录位。1 次出栈或 SP 减 1 弹出 1 个记录位,1 次返回弹出 2 个记录位。堆栈记录可以检测堆栈的上溢和下溢,即使在单片机运行全速调试时也可以通知调试软件。

4. 特殊功能寄存器 SFR

C8051 单片机有 128 字节的空间来存放特殊功能寄存器 SFR,其地址与高 128 字节的 RAM 相同,对 SFR 采用直接寻址。C8051 的 SFR 包含了标准的 8051 单片机中的全部 SFR,还增加了一些用于配置和控制新增加的子系统。这就可以在保证与 MCS-51 指令集兼容的前提下使用新增加的功能。

有关每个特殊功能寄存器的说明如表 3-1 所列。

表 3-1　C8501 单片机特殊功能寄存器

地　址	寄存器名	说　明	地　址	寄存器名	说　明
E0H	ACC	累加器	B1H	OSCXCN	外部振荡器控制寄存器
BCH	ADC0CF	ADC 配置寄存器	80H	P0	端口 0 锁存器
E8H	ADC0CN	ADC 控制寄存器	90H	P1	端口 1 锁存器
C5H	ADC0GTH	ADC 下限数据字(高字节)	A0H	P2	端口 2 锁存器
C4H	ADC0GTL	ADC 下限数据字(低字节)	B0H	P3	端口 3 锁存器
BFH	ADC0H	ADC 数据字(高字节)	D8H	PCA0CN	PCA 控制寄存器
BEH	ADC0L	ADC 数据字(低字节)	FAH	PCA0CPH0	PCA 捕捉模块 0 寄存器(高字节)
C7H	ADC0LTH	ADC 上限数据字(高字节)	FBH	PCA0CPH1	PCA 捕捉模块 1 寄存器(高字节)
C6H	ADC0LTL	ADC 上限数据字(低字节)	FCH	PCA0CPH2	PCA 捕捉模块 2 寄存器(高字节)
BAH	AMX0CF	ADC MUX 配置寄存器	FDH	PCA0CPH3	PCA 捕捉模块 3 寄存器(高字节)
BBH	AMX0SL	ADC MUX 通道选择寄存器	FEH	PCA0CPH4	PCA 捕捉模块 4 寄存器(高字节)
F0H	B	B 寄存器	EAH	PCA0CPL0	PCA 捕捉模块 0 寄存器(低字节)
8EH	CKCON	时钟控制寄存器	EBH	PCA0CPL1	PCA 捕捉模块 1 寄存器(低字节)
9EH	CPT0CN	比较器 0 控制寄存器	ECH	PCA0CPL2	PCA 捕捉模块 2 寄存器(低字节)
9FH	CPT1CN	比较器 1 控制寄存器	EDH	PCA0CPL3	PCA 捕捉模块 3 寄存器(低字节)
D4H	DAC0CN	DAC0 控制寄存器	EEH	PCA0CPL4	PCA 捕捉模块 4 寄存器(低字节)
D3H	DAC0H	DAC0 数据字(高字节)	DAH	PCA0CPM0	PCA 捕捉/比较 0 方式寄存器
D2H	DAC0L	DAC0 数据字(低字节)	DBH	PCA0CPM1	PCA 捕捉/比较 1 方式寄存器
D7H	DAC1CN	DAC1 控制寄存器	DCH	PCA0CPM2	PCA 捕捉/比较 2 方式寄存器
D6H	DAC1H	DAC1 数据字(高字节)	DDH	PCA0CPM3	PCA 捕捉/比较 3 方式寄存器
D5H	DAC1L	DAC1 数据字(低字节)	DEH	PCA0CPM4	PCA 捕捉/比较 4 方式寄存器
83H	DPH	数据指针(高字节)	F9H	PCA0H	PCA 定时器/计数器高字节
82H	DPL	数据指针(低字节)	E9H	PCA0L	PCA 定时器/计数器低字节
E6H	EIE1	扩展中断允许 1	D9H	PCA0MD	PCA 方式寄存器
E7H	EIE2	扩展中断允许 2	87H	PCON	电源控制寄存器
F6H	EIP1	扩展中断优先级 1	A4H	PRT0CF	端口 0 配置寄存器
F7H	EIP2	扩展中断优先级 2	A5H	PRT1CF	端口 1 配置寄存器
AFH	EMI0CN	外部存储器接口控制寄存器	A6H	PRT2CF	端口 2 配置寄存器
B7H	FLACL	FLASH 访问限制	A7H	PRT3CF	端口 3 配置寄存器
B6H	FLSCL	FLASH 存储器时序预分频器	ADH	PRT1IF	端口 1 中断标志寄存器
A8H	IE	中断允许寄存器	8FH	PSCTL	程序存储读/写控制寄存器
B8H	IP	中断优先级控制寄存器	D0H	PSW	程序状态字
B2H	OSCICN	内部振荡器控制寄存器	CBH	RCAP2H	定时器/计数器 2 捕捉(高字节)

续表 3-1

地 址	寄存器名	说 明	地 址	寄存器名	说 明
CAH	RCAP2L	定时器/计数器 2 捕捉(低字节)	8CH	TH0	定时器/计数器 0 数据字(高字节)
D1H	REF0CN	电压基准控制寄存器	8DH	TH1	定时器/计数器 1 数据字(高字节)
EFH	RSTSRC	复位源寄存器	CDH	TH2	定时器/计数器 2 数据字(高字节)
99H	SBUF	串口数据缓冲器(UART)	8AH	TL0	定时器/计数器 0 数据字(低字节)
98H	SCON	串口控制寄存器(UART)	8BH	TL1	定时器/计数器 1 数据字(低字节)
C0H	SMB0CN	SMBus0 控制寄存器	CCH	TL2	定时器/计数器 2 数据字(低字节)
C1H	SMB0STA	SMBus0 状态寄存器	89H	TMOD	定时器/计数器方式寄存器
C2H	SMB0DAT	SMBus0 数据寄存器	91H	TMR3CN	定时器 3 控制寄存器
C3H	SMB0ADR	SMBus0 地址寄存器	95H	TMR3H	定时器 3(高字节)
CFH	SMB0CR	SMBus0 时钟频率设置寄存器	94H	TMR3L	定时器 3(低字节)
81H	SP	堆栈指针	93H	TMR3RLH	定时器 3 重载值(高字节)
9AH	SPI0CFG	串行外设接口配置	92H	TMR3RLL	定时器 3 重载值(低字节)
9BH	SPI0DAT	SPI 端口 1 数据	FFH	WDTCN	看门狗定时器控制
9DH	SPI0CKR	SPI 时钟频率	E1H	XBR0	交叉开关控制 0
F8H	SPI0CN	SPI 总线控制	E2H	XBR1	交叉开关控制 1
C8H	T2CON	定时器/计数器 2 控制	E3H	XBR2	交叉开关控制 2
88H	TCON	定时器/计数器控制			

3.2.2 中断系统

C8051 单片机除了保留标准 8051 的 7 个中断源外，还增加了 14 个中断源。新增加的大部分中断源要通过软件清中断标志位。中断允许寄存器 IE 中的 EA 位仍然是控制全部中断的总开关。

1. 中断一览表

表 3-2 是中断一览表。它列出了每一个中断源的中断向量、中断优先权、中断标志位和允许标志位。

外部中断 0、1 可选择低电平触发或下降沿触发，外部中断 4～7 只能用下降沿触发。

表 3-2 中断一览表

中断源	中断向量	中断优先权	中断标志	允许标志位
复位	0000H	最高	无	始终使能
外部中断 0 ($\overline{\text{INT0}}$)	0003H	0	IE0 (TCON.1)	EX0 (IE.0)
定时器 0 溢出	000BH	1	IE0 (TCON.5)	ET0 (IE.1)
外部中断 1 ($\overline{\text{INT1}}$)	0013H	2	IE1 (TCON.3)	EX1 (IE.2)
定时器 1 溢出	001BH	3	TF1 (TCON.7)	ET1 (IE.3)
串行接口(UART)	0023H	4	RI (SCON.0) TI (SCON.1)	ES (IE.4)
定时器 2 溢出(或 EXF2)	002BH	5	TF2 (T2CON.7)	ET2 (IE.5)

续表 3-2

中断源	中断向量	中断优先权	中断标志	允许标志位
串行外设接口	0033H	6	SPIF (SPI0STA.7)	ESPI0 (IEI1.0)
SMBus 接口	003BH	7	SI (SMB0CN.3)	ESMB0 (EIE1.1)
ADC0 窗口比较	0043H	8	ADWINT(ADC0CN.2)	EWADC0(EIE1.2)
可编程计数器阵列	004BH	9	CF (PCA0CN.7) CCFn (PCA0CN.n)	EPCA0 (EIE1.3)
比较器 0 下降沿	0053H	10	CP0FIF (CPT0CN.4)	ECP0F (EIE1.4)
比较器 0 上升沿	005BH	11	CP0RIF (CPT0CN.3)	ECP0R (EIE1.5)
比较器 1 下降沿	0063H	12	CP1FIF (CPT1CN.4)	ECP1F (EIE1.6)
比较器 1 上升沿	006BH	13	CP1RIF (CPT1CN.3)	ECP1R (EIE1.7)
定时器 3 溢出	0073H	14	TF3 (TMR3CN.7)	ET3 (EIE2.0)
ADC0 转换结束	007BH	15	ADCINT (ADC0CN.5)	EADC0 (EIE2.1)
外部中断 4	0083H	16	IE4 (PRT1IF.4)	EX4 (EIE2.2)
外部中断 5	008BH	17	IE5 (PRT1IF.5)	EX5 (EIE2.3)
外部中断 6	0093H	18	IE6 (PRT1IF.6)	EX6 (EIE2.4)
外部中断 7	009BH	19	IE7 (PRT1IF.7)	EX7 (EIE2.5)
未使用的中断位置	00A3H	20	无	保留(EIE2.6)
外部晶体振荡器准备好	00ABH	21	XTLVLD(OSCXCN.7)	EXVLD (ELE2.7)

2. 中断优先权和响应时间

每个中断都有 2 个优先级:低级和高级。低优先级中断可以被高优先级中断所中断,但反之则不行。如果 2 个同优先级中断同时申请服务,则按表 3-2 所列的优先级顺序排队,在前者先得到服务。

中断响应时间取决于中断发生时 CPU 的状态。中断系统在每个系统时钟周期对中断标志采样,最快的响应时间为 5 个系统时钟周期(1 个周期用于检测中断,4 个周期完成对中断子程序的调用)。如果中断标志有效时,CPU 正在执行 RETI 指令,则需要再执行 1 条指令才能进入中断服务程序,因此,最长的中断响应时间发生在 CPU 正在执行 RETI 指令,而下一条指令恰好是 DIV 时。在这种情况下响应时间为 18 个系统时钟周期(1 个时钟周期检测中断,5 个时钟周期执行 RETI,8 个时钟周期完成 DIV 指令,4 个时钟周期执行对中断服务子程序的调用)。如果 CPU 正在执行一个具有相同或更高优先级的中断服务,则新中断要等到当前服务执行完(包括 RETI和下一条指令)才能得到服务。

3. 中断寄存器

除了原有的中断允许寄存器 IE 和中断优先级寄存器 IP 外,C8051 又增加了 2 个扩展的中断允许寄存器 EIE1 和 EIE2,以及 2 个扩展的中断优先级寄存器 EIP1 和 EIP2。

● 扩展中断允许 1 寄存器 EIE1

复位值	地址	位 7	位 6	位 5	位 4	位 3	位 2	位 1	位 0
00H	E6H	ECP1R	ECP1F	ECP0R	ECP0F	EPCA0	EWADC0	ESMB0	ESPI0

其中：

ECP1R　允许比较器 1(CP1)上升沿中断；

ECP1F　允许比较器 1(CP1)下降沿中断；

ECP0R　允许比较器 0(CP0)上升沿中断；

ECP0F　允许比较器 0(CP0)下降沿中断；

EPCA0　允许可编程计数器列阵(PCA)中断；

EWADC0　允许 ADC0 窗口比较中断；

ESMB0　允许 SMBus0 中断；

ESPI0　允许串行接口 0 中断。

以上各位值为 1 表示允许，0 表示禁止。

● 扩展中断允许 2 寄存器 EIE2

复位值	地址	位 7	位 6	位 5	位 4	位 3	位 2	位 1	位 0
00H	E7H	EXVLD	—	EX7	EX6	EX5	EX4	EADC0	ET3

其中：

EXVLD　允许外部时钟源有效(XTLVLD)中断；

EX7　允许外部中断 7 中断；

EX6　允许外部中断 6 中断；

EX5　允许外部中断 5 中断；

EX4　允许外部中断 4 中断；

EADC0　允许 ADC0 转换结束中断；

ET3　允许定时器 3 中断。

以上各位值为 1 表示允许，0 表示禁止。

● 扩展中断优先级 1 寄存器 EIP1

复位值	地址	位 7	位 6	位 5	位 4	位 3	位 2	位 1	位 0
00H	F6H	PCP1R	PCP1F	PCP0R	PCP0F	PPCA0	PWADC0	PSMB0	PSPI0

其中：

PCP1R　比较器 1(CP1)上升沿中断优先级；

PCP1F　比较器 1(CP1)下降沿中断优先级；

PCP0R　比较器 0(CP0)上升沿中断优先级；

PCP0F　比较器 0(CP0)下降沿中断优先级；

PPCA0　可编程计数器阵列(PCA0)中断优先级；

PWADC0　ADC0 窗口比较器中断优先级；

PSMB0　SMBus0 中断优先级；

PSPI0　串行接口 0 中断优先级。

以上各位值为1表示高级优先,0表示低级优先。

● **扩展中断优先级2寄存器EIP2**

复位值	地址	位7	位6	位5	位4	位3	位2	位1	位0
00H	F7H	PXVLD	—	PX7	PX6	PX5	PX4	PADC0	PT3

其中:

PXVLD　外部时钟源有效(XTLVLD)中断优先级;

PX7　外部中断7中断优先级;

PX6　外部中断6中断优先级;

PX5　外部中断5中断优先级;

PX4　外部中断4中断优先级;

PADC0　ADC0转换结束中断优先级;

PT3　定时器3中断优先级。

以上各位值为1表示高级优先,0表示低级优先。

3.2.3　定时器/计数器

C8051内部有4个定时器/计数器,其中3个16位定时器/计数器与标准8051中的定时器/计数器兼容,另一个16位定时器用于ADC、SMBus或作为通用定时器使用。定时器/计数器的工作方式如表3-3所列。定时器0和定时器1几乎完全相同,有4种工作方式;定时器2有3种工作方式,分别是16位自动装载定时器/计数器、16位带捕捉定时器/计数器、16位波特率发生器;定时器3与定时器2类似,但没有捕捉或波特率发生器方式。

表3-3　C8051单片机定时器/计数器的工作方式

工作方式	定时器0和定时器1	定时器2	定时器3
0	13位定时器/计数器	自动重装载的16位定时器/计数器	自动重装载的16位定时器
1	16位定时器/计数器	带捕捉的16位定时器/计数器	
2	自动重装载的8位定时器/计数器	波特率发生器	
3	双8位定时器/计数器(只对定时器0)		

当工作在定时器方式时,定时器寄存器在每一个输入时钟加1,输入时钟为系统时钟或系统时钟的12分频,由CKCON中的定时器时钟选择位T2M～T0M指定。输入时钟为系统时钟的12分频选项保存了与标准8051系列的兼容性,若需要快速定时器的应用,则可以选用输入时钟为系统时钟的选项。

● **时钟控制寄存器 CKCON**

复位值	地址	位 7	位 6	位 5	位 4	位 3	位 2	位 1	位 0
00H	8EH	—	—	T2M	T1M	T0M	—	—	—

其中：

T2M　定时器 2 时钟选择位；

T1M　定时器 1 时钟选择位；

T0M　定时器 0 时钟选择位。

以上各位为 0 时，表示定时器的输入时钟为系统时钟的 12 分频；为 1 时，表示定时器的输入时钟与系统时钟同频。

当作为计数器使用时，在 T0、T1 或 T2 的外部引脚上出现负跳变时，计数器寄存器加 1，对事件计数的最大频率可达到系统时钟频率的 1/4。输入信号不需要是周期性的，但在一个给定电平上的保持时间至少应为 2 个完整的系统时钟周期，以保证该电平能够被采样。

由于定时器 0 和定时器 1 与标准的 8051 相同，因此下面只介绍定时器 2 和定时器 3。

1. 定时器 2

定时器 2 是由 TL2（低字节）和 TH2（高字节）2 个 8 位寄存器组成的。通过定时器 2 控制寄存器 T2CON 来设置它的 3 种工作方式。

● **定时器 2 控制寄存器 T2CON**

复位值	地址	位 7	位 6	位 5	位 4	位 3	位 2	位 1	位 0
00H	C8H	TF2	EXF2	RCLK	TCLK	EXEN2	TR2	C/T2	CP/RL2

其中：

TF2　定时器 2 溢出标志位。

　　溢出时硬件置 1，但必须用软件清 0。RCLK 或 TCLK 位为 1 时，TF2 不能置 1。

EXF2　定时器 2 外部中断标志位。

　　当 T2EX 引脚的负跳变导致捕捉或重载发生，且 EXEN2 位为 1 时，该位由硬件置 1 并申请中断。该位必须用软件清 0。

RCLK　选择 UART 工作在方式 1 或 3 时接收时钟所使用的定时器。

　　0　定时器 1 溢出作为接收时钟；

　　1　定时器 2 溢出作为接收时钟。

TCLK　选择 UART 工作在方式 1 或 3 时发送时钟所使用的定时器。

　　0　定时器 1 溢出作为发送时钟；

　　1　定时器 2 溢出作为发送时钟。

EXEN2　定时器 2 工作在捕捉/重载方式时，T2EX 外部引脚允许位。

　　0　T2EX 上的负跳变被忽略；

1　T2EX 上的负跳变导致一次捕捉或重载。

TR2　定时器 2 运行控制位。

0　定时器 2 禁止；

1　定时器 2 允许。

C/T2　计数器/定时器选择位。

0　定时器功能；

1　计数器功能。

CP/RL2　捕捉/重载选择位。

EXEN2 必须为逻辑 1,才能使 T2EX 上的负跳变能够用于触发捕捉和重载。若 RCLK 或 TCLK 置 1,则该位忽略。

0　当定时器 2 溢出或 T2EX 上发生负跳变时,自动重载；

1　在 T2EX 发生负跳变时捕捉。

下面介绍定时器 2 的工作方式。

1) 方式 1——带捕捉的 16 位定时器/计数器

定时器 2 工作在方式 1 的原理如图 3-4 所示。通过置 1 控制寄存器 T2CON 中的捕捉/重载选择位 CP/RL2 和运行控制位 TR2 来选择带捕捉的定时器工作方式。定时器 2 外部引脚允许位 EXEN2 也必须被设置为逻辑 1,以允许捕捉。

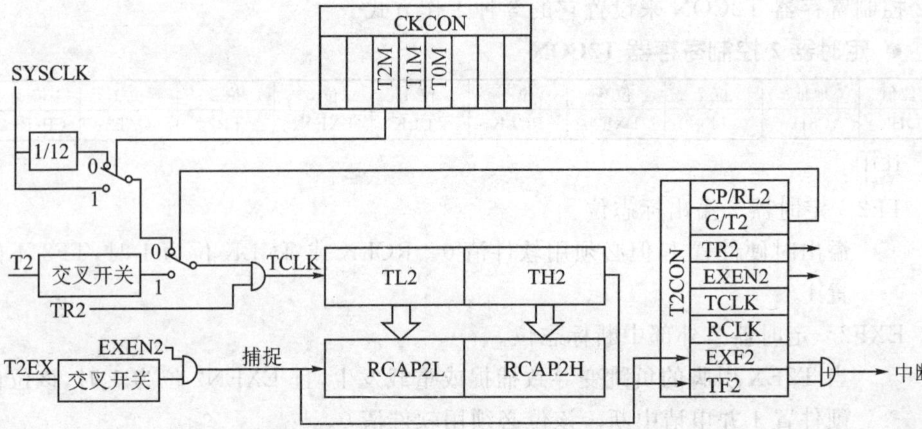

图 3-4　T2 方式 1 原理图

在该工作方式中,当 T2EX 引脚上有负跳变发生时,使定时器 2 寄存器 TH2 和 TL2 中的 16 位计数值被捕捉,并将其装入到捕捉寄存器 RCAP2H 和 RCAP2L 中。

定时器 2 的输入时钟可选择系统时钟、系统时钟 12 分频或 T2 引脚的外部时钟。当定时器 2 溢出或者有一次捕捉发生时,都可以引发中断,分别置位溢出标志位 TF2 或 T2 外部中断标志位 EXF2。

2）方式 0——自动重装载的 16 位定时器/计数器

定时器 2 工作方式 0 的原理如图 3-5 所示。将 CP/RL2 位清 0 则可以选择自动重装载的定时器工作方式。设置 TR2 位为逻辑 1,允许并启动定时器 2。它的时钟输入源也可以选择系统时钟或外部时钟输入,由 C/T2 位指定。如果 EXEN2 位被设置为逻辑 1,T2EX 引脚上的负跳变将导致定时器 2 被重新装载。如果 EXEN2 位被清 0,则 T2EX 引脚上的电平变化将被忽略。

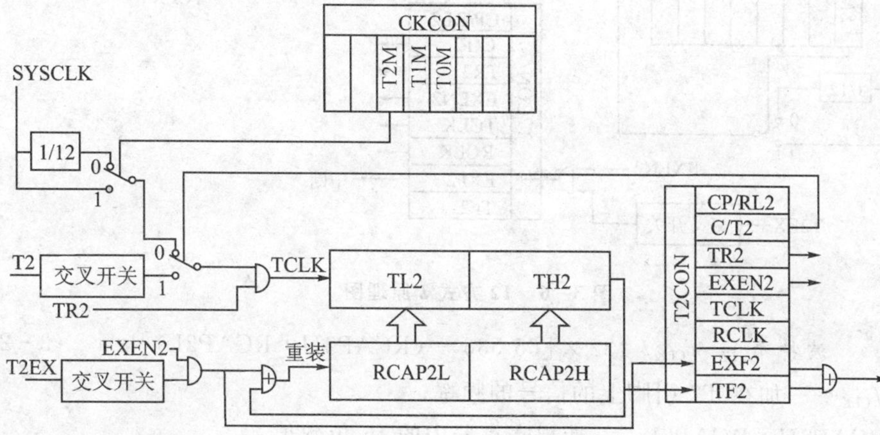

图 3-5　T2 方式 0 原理图

当定时器溢出时,置 1 标志 TF2,申请一个中断,同时 2 个 8 位捕捉寄存器 RCAP2H 和 RCAP2L 中的计数初值被自动地装载到定时器 2 寄存器中,定时器 2 重新开始计数。

3）方式 2——16 位波特率发生器

定时器 2 工作方式 2 的原理如图 3-6 所示。当串行接口 UART 工作于方式 1 或方式 3 时,定时器 2 可以用做 16 位波特率发生器。定时器 2 的波特率发生器方式与自动重装载方式相似。当定时器 2 溢出时,2 个 8 位捕捉寄存器 RCAP2H 和 RCAP2L 中的计数初值被自动装入到定时器 2 寄存器。但是 TF2 溢出标志不置 1,也不产生中断申请。溢出事件只用做 UART 的移位时钟,用于产生发送或接收波特率。工作在方式 1 或方式 3 的波特率计算公式为

$$波特率 = 定时器 2 溢出率 /16 \tag{3-1}$$

注意: 在所有其他工作方式中,定时器 2 的输入时钟为系统时钟或系统时钟的 12 分频,由 CKCON 中的 T2M 位选择;但是在波特率发生器方式时,输入时钟为系统时钟的 2 分频,不能选择其他分频。

如果需要不同的输入时钟,可以将 C/T2 位设置为逻辑 1,选择外部引脚 T2 上的输入时钟。在这种情况下 UART 的波特率计算公式为

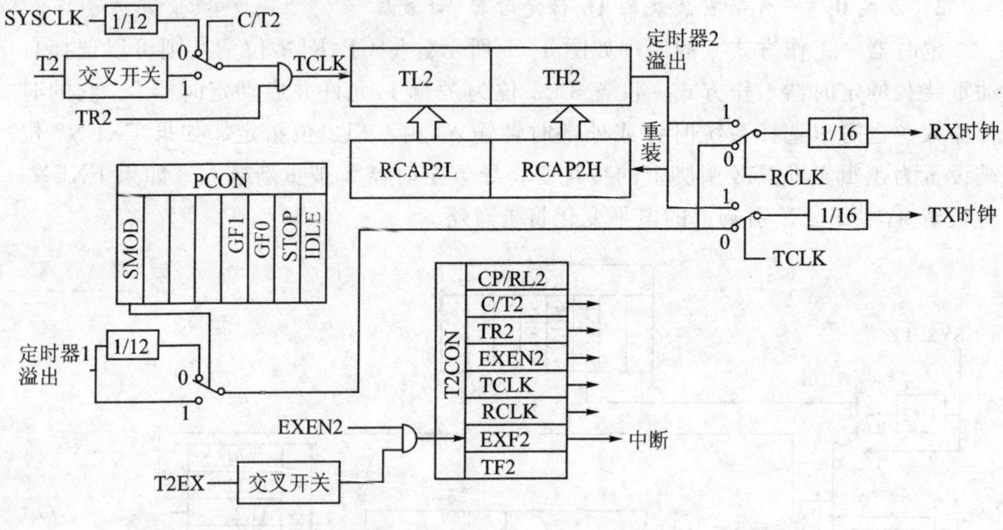

图 3-6　T2 方式 2 原理图

$$波特率 = f_{CLK} / \{32 \times [65\,536 - (RCAP2H : RCAP2L)]\} \quad (3-2)$$

式中　f_{CLK}——加在 T2 引脚上的信号的频率；

RCAP2H：RCAP2L——捕捉寄存器中的 16 位数值。

前面已经介绍了定时器 2 工作在波特率发生器方式时不能置位 TF2 溢出标志，因而不能产生中断；但是如果 EXEN2 位被设置为逻辑 1，则 T2EX 输入引脚上的负跳变将置位 EXF2 标志并产生一个定时器 2 中断，因此，T2EX 引脚输入可以作为外部中断源。

2. 定时器 3

定时器 3 原理图如图 3-7 所示。定时器 3 总是被设置为自动重装载方式，定时器的重载值保存在 TMR3RLL 和 TMR3RLH 寄存器中。定时器 3 可用于启动 ADC 数据转换、SMBus 定时或作为通用定时器使用，定时器 3 没有计数器方式。

定时器 3 的控制寄存器 TMR3CN 功能如下：

● **定时器 3 的控制寄存器 TMR3CN**

复位值	地址	位 7	位 6	位 5	位 4	位 3	位 2	位 1	位 0
00H	91H	TF3	—	—	—	—	TR3	T3M	—

其中：

TF3　定时器 3 溢出标志位。

TR3　定时器 3 运行控制位。

　0　定时器 3 禁止；

　1　定时器 3 允许。

T3M　定时器 3 时钟选择位。

0　使用系统时钟的 12 分频；

1　与系统时钟等频。

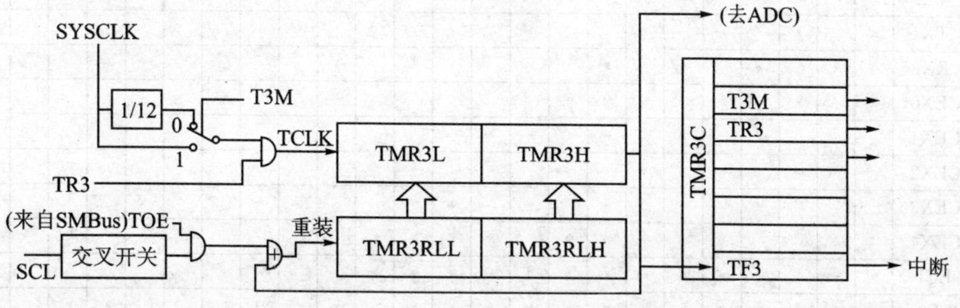

图 3－7　定时器 3 原理图

3.3　C8051 用于控制电动机时的输入/输出端口设置

C8051 的 I/O 引脚有 2 种用途：作为标准的 I/O 引脚和作为第二功能引脚。与其他单片机不同，C8051 并不指定固定的引脚作为第二功能引脚，而是通过交叉开关由用户来设定。

1. 交叉开关的使用

由图 3－1 可知，在 I/O 口 P0、P1、P2 与内部资源之间是使用交叉开关进行连接的。当需要将某些内部资源与 I/O 引脚相连接时，必须通过交叉开关控制寄存器 XBR0、XBR1、XBR2 进行设置。设置交叉开关控制寄存器 XBR0、XBR1、XBR2 的作用是：确定被选择的资源。这些被选择的资源分配到哪些 I/O 引脚上去，则由交叉开关优先表根据排列的优先顺序来确定。交叉开关优先表如表 3－4 所列。

表 3－4　交叉开关优先表

资源	P0								P1								P2							
顺序	0	1	2	3	4	5	6	7	0	1	2	3	4	5	6	7	0	1	2	3	4	5	6	7
SDA	*																							
SCL		*																						
SCK	*		*																					
MISO		*		*																				
MOSI			*		*																			

续表 3-4

资源	P0								P1								P2							
顺序	0	1	2	3	4	5	6	7	0	1	2	3	4	5	6	7	0	1	2	3	4	5	6	7
NSS				*		*																		
TX	*		*		*		*																	
RX		*		*		*		*																
CEX0	*		*		*		*		*															
CEX1		*		*		*		*		*														
CEX2			*		*		*		*		*													
CEX3				*		*		*		*		*												
CEX4					*		*		*		*		*											
ECI	*	*	*	*	*	*	*	*	*	*	*	*	*	*										
CP0	*	*	*	*	*	*	*	*	*	*	*	*	*	*	*									
CP1	*	*	*	*	*	*	*	*	*	*	*	*	*	*	*	*								
T0	*	*	*	*	*	*	*	*	*	*	*	*	*	*	*	*	*							
$\overline{INT0}$	*	*	*	*	*	*	*	*	*	*	*	*	*	*	*	*	*	*						
T1	*	*	*	*	*	*	*	*	*	*	*	*	*	*	*	*	*	*	*					
$\overline{INT1}$	*	*	*	*	*	*	*	*	*	*	*	*	*	*	*	*	*	*	*	*				
T2	*	*	*	*	*	*	*	*	*	*	*	*	*	*	*	*	*	*	*	*	*			
T2EX	*	*	*	*	*	*	*	*	*	*	*	*	*	*	*	*	*	*	*	*	*	*		
$\overline{SYSCLK}$	*	*	*	*	*	*	*	*	*	*	*	*	*	*	*	*	*	*	*	*	*	*	*	
CNVSTR	*	*	*	*	*	*	*	*	*	*	*	*	*	*	*	*	*	*	*	*	*	*	*	*

注:“*”表示可分配的I/O引脚。

交叉开关优先表从高到低的优先顺序为:从上到下,从左到右。这就决定了P0口首先被用到,P2口更有可能未被分配资源而只能作为标准的I/O口使用,并且未被分配资源的I/O引脚都是连续在一起的。

交叉开关控制寄存器有3个:XBR0、XBR1、XBR2。

- **交叉开关控制寄存器 XBR0**

复位值	地址	位7	位6	位5	位4	位3	位2	位1	位0
00H	E1H	CP0OEN	ECIE	PCA0ME			UARTEN	SPI0OEN	SMB0OEN

其中:

CP0OEN　比较器0输出允许位。

　　0　不连到端口引脚;

　　1　连到端口引脚。

ECIE　PCA0外部计数输入允许位。

　　0　不连到端口引脚;

　　1　连到端口引脚。

PCA0ME　PCA模块I/O允许位。

　　000　所有的PCA I/O不连到端口引脚;

001 CEX0 连到端口引脚；

010 CEX0、CEX1 连到 2 个端口引脚；

011 CEX0、CEX1、CEX2 连到 3 个端口引脚；

100 CEX0、CEX1、CEX2、CEX3 连到 4 个端口引脚；

101 CEX0、CEX1、CEX2、CEX3、CEX4 连到 5 个端口引脚。

UARTEN 串行接口 I/O 允许位。

0 不连到端口引脚；

1 RX、TX 连到 2 个端口引脚。

SPI0OEN SPI 总线 I/O 允许位。

0 不连到端口引脚；

1 MISO、MOSI、SCK、NSS 连到 4 个端口引脚。

SMB0OEN SMBus 总线 I/O 允许位。

0 不连到端口引脚；

1 SDA 连到 P0.0，SCL 连到 P0.1。

- **交叉开关控制寄存器 XBR1**

复位值	地址	位 7	位 6	位 5	位 4	位 3	位 2	位 1	位 0
00H	E2H	SYSCKE	T2EXE	T2E	INT1E	T1E	INT0E	T0E	CP1OEN

其中：

SYSCKE SYSCLK 时钟输出允许位；

T2EXE T2EX 允许位；

T2E T2 允许位；

INT1E $\overline{\text{INT1}}$允许位；

T1E T1 允许位；

INT0E $\overline{\text{INT0}}$允许位；

T0E T0 允许位；

CP1OEN 比较器 1 输出允许位。

以上各位值为 0 表示不连到端口引脚，为 1 表示连到端口引脚。

- **交叉开关控制寄存器 XBR2**

复位值	地址	位 7	位 6	位 5	位 4	位 3	位 2	位 1	位 0
00H	E3H	WEAKUPD	XBARE	—	—	—	—	—	CNVSTE

其中：

WEAKUPD 端口 I/O 弱上拉禁止位。

0 弱上拉允许（除了 I/O 被配置为推挽方式的端口外）；

1 弱上拉禁止。

XBARE 交叉开关允许位。

0 交叉开关禁止；

1　交叉开关允许。

CNVSTE　ADC 转换启动输入允许位。

0　不连到端口引脚;

1　连到端口引脚。

交叉开关和优先表使用举例。

【例 3-1】如果 XBR0＝11H,XBR1＝01H,XBR2＝40H,求 I/O 端口引脚的资源分配。

根据已知条件,SDA、SCL、CEX0、CEX1、CP1 资源要被连接到端口引脚。根据交叉开关优先表,这些资源分配如下:P0.0＝SDA,P0.1＝SCL,P0.2＝CEX0,P0.3＝CEX1,P0.4＝CP1。其他引脚作为标准 I/O 使用。

【例 3-2】如果 XBR0＝80H,XBR1＝04H,XBR2＝41H,求 I/O 端口引脚的资源分配。

根据已知条件,CP0、$\overline{\text{INT0}}$、CNVSTR 资源要被连接到端口引脚。根据交叉开关优先表,这些资源分配如下:P0.0＝CP0,P0.1＝$\overline{\text{INT0}}$,P0.2＝ CNVSTR。其他引脚作为标准 I/O 使用。

交叉开关是独立的,与资源本身的允许与否无关。首先,资源在使用时不必在交叉开关中被允许。例如,一个 PCA 模块即使其输出没有被交叉开关定向到某个引脚时也能产生中断,这只取决于该模块是否被允许。相反,那些在交叉开关中被允许,但在它们自己的 SFR 中被禁止的资源,仍然会控制着它的端口引脚。也就是说,这个端口引脚此时只可能作为输入引脚使用(交叉开关的设置不影响引脚的状态被读到相应的端口锁存器),而不能作为通用输出口来使用,因为它已被定向到它的资源所控制。

2. I/O 口初始化

首先,通过交叉开关控制寄存器 XBR0、XBR1、XBR2 将所需的资源分配给端口引脚,并在 XBR2 中将交叉开关设置为允许。

所有的 I/O 端口都耐 5 V 电压输入。

I/O 引脚的输出驱动器特性是用端口配置寄存器 PRT0CF、PRT1CF、PRT2CF 和 PRT3CF 定义的。它们分别相应地控制 P0 口、P1 口、P2 口和 P3 口的输出方式设置。每个端口输出驱动器都可以通过端口配置寄存器被设置为漏极开路方式或推挽方式,即使对于已在交叉开关 XBRn 寄存器中分配了的引脚也需要定义,而不是自动定义的。当 PRTnCF 寄存器中相应的引脚位设置为 0 时,这些引脚的输出驱动为漏极开路方式;设置为 1 时,则为推挽方式。只有 SMBus 的 SDA 和 SCL 以及 UART 在方式 0 时的 RX 所分配的引脚(这些引脚是漏极开路的)与 PRTnCF 的设置无关。

为了将一个通用 I/O 引脚配置为输入，与这一引脚相关的 PRTnCF 端口配置寄存器位必须被清 0。另外，与该引脚相关的端口位必须被置 1，这样使该引脚处于高阻态；或将 XBR2 中的 WEAKUPD 位清 0，弱上拉为高电平，这是端口引脚的复位配置。

当 XBR2 中的 WEAKUPD 位设置为 0 时，被设置为漏极开路输出方式的所有端口 I/O 都被允许为弱上拉。WEAKUPD 位不影响推挽输出方式的端口 I/O。另外，输出经常为 0 的漏极开路引脚的弱上拉应该关闭，以避免造成不必要的功耗。

与标准 8051 单片机一样，作为标准 I/O 使用时，是通过端口寄存器 P0、P1、P2、P3 来进行的。当“写”引脚操作时，实际是将数据写入端口寄存器并将其锁存；当“读”引脚操作时，实际是将引脚的逻辑电平读入端口锁存器。注意，这时不管交叉开关的设置如何，I/O 引脚的状态总是可以被“读”到相应的端口锁存器。只有在进行“读—修改—写”操作指令时，才将端口寄存器而不是引脚的数据读入，修改后再送回到端口寄存器中。

☞**【例 3-3】** 如果希望资源定向如下：P0.0=SCK，P0.1=MISO，P0.2=MOSI，P0.3=NSS，P0.4=TX，P0.5=RX，P0.6=CEX0（输出），P0.7=CEX1（输入），P1.0=$\overline{\text{INT0}}$，P1.1=T2，P2 口全部为 I/O 输入，试编写初始化程序。

初始化程序如下：

```
ABC:    MOV     XBR0,#00010110B          ;定向 SPI、UART、CEX0 和 CEX1
        MOV     XBR1,#00100100B          ;定向INT0和 T2
        MOV     XBR2,#01000000B          ;允许交叉开关和弱上拉
        MOV     PRT0CF,#01010101B        ;SCK、MOSI、TX 和 CEX0 为推挽输出
        MOV     PRT2CF,#00000000B        ;设置 P2 为通用 I/O 输入
        MOV     P2,#0FFH
        ...
```

3.4 电动机控制中 A/D 转换在 C8051 中的实现

在电动机的控制过程中，常需要将一些过程信号送回单片机进行处理，如输出转速信号、输出电压信号、输出电流信号等。因为单片机只能处理数字信号，如果电动机的这些过程信号是模拟量，则必须先经过 A/D 转换，再将转换所得到的数字信号送入单片机处理。所以 A/D 转换在电动机控制中常常是不可缺少的。

作为高性能的单片机，一般内部都集成有 ADC。这样，当需要进行一般的 A/D 转换时，可以直接通过单片机的 ADC 来完成，而不必外接 ADC 器件。

C8051 内部集成了 ADC。在这一节中将介绍 C8051 ADC 的使用。

1. ADC 组成及原理

C8051 ADC 原理框图如图 3-8 所示。它包括 1 个 9 通道的可控制多路开关

(AMUX),1个可编程增益放大器(PGA),1个100 ksps、12位分辨率的逐次逼近型ADC。ADC中集成了跟踪保持电路和可编程窗口检测器。AMUX、PGA、数据转换方式及窗口检测器都可通过特殊功能寄存器来配置。只有当ADC控制寄存器ADC0CN中的ADCEN位置1时,ADC系统才被允许工作。

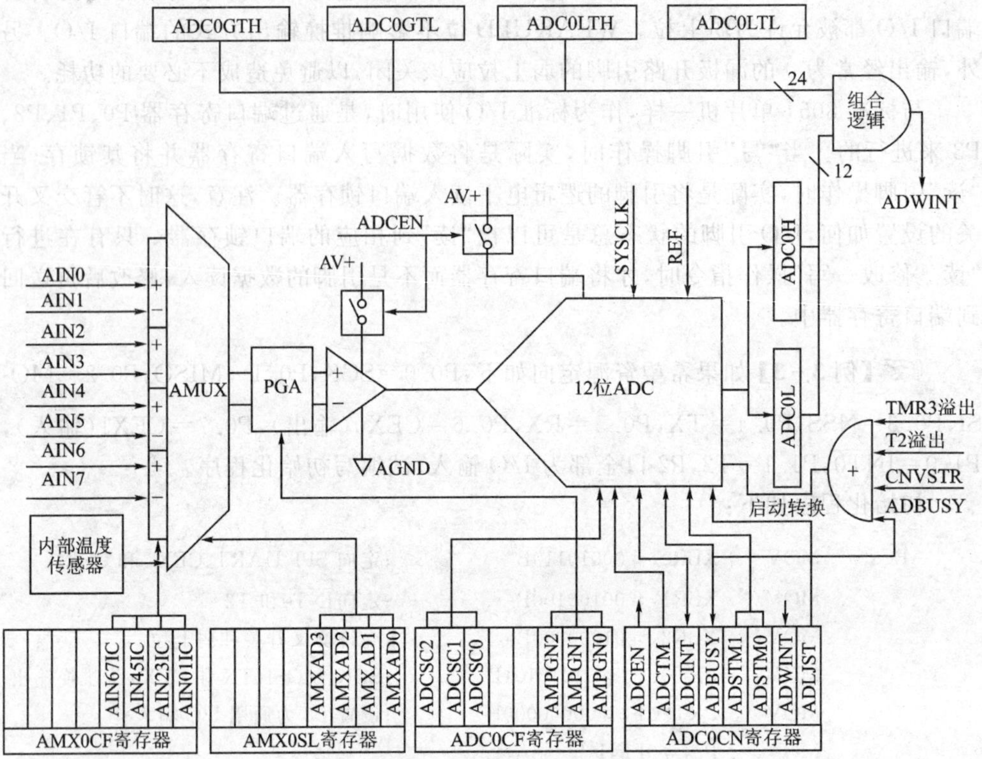

图3-8　12位ADC原理图

AMUX共有9个通道。其中有8个通道用于模拟输入,这8个通道与C8051专用的模拟输入引脚AIN0～AIN7相连;另1个通道给内部温度传感器。AMUX可以编程为差分输入或单端输入,复位时默认为单端输入。有2个寄存器控制AMUX,它们是AMUX配置寄存器AMX0CF和AMUX通道选择寄存器AMX0SL。

● **AMUX配置寄存器AMX0CF**

复位值	地址	位7	位6	位5	位4	位3	位2	位1	位0
00H	BAH	—	—	—	—	AIN67IC	AIN45IC	AIN23IC	AIN01IC

其中,各位值为0表示单端输入,为1表示差分输入。

- **AMUX 通道选择寄存器 AMX0SL**

复位值	地址	位 7	位 6	位 5	位 4	位 3	位 2	位 1	位 0
00H	BBH	—	—	—	—	AMXAD3	AMXAD2	AMXAD1	AMXAD0

AMUX 通道选择寄存器必须与 AMUX 配置寄存器配合才能选定通道，两者的关系如表 3－5所列。由表可知，每次只能选择一个通道输入，或者选择一对通道作为差分输入。根据 AMUX 的配置寄存器和通道选择寄存器的值，参考表 3－5 就可以选择 ADC 通道并准备对其进行操作。

表 3－5　ADC 通道选择表

		AMXOSL 低 4 位								
		0000	0001	0010	0011	0100	0101	0110	0111	1XXX
AMXOCF低4位	0000	AIN0	AIN1	AIN2	AIN3	AIN4	AIN5	AIN6	AIN7	温度传感
	0001	＋AIN0 －AIN1		AIN2	AIN3	AIN4	AIN5	AIN6	AIN7	温度传感
	0010	AIN0	AIN1	＋AIN2 －AIN3		AIN4	AIN5	AIN6	AIN7	温度传感
	0011	＋AIN0 －AIN1		＋AIN2 －AIN3		AIN4	AIN5	AIN6	AIN7	温度传感
	0100	AIN0	AIN1	AIN2	AIN3	＋AIN4 －AIN5		AIN6	AIN7	温度传感
	0101	＋AIN0 －AIN1		AIN2	AIN3	＋AIN4 －AIN5		AIN6	AIN7	温度传感
	0110	AIN0	AIN1	＋AIN2 －AIN3		＋AIN4 －AIN5		AIN6	AIN7	温度传感
	0111	＋AIN0 －AIN1		＋AIN2 －AIN3		＋AIN4 －AIN5		AIN6	AIN7	温度传感
	1000	AIN0	AIN1	AIN2	AIN3	AIN4	AIN5	＋AIN6 －AIN7		温度传感
	1001	＋AIN0 －AIN1		AIN2	AIN3	AIN4	AIN5	＋AIN6 －AIN7		温度传感
	1010	AIN0	AIN1	＋AIN2 －AIN3		AIN4	AIN5	＋AIN6 －AIN7		温度传感
	1011	＋AIN0 －AIN1		＋AIN2 －AIN3		AIN4	AIN5	＋AIN6 －AIN7		温度传感
	1100	AIN0	AIN1	AIN2	AIN3	＋AIN4 －AIN5		＋AIN6 －AIN7		温度传感
	1101	＋AIN0 －AIN1		AIN2	AIN3	＋AIN4 －AIN5		＋AIN6 －AIN7		温度传感
	1110	AIN0	AIN1	＋AIN2 －AIN3		＋AIN4 －AIN5		＋AIN6 －AIN7		温度传感
	1111	＋AIN0 －AIN1		＋AIN2 －AIN3		＋AIN4 －AIN5		＋AIN6 －AIN7		温度传感

PGA 增益可设置为 1/2、1、2、4、8、16,复位时默认为 1。PGA 增益设置可通过 ADC 配置寄存器 ADC0CF 实现。ADC0CF 寄存器还可以设置转换时钟来调整转换速度。

● **ADC 配置寄存器 ADC0CF**

复位值	地址	位 7	位 6	位 5	位 4	位 3	位 2	位 1	位 0
60H	BCH	ADCSC2	ADCSC1	ADCSC0	—	—	AMPGN2	AMPGN1	AMPGN0

其中:

ADCSC0~ADCSC2 三位值表示:

000　逐次逼近转换时钟=1 个系统时钟;

001　逐次逼近转换时钟=2 个系统时钟;

010　逐次逼近转换时钟=4 个系统时钟;

011　逐次逼近转换时钟=8 个系统时钟;

1XX　逐次逼近转换时钟=16 个系统时钟。

注意: 逐次逼近转换时钟频率≤2 MHz。

AMPGN0~AMPGN2 三位值表示:

000　增益=1;

001　增益=2;

010　增益=4;

011　增益=8;

10X　增益=16;

11X　增益=1/2。

2. ADC 的工作方式

有 4 种 A/D 转换启动方式:

➢ 通过软件方法将 ADC0CN 寄存器中的 ADBUSY 位置 1;

➢ 通过 CNVSTR 引脚的外部信号上升沿触发;

➢ 定时器 2 溢出;

➢ 定时器 3 溢出。

转换完的结果数据存放在 ADC0L 和 ADC0H 寄存器中,12 位数据存放方式可以选择为左对齐或右对齐。

这些功能的设置是由 ADC 控制寄存器 ADC0CN 来完成的。

● **ADC 控制寄存器 ADC0CN**

复位值	地址	位 7	位 6	位 5	位 4	位 3	位 2	位 1	位 0
00H	E8H	ADCEN	ADCTM	ADCINT	ADBUSY	ADCSTM1	ADCSTM0	ADWINT	ADLJST

其中:

ADCEN　ADC 允许位。

0 禁止使用 ADC；

1 允许使用 ADC。

ADCTM ADC 跟踪方式位。

0 除转换时外，一直跟踪；

1 由 ADCSTM1 和 ADCSTM0 定义跟踪方式。

ADCINT ADC 转换结束中断标志位。

0 未完成一次转换；

1 完成一次转换。

ADBUSY ADC 忙标志位。

0 不忙；

1 忙，如果写该位，开始启动转换。

ADCSTM1 和 ADCSTM0 A/D 转换启动方式选择位。

00 向 ADBUSY 位写 1 启动转换，并开始跟踪，持续 3 个转换时钟；

01 定时器 3 溢出启动转换，并开始跟踪，持续 3 个转换时钟；

10 CNVSTR 引脚上升沿信号启动转换，并开始跟踪；

11 定时器 2 溢出启动转换，并开始跟踪，持续 3 个转换时钟。

ADWINT ADC 窗口检测器中断标志位。

0 未发生窗口比较匹配；

1 发生窗口比较匹配。

ADLJST 转换结果数据存放方式选择位。

0 右对齐；

1 左对齐。

可以使用内部的电压基准或外部的电压基准，通过基准电压控制寄存器 REF0CN 进行设置。

● **基准电压控制寄存器 REF0CN**

复位值	地址	位 7	位 6	位 5	位 4	位 3	位 2	位 1	位 0
00H	D1H	—	—	—	—	—	TEMPE	BIASE	REFBE

其中：

TEMPE 温度传感器允许位。

0 内部温度传感器关闭；

1 内部温度传感器工作。

BIASE ADC 和 DAC 偏压允许位。

0 内部偏压关闭；

1 内部偏压工作(ADC 和 DAC 工作需要)。

REFBE 内部电压基准选择位。

0　内部电压基准关闭,通过 VREF 引脚使用外部电压基准;

1　使用内部电压基准。

3. ADC 可编程窗口检测器

ADC 可编程窗口检测器在电动机控制应用中非常有用。它不停且自动地将 ADC 输出与用户编程的极限值进行比较,并在检测到越限条件时通知系统控制器。这在一个中断驱动的系统中尤其有效,既可以节省代码空间和 CPU 机时,又能提供快速响应。窗口检测器中断标志位 ADWINT 也可被用于查询方式。

窗口的"大于"值存放到 ADC0GTH 和 ADC0GTL 寄存器中,"小于"值存放到 ADC0LTH 和 ADC0LTL 寄存器中。

注意:窗口检测器标志既可以在测量数据在用户编程的极限值以内时有效,也可以在测量数据在用户编程的极限值以外时有效。这取决于 ADC0GTx 和 ADC0LTx 两个寄存器的上、下限设定值。只要有越限存在,窗口检测器标志就会置 1。窗口检测器标志置 1 时,会申请一次中断。

在以后的各章中,我们将结合电动机控制的例子来说明 C8051 ADC 的使用。

3.5　电动机控制中 PWM 和测频在 C8051 中的实现

在有刷和无刷直流电动机的控制中,需要使用脉宽调制(PWM)技术,通过调节 PWM 信号的占空比来实现调速。因此,PWM 波发生器在直流电动机的控制中是不可缺少的。此外,电动机控制中还经常需要对输出的频率信号进行测频(例如,光电编码盘的输出,交流电动机控制中 SPWM 频率的测试等),实现测频的最简单方法是使用捕捉功能。

C8051 单片机有 PWM 功能和捕捉功能。这些功能都包含在可编程计数器阵列 PCA 中。PCA 除了有 PWM 功能和捕捉功能外,还有比较功能和高速输出功能。本节中通过对 PCA 的功能介绍来说明 C8051 单片机的 PWM 和捕捉功能的使用。

1. PCA 专用定时器/计数器与捕捉/比较模块

PCA 包含 1 个 16 位定时器/计数器和 5 个捕捉/比较模块,如图3-9所示。

16 位 PCA 专用定时器/计数器由 2 个寄存器 PCA0H 和 PCA0L 组成。定时器/计数器的时钟有 4 种来源:系统时钟的 12 分频、系统时钟的 4 分频、定时器 0 溢出、被定义 ECI 引脚的外部时钟源。

当定时器/计数器溢出时,将 PCA 计数器溢出标志 CF(在 PCA0CN 寄存器中)置 1,同时申请中断,在响应中断时 CF 必须用软件清 0。定时器/计数器时钟的选择可通过 PCA 方式寄存器 PCA0MD 进行。

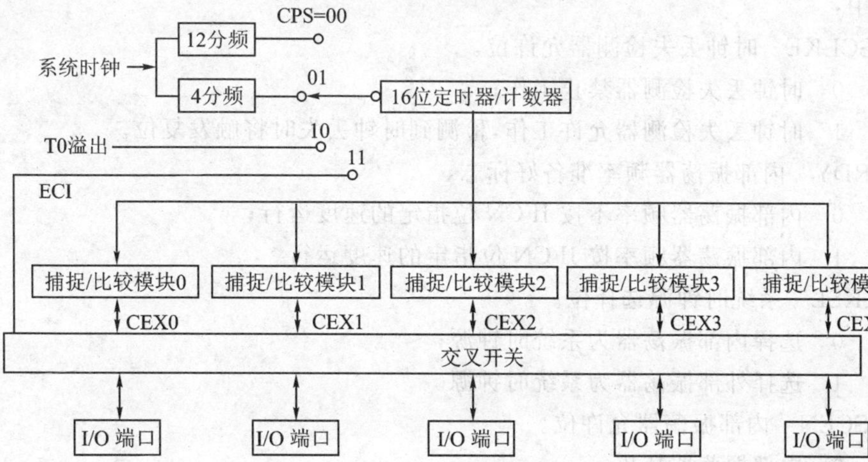

图 3-9 PCA 原理图

● **PCA 方式寄存器 PCA0MD**

复位值	地址	位 7	位 6	位 5	位 4	位 3	位 2	位 1	位 0
00H	D9H	CIDL	—	—	—	—	CPS1	CPS0	ECF

其中：

CIDL　PCA 计数器空闲控制位。

0　当 CPU 处于空闲方式时，PCA 继续正常工作；

1　当 CPU 处于空闲方式时，PCA 停止工作。

CPS1 和 CPS0　PCA 计数器时钟选择位。

00　使用系统时钟的 12 分频；

01　使用系统时钟的 4 分频；

10　使用定时器 0 溢出；

11　ECI 的外部时钟(负跳变有效，最大频率＝系统时钟的 4 分频)。

ECF　PCA 计数器溢出中断允许位。

0　禁止中断；

1　允许中断。

2. 系统时钟

系统时钟是由内部振荡器或外部振荡器产生的。C8051 单片机在复位后由内部振荡器提供系统时钟。内部振荡器可以允许和禁止，其振荡频率可以通过内部振荡器控制寄存器OSCICN来设置。

● **内部振荡器控制寄存器 OSCICN**

复位值	地址	位 7	位 6	位 5	位 4	位 3	位 2	位 1	位 0
04H	B2H	MSCLKE	—	—	IFRDY	CLKSL	IOSCEN	IFCN1	IFCN0

其中：

MSCLKE　时钟丢失检测器允许位。

0　时钟丢失检测器禁止工作；

1　时钟丢失检测器允许工作，检测到时钟丢失时将触发复位。

IFRDY　内部振荡器频率准备好标志。

0　内部振荡器频率不按 IFCN 位指定的速度运行；

1　内部振荡器频率按 IFCN 位指定的速度运行。

CLKSL　系统时钟源选择位。

0　选择内部振荡器为系统时钟源；

1　选择外部振荡器为系统时钟源。

IOSCEN　内部振荡器允许位。

0　内部振荡器禁止；

1　内部振荡器允许。

IFCN0、IFCN1　内部振荡器频率选择位。

00　2 MHz；

01　4 MHz；

10　8 MHz；

11　16 MHz。

外部振荡器可外接石英晶体、RC、电容、外部时钟源。外部振荡器连接方式如图 3－10 所示。

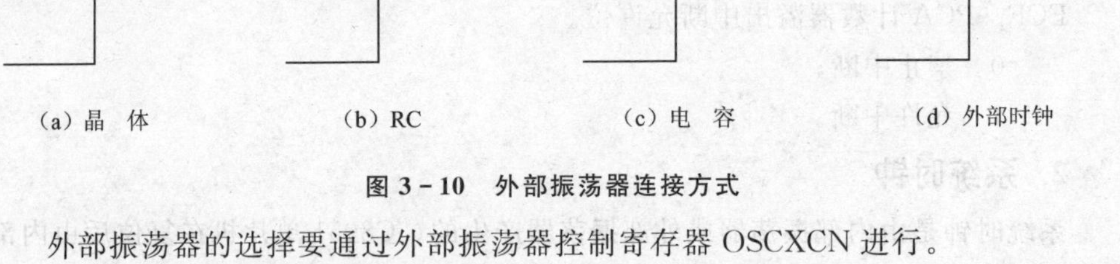

图 3－10　外部振荡器连接方式

外部振荡器的选择要通过外部振荡器控制寄存器 OSCXCN 进行。

● **外部振荡器控制寄存器 OSCXCN**

复位值	地址	位 7	位 6	位 5	位 4	位 3	位 2	位 1	位 0
30H	B1H	XTLVLD	XOSCMD2	XOSCMD1	XOSCMD0		XFCN2	XFCN1	XFCN0

其中：

XTLVLD　晶体振荡器有效标志位。

0 晶体振荡器未使用或未稳定；

1 晶体振荡器正在使用且稳定。

XOSCMD0～XOSCMD2 外部振荡器方式位。

00X 关闭，XTAL1 内部接地；

010 外部 CMOS 时钟作为系统时钟；

011 外部 CMOS 时钟的二分频作为系统时钟；

10X RC/C 振荡器二分频作为系统时钟；

110 晶体振荡器作为系统时钟；

111 晶体振荡器二分频作为系统时钟。

XFCN0～XFCN2：外部振荡器频率控制位，内容如表 3-6 所列。

表 3-6 外部振荡器频率控制位内容对应表

XFCN	晶体频率（XOSCMD=11X）	RC（XOSCMD=10X）	C（XOSCMD=10X）
000	$f\leqslant 12.5$ kHz	$f\leqslant 25$ kHz	K 因子=0.44
001	12.5 kHz$<f\leqslant$33.3 kHz	25 kHz$<f\leqslant$50 kHz	K 因子=1.4
010	33.3 kHz$<f\leqslant$93.8 kHz	50 kHz$<f\leqslant$100 kHz	K 因子=4.4
011	93.8 kHz$<f\leqslant$267 kHz	100 kHz$<f\leqslant$200 kHz	K 因子=13
100	267 kHz$<f\leqslant$722 kHz	200 kHz$<f\leqslant$400 kHz	K 因子=38
101	722 kHz$<f\leqslant$2.23 MHz	400 kHz$<f\leqslant$800 kHz	K 因子=100
110	2.23 MHz$<f\leqslant$6.74 MHz	800 kHz$<f\leqslant$1.6 MHz	K 因子=420
111	$f>6.74$ MHz	1.6 MHz$<f\leqslant$3.2 MHz	K 因子=1 400

内部振荡器与外部振荡器可以通过 OSCICN 寄存器的 CLKSL 位进行切换。

3. 捕捉/比较模块及其 4 种工作方式

每个捕捉/比较模块都有一个 16 位模块寄存器（8 位 PCA0CPHn 和 8 位 PCA0CPLn）。每个捕捉/比较模块还都有 4 种工作方式：边沿触发捕捉、比较、高速输出、PWM。PCA0CPMn 寄存器用于工作方式的选择。

● **PCA 捕捉/比较模块 *n* 方式寄存器 PCA0CPMn**

复位值	地址	位 7	位 6	位 5	位 4	位 3	位 2	位 1	位 0
00H	DA～DEH	—	ECOMn	CAPPn	CAPNn	MATn	TOGn	PWMn	ECCFn

其中各位设置与捕捉/比较模块 *n* 的工作方式的关系如表 3-7 所列。

表 3-7 PCA0CPMn 寄存器的设置与捕捉/比较模块 *n* 的工作方式的关系

ECOM	CAPP	CAPN	MAT	TOG	PWM	ECCF	工作方式
X	1	0	0	0	0	X	用 CEXn 的正跳变触发捕捉
X	0	1	0	0	0	X	用 CEXn 的负跳变触发捕捉
X	1	1	0	0	0	X	用 CEXn 的电平改变触发捕捉
1	0	0	1	0	0	X	比较
1	0	0	1	1	0	X	高速输出
1	0	0	0	0	1	0	脉宽调制输出(PWM)

注：ECCFn"X"位置 1，将允许捕捉/比较模块 *n* 中断。

PCA 的所有中断标志位存放在 PCA 控制寄存器 PCA0CN 中。

● **PCA 控制寄存器 PCA0CN**

复位值	地址	位 7	位 6	位 5	位 4	位 3	位 2	位 1	位 0
00H	D8H	CF	CR	—	CCF4	CCF3	CCF2	CCF1	CCF0

其中:

CF　PCA 计数器溢出标志位。溢出时,硬件置 1,软件清 0。

CR　PCA 计数器运行控制位。

　0　禁止使用 PCA 定时器/计数器;

　1　允许使用 PCA 定时器/计数器。

CCF0～CCF4　捕捉/比较模块 *n* 中断标志位。中断时,硬件置1,软件清0。

注意:PCA 定时器/计数器与 5 个捕捉/比较模块共用一个中断(见 3.2.2 小节)。

由于所有的捕捉/比较模块共享一个专用定时器/计数器,因此它们必须同步工作。由于每个模块都有其各自的方式寄存器,因此每一个模块又独立于其他模块工作。只要任何一个模块的服务程序都不影响专用的定时器/计数器的起停或初值,它们就可以"和平共处"。

● **捕捉/比较模块的工作方式**

每个捕捉/比较模块都有 4 种工作方式:捕捉工作方式、比较工作方式、高速输出工作方式和 PWM 工作方式。

(1) 边沿触发的捕捉工作方式

PCA 捕捉方式原理图如图 3-11 所示。在捕捉工作方式中,CEXn 引脚上出现的电平变化可以触发一次捕捉。当捕捉发生时,PCA 计数器 PCA0L 和 PCA0H 的值被捕捉,并送入该模块寄存器 PCA0CPLn 和 PCA0CPHn 中,该模块的中断标志位 CCFn 置 1,并产生一个中断请求。如果响应这个中断,CCFn 必须用软件清 0。

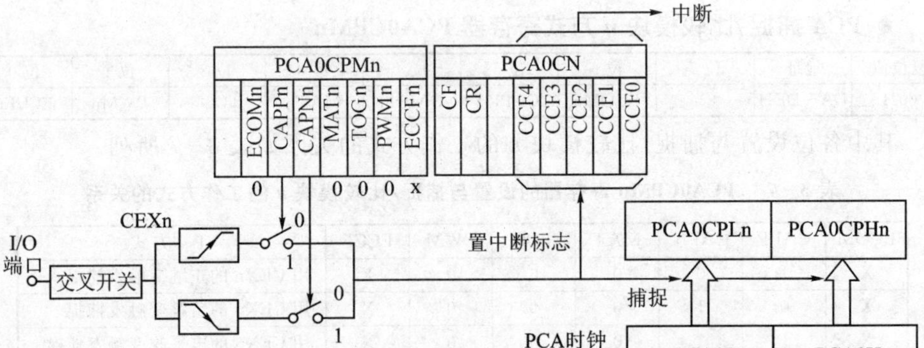

图 3-11　PCA 捕捉方式原理图

CEXn 引脚上触发捕捉的电平变化有 3 种选择:正跳变、负跳变、电平变化。可通过 PCA 捕捉/比较模块 *n* 方式寄存器 PCA0CPMn 进行设置选择。

利用捕捉方式，可以测量外部输入脉冲的频率、宽度、占空比和相位差。

☞【例 3-4】利用 PCA 的捕捉工作方式测量外部输入信号的频率，试设计初始化程序和中断服务程序。

解：设计系统时钟来自内部振荡器，频率为 4 MHz，PCA 时钟选用系统时钟的 4 分频，即频率为 1 MHz，周期为 1 μs。利用捕捉/比较模块 0，其端口 CEX0 通过交叉开关定向到 P0.0。当捕捉条件满足时，将计数器的值保存到 20H、21H 中，计数器的值乘以 1 μs 即是被测信号的周期，其倒数就是被测频率。

初始化程序如下：

```
ABC:    MOV     OSCICN,#05H         ;使用内部振荡器(频率为 4 MHz)
        MOV     PCA0MD,#02H         ;禁止 PCA 中断,使用系统时钟 4 分频
        MOV     PCA0CPM0,#21H       ;正跳变触发捕捉,允许模块 0 中断
        MOV     XBR0,#08H           ;将 CEX0 定向到 P0.0
        MOV     XBR2,#40H           ;交叉开关允许
        SETB    CR                  ;允许使用 PCA
        ORL     EIE1,#08H           ;允许 PCA 中断
        SETB    EA                  ;允许中断
        ...
```

中断服务程序如下：

```
WXY:   JBC     CCF0,WXY1         ;清中断标志
       RETI
WXY1:  MOV     PCA0L,#00H        ;将 PCA 计数器清 0
       MOV     PCA0H,#00H
       MOV     20H,PCA0CPL0      ;将计数值低 8 位保存到 20H
       MOV     21H,PCA0CPH0      ;将计数值高 8 位保存到 21H
       RETI
```

(2) 比较工作方式

PCA 比较工作方式原理图如图 3-12 所示。在比较工作方式中，系统将 PCA 计数器 PCA0L 和 PCA0H 的值与该模块寄存器 PCA0CPLn 和 PCA0CPHn 中的常数值不断进行比较。当两者相等时，触发一次中断，该模块的中断标志位 CCFn 置 1；如果响应这个中断，CCFn 必须用软件清 0。

(3) 高速输出工作方式

PCA 高速输出工作方式原理图如图 3-13 所示。在高速输出工作方式中，每当 PCA 计数器 PCA0L 和 PCA0H 的值与该模块寄存器 PCA0CPLn 和 PCA0CPHn 中的常数值相等时，就使 CEXn 引脚上的逻辑电平发生一次变化(取反)，同时触发一次

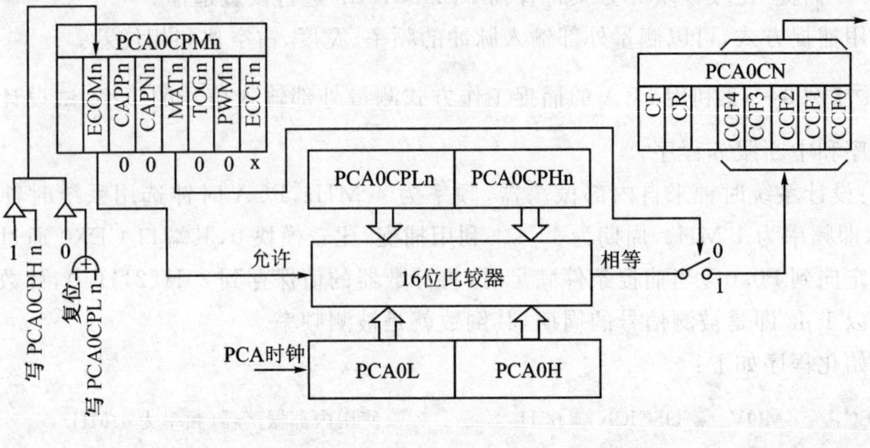

图 3-12 PCA 比较工作方式原理图

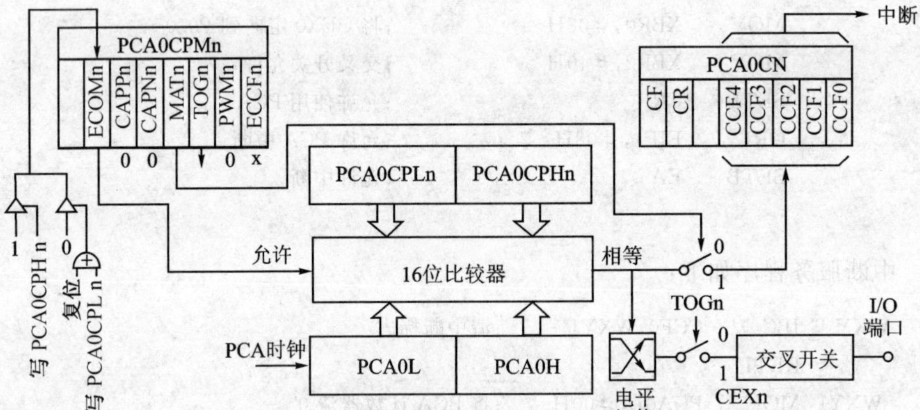

图 3-13 PCA 高速输出工作方式原理图

中断,使该模块的中断标志位 CCFn 置 1;如果响应这个中断,CCFn 必须用软件清 0。

(4) 脉宽调制 PWM 工作方式

脉宽调制 PWM 工作方式原理图如图 3-14 所示。在 PWM 工作方式中,系统不断将 PCA 计数器的低 8 位寄存器 PCA0L 的值与该模块低 8 位寄存器 PCA0CPLn 的常数值进行比较。当两者相等时,在 CEXn 引脚上输出 1;当 PCA0L 溢出时,在 CEXn 引脚上输出 0,并且自动将保存在 PCA0CPHn 中的常数值送入 PCA0CPLn。

在 CEXn 引脚上输出的 PWM 波形如图 3-15 所示。PWM 波的频率实际是对计数器的输入时钟(PCA 时钟)频率的 256 分频,因此,PCA 时钟的频率将决定 PWM 波的频率。

PWM 波的占空比 α 由下式确定,即

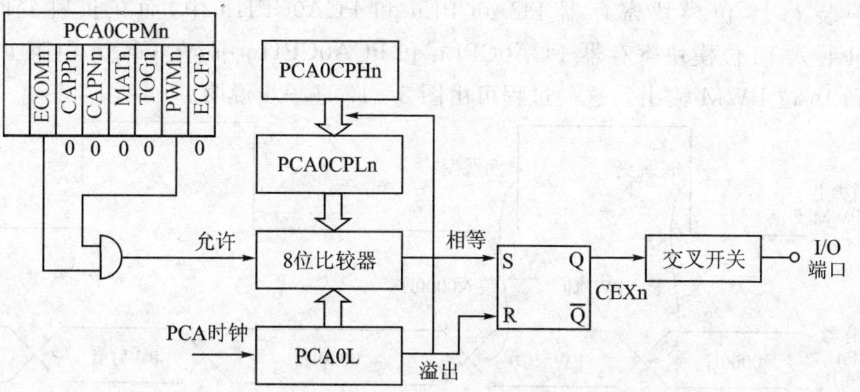

图 3-14 PCA 的 PWM 方式原理图

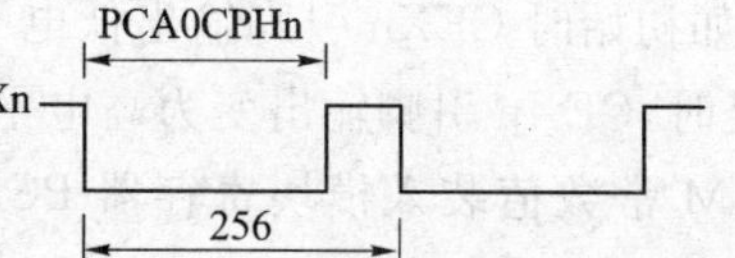

图 3-15 PWM 方式输出波形

$$\alpha = [256-(\text{PCA0CPLn})]/256 \tag{3-3}$$

改变 PCA0CPLn 中的常数值，就可以改变占空比。改变占空比可通过向 PCA0CPHn 寄存器中写一个 8 位数来实现。因为这个 8 位数可在 0～255 之间选择，则占空比的变化范围在 1～1/256 之间，显然，这种 8 位 PWM 波的分辨率是 1/256。

使用这种 8 位 PWM 需要注意以下 2 点：

➢ 改变占空比时，应该向 PCA0CPHn 寄存器进行写操作，而不要向 PCA0CPLn 寄存器进行写操作。

➢ 可通过向捕捉/比较模块方式寄存器 PCA0CPMn 的 ECOMn 位写 0 而使 PWM 输出低电平，即占空比为 0%；写 1 使其恢复原来的输出。

4. 实现 16 位 PWM

通过 C8051 PCA 的 PWM 工作方式，可以很容易得到 8 位 PWM 波，即分辨率是 1/256。在电动机控制的实际应用中，有时要求高分辨率的 PWM 波，这时必须通过其他方式来解决。下面介绍一种在 C8051 单片机上实现高分辨率 PWM 的方法。

在 C8051 PCA 的高速输出工作方式，每当 PCA 计数器 PCA0L 和 PCA0H 的值与该模块寄存器 PCA0CPLn 和 PCA0CPHn 中的常数值相等时，就使 CEXn 引脚上的逻辑电平发生一次变化(取反)，同时触发一次中断。利用高速输出工作方式的这个特点，就能实现 16 位 PWM 功能。

根据高速输出方式的工作原理，可以知道，当条件匹配时，在 CEXn 引脚上会产生一次正跳变或一次负跳变，同时触发一次中断。如果在正跳变时，将 PWM 高电平计数值装入 16 位模块寄存器 PCA0CPLn 和 PCA0CPHn 中,而在负跳变时,将 0000H 装入 16 位模块寄存器 PCA0CPLn 和 PCA0CPHn 中,在 CEXn 引脚上就可以得到 16 位 PWM 输出。这一过程可由图 3-16 进一步说明。

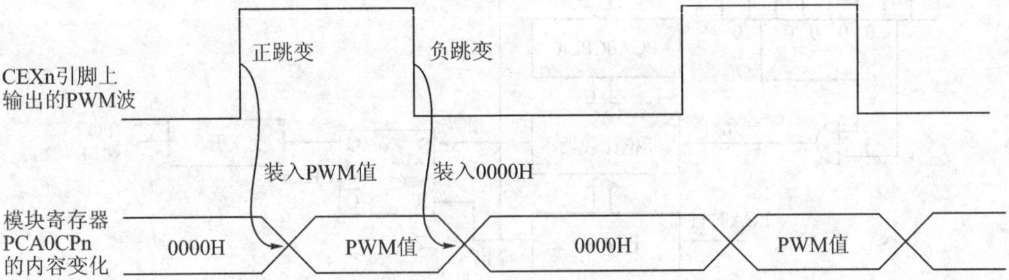

图 3-16 用高速输出方式实现 16 位 PWM 原理

由图 3-16 可见,假如初始时 CEXn 引脚输出低电平,而且 PCA 定时器初值为 0000H。当匹配条件满足时,CEXn 引脚输出变为高电平,同时引发一次中断。在中断服务子程序中,将 PWM 常数值装入模块寄存器 PCA0CPn 中。每一个 PCA 时钟,PCA 定时器加 1,直到与模块寄存器 PCA0CPn 中的 PWM 常数相等时满足了匹配条件,这时使 CEXn 引脚输出变为低电平,同时又引发一次中断。在中断服务子程序中,将 0000H 装入模块寄存器 PCA0CPn 中。此时 PCA 定时器在每一个 PCA 时钟到来时继续加 1,直到加到 FFFFH 时,再加 1 产生溢出,PCA 定时器的值变为 0000H,这样又产生新的匹配条件,使 CEXn 引脚输出变为高电平,同时引发一次中断。这次在中断服务子程序中,将 PWM 常数值装入模块寄存器 PCA0CPn 中。这样循环下去,就会在 CEXn 引脚上输出 16 位 PWM 波。

这个 16 位 PWM 波的占空比由下式决定,即

$$\alpha = \text{PWM}/65\,536 \tag{3-4}$$

由式(3-4)可见,改变变量 PWM 的值就可以改变占空比。

如果取系统时钟的 4 分频作为 PCA 时钟,考虑到中断服务程序要花一定的时间(假设没有别的中断),则 PWM 的最小值是 7 个 PCA 时钟,最大值是 65 529 个 PCA 时钟,这样最小占空比为 0.010 68%,最大占空比为 99.989 3%;如果取系统时钟的 12 分频作为 PCA 时钟,则 PWM 的最小值是 3 个 PCA 时钟,最大值是 65 533 个 PCA 时钟,这样最小占空比为0.004 6%,最大占空比为 99.995 4%。

PWM 波的频率等于 PCA 时钟频率的 65 536 分频。

下面是利用高速输出工作方式实现 16 位 PWM 功能的初始化程序和中断服务子程序。在这个程序中,系统时钟使用内部振荡器 16 MHz;使用 PCA 模块 0,其端口 CEX0 定向到 P0.0;PCA 时钟使用系统时钟 4 分频;16 位 PWM 值存放在 20H、21H 中,低 8 位在前,其数据格式与 PCA 时钟相同。

初始化程序如下:

```
ABC:  MOV   OSCICN,#07H      ;系统时钟使用内部振荡器(频率为 16 MHz)
      MOV   XBR0,#08H        ;CEX0 定向到 P0.0
      MOV   XBR2,#40H        ;交叉开关允许
      ORL   PRT0CF,#01H      ;配置 P0.0 推挽输出
      MOV   PCA0MD,#02H      ;禁止 PCA 中断,PCA 时钟使用系统时钟 4 分频
      MOV   PCA0CPL0,20H     ;将 PWM 的低 8 位送入 PCA0CPL0
      MOV   PCA0CPH0,21H     ;将 PWM 的高 8 位送入 PCA0CPH0
      MOV   PCA0CPM0,#4DH    ;设为高速输出工作方式
      ORL   EIE1,#08H        ;允许 PCA 中断
      SETB  EA               ;允许中断
      SETB  CR               ;允许使用 PCA
      …
```

中断服务子程序如下:

```
WXY:   JBC   CCF0,WXY1         ;是模块 0 中断,跳向处理程序
       JBC   CCF1,WXY3         ;不是模块 0 中断,退出
       JBC   CCF2,WXY3
       JBC   CCF3,WXY3
       JBC   CCF4,WXY3
       JBC   CF,WXY3
 WXY1: JNB   P0.0,WXY2         ;读 P0.0 当前状态
       MOV   PCA0CPL0,20H      ;P0.0=1 时
       MOV   PCA0CPH0,21H
       RETI
 WXY2: MOV   PCA0CPL0,#00H     ;P0.0=0 时
       MOV   PCA0CPH0,#00H
 WXY3: RETI
```

还可以用与上面相同的方法来获得 n 位 PWM 波,其中 $8<n<16$。使用 n 位 PWM 方式的优点是:在满足应用要求的前提下,可以获得比 16 位 PWM 方式更高的频率。

n 位 PWM 方式与 16 位 PWM 方式的不同之处在于:向模块寄存器 PCA0CPn 中写的内容不同。在 16 位 PWM 时,在 CEXn 引脚产生负跳变时向模块寄存器 PCA0CPn 中写 0000H;而在 n 位 PWM 时,在 CEXn 引脚产生负跳变时向模块寄存器 PCA0CPn 中写其当前值加上 PWML,在 CEXn 引脚产生正跳变时向模块寄存器 PCA0CPn 中写其当前值加上 PWMH。PWMH 和 PWML 分别代表一个 PWM 周期中高电平计数值和低电平计数值。因此在 n 位 PWM 方式时,其占空比由下式确定,即

$$\alpha=\frac{\mathrm{PWMH}}{\mathrm{PWMH}+\mathrm{PWML}} \tag{3-5}$$

采用 n 位 PWM 方式时,在中断服务子程序中要增加加法运算,这可能要使中断时间长度稍微增加一些,因而使最小占空比和最大占空比与16位PWM方式相比略有不同。

在 n 位 PWM 方式中,适当地修改 PWMH 和 PWML 的值,可以在使占空比不变的情况下,随意改变 PWM 的频率。

3.6 C8051 与 5 V 电动机控制系统的接口方法

C8051 使用3 V电源,3 V电源有利于电池供电,因此也具有低功耗的特点,是目前的发展趋势。在3 V系统中,与C8051接口的电动机控制系统的芯片,如果也都是采用3 V供电的芯片,则是最理想的。但是,在5 V芯片还占据着大部分市场的情况下,更多的时候会出现与5 V芯片共存的系统。下面介绍如何在与5 V共存系统中使用C8051接口。

在一个5 V系统中使用3 V器件时必须考虑两个问题:怎样用一个5 V器件驱动一个3 V输入?怎样用一个3 V器件驱动一个5 V输入?

1. 用5 V输出驱动3 V输入

将一个5 V驱动器接到一个标准的3 V输入时,由于有电流流入端口电路,可能导致器件损坏或减少寿命。C8051FXXX系列单片机使用耐5 V电压的输入结构,因此可以将5 V器件直接接到单片机的数字输入引脚,而不会损坏器件。

2. 用3 V输出驱动5 V输入

虽然C8051FXXX系列器件的数字输入是5 V兼容的,但输出的高电平值却为2.7~3.6 V。如果5 V器件需要的输入高电平高于该值,则需要对系统进行一些配置。

首先,将C8051端口引脚的输出方式设置为漏极开路,然后将输出端通过一个上拉电阻接到5 V电源。这样一来C8051的逻辑1输出将被提升到5 V,而逻辑0仍为地电平。

注意:复位后端口引脚的默认设置就是漏极开路。

3. 上拉电阻的选择

当端口引脚为逻辑0时,输出电压接近地电平。在该状态下,电流将通过上拉电阻和端口驱动器流入地。为了减小功耗,采用一个大阻值的电阻使这个电流最小。

当端口引脚输出逻辑1时,端口通过一个上拉电阻被拉为高电平。因此信号的上升时间可能很长,上升时间由上拉电阻值和寄生电容值决定,其中寄生电容包括连线电容和输入电容。通过上拉电阻给寄生电容充电的时间常数为寄生电容与上拉电阻的乘积,则有

$$V(t)=5\left[1-e^{\frac{-t}{RC}}\right] \tag{3-6}$$

在时序并不重要的应用中(例如按键或片选信号),充电时间的影响不大。但是在有些场合(例如同步串行通信),时序则显得很重要,这时必须要考虑充电时间,这就要限制上拉电阻的最大值。上拉电阻的阻值越大,对寄生电容的充电时间就会越长,因而端口引脚电压上升到规定的高电平所需的时间就会越长。如果时间常数大于该引脚所传送的脉冲信号周期,就可能使5 V器件永远也接收不到足够高的电压来实现逻辑 1。因此选择的上拉电阻值必须足够小,但考虑到保证在逻辑 0 状态时上拉电阻不消耗过多的功率,这样上拉电阻必须有一个最佳值。上拉电阻 R(单位为 kΩ)的值可通过下式计算,即

$$R=\frac{t}{C\cdot\ln\left(\frac{5\ \mathrm{V}}{5\ \mathrm{V}-V_{ih}}\right)} \tag{3-7}$$

式中 V_{ih}——5 V 器件输入逻辑 1 电压,V;

t ——达到逻辑 1 的最大上升时间,ns。

输出电压的下降时间(1～0)也有一个小的延时,但该时间与上升时间相比很小,可以忽略。

☞【例 3-5】使用 C8051 输出一个频率为 400 kHz 的信号。一个 5 V CMOS 器件使用该信号作为输入。寄生电容为 10 pF,5 V CMOS 器件的逻辑高电平 V_{ih} 为 0.8 V_{DD}(或4 V),要满足电压上升时间在信号周期的 5%时间内,求上拉电阻 R 值,并计算功耗。

解:上升时间 t 为

$$t=5\%\times 1/f=5\%\times 1/(400\ 000\ \mathrm{Hz})=125\ \mathrm{ns}$$

由式(3-7)得

$$R=\frac{t}{C\cdot\ln\left(\frac{5\ \mathrm{V}}{5\ \mathrm{V}-V_{ih}}\right)}=\frac{125\ \mathrm{ns}}{10\ \mathrm{pF}\times\ln\left(\frac{5\ \mathrm{V}}{5\ \mathrm{V}-4\ \mathrm{V}}\right)}=7.77\ \mathrm{k\Omega}$$

电源电压为 5 V,流经 7.77 kΩ 电阻的电流为

$$I=\frac{5\ \mathrm{V}}{7.77\ \mathrm{k\Omega}}=0.64\ \mathrm{mA}$$

功耗为

$$W=VI=5\ \mathrm{V}\times 0.64\ \mathrm{mA}=3.2\ \mathrm{mW}$$

习题与思考题

3-1 C8051 的定时器/计数器 T0、T1、T2、T3 各有什么异同之处?

3-2 通过交叉开关,将 SDA、SCL、T0、$\overline{INT1}$、CP0、CP1 按照给定的顺序分配到 P0 口,如何实现?

3-3 如果 P0 I/O 口设为输入,P1、P2 I/O 口设为输出,如何实现?

3-4 用一个可调电位器,将其输出电压加到 C8051 ADC 的输入端,在 P2 口连接 8 只发光二极管 LED,ADC 将可调电位器的模拟电压转换成数字值,并在 P2 口输出,使 8 只 LED 根据数字各位电平的高低来显示,试设计硬件电路,并编程实现。

3-5 请将定时器 2 设置为捕捉工作方式。

3-6 将 P0.0 设为 PWM 口,并输出占空比为 0.4 的 8 位 PWM 波,试编程实现。

3-7 将 P0.0 设为 PWM 口,并输出占空比为 0.6 的 16 位 PWM 波,试编程实现。

3-8 利用 PCA 模块 0 来设计一频率可调的方波输出,试编程实现。

3-9 试设计实现 N 位 PWM 方式的初始化程序和中断服务子程序。

3-10 5 V CMOS 器件的逻辑高电平为 4 V,与 C8051 连接的寄生电容为 10 pF,如果它们之间的传输信号频率为 600 kHz,求上拉电阻的最大值。

第 4 章

数字 PID 控制器与数字滤波

将偏差的比例(P)、积分(I)和微分(D)通过线性组合构成控制量,用该控制量对被控对象进行控制,这样的控制器称 PID 控制器。

PID 控制器是控制系统中技术比较成熟,而且应用最广泛的一种控制器。它的结构简单,参数容易调整,不一定需要系统的确切数学模型,因此在工业领域中应用广泛。

PID 控制器最先出现在模拟控制系统中,传统的模拟 PID 控制器是通过硬件(电子元件、气动和液压元件)来实现它的功能。随着计算机的出现,把它移植到计算机控制系统中来,将原来的硬件实现的功能用软件来代替,因此称做数字 PID 控制器,所形成的一整套算法则称为数字 PID 控制算法。数字 PID 控制器与模拟 PID 控制器相比,具有非常强的灵活性,可以根据试验和经验在线调整参数,因此可以得到更好的控制性能。本章将介绍 PID 控制的基本原理、数字 PID 控制算法、数字 PID 的改进算法、数字 PID 控制器的参数选择以及数字滤波技术。

4.1 模拟 PID 控制原理

在模拟控制系统中,控制器最常用的控制规律是 PID 控制。为了说明控制器的工作原理,先看一个实例。一个小功率直流电机调速原理图如图 4-1 所示。将给定转速 $n_0(t)$ 与实际转速 $n(t)$ 进行比较,其差值 $e(t)=n_0(t)-n(t)$,经过 PID 控制器调整后输出电压控制信号 $u(t)$,$u(t)$ 经过功率放大后,驱动直流电动机改变其转速。

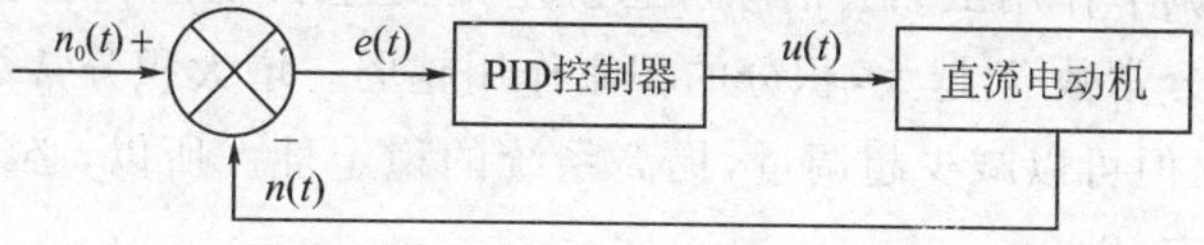

图 4-1 小功率直流电动机调速系统

常规的模拟 PID 控制系统原理框图如图 4-2 所示。该系统由模拟 PID 控制器和被控对象组成。图中,$r(t)$ 是给定值,$y(t)$ 是系统的实际输出值,给定值与实际输出值构成控制偏差 $e(t)$:

$$e(t) = r(t) - y(t) \tag{4-1}$$

$e(t)$作为PID控制器的输入，$u(t)$作为PID控制器的输出和被控对象的输入。所以模拟PID控制器的控制规律为

$$u(t) = K_P\left[e(t) + \frac{1}{T_I}\int_0^t e(t)\mathrm{d}t + T_D\frac{\mathrm{d}e(t)}{\mathrm{d}t}\right] + u_0 \tag{4-2}$$

式中 K_P——比例系数；

T_I——积分常数；

T_D——微分常数；

u_0——控制常量。

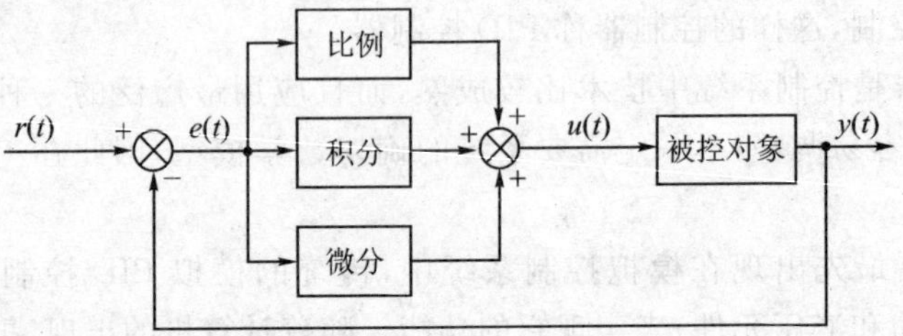

图4-2 模拟PID控制系统原理图

在模拟PID控制器中，比例环节的作用是对偏差瞬间作出快速反应。偏差一旦产生，控制器立即产生控制作用，使控制量向减少偏差的方向变化。控制作用的强弱取决于比例系数K_P，K_P越大，控制越强；但过大的K_P会导致系统振荡，破坏系统的稳定性。

由式(4-2)可见，只有当偏差存在时，第一项才有控制量输出。所以，对大部分被控制对象(如直流电动机的调压调速)，要加上适当的与转速和机械负载有关的控制常量u_0，否则，比例环节将会产生静态误差。

积分环节的作用是把偏差的积累作为输出。在控制过程中，只要有偏差存在，积分环节的输出就会不断增大。直到偏差$e(t)=0$，输出的$u(t)$才可能维持在某一常量，使系统在给定值$r(t)$不变的条件下趋于稳态。因此，即使不加控制常量u_0，也能消除系统输出的静态误差。

积分环节的调节作用虽然会消除静态误差，但也会降低系统的响应速度，增加系统的超调量。积分常数T_I越大，积分的积累作用越弱。增大积分常数T_I会减慢静态误差的消除过程，但可以减少超调量，提高系统的稳定性。所以，必须根据实际控制的具体要求来确定T_I。

实际的控制系统除了希望消除静态误差外，还要求加快调节过程。在偏差出现的瞬间或在偏差变化的瞬间，不但要立即对偏差量作出响应(比例环节的作用)，而且要根据偏差的变化趋势预先给出适当的纠正。为了实现这一作用，可在PI控制器的基础上加入微分环节，形成PID控制器。

微分环节的作用是阻止偏差的变化。它是根据偏差的变化趋势(变化速度)进行控制。偏差变化越快,微分控制器的输出就越大,并能在偏差值变大之前进行修正。微分作用的引入,将有助于减小超调量,克服振荡,使系统趋于稳定,特别对高阶系统非常有利,它加快了系统的跟踪速度。但微分的作用对输入信号的噪声很敏感,对那些噪声较大的系统一般不用微分,或在微分起作用之前先对输入信号进行滤波。

适当地选择微分常数 T_D,可以使微分的作用达到最优。

随着计算机进入控制领域,人们将模拟 PID 控制规律引入到计算机中来。对式(4-2)的 PID 控制规律进行适当的变换,就可以用软件来实现 PID 控制,即数字 PID 控制。

4.2 数字 PID 控制算法

数字 PID 控制算法可以分为位置式 PID 控制算法和增量式 PID 控制算法。

4.2.1 位置式 PID 控制算法

由于计算机控制是一种采样控制,它只能根据采样时刻的偏差值计算控制量,而不能像模拟控制那样连续输出控制量,进行连续控制。由于这一特点,式(4-2)中的积分项和微分项不能直接使用,必须进行离散化处理。离散化处理的方法为:以 T 作为采样周期,k 作为采样序号,则离散采样时间 kT 对应着连续时间 t,用求和的形式代替积分,用增量的形式代替微分,可作如下近似变换:

$$\left.\begin{aligned} & t \approx kT \qquad (k=0,1,2,\cdots) \\ & \int_0^t e(t)\mathrm{d}t \approx T\sum_{j=0}^{k} e(jT) = T\sum_{j=0}^{k} e_j \\ & \frac{\mathrm{d}e(t)}{\mathrm{d}t} \approx \frac{e(kT)-e[(k-1)T]}{T} = \frac{e_k - e_{k-1}}{T} \end{aligned}\right\} \tag{4-3}$$

式(4-3)中,为了表示方便,将类似于 $e(kT)$ 简化成 e_k 等。

将式(4-3)代入式(4-2),就可以得到离散的 PID 表达式为

$$u_k = K_P\left[e_k + \frac{T}{T_I}\sum_{j=0}^{k} e_j + \frac{T_D}{T}(e_k - e_{k-1})\right] + u_0 \tag{4-4}$$

或

$$u_k = K_P e_k + K_I\sum_{j=0}^{k} e_j + K_D(e_k - e_{k-1}) + u_0 \tag{4-5}$$

式中 k——采样序号,$k=0,1,2,\cdots$;

u_k——第 k 次采样时刻的计算机输出值;

e_k——第 k 次采样时刻输入的偏差值;

e_{k-1}——第 $k-1$ 次采样时刻输入的偏差值;

K_I——积分系数，$K_I=K_PT/T_I$；

K_D——微分系数，$K_D=K_PT_D/T$；

u_0——开始进行PID控制时的原始初值。

如果采样周期取得足够小，则式(4-4)或式(4-5)的近似计算可获得足够精确的结果，离散控制过程与连续控制过程十分接近。

式(4-4)和式(4-5)表示的控制算法是直接按式(4-2)所给出的PID控制规律定义进行计算的，所以它给出了全部控制量的大小，因此被称为全量式或位置式PID控制算法。

这种算法的缺点是：由于全量输出，所以每次输出均与过去的状态有关，计算时要对 e_k 进行累加，工作量大；此外，因为计算机输出的 u_k 对应的是执行机构的实际位置，如果计算机出现故障，输出的 u_k 将大幅度变化，会引起执行机构的大幅度变化，有可能因此造成严重的生产事故，这在生产实际中是不能允许的。

增量式PID控制算法可以避免这种现象的发生。

4.2.2 增量式PID控制算法

增量式PID是指数字控制器的输出只是控制量的增量 Δu_k。当执行机构需要的控制量是增量(例如步进电动机在当前位置前进多少或后退多少)，而不是位置量的绝对数值时，可以使用增量式PID控制算法进行控制。

增量式PID控制算法可通过式(4-4)进行推导而得出。由式(4-4)可得控制器在第$k-1$个采样时刻的输出值为

$$u_{k-1}=K_p\left[e_{k-1}+\frac{T}{T_I}\sum_{j=0}^{k-1}e_j+\frac{T_D}{T}(e_{k-1}-e_{k-2})\right]+u_0 \tag{4-6}$$

将式(4-4)与式(4-6)相减，并整理，就可以得到增量式PID控制算法公式为

$$\begin{aligned}\Delta u_k=u_k-u_{k-1}&=K_P\left[e_k-e_{k-1}+\frac{T}{T_I}e_k+\frac{T_D}{T}(e_k-2e_{k-1}+e_{k-2})\right]=\\ &K_P\left(1+\frac{T}{T_I}+\frac{T_D}{T}\right)e_k-K_P\left(1+\frac{2T_D}{T}\right)e_{k-1}+K_P\frac{T_D}{T}e_{k-2}=\\ &Ae_k+Be_{k-1}+Ce_{k-2}\end{aligned} \tag{4-7}$$

式中

$$A=K_p\left(1+\frac{T}{T_I}+\frac{T_D}{T}\right)$$

$$B=-K_P\left(1+2\frac{T_D}{T}\right)$$

$$C=K_P\frac{T_D}{T}$$

式(4-7)的 Δu_k 还可以写成下面的形式：

$$\begin{aligned}\Delta u_k&=K_P\left(\Delta e_k+\frac{T}{T_I}e_k+\frac{T_D}{T}\Delta^2e_k\right)=\\ &K_P(\Delta e_k+Ie_k+D\Delta^2e_k)\end{aligned} \tag{4-8}$$

式中
$$\Delta e_k = e_k - e_{k-1}$$
$$\Delta^2 e_k = e_k - 2e_{k-1} + e_{k-2} = \Delta e_k - \Delta e_{k-1}$$
$$I = T/T_{\mathrm{I}}$$
$$D = T_{\mathrm{D}}/T$$

由式(4－7)可以看出，如果计算机控制系统采用恒定的采样周期 T，一旦确定了 A、B、C，只要使用前后 3 次测量值的偏差，就可以由式(4－7)求出控制增量。

增量式 PID 控制算法与位置式 PID 控制算法相比，计算量小得多，因此在实际中得到广泛应用。

而位置式 PID 控制算法也可通过增量式控制算法推出递推计算公式：

$$u_k = u_{k-1} + \Delta u_k \tag{4-9}$$

这就是目前在计算机控制中广泛应用的数字递推 PID 控制算式。

4.2.3 数字 PID 控制算法子程序

下面给出数字 PID 控制算法子程序，以供读者应用时参考。

1. 增量式 PID 控制算法子程序

增量式 PID 控制算法子程序是根据式(4－7)设计的。图 4－3 是以控制步进电动机为例的增量式算法程序框图和 RAM 分配图。

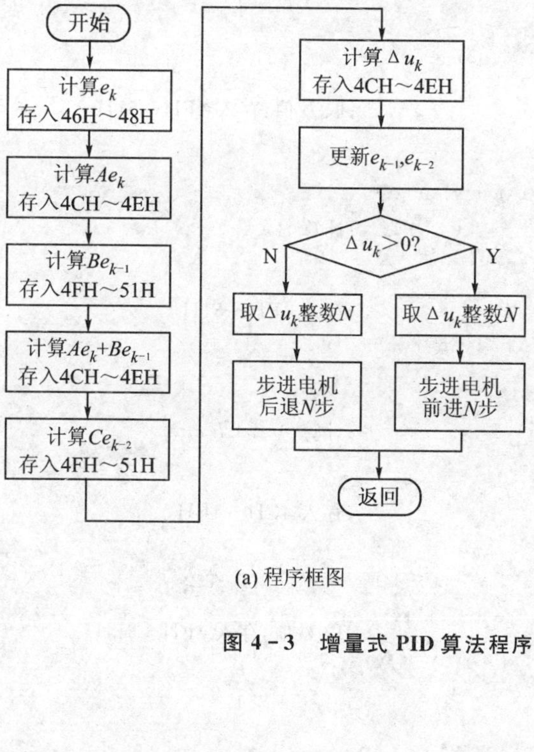

(a) 程序框图

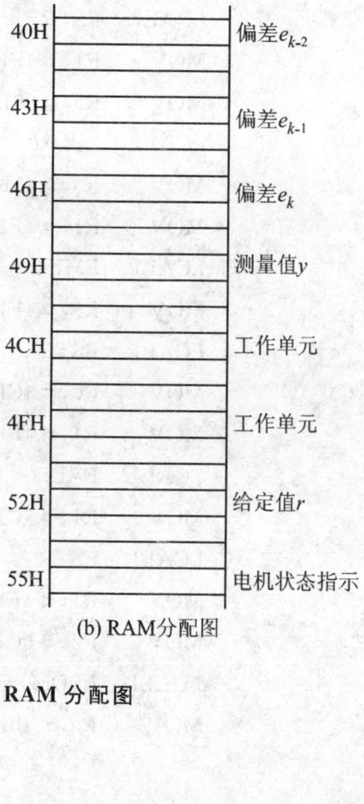

(b) RAM分配图

图 4－3 增量式 PID 算法程序框图和 RAM 分配图

程序的入口参数:偏差 e_k、e_{k-1}、e_{k-2},测量值 y,给定值 r。这5个参数均为3字节的浮点数,分别将它们存放在RAM单元中,在RAM中的存放位置如图4-3(b)所示。低字节存放浮点数的阶数和符号,其中符号存放在最高位,阶数以补码的形式存放在另7位中。尾数以原码的形式存放在另2字节中。

占用的资源:A,B,R0~R7,CY,F0。

程序如下:

```
PID1:   MOV     R0,#52H
        MOV     R1,#49H
        LCALL   FSUB                    ;计算 ek
        MOV     R1,#46H
        LCALL   FSTR                    ;存入 46H~48H
        MOV     R1,#4CH
        MOV     R2,#06H
        LCALL   LPDM                    ;取 A 值,存入 4CH~4EH
        MOV     R0,#46H
        MOV     R1,#4CH
        LCALL   FMUL                    ;计算 A ek
        MOV     R1,#4CH
        LCALL   FSTR                    ;存入 4CH~4EH
        MOV     R1,#4FH
        MOV     R2,#09H
        LCALL   LPDM                    ;取 B 值,存入 4FH~51H
        MOV     R0,#43H
        MOV     R1,#4FH
        LCALL   FMUL                    ;计算 B ek-1
        MOV     R1,#4FH
        LCALL   FSTR                    ;存入 4FH~51H
        MOV     R0,#4CH
        MOV     R1,#4FH
        LCALL   FADD                    ;计算 A ek+B ek-1
        MOV     R1,#4CH
        LCALL   FSTR                    ;存入 4CH~4EH
        MOV     R1,#4FH
        MOV     R2,#0CH
        LCALL   LPDM                    ;取 C 值,存入 4FH~51H
        MOV     R0,#40H
```

```
        MOV     R1,#4FH
        LCALL   FMUL                        ;计算 Ce(k-2)
        MOV     R1,#4FH
        LCALL   FSTR                        ;存入 4FH～51H
        MOV     R1,#4FH
        MOV     R0,#4CH
        LCALL   FADD                        ;计算 Δu(k)
        MOV     R1,#4CH
        LCALL   FSTR                        ;存入 4CH～4EH
        MOV     40H,43H                     ;更新 e(k-2)
        MOV     41H,44H
        MOV     42H,45H
        MOV     43H,46H                     ;更新 e(k-1)
        MOV     44H,47H
        MOV     45H,48H
        MOV     A,4CH
        MOV     C,A.7                       ;取 Δu(k)阶数符号
        MOV     F0,C                        ;存入 F0
        JB      A.6,PIDJ12                  ;取 Δu(k) 阶数符号,如果为负,则转向
PIDJ12
        ANL     A,#3FH                      ;否则为正。屏蔽高 2 位
        MOV     R7,A                        ;存入 R7
PIDJ13: CLR     C
        MOV     A,4EH                       ;尾数乘以 2
        RLC     A
        MOV     4EH,A
        MOV     A,4DH
        RLC     A
        MOV     4DH,A
        DJNZ    R7,PIDJ13                   ;阶数减 1,若不等于 0,继续乘以 2
        AJMP    PIDJ14                      ;阶数减 1,若等于 0,取整结束
PIDJ12: CPL     A                           ;阶数为负时
        INC     A
        ANL     A,#3FH                      ;屏蔽高 2 位
        MOV     R7,A                        ;存入 R7
PIDJ15: CLR     C
        MOV     A,4DH                       ;尾数除以 2
        RRC     A
```

```
         MOV   4DH,A
         MOV   A,4EH
         RRC   A
         MOV   4EH,A
         DJNZ  R7,PIDJ15          ;阶数减 1,若不等于 0,继续除以 2
PIDJ14;  JB    F0,POUT1           ;Δu_k 为负跳 POUT1
POUT0:   CLR   A                  ;Δu_k 为正,正转
         CJNE  A,4EH,POUT00       ;检查 Δu_k 是否等于 0,等于 0 退出
         CJNE  A,4DH,POUT00
         RET
POUT00:  MOV   A,55H              ;取电动机励磁状态
         CJNE  A,#00H,POUT01
         MOV   A,#08H             ;四相 8 拍
POUT01:  DEC   A
         MOV   55H,A
         ADD   A,#3DH
         MOVC  A,@A+PC            ;取励磁状态字
         MOV   P1,A               ;送 P1 口发控制信号
         MOV   R7,#08H            ;延时
DL0:     DJNZ  R7,DL0
         DEC   4EH                ;Δu_k -1
         CLR   A
         CJNE  A,4EH,POUT00       ;Δu_k 是否为 0,等于 0 退出
         CJNE  A,4DH,POUT02
         RET
POUT02:  DEC   4DH
         AJMP  POUT00
POUT1:   CLR   A                  ;Δu_k 为负,反转
         CJNE  A,4EH,POUT10       ;检查 Δu_k 是否等于 0,等于 0 退出
         CJNE  A,4DH,POUT10
         RET
POUT10:  MOV   A,55H              ;取电动机励磁状态
         CJNE  A,#07H,POUT11
         MOV   A,#0FFH            ;四相 8 拍
POUT11:  INC   A
         MOV   55H,A
         ADD   A,#14H
```

```
        MOVC    A,@A+PC                     ;取励磁状态字
        MOV     P1,A                        ;送 P1 口发控制信号
        MOV     R7,#80H                     ;延时
DL1:    DJNZ    R7,DL1
        DEC     4EH                         ;Δu_k-1
        CLR     A
        CJNE    A,4EH,POUT10                ;Δu_k是否为 0,等于 0 退出
        CJNE    A,4DH,POUT12
        RET
POUT12: DEC     4DH
        AJMP    POUT10
MDATA:  DB      01H,05H,04H,06H,02H,0AH,08H,09H   ;励磁状态字
LPDM:   MOV     R7,#03H                     ;取 A、B、C 值子程序
LPDM0:  MOV     A,R2
        MOVC    A,@A+PC
        MOV     @R1,A
        INC     R2
        INC     R1
        DJNZ    R7,LPDM0
        RET
OM:     DB      XXH,XXH,XXH                 ;A 值
        DB      XXH,XXH,XXH                 ;B 值
        DB      XXH,XXY,XXH                 ;C 值
```

程序中:FSUB 为 3 字节浮点数减法子程序;

FADD 为 3 字节浮点数加法子程序;

FMUL 为 3 字节浮点数乘法子程序;

FSTR 为 3 字节浮点数存放子程序。

由于篇幅限制,以上子程序略。

2. 位置式 PID 控制算法子程序

为了使位置式 PID 控制计算简化,利用式(4-9)进行计算,式中的增量 Δu_k 采用式(4-8)进行计算。程序框图如图 4-4(a)所示。

程序的入口参数:偏差 e_{k-1} 和 Δe_{k-1}、控制量 u_{k-1}、测量值 y、给定值 r。这 5 个参数均为3 字节的浮点数,分别将它们存放在 RAM 单元中,在 RAM 中的存放位置如图 4-4(b)所示。

占用的资源:A,B,R0～R7,CY,F0。

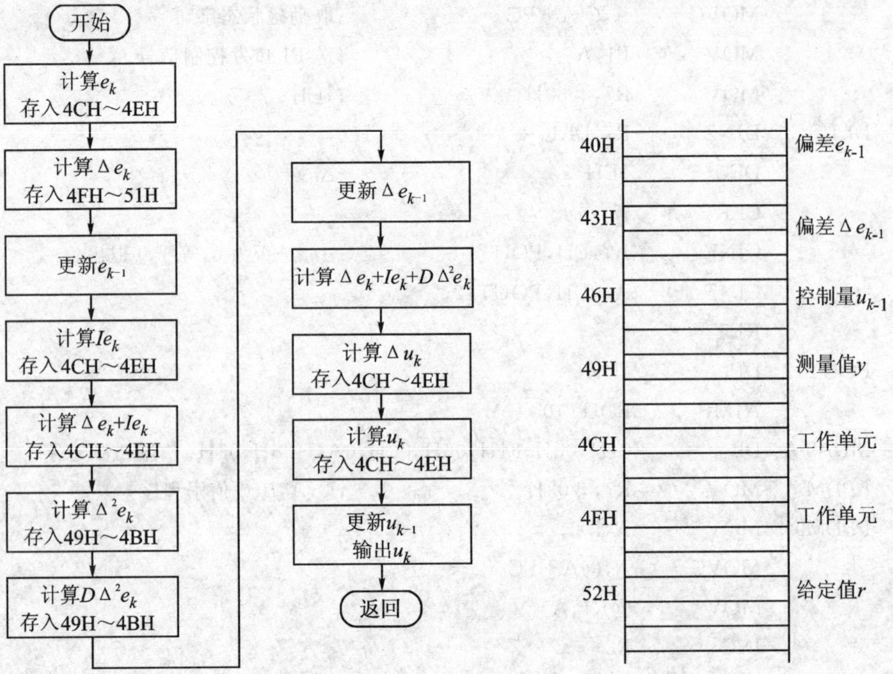

(a) 程序框图　　(b) RAM分配图

图 4－4　位置式 PID 算法程序框图和 RAM 分配图

程序如下：

```
PID2:  MOV     R0,#52H
       MOV     R1,#49H
       LCALL   FSUB              ;计算 ek
       MOV     R1,#4CH
       LCALL   FSTR              ;存入 4CH～4EH
       MOV     R0,#4CH
       MOV     R1,#40H
       LCALL   FSUB              ;计算 Δek
       MOV     R1,#4FH
       LCALL   FSTR              ;存入 4FH～51H
       MOV     40H,4CH           ;用 ek 更新 ek－1
       MOV     41H,4DH
       MOV     42H,4EH
       MOV     R1,#4CH
       MOV     R2,#09H
```

```
        LCALL   LPDM2           ;取 I 值,存入 4CH～4EH
        MOV     R0,#40H
        MOV     R1,#4CH
        LCALL   FMUL            ;计算 I e_k
        MOV     R1,#4CH
        LCALL   FSTR            ;存入 4CH～4EH
        MOV     R0,#4CH
        MOV     R1,#4FH
        LCALL   FADD            ;与 Δe_k 相加
        MOV     R1,#4CH
        LCALL   FSTR            ;存入 4CH～4EH
        MOV     R0,#4FH
        MOV     R1,#43H
        LCALL   FSUB            ;Δe_k－Δe_k-1
        MOV     R1,#49H
        LCALL   FSTR            ;存入 49H～4BH
        MOV     R1,#43H
        MOV     R2,#0CH
        LCALL   LPDM2           ;取 D 值,存入 43H～45H
        MOV     R1,#49H
        MOV     R0,#43H
        LCALL   FMUL            ;计算 DΔ²e_k
        MOV     R1,#49H
        LCALL   FSTR            ;存入 49H～4BH
        MOV     43H,4FH         ;更新 Δe_k-1
        MOV     44H,50H
        MOV     45H,51H
        MOV     R1,#49H
        MOV     R0,#4CH
        LCALL   FADD            ;求和
        MOV     R1,#4FH
        LCALL   FSTR            ;存入 4FH～51H
        MOV     R1,#4CH
        MOV     R2,#06H
        LCALL   LPDM2           ;取 K_P 值,存入 4CH～4EH
        MOV     R0,#4CH
        MOV     R1,#4FH
```

```
          LCALL     FMUL              ;计算 Δu_k
          MOV       R1,#4CH
          LCALL     FSTR              ;存入 4CH～4EH
          MOV       R0,#46H
          MOV       R1,#4CH
          LCALL     FADD              ;与 u_{k-1} 相加
          MOV       R1,#4CH
          LCALL     FSTR              ;存入 4CH～4EH
          MOV       46H,4CH           ;更新 u_{k-1}
          MOV       47H,4DH
          MOV       48H,4EH
          LCALL     POUT              ;调用户子程序
          RET
LPDM2:    MOV       R7,#03H           ;取 K_P、I、D 值子程序
LPDM20:   MOV       A,R2
          MOVC      A,@A+PC
          MOV       @R1,A
          INC       R2
          INC       R1
          DJNZ      R7,LPDM20
          RET
PM2:      DB        XXH,XXH,XXH       ;K_P 值
          DB        XXH,XXH,XXH       ;I 值
          DB        XXH,XXH,XXH       ;D 值
```

程序中 POUT 是用户自编的输出驱动程序。

4.3 数字 PID 的改进算法

在计算机控制系统中,PID 控制规律是用计算机软件来实现的,因此它的灵活性很大,一些原来在模拟 PID 控制器中无法解决的问题,在引入计算机后,只要通过软件处理就可以得到解决。于是,产生了一系列围绕此目的的改进算法,以满足不同控制应用系统的需求。下面介绍数字 PID 控制算法中一些常用的改进算法。

4.3.1 对积分作用的改进

在电动机控制系统中,控制量的输出值要受到元器件或执行机构性能的约束(如电源电压的限制、放大器饱和等),因此它的变化应在有限的范围内,即

$$u_{k,\min} \leqslant u_k \leqslant u_{k,\max}$$

如果计算机根据位置式 PID 算法得到的控制量 u_k 在上述范围内，那么 PID 控制可以达到预期的效果。一旦超出上述范围，那么实际执行的控制量就不再是计算值，产生的结果与预期的不相符，这种现象通常称为饱和效应。

在前面介绍的数字 PID 控制器中，引入积分环节的目的主要是为了消除静态误差，提高控制精度。当在电动机的启动、停车或大幅度增减设定值时，短时间内系统输出很大的偏差，会使 PID 运算的积分积累很大，引起输出的控制量很大，这一控制量很容易超出执行机构的极限控制量，从而引起强烈的积分饱和效应。这将会造成系统振荡、调节时间延长等不利结果。

为了消除积分饱和带来的不利影响，需要对控制算法进行改进。这里介绍 2 种常用的方法。

1. 积分分离法

积分分离法的思路是：当被控量与给定值的偏差较大时，去掉积分，以避免积分饱和效应的产生；当被控量与给定值比较接近时，重新引入积分，发挥积分的作用，消除静态误差，从而既保证了控制的精度，又避免了振荡的产生。

具体实现如下：

- 根据实际情况，人为确定一个量 $X>0$；
- 当 $|e_k|>X$ 时，采用 PD 控制，即去掉积分；
- 当 $|e_k|<X$ 时，采用 PID 控制。

为此，在积分项中乘以一个系数 β，β 取值如下：

$$\beta = \begin{cases} 1, & |e_k| \leqslant X \\ 0, & |e_k| > X \end{cases} \tag{4-10}$$

下面利用位置式 PID 算式(4－4)来推导积分分离法的算式：

$$u_k = K_P\left[e_k + \beta\frac{T}{T_I}\sum_{j=0}^{k}e_j + \frac{T_D}{T}(e_k - e_{k-1})\right] + u_0 \tag{4-11}$$

即

$$u_k = \begin{cases} A'e_k - B'e_{k-1} + u_0, & \beta = 0 \\ Ae_k + Be_{k-1} + Ce_{k-2} + u_{k-1}, & \beta = 1 \end{cases} \tag{4-12}$$

式中

$$A' = K_P\left(1 + \frac{T_D}{T}\right)$$

$$B' = K_P\frac{T_D}{T}$$

根据式(4－12)，可以给出实现积分分离算法的程序框图，如图 4－5 所示。

2. 遇限削弱积分法

遇限削弱积分法的思路是：一旦控制量 u_k 进入饱和区，便停止进行增大积分项的运算，而只进行使积分减少(即所谓削弱)的运算。

具体过程是：在计算 u_k 前，先判断前一次的控制量 u_{k-1} 是否超出了极限范围，如果超出，说明已进入饱和区，这时再根据偏差的正负，来判断控制量是使系统加大超调还是减小超调。如果是减小超调，则保留积分项，否则取消积分项。

遇限削弱积分法与积分分离法的区别在于：在进入极限范围后，积分分离法便停止积分；而遇限削弱积分法则是有条件地去积分，这种算法可以避免控制量长时间停留在饱和区。

遇限削弱积分算法的程序框图如图4－6所示。

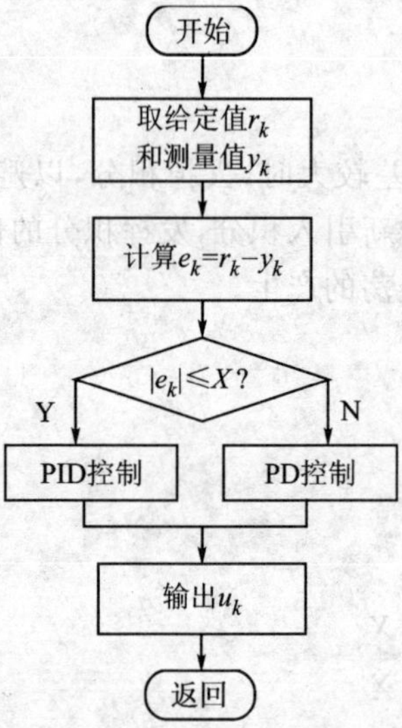

图4－5　积分分离算法程序框图

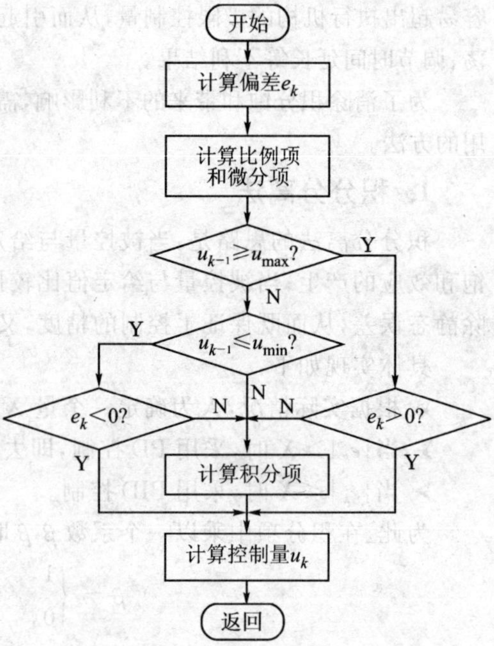

图4－6　遇限削弱积分算法程序框图

4.3.2　对微分作用的改进

微分环节的引入改善了系统的动态特性，但微分对干扰非常敏感，这可能会造成不利的影响。由式(4－4)可以看出，由于采样周期非常短，差分(特别是二阶差分)对数据误差和噪声特别敏感，一旦出现干扰，表现为差分突然变大，从而引起控制量的非正常增大。假如这时系统已进入稳态，干扰会通过微分项使系统产生振荡。

为了对付干扰的影响，除了用后面要介绍的数字滤波技术对采样值进行滤波以及通过硬件改善环境外，还可以在算法上进行改进，下面介绍2种方法。

1. 不完全微分法

不完全微分法是在PID算法中加入一个一阶惯性环节(低通滤波器)，即

$$G_f(s) = \frac{1}{1 + T_f s} \tag{4-13}$$

其控制算法结构图如图 4-7 所示。其中图 4-7(a)是将低通滤波器直接加在微分环节上，图 4-7(b)是将低通滤波器加在整个 PID 控制器之后。

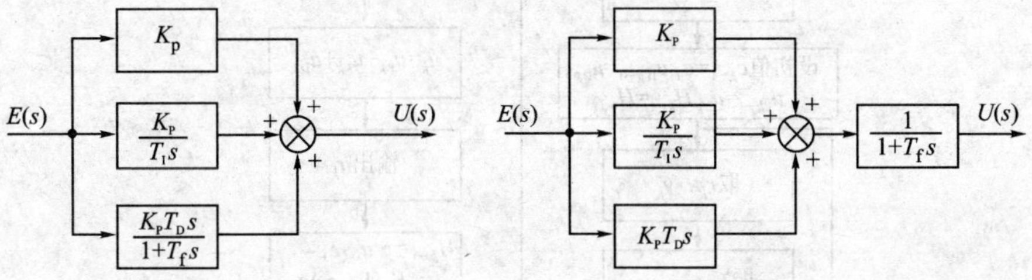

(a) 低通滤波加在微分环节上　　(b) 低通滤波加在 PID 控制器之后

图 4-7　不完全微分算法结构图

引入不完全微分后，微分输出在第一个采样周期内的脉冲高度下降，以后逐渐衰减，使输出较为理想，如图 4-8 所示。

尽管不完全微分算法比普通的 PID 控制算法要复杂些，但由于其良好的控制特性而得到广泛的应用。

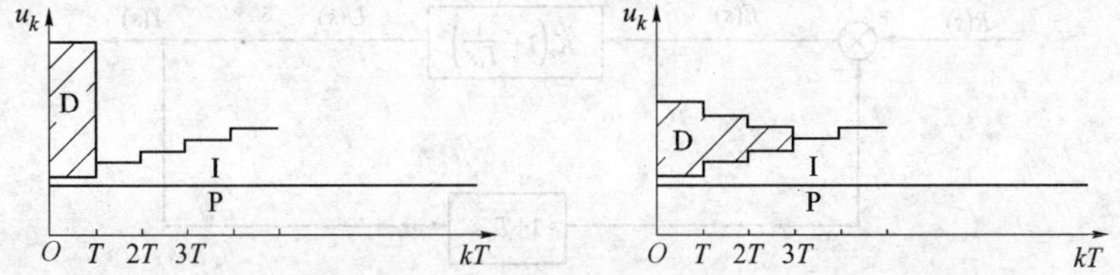

(a) 普通PID　　(b) 不完全微分PID

图 4-8　PID 输出控制作用比较

不完全微分算法的程序框图如图 4-9 所示。

2. 微分先行法

微分先行法的 PID 控制结构如图 4-10 所示。

由图可知，微分先行法将原来的对偏差 $e(t)$ 微分改为对输出量 $y(t)$ 进行微分。由于偏差 $e(t) = r(t) - y(t)$，当给定值 $r(t)$ 大幅变化时，$e(t)$ 会大幅变化，而输出量 $y(t)$ 一般不会突变，通常变化是缓慢的，对输出量 $y(t)$ 进行微分使微分不会剧烈变化。这种输出量先行微分控制适用于给定值频繁变化的场合，它可以避免因给定值频繁变化所引起的系统振荡，可以明显地改善系统的动态特性。

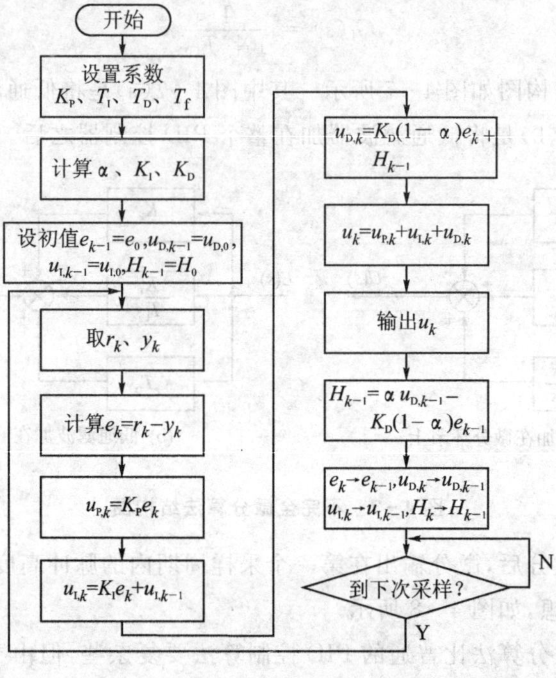

图 4-9　不完全微分算法程序框图

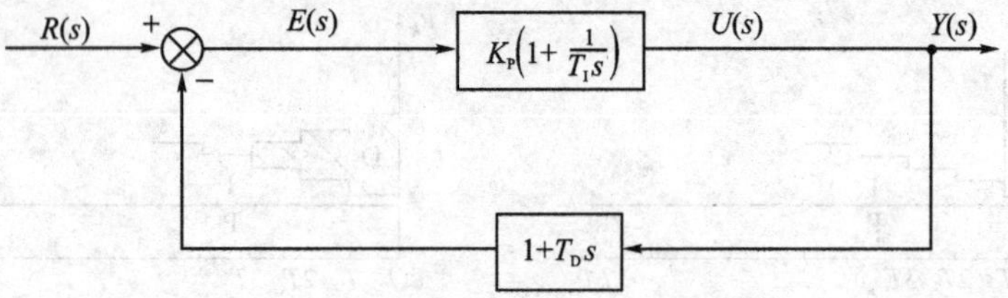

图 4-10　微分先行法 PID 控制结构图

4.4　数字 PID 控制器参数的选择方法和采样周期的选择

4.4.1　参数的选择方法

在数字 PID 控制中，如果采样周期选得比较短，则 PID 控制参数 K_P、T_I、T_D 可按模拟 PID 控制器中的方法来选择。

在对电动机控制中，首先要求系统是稳定的，在给定值变化时，被控量应能迅速、平稳地跟踪，超调量要小。在各种干扰下，被控量应能保持在给定值附近；另外，控制变量不宜过大，以避免系统过载。显然，上述要求都满足是很困难的，因此，必须根据具体的情况，抓主要方面，兼顾其他方面。

在选择控制器参数前，应首先确定控制器结构。对于电动机控制系统，一般常用 PI 或 PID 控制器结构，以保证被控系统的稳定，并尽可能消除静态误差。

PID 参数的选择有两种可用方法：理论设计法和试验确定法。理论设计法确定 PID 控制参数的前提，是要有被控对象准确的数学模型，这在电动机控制中往往很难做到。因此，使用下列两种试验确定法来选择 PID 控制参数，就成为经常采用的且行之有效的方法。

1. 凑试法

凑试法是通过模拟或闭环运行系统，来观察系统的响应曲线，然后根据各控制参数对系统响应的大致影响，来改变参数，反复凑试，直到认为得到满意的响应为止。凑试前，要先了解 PID 控制器参数值对系统的响应有哪些影响，主要有如下影响。

- 增大比例系数 K_P：可以加快系统的响应速度，有利于减少静态误差；但是，过大的比例系数会使系统有较大的超调，因此产生振荡，破坏系统的稳定性。
- 增大积分常数 T_I：会有利于减小超调，减少振荡，使系统更稳定；但系统静态误差的消除将随之减慢。
- 增大微分常数 T_D：也可以加快系统的响应，使超调量减少，稳定性增加，但使系统的抗干扰能力降低。

在考虑了以上参数对控制过程的影响后，凑试时，可按先比例→后积分→再微分的顺序反复调试参数。具体步骤如下：

① 首先只调整比例部分，将比例系数由小变大，并观察系统所对应的响应，直到得到响应快、超调量小的响应曲线为止。如果这时系统的静态误差已在允许范围内，并且达到 1/4 衰减度的响应曲线（最大超调衰减到 1/4 时，已进入允许的静态误差范围），那么只需用比例环节即可，比例系数可由此确定。

② 如果在比例调节的基础上，系统的静态误差还达不到设计要求，则必须加入积分环节。积分常数在凑试时，先给一个较大值，并将上一步调整时获得的比例系数略微减小（例如取原值的 80%），然后逐渐减小积分常数进行凑试，并根据所获得的响应曲线进一步调试比例系数值和积分常数值，直到消除静态误差，并且保持良好的动态性能为止。

③ 如果使用比例积分环节消除了静态误差，但系统的动态性能仍不能令人满意，这时可加入微分环节。在凑试时，可先给一个很小的微分常数，以后逐渐增大，同时相应地改变比例系数和积分常数，直到获得满意的效果为止。

注意：所谓“满意”的效果，是根据被控对象的不同和对控制要求的不同而得到的相对满意程度。因为比例、积分、微分三者的控制作用有相互重叠之处，某一环节作用的减小往往可以由其他环节作用的增加来补偿，因此，能达到“满意”效果的参数组合并不是唯一的。

2. 经验法

用凑试法确定 PID 参数需要经过多次反复的试验,为了减少凑试次数,提高工作效率,可以借鉴他人的经验,并根据一定的要求,事先做少量的试验,以得到若干基准参数,然后按照经验公式,用这些基准参数导出 PID 控制参数,这就是经验法。

临界比例法就是一种经验法。这种方法首先将控制器选为纯比例控制器,并形成闭环,改变比例系数,使系统对阶跃输入的响应达到临界状态,这时记下比例系数 K_r、临界振荡周期 T_r,根据 Ziegler - Nichols 提供的经验公式,就可以由这 2 个基准参数得到不同类型控制器的参数,如表 4 - 1 所列。

表 4 - 1　临界比例法确定的模拟控制器参数

控制器类型	K_P	T_I	T_D
P	$0.5\ K_r$		
PI	$0.45\ K_r$	$0.85\ T_r$	
PID	$0.6\ K_r$	$0.5\ T_r$	$0.12\ T_r$

这种临界比例法是针对模拟 PID 控制器的,对于数字 PID 控制器,只要采样周期取得较小,原则上也同样适用。在电动机的控制中,可以先采用临界比例法,然后在采用临界比例法求得结果的基础上,用凑试法进一步完善。

表 4 - 1 的控制器参数,实际上是按衰减度为 1/4 时得到的。通常认为 1/4 的衰减度能兼顾稳定性和快速性。如果要求更大的衰减,则必须用凑试法对参数作进一步的调整。

4.4.2　采样周期的选择

数字 PID 控制算法是模仿连续系统的 PID 控制器,在近似离散化的基础上,通过计算机实现数字控制。这种控制方式要求采样周期要足够短,一般要远小于系统的时间常数,这是采用数字 PID 控制器的前提。采样周期越短,数字控制效果就越接近连续控制。采样周期的选择要受到多方面因素的影响(比如单片机的速度)。在电动机控制软件设计中,采样周期也是一个重要的参数。

在实际选择采样周期时,必须从需要和可能两方面综合考虑,一般要考虑的因素如下:

- 从调节品质和数字 PID 算法要求方面考虑,采样周期应取得短些。一般来说,控制精度要求越高,采样周期应该越短。采样周期应比被控对象的时间常数小得多,否则,采样信号无法反映系统的瞬变过程。
- 为了使连续信号采样后输入计算机而不失真,应根据香农(Shannon)采样定理,采样周期需要满足下列关系式:

$$T < \frac{1}{2f_{\max}} \tag{4-14}$$

式中　$f_{\max}$——被采样信号的最高频率。由于 $f_{\max}$ 很难准确确定,所以如果按香农定理选择采样周期，实际取用的 f_{max} 还要放大 4～6 倍。

- 从控制系统的动态性能和抗干扰性能来考虑，也要求采样周期短些。这样，给定值的改变可以迅速地通过采样得到，而不至于在控制中产生较大的延迟。此外，对低频扰动，采用短的采样周期可以迅速加以校正。
- 从执行元件的响应速度和要求来看，有时需要输出信号保持一定的时间。如果执行元件响应速度慢，那么过短的采样周期往往没有必要。
- 从单片机控制在一个采样周期内要完成的运算工作量来考虑，一般要求采样周期长些，以保证单片机有充分的实时运算时间和处理时间。
- 从单片机本身的精度考虑，过短的采样周期是不实际的。这是因为目前用于电动机控制的单片机的字长一般较短，并且多采用定点数运算。如果采样周期过短，前、后两次采样信号的数值接近，反而因单片机的运算精度不高而无法区分，使控制作用减弱。此外，在用积分项消除静态误差的控制算法中，如果采样周期太短，将会使积分部分的增益 T/T_I 过低，当偏差小到一定限度以下时，增量算法中的 $(T/T_I)e_k$ 就有可能受计算精度的限制而始终为 0，积分部分起不了消除静态误差的作用。因此，采样周期的选择必须足够长，使因计算精度造成的积分静态误差减小到可以接受的程度。

从以上分析可以看到，各种因素对采样周期的要求是不同的，甚至是相互矛盾的，因此，必须根据具体情况和要求综合作出选择。

4.5 数字滤波技术

在电动机数字闭环控制系统中，测量值 y_k 是通过对系统的输出量进行采样而得到的。它与给定值 $r(t)$ 之差形成偏差信号 e_k，所以，测量值 y_k 是决定偏差大小的重要数据。测量值如果不能真实地反映系统的输出，那么这个控制系统就失去了它的作用。

在实际中，对电动机输出的测量值常混有干扰噪声，它们来自于被测信号的形成过程和传送过程。用混有干扰的测量值作为控制信号，将引起系统误动作，在有微分控制环节的系统中还会引起系统振荡，因此危害极大。

干扰噪声可分为周期性和随机性两类。对周期性的工频或高频干扰，可以通过在电路中加入 RC 低通滤波器硬件来加以抑制；但对于低频周期性干扰和随机性干扰，硬件就无能为力了，用数字滤波可以解决该问题。所谓数字滤波，就是通过一定的软件计算或判断来减少干扰在有用信号中的比重，达到减弱或消除干扰的目的。与模拟滤波相比，数字滤波有如下优点：

- 数字滤波是用程序实现的，不需要增加硬件投入，因而成本低，可靠性高，稳定性好，不存在各电气回路之间的阻抗匹配问题。
- 可以对频率很低的信号实现滤波。

➢ 在设计和调试数字滤波器的过程中,可以根据不同的干扰情况,随时修改滤波程序和滤波方法,具有很强的灵活性。

鉴于数字滤波器的这些优点,使之得到了广泛应用。下面介绍几种实用数字滤波方法。

4.5.1 算术平均值法

算术平均值法的原理是,对于连续采样的 n 个数据 $x_i(i=1,2,\cdots,n)$,总能找到这样一个数 y,使 y 与各采样值之差的平方和最小,即

$$E=\min\left[\sum_{i=1}^{n}(y-x_i)^2\right] \tag{4-15}$$

对式(4-15)求极小值可得

$$y=\frac{1}{n}\sum_{i=1}^{n}x_i \tag{4-16}$$

这就是算术平均值法的计算公式。所得到的 y 值就是测量值 y_k。

算术平均值法特别适用于被测信号在某一数字范围附近作上下波动的场合。显然,在这种情况下只取一个采样值是不准确的。

算术平均值法实际是将干扰影响程度平摊到每个测量值中,使其平均值受干扰影响的程度降低到原来的 $1/n$。因此,采样数据个数 n 决定了这种方法的抗干扰程度,n 越大,抗干扰效果越好;但 n 太大时,使系统的灵敏度降低,调节过程变慢。例如,在电动机的恒速控制过程中测量转速,如果 n 取值较大,可以提高信噪比,但由于采样过程和信号处理过程耗时较长,对电动机调速过程中发生的转速快速变化,可能会来不及作出反应。所以,n 的取值要视具体情况来定,一般可取 $n=8\sim16$;对动态过程要求不高时,n 还可取得更大。此外,如果取 $n=2^m$(m 为正整数),则在对式(4-16)进行除 n 运算时,可以用右移 m 位的办法实现,这样可以简化程序,节约时间。

实践证明,算术平均值法对周期性干扰有较好的抑制作用,但对脉冲性干扰作用不大。

4.5.2 移动平均滤波法

算术平均值法虽然能有效地抑制周期性干扰,但每计算一次 y_k,就必须采样 n 次,由于 A/D 转换速度较慢,采样次数 n 越多,处理用时就越多,系统的实时性就越差。为了解决这一矛盾,可以采用移动平均滤波法。移动平均滤波法每计算一次测量值,只需采样一次,所以大大加快了数据处理速度,非常适用于实时控制。

移动平均滤波法的程序框图如图 4-11(a)所示,移动平均滤波法的算法原理如图 4-11(b)所示。移动平均滤波法是将采样后的数据按采样时刻的先后顺序存放到 RAM 中,在每次计算前先顺序移动数据,将队列前的最先采样的数据(图中 x_{i-9})

移出，然后将最新采样的数据（图中的 x_i）补充到队列的尾部，以保证数据缓冲区里总是有 n 个数据，并且数据仍按采样的先后顺序排列。这时计算队列中各数据的算

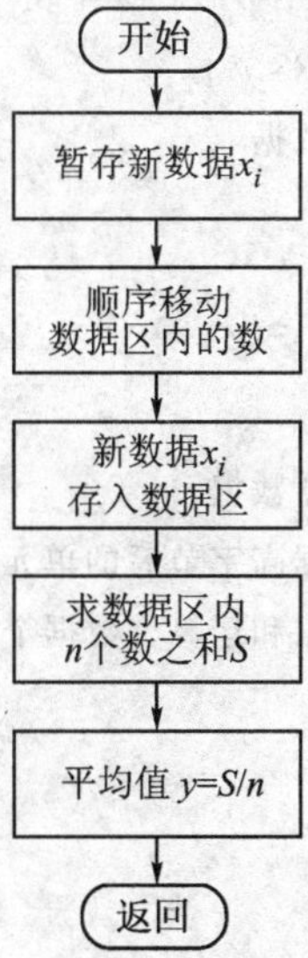

(a) 程序框图

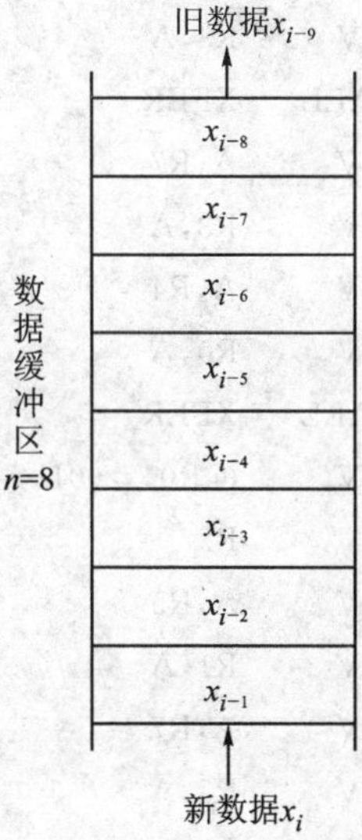

(b) 算法原理图

图 4-11　移动平均滤波法

术平均值，这个算术平均值就是测量值 y_k。它实现了每采样一次，就计算一个 y_k。

程序的入口参数：R0 指向存放新采样数据的地址，低位在前；R1 指向采样数据存放的首地址；R2 存放采样数据个数（2^m）；R3 存放采样数据字长。

程序的出口参数：测量值存放到 R0 指定的单元，低位在前。

占用的资源：A，B，R0～R7，CY。

程序如下：

```
SMFM:   MOV   A,R0          ;将 R0～R3 中的数据暂存 R4～R7
        MOV   R4,A
        MOV   A,R1
        MOV   R5,A
        MOV   A,R2
        MOV   R6,A
        MOV   A,R3
        MOV   R7,A
        MOV   A,R1
        ADD   A,R3
        MOV   R0,A          ;R0 指向第 2 个数据存放的首地址
        MOV   A,R2
```

```
        DEC     A               ;数据个数减 1
        MOV     B,R3
        MUL     AB              ;(数据个数-1)×字长
        MOV     R3,A            ;存入 R3
        LCALL   XFER            ;移动数据
        MOV     A,R7
        MOV     R3,A
        MOV     A,R4
        MOV     R0,A
        LCALL   XFER            ;移入新数据
        MOV     @R0,#00H        ;新数据高字节后的单元预清 0
        DEC     R2              ;开始求和运算。数据个数减 1
        MOV     A,R5
        MOV     R1,A
SMFM1:  MOV     A,R7
        MOV     R3,A
        MOV     A,R4
        MOV     R0,A
        CLR     C
SMFM2:  MOV     A,@R1
        ADDC    A,@R0           ;累加
        MOV     @R0,A           ;存累加结果
        INC     R0
        INC     R1
        DJNZ    R3,SMFM2
        MOV     A,@R0
        ADDC    A,#00H          ;加进位
        MOV     @R0,A           ;保存
        DJNZ    R2,SMFM1        ;所有数据没加完,则转向 SMFM1
        MOV     A,R6
        MOV     R2,A            ;恢复 R2 存放数据个数
SMFM3:  MOV     A,R4
        ADD     A,R7
        MOV     R0,A            ;R0 指向和的最高位
        MOV     A,R7
        INC     A
        MOV     R3,A            ;字长加 1
```

```
         CLR    C
SMFM4:   MOV    A,@R0          ;取和
         RRC    A              ;除 n 运算,除 2
         MOV    @R0,A          ;存商
         DEC    R0
         DJNZ   R3,SMFM4
         MOV    A,R6
         RRC    A              ;n 值除 2
         MOV    R6,A
         JNB    A.0,SMFM3
         MOV    A,R4           ;恢复 R0~R3 的原值
         MOV    R0,A
         MOV    A,R5
         MOV    R1,A
         MOV    A,R7
         MOV    R3,A
         RET
XFER:    MOV    A,@R0          ;顺序移动数据子程序
         MOV    @R1,A
         INC    R0
         INC    R1
         DJNZ   R3,XFER
         RET
```

4.5.3 防脉冲干扰平均值法

在电动机控制应用中，现场的强电设备较多，不可避免地会产生尖脉冲干扰(例如某强电设备的启动和停车)。这种干扰是随机性的，一般持续时间短，峰值较大，因此这时采样得到的受干扰的数据会与其他数据有明显区别。如果采用算术平均值滤波法和移动平均滤波法，尽管对其进行了 $1/n$ 处理，但其剩余值仍然较大。这时，以上两种方法就显得有些无能为力，所以，最好的策略是：将被认为是受干扰的信号数据去掉，这就是防脉冲干扰平均值法的原理。

防脉冲干扰平均值法的算法是：对连续采样的 n 个数据进行排序，去掉其中最大和最小的 2 个数据(被认为是受干扰的数据)，将剩余数据求平均值。

原则上 n 的取值大些好，但在电动机控制中，为了加快数据处理和控制的速度，一般取 $n=4$。

防脉冲干扰平均值法程序框图如图 4-12 所示。

程序的出口参数：最大值存放在 R2R3 中，最小值存放在 R4R5 中，平均值存放在 R6R7 中。

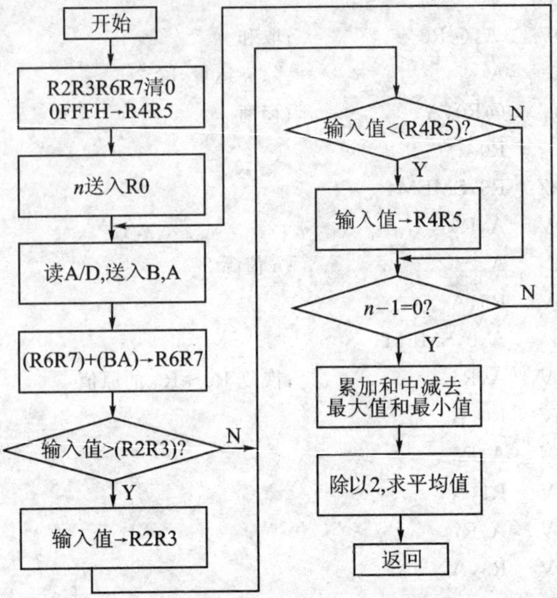

图 4-12　防脉冲干扰平均值法程序框图

占用的资源:A,B,R0~R7,CY。

程序如下:

```
DAVG:   CLR     A
        MOV     R2,A            ;R2R3R6R7 清 0
        MOV     R3,A
        MOV     R6,A
        MOV     R7,A
        MOV     R4,#0FH         ;R4R5 预置 0FFFH
        MOV     R5,#0FFH
        MOV     R0,#4           ;4 个输入数据
DAV1:   LCALL   RADA            ;读 A/D 转换结果子程序,输入一个 12 位数据
        MOV     R1,A            ;累加,存入 R6R7
        ADD     A,R7
        MOV     R7,A
        MOV     A,B
        ADDC    A,R6
        MOV     R6,A
        CLR     C
        MOV     A,R3            ;输入值与最大值相减
```

```
        SUBB    A,R1
        MOV     A,R2
        SUBB    A,B
        JNC     DAV2            ;小于或等于最大值跳转 DAV2
        MOV     A,R1            ;否则,输入值取代最大值
        MOV     R3,A
        MOV     R2,B
DAV2:   CLR     C
        MOV     A,R1            ;输入值与最小值减
        SUBB    A,R5
        MOV     A,B
        SUBB    A,R4
        JNC     DAV3            ;大于最小值跳转 DAV3
        MOV     A,R1            ;否则,输入值取代最小值
        MOV     R5,A
        MOV     R4,B
DAV3:   DJNZ    R0,DAV1         ;4 个输入数据处理完否
        CLR     C               ;求极值完成,开始计算平均值
        MOV     A,R7            ;和减去最大值
        SUBB    A,R3
        XCH     A,R6
        SUBB    A,R2
        XCH     A,R6
        SUBB    A,R5            ;和减去最小值
        XCH     A,R6
        SUBB    A,R4
        CLR     C
        RRC     A               ;除以 2
        XCH     A,R6
        RRC     A
        MOV     R7,A            ;商存入 R6R7
        RET
```

本程序调用的读 A/D 转换结果子程序 RADA 是用户自编的程序。它的功能是读一个12 位 A/D 转换数据,并将其存入 B 和 A 中。程序中 R0 作为数据个数计数器。

4.5.4 数字低通滤波法

模拟的 RC 低通滤波器用来滤除某一频率以上的周期性变化的干扰。这种功能也可以通过数字方法实现,这就是数字低通滤波法。在模拟的 RC 低通滤波器中,大的 RC 时间常数和高精度的 RC 网络不易实现,但用数字低通滤波法可以很好地解

决这些问题。

下面来推导数字低通滤波算法公式。

如图 4-13 所示,设模拟的 RC 低通滤波器的输入电压为 $x(t)$,输出电压为 $y(t)$,根据 RC 微分网络特性,则有

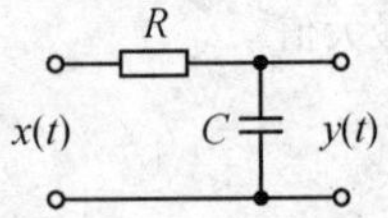

图 4.13 RC 低通滤波器

$$RC\frac{\mathrm{d}y(t)}{\mathrm{d}t}+y(t)=x(t) \tag{4-17}$$

对式(4-17)离散化处理:令 T 为采样周期,k 为整数,则 $x_k=x(kT)$,$y_k=y(kT)$。当 T 足够小时,式(4-17)可离散化为

$$RC\frac{y_k-y_{k-1}}{T}+y_k=x_k \tag{4-18}$$

整理后为

$$y_k=\frac{1}{1+\frac{RC}{T}}x_k+\frac{\frac{RC}{T}}{1+\frac{RC}{T}}y_{k-1} \tag{4-19}$$

令

$$K=\frac{1}{1+\frac{RC}{T}},\qquad 1-K=\frac{\frac{RC}{T}}{1+\frac{RC}{T}}$$

则有

$$y_k=Kx_k+(1-K)y_{k-1} \tag{4-20}$$

式(4-20)就是数字低通滤波算法表达式。

当采样周期 T 足够小时,$K\approx T/RC$,所以,滤波器的截止频率为

$$f=\frac{1}{2\pi RC}\approx\frac{K}{2\pi T} \tag{4-21}$$

当设计的低通滤波器的截止频率 f 给定,并选定了采样周期 T 时,利用式(4-21)就可以求出 K 值,用于程序设计。

程序入口参数:采样值 x_k 存放在 R2R3 中,上一次滤波后的输出值 y_{k-1} 存放在 R4R5 中,K 值($K<1$)存放在 A 中。

程序出口参数:滤波后的输出值 y_k 存放在 R4R5 中。

占用的资源:A,B,R0~R7,CY。

程序如下:

```
LPAS:   MOV     R0,A            ;暂存 K
        MOV     B,R2            ;计算 K×xk
        MUL     AB              ;K 乘以 xk 高位字节
        MOV     R2,B
```

```
         MOV    B,R3
         MOV    R3,A
         MOV    A,R0
         MUL    AB              ;K 乘以 x_k 低位字节
         MOV    R1,A
         ADD    A,R3
         MOV    R3,A            ;结果存入(R2R3R1,R1 存小数)
         JNC    LPAS1
         INC    R2
LPAS1:   MOV    A,R0            ;开始计算(1－K)×y_{k-1}
         CPL    A               ;(1－K)
         MOV    B,R4
         MUL    AB              ;(1－K)乘以 y_{k-1} 高位字节
         MOV    R6,B
         MOV    R7,A
         MOV    A,R0
         CPL    A               ;(1－K)
         MOV    B,R5
         MUL    AB              ;(1－K)乘以 y_{k-1} 低位字节
         ADD    A,R1            ;小数相加
         ADDC   B,R7            ;加小数进位,舍去小数
         MOV    R7,B
         JNC    LPAS2
         INC    R6
LPAS2:   LCALL  NADD            ;(R2R3)＋(R6R7)→R4R5
         MOV    A,R0            ;还原 A
         RET
NADD:    MOV    A,R3
         ADD    A,R7
         MOV    R5,A
         MOV    A,R2
         ADDC   A,R6
         MOV    R4,A
         RET
```

数字低通滤波法也有其缺点：它使有用信号产生相位滞后，滞后角的大小与 K 值有关；另外，它不能滤除频率高于采样频率 1/2 的干扰信号。

上面介绍了几种数字滤波器，这些滤波器各有特点。在对电动机的控制中，要求动态响应速度要快；因此，在选用数字滤波器时，除了考虑滤波效果外，还要考虑滤波

器的滤波速度。在实际应用中,有时将几种滤波器组合在一起使用,因此要灵活掌握。不管如何选择,重要的是要经得起实践检验。

习题与思考题

4-1 试述比例环节、积分环节、微分环节在控制器中的作用。

4-2 试述比例系数 K_P、积分常数 T_I、微分常数 T_D 的选择原则。

4-3 什么是积分饱和? 它有哪些不利的影响? 有什么办法可以克服积分饱和?

4-4 简述积分分离法和遇限削弱积分法的原理。

4-5 简述不完全微分法和微分先行法的原理。

4-6 简述 PID 控制器参数调整的方法和确定采样周期的主要依据。

4-7 如何通过数字技术对付干扰?

4-8 比较各种数字滤波方法,它们各有什么特点?

4-9 对付随机性干扰采用什么方法?

4-10 试编写实现算术平均值滤波算法的程序。

第5章

位移、角度、转速检测传感器

在电动机控制中，控制系统可分为开环系统和闭环系统两类。开环控制系统比较简单，能够满足一般的控制要求；闭环控制系统则用于有精度要求的控制。在电动机控制系统中，这些精度要求包括：电动机本身的运动精度要求，如角度和转速；执行机构的运动精度要求，如线位移和角位移。要实现对这些物理量的精确控制，就必须通过高精度的检测传感器对这些物理量进行检测，将检测的结果转换成数字量，反馈给单片机，通过单片机对这些数据进行处理，处理的结果作为控制量对电动机进行控制，从而实现闭环控制。所以，检测传感器加上反馈环节是开环控制系统和闭环控制系统的主要区别，是电动机闭环控制系统的重要组成部分。

本章将介绍在电动机控制中常用的位移、角度、转速检测传感器的工作原理，以及它们与单片机的接口。

5.1 光栅位移检测传感器

光栅是一种在基体上刻制有等间距的均匀分布条纹的光学元件。光栅技术已经出现100多年了，随着光栅的刻制技术、电子技术的发展，光栅莫尔条纹细分技术的不断改进，以及计算机处理技术的巨大进步，光栅技术在近二三十年得到了快速发展。利用光栅进行位移测量，并应用于电动机及执行机构的闭环控制中，已经是相当普遍的事了。

5.1.1 光栅传感器的特点和分类

1. 光栅传感器的优点

光栅传感器有以下优点：

- 输出数字信号。光栅传感器输出的是数字信号，这使它易于与数字电路特别是单片机接口。
- 高精度。由于精密的光刻技术和电子细分技术，以及莫尔条纹所具有的对局部误差的消除作用，光栅传感器可以得到很高的测量精度。在大量程方面，光栅传感器的测量精度仅次于激光测量，而成本却低得多。目前，用于长度测量的光栅精度可达0.5 μm/m，允许计数速度为200 mm/s。几种常用的光栅传感器精度如表5-1所列。

➢ 大量程、高分辨率。一般的传感器很难在大量程和高分辨率两个方面同时兼顾。

➢ 较强的抗干扰能力。数字信号输出一般都比模拟信号输出具有更高的抗干扰能力。

➢ 信号处理电路简单、可靠。对于光栅的输出信号,用数字电路进行整形、细分、辨向处理,特别是对于普通分辨率和普通精度的光栅传感器,一般都将信号处理电路和光栅部件组装在一起,体积小,应用方便。传感器的输出接口电路都有驱动器,因此有带负载能力和长距离传输能力。

➢ 惯量小。光栅传感器体积小,质量轻,对组成系统的惯量和动态特性影响小。

表5-1　各种光栅传感器的精度

直线式光栅	光栅长度/mm	线纹数/(条·mm^{-1})	精度/μm
玻璃透射式光栅	500	100	5
	1 000		10
	1 100		10
	1 100		3~5
	500		2~3
金属反射式光栅	1 220	40	13
	500	25	7
高精度反射光栅	1 000	50	7.5
玻璃衍射式光栅	300	250	±1.5

注:精度是指两点间最大均方根误差。

2. 光栅传感器的缺点

光栅传感器有以下缺点:

➢ 对环境条件敏感。由于光栅传感器的光栅片一般是用玻璃制作的,而且移动光栅片与固定光栅片之间的间隙很小,因此对环境如湿度、温度、振动、冲击等较为敏感。环境的变化会影响光栅传感器的性能和可靠性。

➢ 一般的光栅传感器都是增量式的,信号的输出是串行的。如果要求绝对式的、并行的光栅传感器,则信号的读取电路复杂,速度无法提高。

3. 光栅传感器的分类

光栅传感器可分为透射式光栅和反射式光栅两种。图5-1是透射式光栅传感器的结构,其特点是光敏元件和光源分别位于光栅副的两侧,光栅是由透光材料(如玻璃)制成的。图5-2是反射式光栅传感器的结构,光敏元件和光源位于光栅副的一侧,光栅是由不透光材料(如金属)制成的。

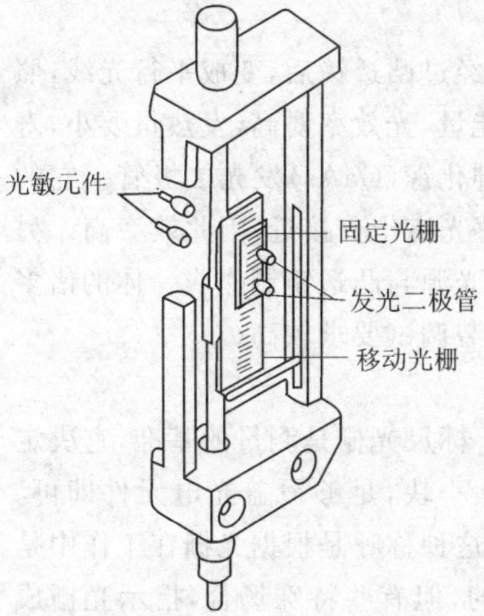

图 5-1 透射式光栅传感器

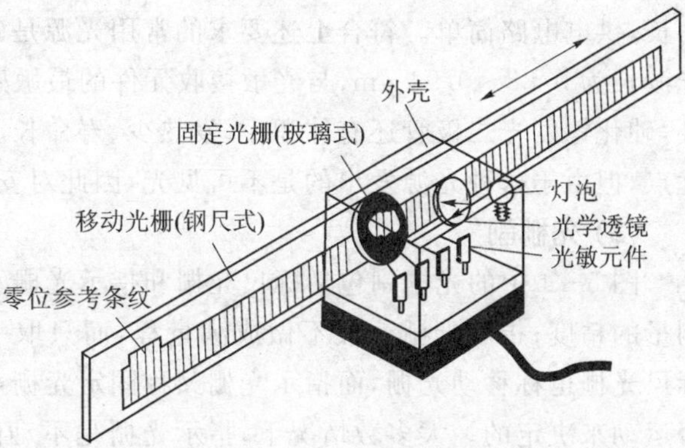

图 5-2 反射式光栅传感器

5.1.2 光栅位移传感器的组成

光栅传感器系统由光栅、光栅光学系统、光电接收系统组成。

1. 光 栅

光栅的表面刻有规则排列和形状的刻线，这些刻线可以是透光的（透射式）或不透光的（反射式）。常用的光栅传感器的刻线多属于黑白型的，如图5-3所示。这种刻线（或称栅线）的白色宽度为 a，黑色宽度为 b，通常情况下 $a=b$。图中的 $W=a+b$，称为光栅栅距，或称为光栅常数。

2. 光栅光学系统

光栅光学系统可分成光源系统和光栅副两部分，其作用是形成莫尔条纹。光栅光学系统的原理图如图 5-4 所示。

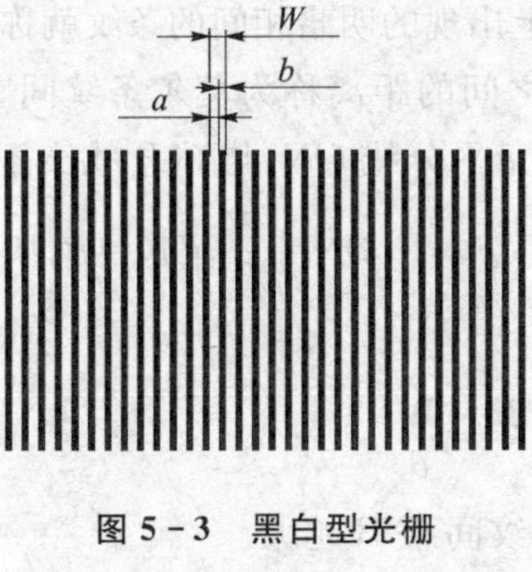

图 5-3 黑白型光栅

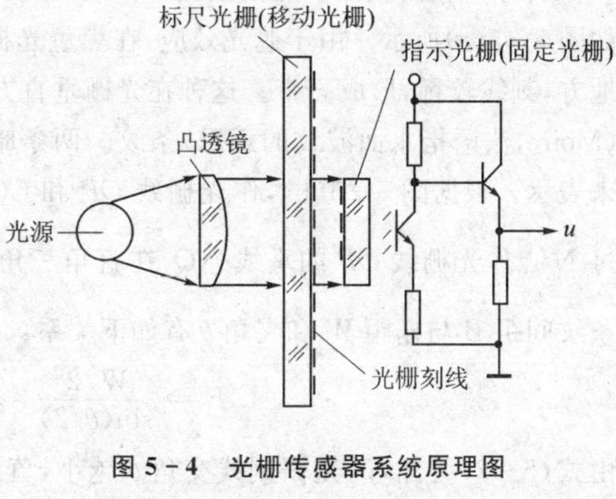

图 5-4 光栅传感器系统原理图

(1) 光源系统

光源系统包括光源和凸透镜。从光源发出的光经过凸透镜后,变成平行光线,照射到光栅上。对光源的要求是:能够提供稳定的光能量,光效率要高,发热量要小,寿命长,供电电路简单。符合上述要求的常用光源是砷化镓(GaAs)发光二极管。它的光波长为0.88～0.94 μm,与光敏接收元件的最敏感光谱十分接近,因此效率高。另外,砷化镓发光二极管还有体积小、发热少、寿命长、光源与凸透镜制作成一体的诸多优点,但由于这种光源发出的是不可见光,因此对安装调试要求较高。

(2) 光栅副

图5-4中的光栅副包括标尺光栅和指示光栅。标尺光栅是测量的基准,它决定测量的精度;指示光栅一般不做成满量程,而只取一小块,足够覆盖光电元件即可。标尺光栅也称移动光栅,而指示光栅又称固定光栅,这种称呼是根据光栅在工作中是否运动来决定的。大多数情况下,指示光栅是不动的,但有些特殊场合,指示光栅成为移动光栅。

光栅的材料多用玻璃和不锈钢。玻璃用于透射式光栅,不锈钢用于反射式光栅。

光栅间的间隙 δ 比较小,一般通过下式计算,即

$$\delta = \frac{W^2}{\lambda} \tag{5-1}$$

式中 λ——有效光波长。

3. 光电接收系统

光电接收系统由光敏元件组成,它将莫尔条纹的光学信号转换成电信号。光敏元件有:光敏二极管、光敏三极管和光电池,其中光敏三极管灵敏度高,负载能力强,较为常用。光敏三极管输出电流在5 mA以上,峰值光敏波长为0.86～0.9 μm,响应时间为2 μs,响应频率在100 kHz以下。

5.1.3 光栅位移传感器的工作原理

将标尺光栅和指示光栅重叠在一起,并使它们的刻线之间形成一个很小的交角 θ,如图5-5(a)所示。由于遮光效应,在黑色光栅相交处,刻线聚集较密,形成暗带;其他地方,刻线较稀,形成亮带。这种在光栅垂直方向上出现的明暗相间的条纹就称为莫尔(Moire,法语指水面波纹的意思)条纹。两条暗纹之间的距离称为莫尔条纹间距,用 B 来表示。根据图5-5(b),作光栅线 OP 和 OO' 的角平分线 ON,与 $O'P$ 线交于 N 点。过 N 点作光栅线 OP 的垂线 NQ,在直角三角形 OQN 中,$QN=\frac{W}{2}$,$ON=B$,所以莫尔条纹间距 B 与栅距 W 和夹角 θ 有如下关系:

$$B = \frac{W/2}{\sin(\theta/2)} \approx \frac{W/2}{\theta/2} = \frac{W}{\theta} \tag{5-2}$$

由式(5-2)可知,两光栅刻线交角 θ 越小,莫尔条纹间距 B 越大。

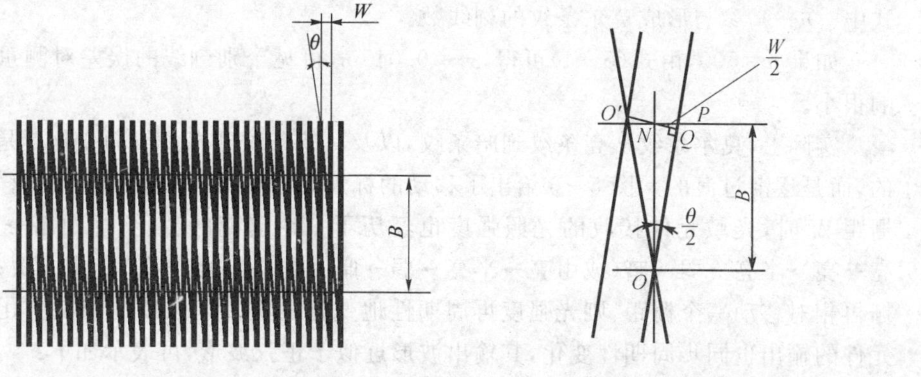

(a) 莫尔条纹　　(b) 莫尔条纹几何关系

图 5-5　莫尔条纹形成原理

莫尔条纹与两光栅刻线间的夹角 θ 的平分线近似垂直，当标尺光栅和指示光栅的交角 θ 保持不变而相对移动时，莫尔条纹将沿着刻线方向移动。光栅移动了 $W/2$ 栅距时，莫尔条纹由亮条纹变为暗条纹（或由暗条纹变为亮条纹）；光栅再移动 $W/2$ 栅距时，莫尔条纹则由暗条纹变回亮条纹（或由亮条纹变回暗条纹）。因此，光栅移动一个栅距 W 时，莫尔条纹也移动一个间距 B，同时，在指示光栅上的光敏元件接收到一次光脉冲的照射，并相应输出一个电脉冲。通过电脉冲计数，就可以测量标尺光栅移动的位移 x，即

$$x = iW \tag{5-3}$$

式中　i——电（光）脉冲的个数。

由式（5-2）可知，只要保持光栅刻线交角 θ 足够小，就能获得足够大的、放大了的莫尔条纹间距 $B \gg W$。因此，通过读莫尔条纹的数目即光栅数目，来测量标尺光栅的位移，比读光栅刻线要方便得多。

利用莫尔条纹实现位移的测量有如下特点。

（1）莫尔条纹间距对光栅栅距的放大作用

由式（5-2）可知，若 $W=0.02$ mm，$\theta=0.1°$（0.001 745 32 rad），则 $B=11.459\ 2$ mm。这就是说，光栅移动 0.02 mm 时，莫尔条纹移动 11.459 2 mm，莫尔条纹起了放大 $1/\theta$ 倍的作用。这样，光敏元件就可以直接布置在莫尔条纹宽度范围内。

（2）莫尔条纹对光栅栅距局部误差的消差作用

在光栅测量过程中，标尺光栅上的数十条、数百条刻线参与测量，个别刻线的栅距误差会得到均化作用，对整个莫尔条纹的位置和形状影响较小，因此，莫尔条纹就具有了对光栅栅距局部误差的消差作用。莫尔条纹位置的标准差 σ_x 和单条刻线位置的标准差 σ 的关系可由下式表示，即

$$\sigma_x = \frac{\sigma}{\sqrt{n}} \tag{5-4}$$

式中　n——参与形成莫尔条纹的刻线数。

如果 $n=500$，由式(5-4)可得，$\sigma_x=0.045\ \sigma$，可见个别刻线的误差对测量结果影响很小。

实际上，莫尔条纹从亮条纹到暗条纹，以及从暗条纹到亮条纹的变化不是阶跃性的，而是逐渐过渡的。图 5-6 给出了移动的标尺光栅相对不动的指示光栅移动一个栅距 W 时，光敏元件接收的光照强度也经历了一个周期的变化，即由暗→弱→半亮→亮→半亮→弱→暗(或由亮→半亮→弱→暗→弱→半亮→亮)变化一次；如果光栅再相对移动一个栅距，则光强度再周期性地变化一次。光强度的周期变化使光敏元件的输出也同步周期性变化，其输出波形近似于正弦波形，可表示如下：

$$u=U_o+U_m\sin(2\pi x/W) \tag{5-5}$$

式中　U_o——输出信号的直流分量；

U_m——交流信号的幅值。

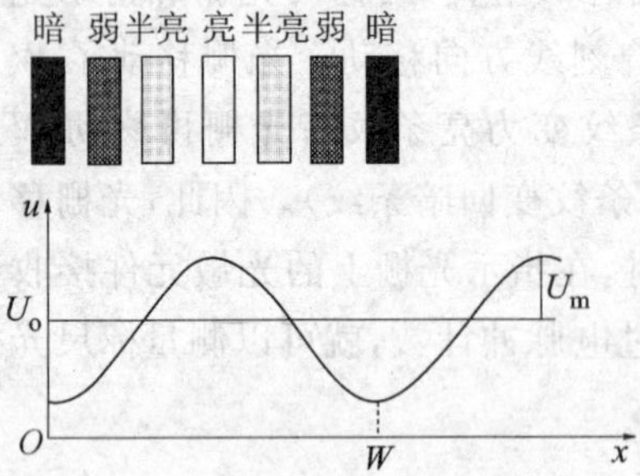

图 5-6　光敏元件对应光栅光强度变化所输出的波形

图 5-6 表示了光敏元件的输出随光栅光强度变化而变化的规律。光强度变化一次所需的时间(周期)与光栅位移一个栅距所需的时间是相同的。

以上介绍了用光栅测量位移的原理，但位移除了有大小的属性外，还有一个属性，这就是位移的方向。为了辨别标尺光栅位移的方向，仅靠一个光敏元件输出一个信号是不行的，必须有 2 个以上的信号根据它们的相位不同来判断位移方向。因此，在指示光栅上安装 2 个光敏元件 T_a、T_b，安装位置如图 5-7 所示，2 个光敏元件相距 $B/4$，这样，它们的输出 u_a、u_b 相位相差 90°。

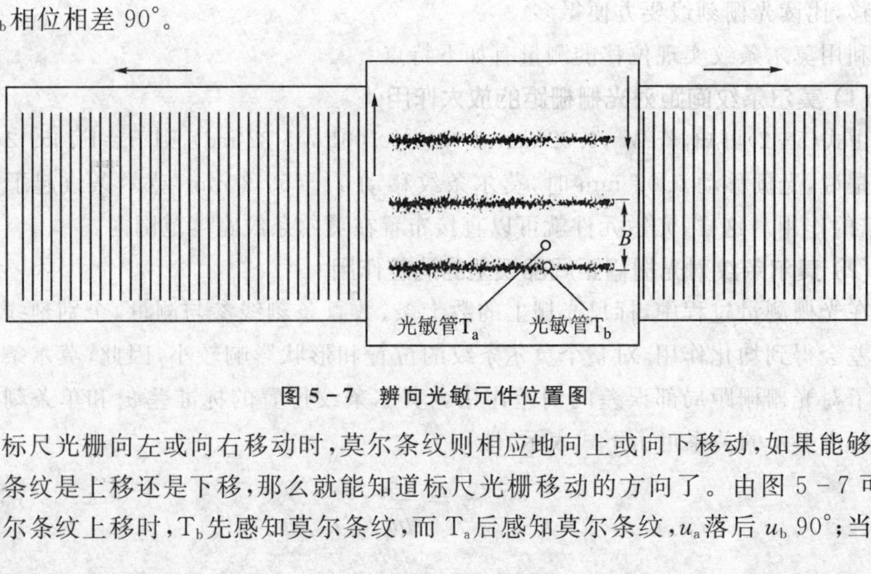

图 5-7　辨向光敏元件位置图

标尺光栅向左或向右移动时，莫尔条纹则相应地向上或向下移动，如果能够辨别莫尔条纹是上移还是下移，那么就能知道标尺光栅移动的方向了。由图 5-7 可见，当莫尔条纹上移时，T_b 先感知莫尔条纹，而 T_a 后感知莫尔条纹，u_a 落后 u_b 90°；当莫尔条纹下移时，T_a先感知莫尔条纹，而 T_b后感知莫尔条纹，u_b落后 u_a 90°。

2 个光敏元件的输出经过整形后送入辨向电路，辨向电路是一个逻辑电路，如图 5－8(a)所示。用 u_a作为 2 个与门的控制信号，u_b信号分成 2 路：一路径微分电路后送与门 Y_1，另一路反相后再微分送与门 Y_2。由图 5－8(b)波形图可见，莫尔条纹下移时，u_b的微分脉冲出现在 u_a的高电平区间，与门 Y_1 有脉冲输出，它表示了莫尔条纹下移；莫尔条纹上移时，$\bar{u}_b$微分脉冲出现在 u_a的高电平区间，与门 Y_2 有脉冲输出，它表示了莫尔条纹上移。由此可以辨别光栅的移动方向。

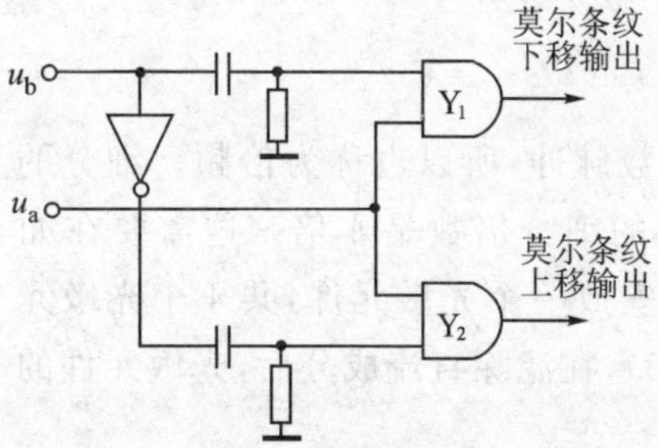

(a) 辨向电路

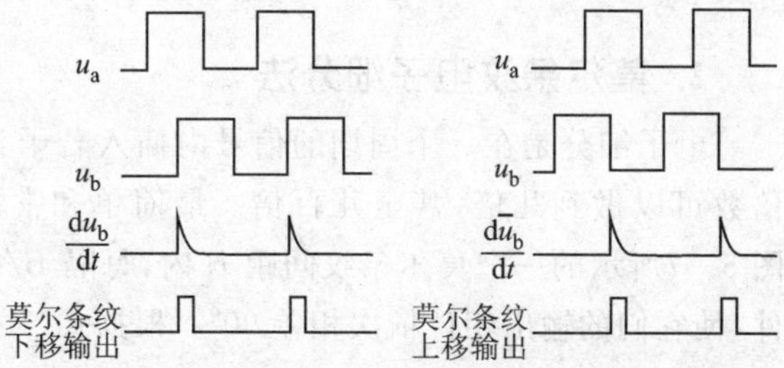

(b) 波形图

图 5－8 辨向电路和波形图

位移测量系统中都需要有绝对零位标志，用来作为坐标原点。在标尺光栅上也刻有零位标志，见图 5－2。

5.1.4 光栅细分技术

当要求高分辨率、高精度的光栅传感器时，受刻线技术的影响，不可能仅靠提高刻线密度来实现，这就需要采用莫尔条纹细分技术。莫尔条纹细分有多种方法，这里只介绍光学细分法和电子细分法这两种常用方法。

1. 莫尔条纹光学细分法

在莫尔条纹光学细分法中，最突出的是光栅倍增细分法。这种方法采用密光栅作为指示光栅，稀光栅作为标尺光栅，稀光栅的栅距是密光栅栅距的整数倍，称其为放大因子 β。β可由下式表示，即

$$\beta = \frac{W_s}{W_r} \tag{5-6}$$

式中 W_s——稀光栅栅距；

W_r——密光栅栅距。

当 β 值不同时，莫尔条纹的数目也不同，莫尔条纹随 β 值变化的情况如图 5－9 所示。由图可见，随着 β 值的增大，莫尔条纹变密了。当标尺光栅移动一个栅距 W_s 时，莫尔条纹变化了 β 次，相当于放大了 β 倍。可见 β 越大，系统的灵敏度越高。由于密光栅刻在指示光栅上，量程小，因而加工、刻制相对容易些。

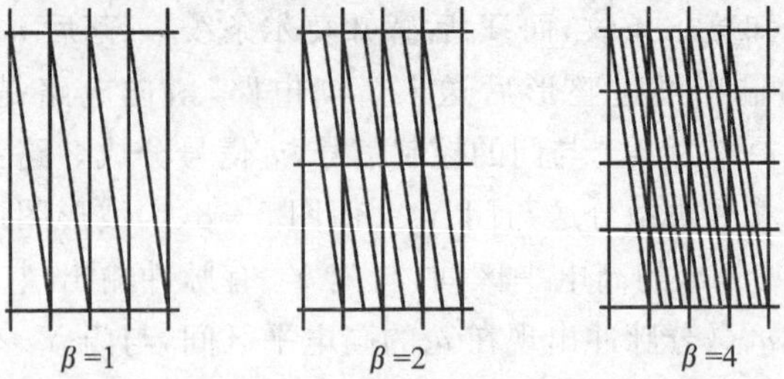

图 5-9　放大因子 β 不同时莫尔条纹的变化

2. 莫尔条纹电子细分法

电子细分是在一个周期的信号内插入若干计数脉冲，所以也称为倍频。细分的倍数可以做到几倍，甚至几百倍。最简单和常用的细分倍数是 4 倍。这需要在如图 5-7所示的一个莫尔条纹间距 B 内，每隔 $B/4$ 安放一个光敏元件，共 4 个光敏元件，使它们的输出相位依次相差 90°。根据式(5-5)，在滤除直流成分后，光敏元件的 4 路输出可表示为

$$\left.\begin{aligned} u_1 &= U_m\sin(2\pi x/W) \\ u_2 &= U_m\cos(2\pi x/W) \\ u_3 &= -U_m\sin(2\pi x/W) \\ u_4 &= -U_m\cos(2\pi x/W) \end{aligned}\right\} \qquad (5-7)$$

由式(5-7)可见，u_1 与 u_3 互为反相，u_2 与 u_4 互为反相。因此，也可以只用 2 个光敏元件来实现 4 倍频，其光敏元件安放位置如图 5-7 所示，对 2 路输出取反，可以得到另 2 路信号。

光敏元件除了采用如图 5-7 所示的安放方式外，还可以用如图 5-10 所示的方法安放。该方法是将指示光栅进行裂相刻画，将指示光栅上的刻线分成 4 个区域，如图 5-10(a)所示，各区域的栅距相等，相邻两区域之间的间隔为 $W/4$ 或 $(n+1)W/4$，其中 n 取 4 的倍数。这样在每个区域中安放一个光敏元件，4 个光敏元件的输出就会依次有 90°的相位差。当标尺光栅移动一个栅距后，莫尔条纹变化一个周期，电子细分电

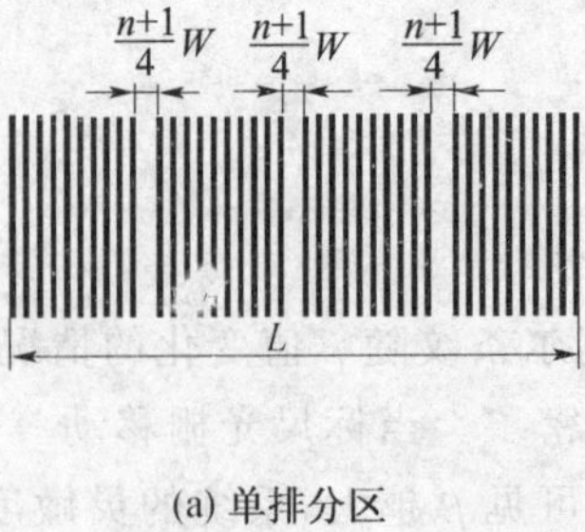

(a) 单排分区

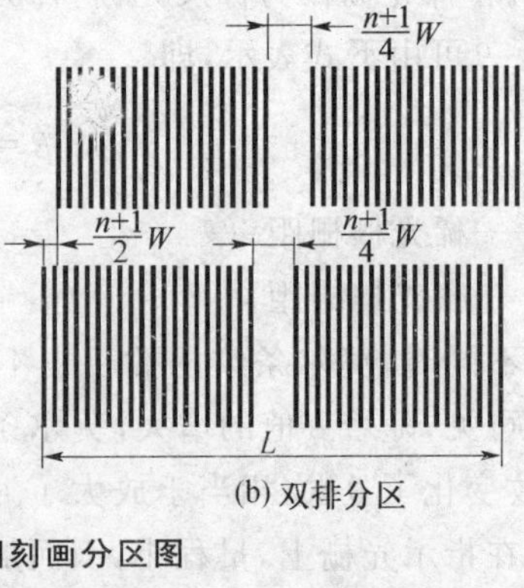

(b) 双排分区

图 5-10　裂相刻画分区图

路输出 4 个不同的脉冲信号，实现了 4 倍频。

图 5－10(b)所示为双排分区，这样在同样长的指示光栅范围内，每个区域可以包含更多的栅线，平均消差效果更好。

5.1.5 光栅位移传感器与单片机的接口

接口要求：① 有一个增减计数器用于计脉冲个数；② 能辨向。

通常，单片机不能提供增减计数器，所以必须另寻帮手。

采用 AVAGO 公司生产的 HCTL－20XX 系列增量编码器接口芯片可以很容易地设计出光栅位移传感器与单片机的接口电路。

HCTL－20XX 系列芯片是专为增量式光电编码器与控制器接口而设计的，同样可以应用在光栅位移传感器与单片机的接口中。

HCTL－20XX 系列芯片有如下特点：

- 最高时钟频率 14 MHz；
- 5 V 供电；
- 对输入传感信号 4 倍频；
- 施密特触发器输入端口，数字化噪声过滤；
- 1 个 12 位或 16 位增减计数器；
- 输出数据锁存；
- 8 位并行三态数据总线接口；
- 计数器可选 8 位、12 位或 16 位操作模式；
- 4 倍频编码信号输出和计数方向输出；
- 级联功能。

HCTL－20XX 系列包括 3 个型号：HCTL－2000、HCTL－2016 和 HCTL－2020。它们的区别是：HCTL－2000 内置一个 12 位增减计数器；HCTL－2016 内置一个 16 位增减计数器；HCTL－2020 除了内置一个 16 位增减计数器外，还可以输出 4 倍频的编码脉冲和计数方向，并具有级联功能。

HCTL－20XX 系列芯片的引脚如图5－11所示。引脚功能如表 5－2 所列。

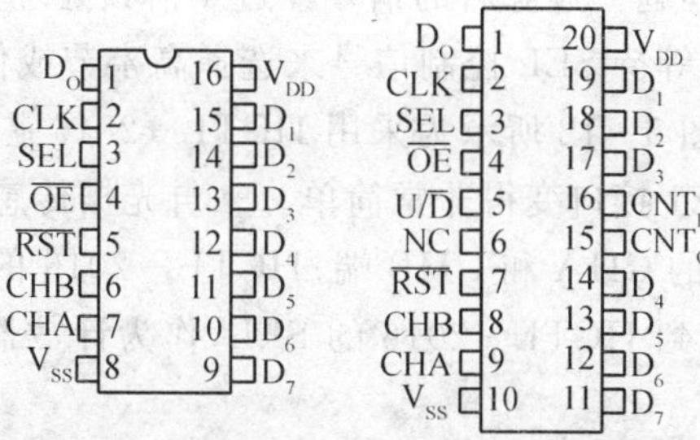

(a) HCTL-2000/16 芯片引脚图　　(b) HCTL-2020 芯片引脚图

图 5－11　HCTL－20XX 芯片引脚

表 5－2　HCTL－20XX 系列芯片引脚功能

符　号	2000/2016 引脚	2020 引脚	功　能
V_{DD}	16	20	电源
V_{SS}	8	10	地
CLK	2	2	外部时钟输入，内部有施密特触发器

续表 5-2

符　号	2000/2016 引脚	2020 引脚	功　能
CHA	7	9	编码器 A、B 信号输入口,内部有施密特触发器
CHB	6	8	
$\overline{RST}$	5	7	内部有施密特触发器的复位引脚,低电平有效,复位内部增减计数器和计数器锁存
$\overline{OE}$	4	4	允许引脚,允许三态数据总线输出,低电平有效
SEL	3	3	控制计数锁存器中的哪一部分数据送入数据总线。0:高字节;1:低字节
CNT_{DCDR}		16	该引脚输出 4 倍频编码脉冲
$U/\overline{D}$		5	该引脚输出一个增(高电平)/减(低电平)计数方向状态
CNT_{CAS}		15	当计数器上溢/下溢时,该引脚输出一个脉冲,用于级联
D0	1	1	8 位数据输出
D1	15	19	
D2	14	18	
D3	13	17	
D4	12	14	
D5	11	13	
D6	10	12	
D7	9	11	
NC		6	不用

输入的传感信号 A、B 先进入 HCTL-20XX 芯片的过滤器进行数字化噪声过滤。因为过滤需要等待信号稳定,因此使输入信号在芯片内部产生延迟,使用时要注意该问题。过滤后的信号经过 4 倍频处理,然后送入增减计数器计数,计数的结果被锁存,等待 SEL 控制信号来选择高字节或低字节输出。

图 5-12 所示为采用 HCTL-2016 芯片的硬件接口电路,该电路使光栅传感器与 8051 接口变得非常简单。来自光栅传感器的两路信号 A 和 B 分别连到 HCTL-2016 的 CHA 和 CHB 端;HCTL-2016 的数据口直接连到 8051 的 P0 口;8051 的 A8 连到 HCTL-2016 的 SEL,作为计数器高/低字节的选择地址;8051 的 A9 连到

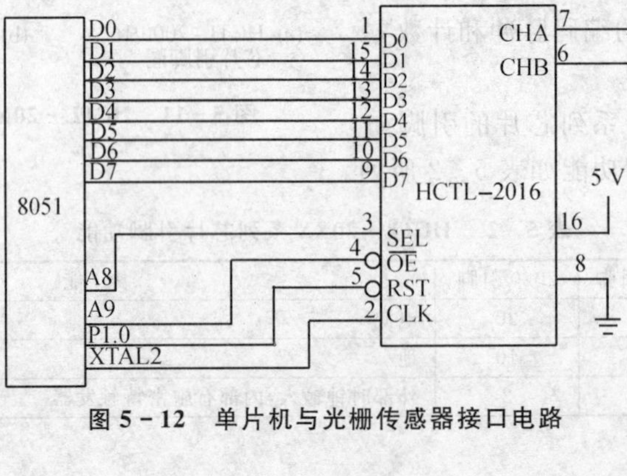

图 5-12　单片机与光栅传感器接口电路

HCTL－2016 的$\overline{OE}$，作为片选地址，所以 HCTL－2016 的计数器高字节地址为 0FC00H，低字节地址为 0FD00H；P1.0 口用于控制 HCTL－2016 计数器的清 0。

根据图 5－12 所设计的程序如下：

变量定义：

```
HBYTE   DATA 30H          ;计数器高字节存储单元
LBYTE   DATA 31H          ;计数器低字节存储单元
HADDR   DATA 0FC00H       ;读计数器高字节地址
LADDR   DATA 0FD00H       ;读计数器低字节地址
```

读计数器子程序：

```
READ:   MOV    DPTR,#HADDR     ;指向计数器高字节地址
        MOVX   A,@DPTR         ;读高字节
        MOV    HBYTE,A         ;保存
        MOV    DPTR,#LADDR     ;指向计数器低字节地址
        MOVX   A,@DPTR         ;读低字节
        MOV    LBYTE,A         ;保存
        RET
```

复位子程序：

```
RESET:  CLR    P1.0            ;将增减计数器和计数器锁存器清 0
        SETB   P1.0
        RET
```

5.2 光电编码盘角度检测传感器

光电编码盘角度检测传感器是一种广泛应用的编码式数字传感器，它将测得的角位移转换为脉冲形式的数字信号输出。光电编码盘角度检测传感器可分为 2 种：绝对式光电编码盘和增量式光电编码盘。

5.2.1 绝对式光电编码盘

1. 绝对式光电编码盘的结构与工作原理

绝对式光电编码盘由编码盘和光电检测装置组成。编码盘采用照相腐蚀工艺，在一块圆形光学玻璃上刻出透光与不透光的编码。

一种 4 位二进制绝对式光电编码盘的结构与原理图如图 5－13 所示。图 5－13(a)是它的编码盘，黑色代表不透光，白色代表透光。编码盘分成若干个扇区，代表若干个角位置。每个扇区分成 4 条码道，代表 4 位二进制编码。为了保证低位码的精度，都把最外码道作为编码的低位，而将最内码道作为编码的高位。因为 4 位二进制

数最多可以表示 $2^4=16$,所以图中所示的扇区数为 16。

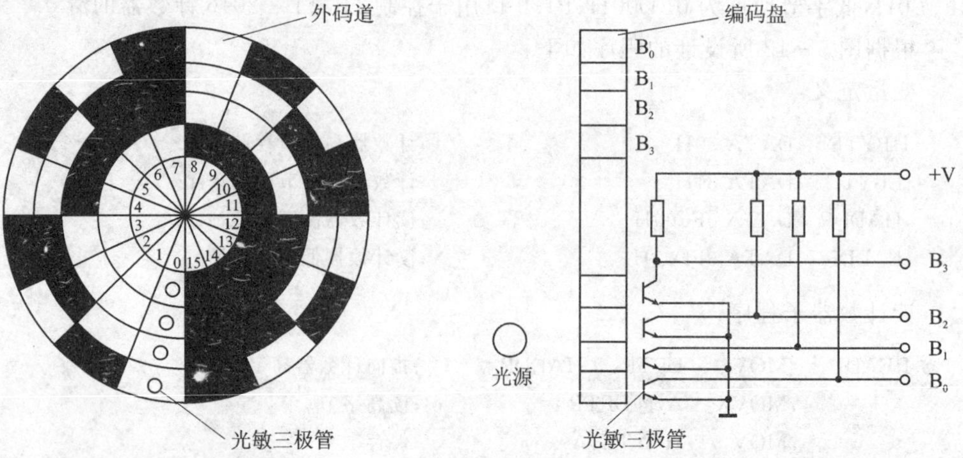

(a) 4位二进制编码盘　　(b) 光电检测原理图

图 5-13　绝对式光电编码盘结构与原理图

图 5-13(b)为编码盘的光电检测原理图。光源位于编码盘的一侧,4 只光敏三极管位于另一侧,沿编码盘的径向排列,每一只光敏三极管都对着一条码道。当码道透光时,该光敏三极管接收到光信号,由图中的电路可知,它输出低电平 0;当码道不透光时,光敏三极管收不到光信号,因而输出高电平 1。例如,编码盘转到图 5-13(a)中的第 5 扇区,从内向外 4 条码道的透光状态依次为:透光、不透光、透光、不透光,所以 4 个光敏三极管的输出从高位到低位为 0101。它是二进制的 5,此时代表角位置——第 5 扇区。所以,不管转动机构怎样转动,都可以通过随转动机构转动的编码盘来获得转动机构所在的确切位置。因为所测得的角位置是绝对位置,所以称这样的编码盘为绝对式编码盘。

2. 提高分辨率的措施

编码盘所能分辨的旋转角度称为编码盘分辨率 α,α 由下式给出,即

$$\alpha=\frac{360^\circ}{2^n} \tag{5-8}$$

式中　n——二进制数码的位数。

图 5-13 中的编码盘是 4 位,$n=4$,根据式(5-8),$\alpha=22.5^\circ$;如果编码盘是 5 位,则 $\alpha=11.25^\circ$。由此可见,编码盘的位数越多,码道数越多,扇区数也越多;能分辨的角度越小,分辨率就越高。

为了提高角位置的分辨率,显然,最简单的方法就是增加编码盘的位数,从而增加扇区数;但这要受到编码盘制作工艺的限制。目前,提高分辨率最常用的方法是采用多级编码盘,如两级编码盘。

两级编码盘中的两个码盘的关系，与钟表的分针和秒针的关系相似。在钟表中，秒针移动60个格(一圈)，分针才移动1个格，分针移动1个格代表1分钟，秒针移动1个格代表1秒钟，分辨率提高60倍。同理，若使两级编码盘中的低位码盘转一圈，高位码盘才转一个扇区，则分辨率将提高低位码盘扇区数那么多倍。例如，低位码盘是5位，它的扇区数是$2^5=32$，则编码盘系统的分辨率将提高32倍。如果高位码盘是6位，可以计算出这个系统的分辨率为

$$\alpha = \frac{1}{32} \times \frac{360°}{2^6} \approx 0.176°$$

可见采用多级编码盘的方法，可以大大提高编码盘的分辨率。

3. 减小误码率的方法

采用如图5-13所示的二进制编码虽然原理简单，但对编码盘的制作和安装要求较高。这是因为使用这种编码时，一旦出现错码，将有可能产生很大的误差。例如，在图5-13(a)中，编码盘从第7扇区移动到第8扇区，应该输出二进制编码1000，如果编码盘停在第7扇区和第8扇区之间，由于某种原因，内码道的光敏三极管首先进入第8扇区，则实际输出的是1111；如果内码道的光敏三极管滞后进入第8扇区，则实际输出的是0000。编码盘的输出本应由7变为8，却出现了15或0，这样大的误差是无法容忍的。为了避免出现这样的错误，使错码率限制在一个位码，常用以下2种方法。

(1) 采用循环码

循环码的最大特点是：从一个数码变化到它的上一个数码或下一个数码时，数码中只有一位发生变化。表5-3列出了4位循环码和二进制编码的对应关系。从表中可以看出，循环码所代表的数无论加1或者减1，对应的循环码只有一位变化。如果在编码盘中采用循环码来代替二进制码，即使编码盘停在任何两个循环码之间的位置，所产生的误差也不会大于最低位所代表的量。例如，当编码盘停在1110和1010之间时，由于这两个循环码中有3位相同，只有1位不同，因此，无论停的位置如何有偏差，产生的循环码只有1位可能不一样，即可能是循环码1110或者是1010，而它们分别对应十进制数的11和12。因此，即使有误差，也不过是1。

表5-3　4位循环码及二进制码

十进制数 D	二进制数 B	循环码 R	十进制数 D	二进制数 B	循环码 R
0	0000	0000	8	1000	1100
1	0001	0001	9	1001	1101
2	0010	0011	10	1010	1111
3	0011	0010	11	1011	1110
4	0100	0110	12	1100	1010
5	0101	0111	13	1101	1011
6	0110	0101	14	1110	1001
7	0111	0100	15	1111	1000

(2) 采用扫描法

扫描法仍然采用二进制编码,但光电检测系统要发生一些变化。扫描法是在二进制编码盘的最低位码道(也就是最外侧码道)上安装1只光敏三极管,在其他每个码道上安装2只光敏三极管。其中一只称为超前读出头,它处于比它低1位的读出头超前改变状态的位置,如图5-14所示;另一只称为滞后读出头,它处于比它低1位的读出头滞后改变状态的位置。

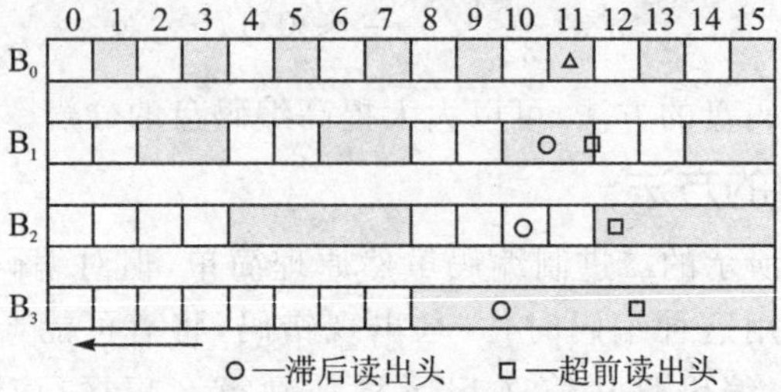

图 5-14 扫描法编码盘展开示意图

于是,装有2只读出头的码道就有2个数字信号输出,根据前1位是1还是0,来决定本位数字信号是取超前读出头的电平值,还是取滞后读出头的电平值。因此规定:当某一个二进制码的第 i 位是1时,该二进制码的第 $i+1$ 位要从滞后读出头读出;相反,当某一个二进制码的第 i 位是0时,该二进制码的第 $i+1$ 位要从超前读出头读出。这样也能使错码限制为最低位的一个 bit。例如,在图5-14中,编码盘处于第11扇区位置,B_0 输出高电平1;B_1 应从滞后读出头取数字信号,输出为1;同理,B_2 也应从滞后读出头取数字信号,输出为0;而 B_3 则从超前读出头取数字信号,输出为1。所以,输出的二进制编码为1011。从图中可见,由前一位电平的结果所选中的各位读出头,不论是滞后读出头,还是超前读出头,都处于错码率最低的位置,即透光或不透光集中分布的位置。也就是说,即使这些读出头发生错位,输出的数字信号也不会变化,从而保证了错码率与分辨率一致。

5.2.2 增量式光电编码盘

增量式光电编码盘不像绝对式光电编码盘那样测量转动体的绝对位置,它专门测量转动体角位移的累计量。

1. 增量式光电编码盘的结构与工作原理

增量式光电编码盘是在一个码盘上只开出3条码道,由内向外分别为A、B、C,如图5-15(a)所示。在A、B码道的码盘上,等距离地开有透光的缝隙,2条码道上相邻的缝隙互相错开半个缝宽,其展开图如图5-15(b)所示。第3条码道C只开出一个缝隙,用来表示码盘的零位。在码盘的两侧分别安装光源和光敏元件,当码盘转动时,光源经过透光和不透光区域,相应地,每条码道将有一系列脉冲从光敏元件输出。

码道上有多少缝隙，就会有多少个脉冲输出。将这些脉冲整形后，输出的脉冲信号如图 5-15(c)所示。

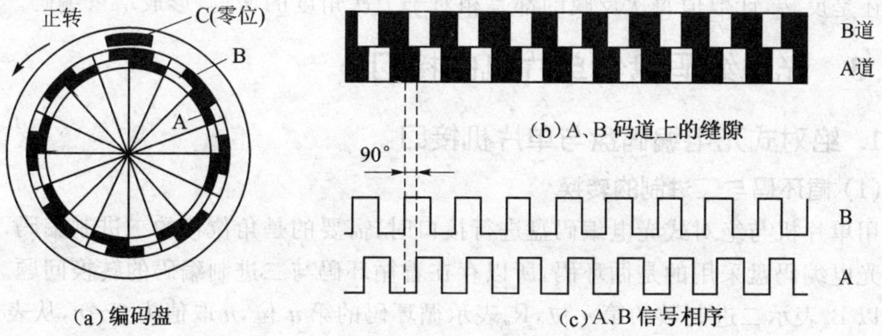

图 5-15　增量式光电编码盘原理图

例如，国产 SZGH-01 型增量式光电编码盘采用封闭式结构，内装发光二极管(光源)、光电接收器和编码盘，通过联轴节与被测轴连接，将角位移转换成 A、B 两路脉冲信号，供可逆计数器计数，同时还输出一路零位脉冲信号作为零位标记。它每圈能输出 600 个 A 相或 B 相脉冲和 1 个零位脉冲，A、B 相脉冲信号的相位相差 90°。

2. 编码盘方向的辨别

编码盘方向的辨别可以采用如图 5-8 所示的电路实现，也可以采用如图 5-16 所示的电路实现。下面介绍如图 5-16 所示电路的辨向原理。

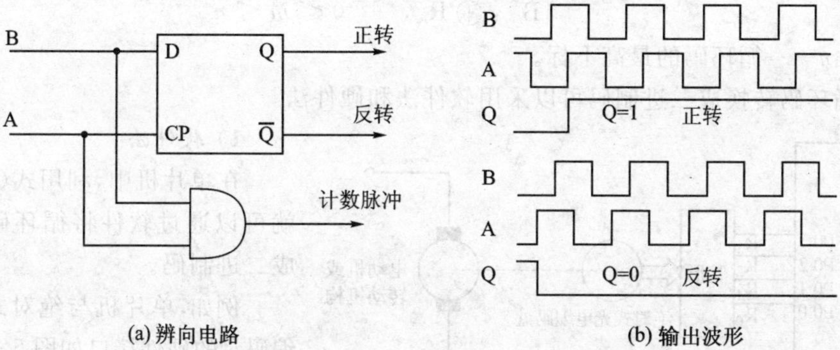

图 5-16　增量光电编码盘辨向电路和输出波形

经过放大整形后的 A、B 两相脉冲分别输入到 D 触发器的 D 端和 CP 端，如图 5-16(a)所示，因此，D 触发器的 CP 端在 A 脉冲的上升沿触发。由于 A、B 脉冲相位相差 90°，当正转时，B 脉冲超前 A 脉冲 90°，触发器总是在 B 脉冲处于高电平时触发，如图 5-16(b)所示，这时 Q=1，表示正转；当反转时，A 脉冲超前 B 脉冲 90°，触发器总是在 B 处于低电平时触发，这时 Q=0，表示反转。

A、B 脉冲的另一路经与门后，输出计数脉冲。这样，用 Q 或 $\overline{Q}$ 控制可逆计数器是加计数还是减计数,就可以使可逆计数器对计数脉冲进行计数。

C相脉冲接到计数器的复位端,实现每转动一圈复位一次计数器。这样,无论是正转还是反转,计数值每次反映的都是相对于上次角度的增量,形成增量编码。

5.2.3 光电编码盘与单片机的接口

1. 绝对式光电编码盘与单片机接口

(1) 循环码与二进制的转换

用单片机与绝对式光电编码盘进行接口时,需要的是角位移的二进制编码,而绝对式光电编码盘采用的是循环码,所以存在着循环码与二进制编码的转换问题。

以 B_n 表示二进制数的第 n 位,R_n 表示循环码的第 n 位,n 取值为 $0\sim n$,从表 5-3 可以看出有如下规律:

$$
\begin{aligned}
B_n &= R_n \\
B_{n-1} &= R_n \oplus R_{n-1} = B_n \oplus R_{n-1} \\
B_{n-2} &= R_n \oplus R_{n-1} \oplus R_{n-2} = B_{n-1} \oplus R_{n-2} \\
&\vdots \\
B_1 &= R_n \oplus R_{n-1} \oplus R_{n-2} \oplus \cdots \oplus R_3 \oplus R_2 \oplus R_1 = B_2 \oplus R_1 \\
B_0 &= R_n \oplus R_{n-1} \oplus R_{n-2} \oplus \cdots \oplus R_2 \oplus R_1 \oplus R_0 = B_1 \oplus R_0
\end{aligned}
$$

因此,循环码转换成二进制码可用如下通用公式:

$$
B_m = \begin{cases} R_m, & m = n \\ B_{m+1} \oplus R_m, & 0 \leqslant m \leqslant n \end{cases} \tag{5-9}
$$

式中 n——循环码的最高下标。

循环码转换成二进制码可以采用软件法和硬件法。

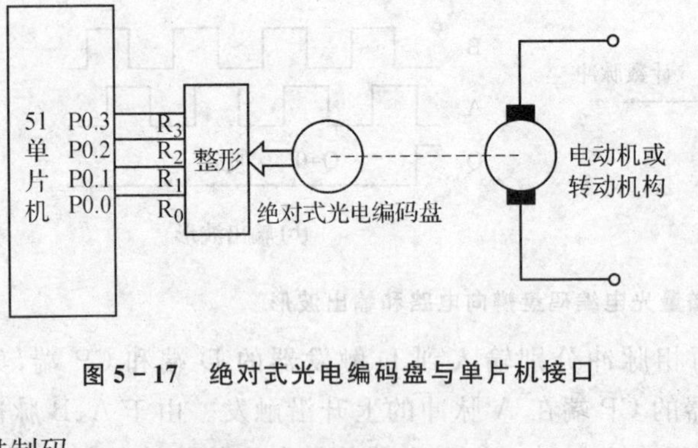

图 5-17 绝对式光电编码盘与单片机接口

1) 软件法

在单片机中,利用式(5-9)就可以通过软件将循环码转换成二进制码。

例如,单片机与绝对式光电编码盘的硬件接口如图 5-17 所示,编码盘经过整形的输出信号直接接到单片机的 P0 口。以下子程序是将 4 位循环码转换成二进制码。

程序输出参数:20H。

占用资源:A,C,20H。

程序如下:

```
RtoB: MOV   20H,P0        ;读4位循环码
      ANL   20H,#0FH      ;屏蔽高4位
      CLR   A             ;A清0
      MOV   C,03H         ;20H的第3位送C
      MOV   Acc.2,C       ;送Acc第2位
      XRL   20H,A         ;异或,求B2
      CLR   A
      MOV   C,02H         ;20H的第2位送C
      MOV   Acc.1,C       ;送Acc第1位
      XRL   20H,A         ;异或,求B1
      CLR   A
      MOV   C,01H         ;20H的第1位送C
      MOV   Acc.0,C       ;送Acc第0位
      XRL   20H,A         ;异或,求B0
      RET
```

2）硬件法

除了采用软件法将循环码转换为二进制码以外，还可以通过异或门硬件电路进行转换，图5-18给出了4位循环码硬件转换实现电路的例子。根据式(5-9)，任何一位二进制码都可以表示为该位的循环码和它的高一位二进制码异或的结果。

(2) 采用扫描法的绝对式光电编码盘与单片机接口

采用扫描法的绝对式光电编码盘与单片机接口，也可以用硬件电路实现扫描原理。图5-19给出了硬件电路图。以 B_1 的输出为例来说明电路的原理。当 $B_0=1$ 时，与门 Y_1 的输出是0，与门 Y_2 的输出由滞后 B_1 来决定，即 B_1 由滞后 B_1 来决定；当 $B_0=0$ 时，与门 Y_2 的输出是0，与门 Y_1 的输出由超前 B_1 来决定，所以 B_1 由超前 B_1 来决定。同样，B_2、B_3 的输出与 B_1 输出的道理一样。这样通过硬件就实现了扫描原理。

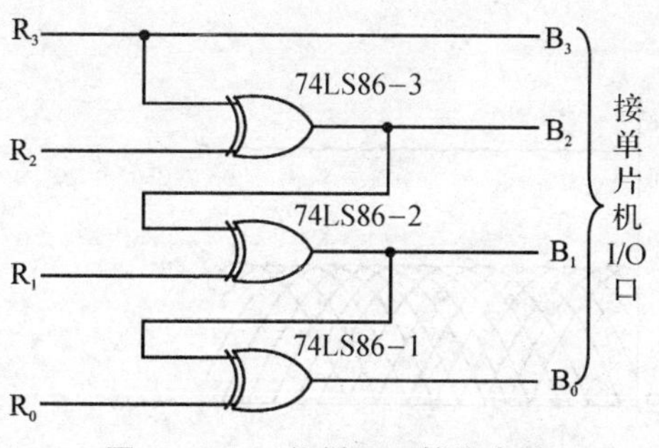

图5-18　4位循环码转换电路

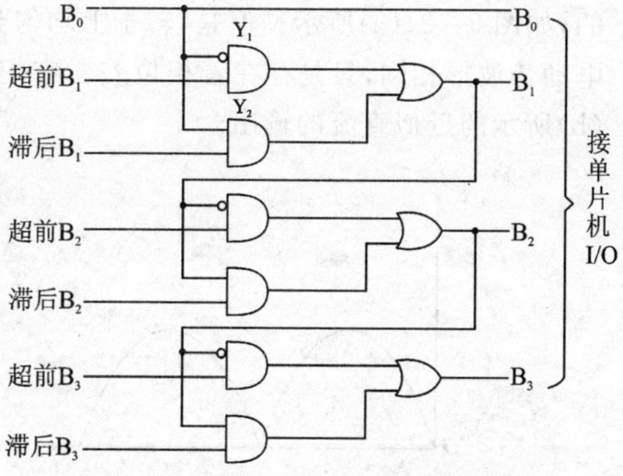

图5-19　扫描法数字信号输出逻辑电路

2. 增量式光电编码盘与单片机接口

单片机与增量式光电编码盘的接口同样简单,在单片机与编码盘之间加可逆计数器,单片机读可逆计数器的输出即可。具体电路可参考图5-12。

5.3 直流测速发电机

直流测速发电机是一种模拟测速装置。它能产生和电动机转速成比例的电信号,并且有在较宽的范围内提供速度信号的能力,因此,目前直流测速发电机仍是速度伺服控制系统中的主要反馈装置。

5.3.1 直流测速发电机的工作原理

直流测速发电机的工作原理基于电磁感应定律:在磁场中运动的导体(线圈)切割磁力线,因此在导体(线圈)中产生感应电动势。如图5-20所示,当线圈在磁场中转动时,线圈的有效边 ab 和 cd 轮流交替地切割N极和S极下的磁力线,因而线圈产生的电动势是交变的,线圈每转一圈,电动势交变一次。因为电刷A、B是固定不动的,电刷A始终与处在N极下的导体接触,电刷B始终与处在S极下的导体接触,因而使输出的电动势 E 的极性不变。

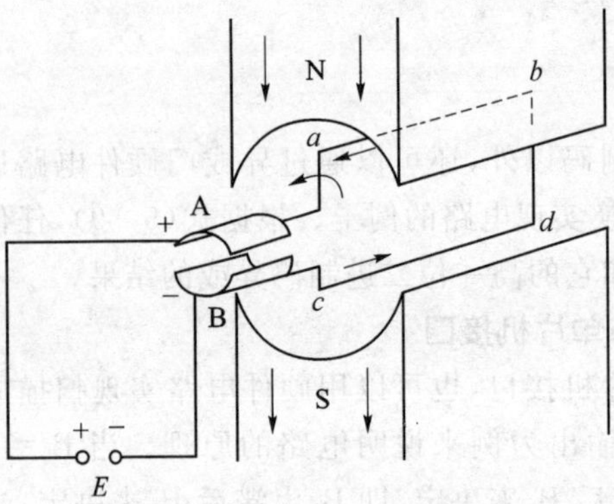

图5-20 直流测速发电机原理图

虽然线圈输出的感应电动势极性不变,但随着线圈在空间所处的位置不同,产生的感应电动势的大小就会不同,因此,单匝线圈输出的感应电动势波形是脉动的,如图5-21(a)所示。但是,转子上均匀分布了许多匝线圈,这些线圈产生的感应电动势波形相同,只是存在着相位差。它们的感应电动势叠加后就形成如图5-21(b)所示的近似直流的输出。

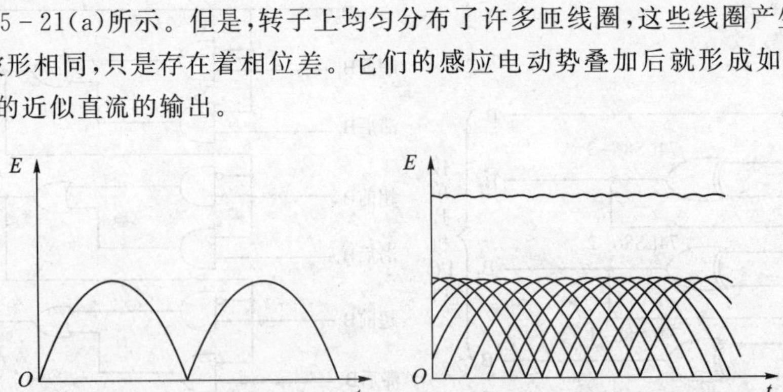

(a) 单匝线圈的感应电动势　　(b) 多匝线圈的感应电动势

图5-21 直流测速发电机的感应电动势

5.3.2 影响直流测速发电机输出特性的因素及对策

由电磁理论可以推导出直流测速发电机的感应电动势 E 与转速 n 的关系，即

$$E = C\Phi n \tag{5-10}$$

式中 C——与发电机结构有关的常数；

Φ——磁通。

可见感应电动势与转速呈线性关系。

测速发电机工作时要接负载电阻，负载电阻 R 的端电压 U 才是要得到的输出电压。根据图 5-22(a)可得，端电压等于感应电动势减去在它的内阻 r(发电机绕组回路电阻)上的压降，即

$$U = E - \frac{U}{R} r \tag{5-11}$$

将式(5-10)代入式(5-11)，整理后得

$$U = \frac{C\Phi}{1+\frac{r}{R}} n \tag{5-12}$$

式(5-12)就是测速发电机的输出电压与转速的关系式。如果式中的 Φ、r、R 都能保持为常数，则 U 与 n 之间呈线性关系。理想的输出特性如图 5-22(b)所示。

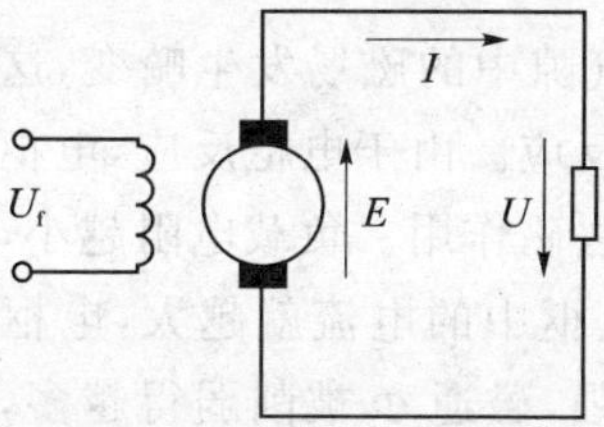

(a) 直流测速发电机负载回路

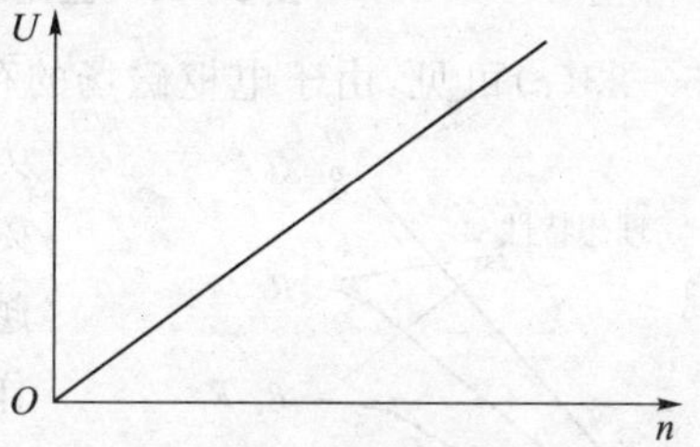

(b) 理想的输出特性

图 5-22 直流测速发电机的负载回路与输出特性

然而，实际上 U 与 n 之间并不是严格的线性关系，下面介绍影响直流测速发电机输出特性的主要因素以及相应的对策。

1. 温度的影响

测速发电机周围温度的变化以及它本身的发热都会引起发电机励磁绕组电阻的变化。当温度升高时，绕组电阻增大，励磁电流减小，磁通也随之减小，输出的电压就降低；反之，输出的电压就升高。

为了减小温度变化对输出特性的影响，测速发电机的磁路通常被设计得比较饱和，因为磁路饱和后，励磁电流变化所引起的磁通变化较小。另外，在励磁电路中串联一个阻值比励磁绕组电阻大几倍的附加电阻来稳流，当温度升高使励磁绕组电阻增大时，整个励磁回路的总电阻增加不多，因此影响不大。

2. 电枢反应的影响

当电枢绕组中有感应电流流过时，也会产生磁场，称为电枢磁场。电枢磁场会对主磁场产生影响。图5-23(a)所示为定子励磁绕组产生的主磁场；图5-23(b)所示为电枢绕组产生的电枢磁场；图5-23(c)所示为主磁场与电枢磁场的合成磁场。

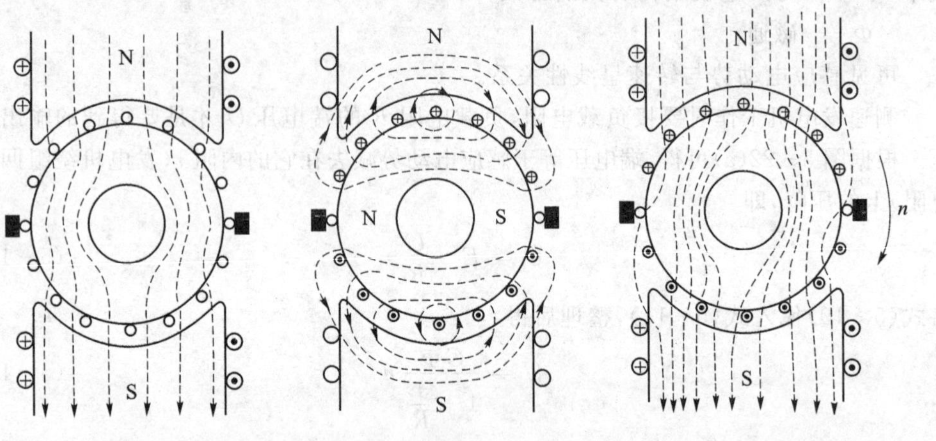

(a) 定子励磁绕组产生的主磁场　(b) 电枢绕组产生的电枢磁场　(c) 主磁场与电枢磁场合成的磁场

图5-23　直流测速发电机磁场

由图5-23(c)可见，由于电枢磁场的存在，气隙中的磁场发生畸变，这种现象称为电枢反应。由于电枢反应，电枢磁场对主磁场有去磁作用。负载电阻越小，或者转速越高，电枢中的电流就越大，电枢反应去磁作用越强，磁通 Φ 被削弱得越多，输出特性偏离直线越远(如图5-24所示)，线性误差越大。

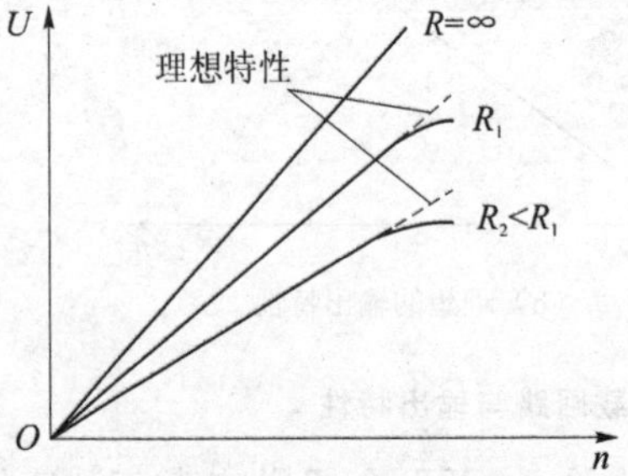

图5-24　受电枢反应影响的输出特性

为了减小电枢反应对输出特性的影响，在直流测速发电机的技术条件中给出最大线性工作转速和最小负载电阻值。在使用时，转速不得超过最大线性工作转速，所接负载电阻不得小于最小负载电阻，以保证线性误差在限定的范围内。

3. 延迟换向去磁

参看图5-25，从图5-25(a)～(c)可知，线圈1从等值电路的左边支路换接到右边支路，其中的电流从一个方向($+i_a$)变为另一个方向($-i_a$)；而在图5-25(b)所在的时刻，正是电流方向变化的过渡过程，称这一过程为换向过程，称线圈1为换向线圈，其中的电流为 i。在换向过程中，线圈1被电刷A短路。

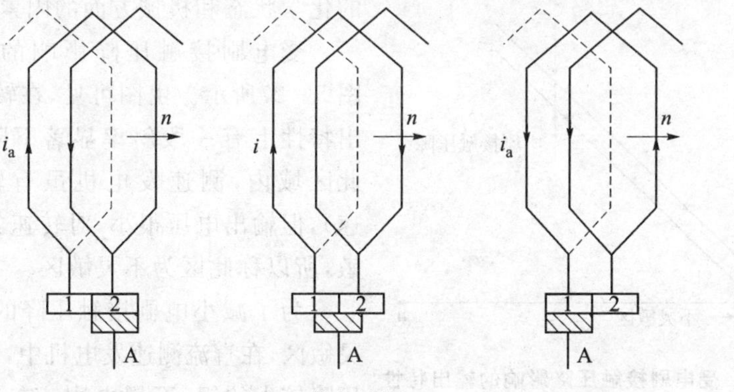

(a)换向开始　(b)换向过渡　(c)换向结束

图 5-25　换向过程

在理想的换向过程中，当换向线圈的两个有效边处于几何中性线位置时，其电流 i 应该为零，但实际上并非如此。虽然此时线圈中切割主磁通产生的电动势为零，但由于线圈的电感作用，仍然有电动势存在，使电流过零时刻延迟，出现所谓的延迟换向。

延迟换向同样会产生去磁作用。其去磁作用的大小与转速的平方成正比，因此在高速时，输出特性会呈非线性，如图 5-26 所示。

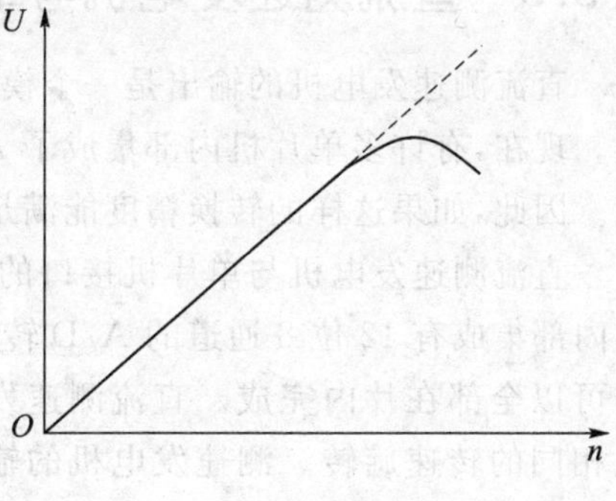

图 5-26　受延迟换向影响的输出特性

与对付电枢反应一样，限制最高转速是避免输出特性非线性化的有效方法。

4. 输出感应电动势的纹波

由式(5-10)可知，电刷两端应输出不随时间变化的稳定的直流电动势 E，而实际上这是不可能的，输出的电动势总是存在纹波，如图5-21(b)所示。电动势纹波的存在与发电机的结构(电机槽数、线圈数、换向片数)及制造误差(电枢铁芯的椭圆度、偏心等)有关。现在已有无槽电枢直流测速发电机，它可以大大减小因齿槽效应而引起的输出电压纹波幅值，与有槽电枢相比，输出电压纹波幅值可以减小 5 倍以上。

5. 电刷接触压降

U 与 n 呈线性关系的另一个条件是电枢回路总电阻 r 为恒定值。实际上，r 中除了包含线圈电阻外，还包含电刷与换向器的接触电阻，而这个电阻不是常数，因此产生的电刷接触压降也不是常数。

电刷接触压降与下列因素有关：电刷和换向器的材料、电刷的电流密度、电刷的电流方向、电刷单位面积上的压力、接触表面的温度、换向器圆周线速度、换向器表面

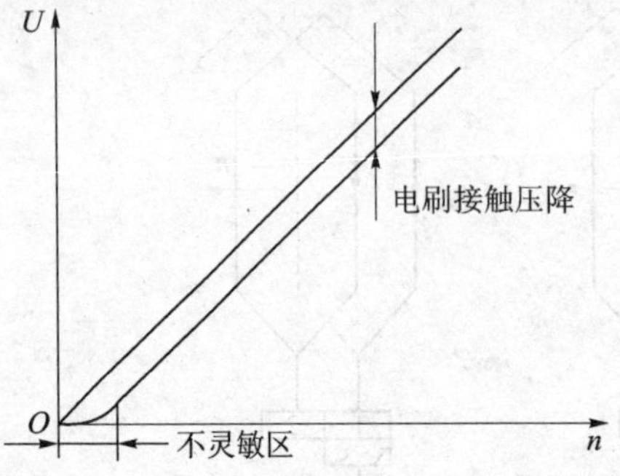

图 5-27　受电刷接触压降影响的输出特性

的化学状态和机械方面的因素。

受电刷接触压降影响的输出特性如图 5-27所示。由图可见,在转速较低时,输出特性上有一段斜率显著下降的区域。在此区域内,测速发电机虽有输入信号(转速),但输出电压很小,对转速的反应很不灵敏,所以称此区为不灵敏区。

为了减小电刷接触压降的影响,缩小不灵敏区,在直流测速发电机中,常常采用接触压降较小的银-石墨电刷。在高精度的直流测速发电机中,还采用铜电刷,并在它与换向器的表面镀上银层,降低接触电阻。

5.3.3　直流测速发电机与单片机的接口

直流测速发电机的输出是一个模拟量,当它与单片机接口时,必须经过 A/D 转换。现在,有许多单片机内部集成了 A/D 转换器,它们大多具有 8～12 位的转换精度。因此,如果这样的转换精度能满足要求,就没有必要再外接 A/D 转换器。

直流测速发电机与单片机接口的实例如图 5-28 所示。单片机采用了 C8051,它内部集成有 12 位 8 通道的 A/D 转换器,以及 2.43 V 内部参考电压,因此 A/D 转换可以全部在片内完成。直流测速发电机安装在被测电动机轴上,以与被测电动机相同的转速旋转。测速发电机的输出电压通过 R_2 和 C_1 组成的滤波环节后,滤去测速发电机输出的纹波,使之到达电位器 R_W 两端的电压是稳定的直流电压。调整 R_W 的位置,使测速发电机在最大转速时,抽头所获得的电压为 2.4 V。R_1 用于限流。

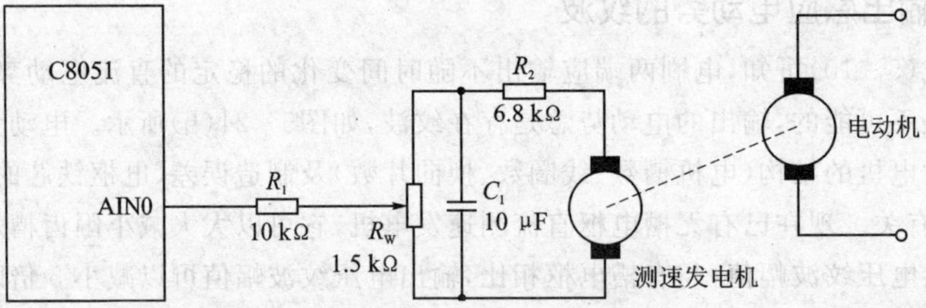

图 5-28　直流测速发电机与单片机接口

对如图 5-28 所示的直流测速发电机的输出进行 A/D 转换。使用 C8051 的 AIN0 通道作为测速发电机的 A/D 转换输入端,使用单片机内部 2.43 V 电压基准,通过软件启动 A/D 转换,转换的结果存入 20H 和 21H,则实现上述功能的程序如下:

```
ATOD:   SETB   ADCEN            ;使用 C8051 内部的 ADC
        SETB   REFBE            ;使用 C8051 内部的电压基准
        SETB   ADBUSY           ;启动 A/D 转换
ATOD1:  JNB    ADCINT,ATOD1     ;等待转换结束
        CLR    ADCINT           ;清中断标志位
        MOV    20H,ADCCOL       ;将转换结果的低 8 位送 20H
        MOV    21H,ADCCOH       ;将转换结果的高 4 位送 21H
        RET
```

习题与思考题

5-1 莫尔条纹有何特点?

5-2 简述莫尔条纹测量位移的工作原理。

5-3 说明电子细分法怎样提高光栅传感器的分辨率。

5-4 简述绝对式光电编码盘的工作原理。

5-5 简述增量式光电编码盘的工作原理。

5-6 说明绝对式光电编码盘与增量式光电编码盘的区别。

5-7 为什么采用循环码可以减少误差?

5-8 为什么直流测速发电机电枢绕组线圈的电动势是交流的,而电刷输出的电动势是直流的?

5-9 为什么直流测速发电机的转速不能超过规定的最高转速?

5-10 影响直流测速发电机输出特性的因素有哪些?怎样克服?

第 6 章

直流电动机调速系统

直流电动机是最早出现的电动机，也是最早能实现调速的电动机。长期以来，直流电动机一直占据着调速控制的统治地位。由于它具有良好的线性调速特性、简单的控制性能、较高的效率及优异的动态特性，尽管近年来不断受到其他电动机（如交流变频电动机、步进电动机等）的挑战，但到目前为止，它仍然是大多数调速控制电动机的最优先选择。

近年来，直流电动机的结构和控制方式都发生了很大变化。随着计算机进入控制领域，以及新型的电力电子功率元器件的不断出现，使采用全控型的开关功率元件进行脉宽调制 PWM（Pulse Width Modulation）控制方式已成为绝对主流。这种控制方式很容易在单片机控制中实现，从而为直流电动机控制数字化提供了契机。

随着永磁材料和工艺的发展，已将直流电动机的励磁部分用永磁材料代替，产生了永磁直流电动机。由于这种直流电动机体积小，结构简单，省电，所以目前已在中、小功率范围内得到广泛应用。

无刷直流电动机也是电子技术、新型电力电子器件和高性能永磁材料技术所带来的“新生儿”。它用电子换向器代替了直流电动机上的机械换向器和电刷，避免了因换向器和电刷接触不良所造成的一系列直流电动机的致命弱点，使直流电动机无刷化。有关无刷直流电动机的控制将在第 9 章中介绍。

本章着重介绍利用单片机和脉宽调制控制技术对直流电动机进行调速控制的各种方式和实现的方法。

6.1　直流电动机电枢的 PWM 调压调速原理

众所周知，直流电动机转速 n 的表达式为

$$n=\frac{U-IR}{K\Phi} \tag{6-1}$$

式中 U——电枢端电压；

I——电枢电流；

R——电枢电路总电阻；

Φ——每极磁通量；

K——电动机结构参数。

由式(6－1)可知,直流电动机的转速控制方法可分为两类:对励磁磁通进行控制的励磁控制法和对电枢电压进行控制的电枢控制法。其中励磁控制法在低速时受磁极饱和的限制,在高速时受换向火花和换向器结构强度的限制,并且励磁线圈电感较大,动态响应较差,所以这种控制方法用得很少。现在,大多数应用场合都使用电枢控制法。本章要介绍的就是在励磁恒定不变的情况下,如何通过调节电枢电压来实现调速。

对电动机的驱动离不开半导体功率器件。在对直流电动机电枢电压的控制和驱动中,对半导体功率器件的使用又可分为两种方式:线性放大驱动方式和开关驱动方式。

线性放大驱动方式是使半导体功率器件工作在线性区。这种方式的优点是:控制原理简单,输出波动小,线性好,对邻近电路干扰小;但是功率器件在线性区工作时会将大部分电功率用于产生热量,效率和散热问题严重,因此这种方式只用于数瓦以下的微小功率直流电动机的驱动。

绝大多数直流电动机采用开关驱动方式。开关驱动方式是使半导体功率器件工作在开关状态,通过脉宽调制 PWM 来控制电动机电枢电压,实现调速。

利用开关管对直流电动机进行 PWM 调速控制的原理图和输入/输出电压波形如图 6－1所示。在图 6－1(a)中,当开关管 MOSFET 的栅极输入高电平时,开关管导通,直流电动机电枢绕组两端有电压 U_S。t_1时间后,栅极输入变为低电平,开关管截止,电动机电枢两端电压为 0。t_2时间后,栅极输入重新变为高电平,开关管的动作重复前面的过程。这样,对应着输入的电平高低,直流电动机电枢绕组两端的电压波形如图 6－1(b)所示。电动机的电枢绕组两端的电压平均值 U_o为

$$U_o = \frac{t_1 U_S + t_2 \times 0\ \text{V}}{t_1 + t_2} = \frac{t_1}{T} U_S = \alpha U_S \tag{6-2}$$

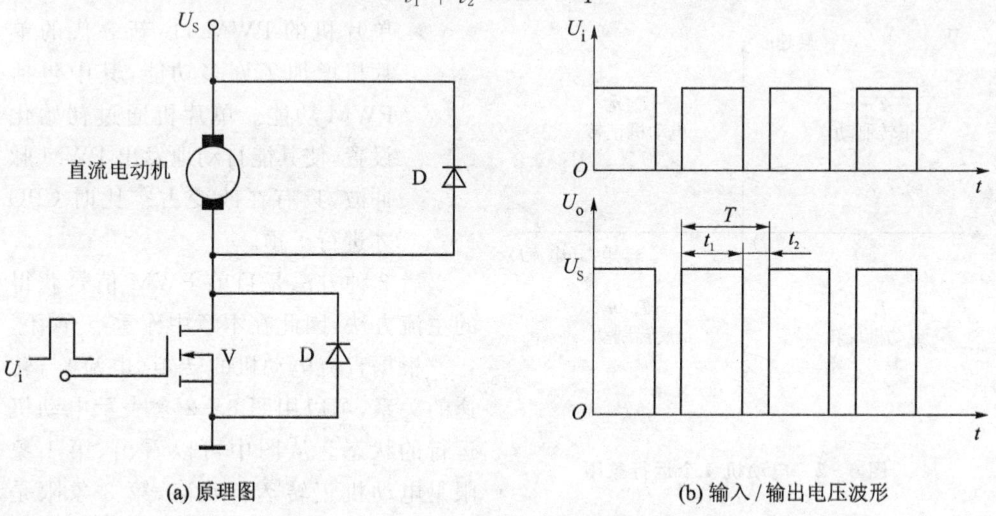

图 6－1　PWM 调速控制原理和电压波形图

式中　α——占空比，$\alpha = t_1/T$。

占空比 α 表示在一个周期 T 里，开关管导通的时间与周期的比值。α 的变化范围为$0 \leqslant \alpha \leqslant 1$。由式(6-2)可知，当电源电压 U_S 不变的情况下，电枢的端电压的平均值 U_o 取决于占空比 α 的大小，改变 α 值就可以改变端电压的平均值，从而达到调速的目的，这就是 PWM 调速原理。

在 PWM 调速时，占空比 α 是一个重要参数。以下 3 种方法都可以改变占空比的值。

- 定宽调频法：保持 t_1 不变，只改变 t_2，这样使周期 T(或频率)也随之改变。
- 调宽调频法：保持 t_2 不变，而改变 t_1，这样使周期 T(或频率)也随之改变。
- 定频调宽法：使周期 T(或频率)保持不变，而同时改变 t_1 和 t_2。

前 2 种方法由于在调速时改变了控制脉冲的周期(或频率)，当控制脉冲的频率与系统的固有频率接近时，将会引起振荡，因此这 2 种方法用得很少。目前，在直流电动机的控制中，主要使用定频调宽法。

PWM 控制信号产生的方法有 4 种。

- 分立电子元件组成的 PWM 信号发生器：用分立的逻辑电子元件组成 PWM 信号电路。它是最早期的方式，现在已被淘汰。
- 软件模拟法：利用单片机的一个 I/O 引脚，通过软件对该引脚不断地输出高低电平来实现 PWM 波输出。这种方法占用 CPU 大量时间，使单片机无法进行其他工作，因此也逐渐被淘汰。
- 专用 PWM 集成电路：从 PWM 控制技术出现之日起，就有芯片制造商生产专用的 PWM 集成电路芯片，现在市场上已有许多种。这些芯片除了有 PWM 信号发生功能外，还有“死区”调节功能、保护功能等。在用单片机控制直流电动机中，使用专用 PWM 集成电路可以减轻单片机负担，工作更可靠。
- 单片机的 PWM 口：新一代的单片机增加了许多功能，其中包括 PWM 功能。单片机通过初始化设置，使其能自动地发出 PWM 脉冲波，只有在改变占空比时 CPU 才进行干预。

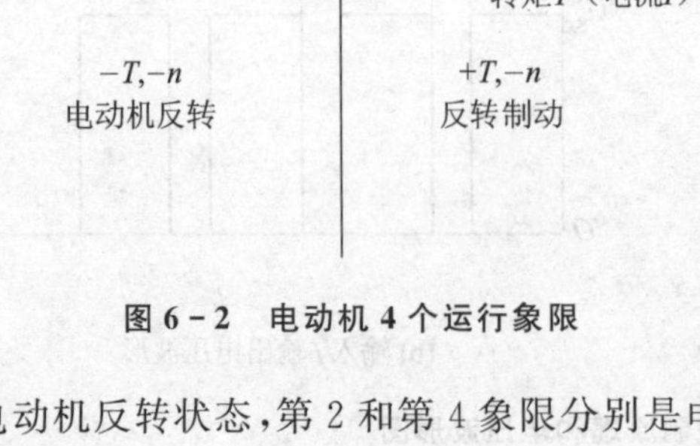

图 6-2　电动机 4 个运行象限

后 2 种方法是目前 PWM 信号获得的主流方法，因此在本章中作重点介绍。

根据直流电动机的转矩(电流)与转速的关系，可以用图 6-2 来表示电动机运行的状态。从图中可以看出，第 1 象限是电动机正转运行状态，第 3 象限是电动机反转状态，第 2 和第 4 象限分别是电动机正转和反转时制动运行状态。电动机能在几个象限上工作与控制方式和电路结构有关。如果电动机在4个象限上都能运行，则说明电动机的控制系统功能较强。

6.2 直流电动机的不可逆PWM系统

直流电动机PWM控制系统有可逆和不可逆系统之分。可逆系统是指电动机可以正反两个方向旋转，不可逆系统是指电动机只能单向旋转。

对于可逆系统，又可分为单极性驱动和双极性驱动两种方式。单极性驱动是指在一个PWM周期里，作用在电枢两端的脉冲电压是单一极性的；双极性驱动则是指在一个PWM周期里，作用在电枢两端的脉冲电压是正负交替的。

6.2.1 无制动的不可逆PWM系统

图6-1(a)就是一个无制动的不可逆PWM系统。它的特点是结构非常简单。由于这种结构中电动机的电枢电流不能反向流动，因此它不能工作在制动状态，也就是它不能在第2、4象限工作，只能在第1或第3象限进行单象限工作。

图6-1(a)所示的不可逆PWM系统中，电枢电流的波形如图6-3所示，它在每个PWM周期中是由两段指数曲线组成的。在PWM周期的$0 \sim t_1$区间，V_1导通，电枢绕组与电源接通，电流按指数规律上升，同时，因电流增加而向电枢绕组电感蓄能；在PWM周期的$t_1 \sim t_2$区间，V_1截止，电源断开，电枢绕组电感通过二极管D释放能量，使绕组中继续有电流按下降指数规律流动。因此，也称二极管D为续流二极管。

图6-3表示在PWM控制方式中，直流电动机电枢电压波形为脉冲方式，电流波形为连续的波浪方式，因此电流有波动。电流的波动将导致电动机输出转矩的波动。显然，采用提高PWM频率的方法可以大大减小电流波动，从而使转矩的波动减小。

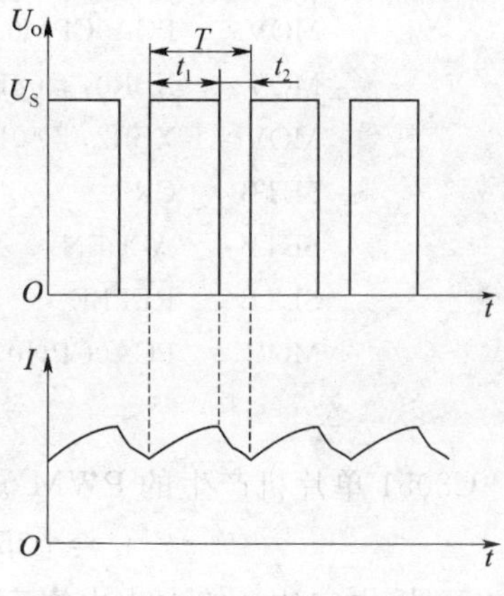

图6-3 电枢电压和电流波形

图6-4是使用单片机控制的不可逆PWM系统。在这个系统中，通过单片机的PWM口产生PWM信号，来控制直流电动机的转速。在直流电动机的轴上，安装一个直流测速发电机，用来测量直流电动机的转速，并将测速信号通过单片机内部的ADC进行A/D转换。单片机通过软件将测速信号与给定转速进行比较，来决定加减速控制，从而形成一个直流电动机的闭环调速系统。

C8051单片机将捕捉/比较模块0(CPM0)设置为PWM方式(有关C8051单片机的内容请参考第3章)，并将PWM口定向到引脚P0.0。使用片内时钟，时钟频率

设置为16 MHz,定时器/计数器阵列PCA的时钟设为系统时钟的4分频,所以PWM的频率 f 为

$$f=\frac{16\ \text{MHz}}{4\times256}=15.625\ \text{kHz}$$

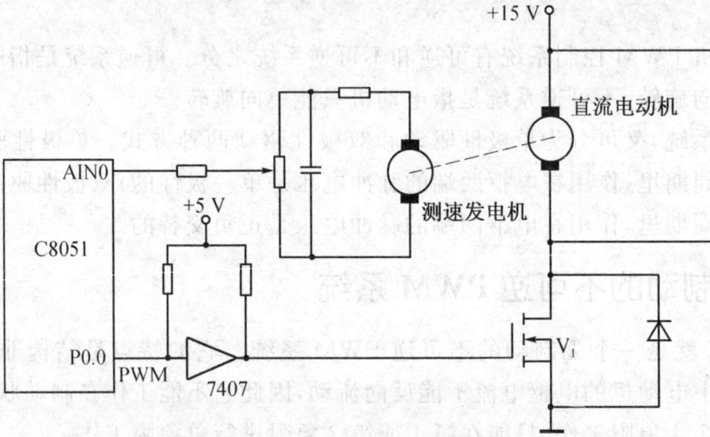

图6-4 单片机控制的不可逆PWM系统

C8051的初始化程序如下:

```
CSH:    MOV     OSCICN,#07H          ;使用片内振荡器,频率为16 MHz
        …
        MOV     PCA0MD,#02H          ;禁止PCA中断,对系统时钟4分频
        MOV     PCA0CPM0,#42H        ;将CPM0设为PWM方式
        MOV     XBR0,#08H            ;将PWM定向到P0.0
        MOV     XBR2,#40H            ;交叉开关允许
        SETB    CR                   ;允许使用PCA
        SETB    ADCEN                ;允许使用内部ADC
        SETB    REFBE                ;允许使用内部参考电压
        MOV     PCA0CPH0,#0FFH       ;占空比为0
        …
```

C8051单片机产生的PWM波的占空比 α 可由下式确定,即

$$\alpha=[256-(\text{PCA0CPH0})]/256$$

可见,占空比 α 的大小由寄存器PCA0CPH0的内容来决定。PCA0CPH0是一个8位寄存器,它的取值范围为0～255。由上式可知,PCA0CPH0的值越大,占空比 α 越小,电动机的转速越低,所以,初始值取FFH。

设直流电动机转速的给定值存放在内部RAM 20H中,给定值的数据格式与转速反馈经A/D转换后的数据格式相同。为了简明,并假设A/D转换只取低8位为有效位。因此,调速子程序TS如下:

```
TS:    SETB   ADBUSY        ;启动A/D转换
TS1:   JNB    ADCINT,TS1    ;等待转换结束
       CLR    ADCINT        ;清中断标志
       MOV    A,ADCCOL      ;将转换结果低8位送A
       CLR    C             ;清借位
       SUBB   A,20H         ;减法
       JZ     TS3           ;相等退出
       JC     TS2           ;实际转速小于给定转速跳转
       INC    PCA0CPH0      ;减速
       AJMP   TS3
TS2:   DEC    PCA0CPH0      ;加速
TS3:   RET
```

采用单片机的PWM口可以自动输出PWM信号，单片机CPU的负担较轻，可以从事其他工作。

上面调速子程序每调用一次，如果实际转速与给定值存在偏差，则速度增减一个档，采用的是匀加减速方式。如果对电动机动态要求较高，可采用数字PID调节方式。

6.2.2 有制动的不可逆PWM系统

无制动的不可逆PWM系统，由于电流不能反向流动，因此不能产生制动作用，其性能受影响。为了产生制动作用，必须增加一个开关管，为反向电流提供通路。图6-5就是按照这样的思路设计的有制动的不可逆PWM系统。系统增加了一个开关管V_2，只在制动时起作用，这样系统就能在2个象限上工作。

开关管V_1、V_2的PWM信号电平方向相反。在每个PWM周期的0～t_1区间，V_1导通，V_2截止，电流的路线和方向为图6-5中的虚线1，电动机工作在电动状态。在每个PWM周期的t_1～t_2区间，V_1截止，电源被切断，电枢绕组的自感电动势使电流经过续流二极管D_2形成回路，如图6-5中的虚线2。注意，此时虽然开关管V_2的控制信号为高电平，由于续流二极管D_2的钳位作用，使开关管V_2截止，其电流波形如图6-6(a)所示。

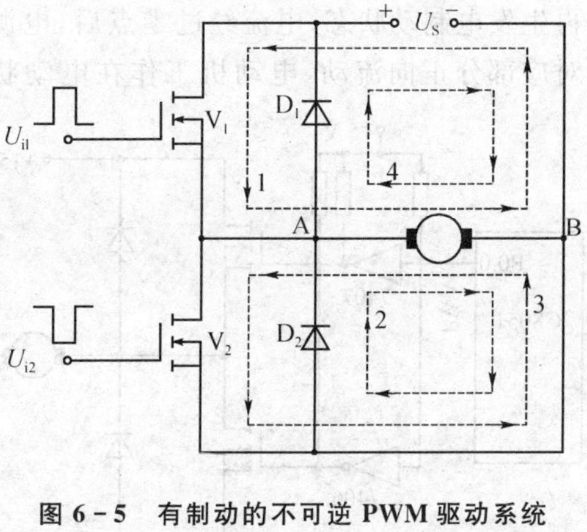

图6-5 有制动的不可逆PWM驱动系统

制动时，由于控制信号的PWM占空比不断减小，使电枢电压平均值U_o小于电动机的反电动势，电枢中的电流反向流动，产生制动转矩。在每个PWM周期的0～

t_1区间,电枢绕组的自感电动势与反电动势之和大于电源电压,电流经过续流二极管D_1将能量回馈给电源,电流的路线和方向为图6-5(b)中的虚线4,电动机工作在再生发电制动状态。

在每个PWM周期的$t_1 \sim t_2$区间,V_2在控制信号作用下导通,电流经过V_2形成回路,电流的路线和方向为图6-5(b)中的虚线3,电动机处于耗能制动状态,制动时的电流波形如图6-6(b)所示。

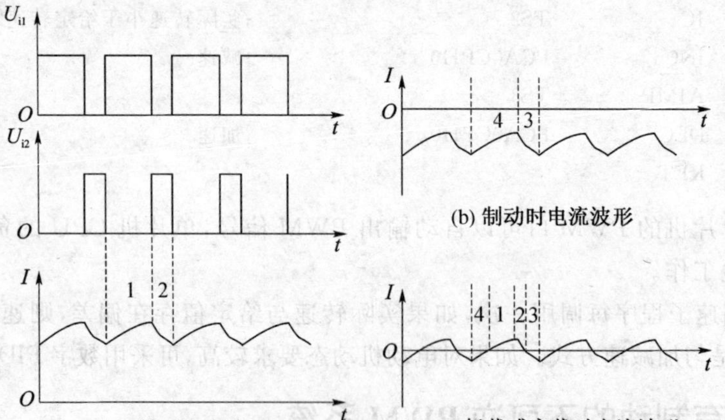

(a) 正转时电流波形

(b) 制动时电流波形

(c) 轻载或空载时电流波形

图6-6　有制动的不可逆PWM系统电流波形

轻载或空载时的电枢电流波形如图6-6(c)所示。当电动机轻载或空载时,电枢绕组中的电流很小。这时会出现电动和制动两种状态交替的现象,其过程为:在每个PWM周期的$0 \sim t_1$区间,电流先是按虚线4所对应部分回路反向流动,电动机工作在再生发电制动状态;电流经过零点后,电源电压开始大于反电动势,电流按虚线1所对应部分正向流动,电动机工作在电动状态。在每个PWM周期的$t_1 \sim t_2$区间,由于V_1截止,电流先是按虚线2所对应部分流动,电动机工作在续流电动状态;当续流降到零后,反电动势使V_2导通,电流改变方向,沿虚线3所对应部分流动,电动机工作在耗能制动状态。

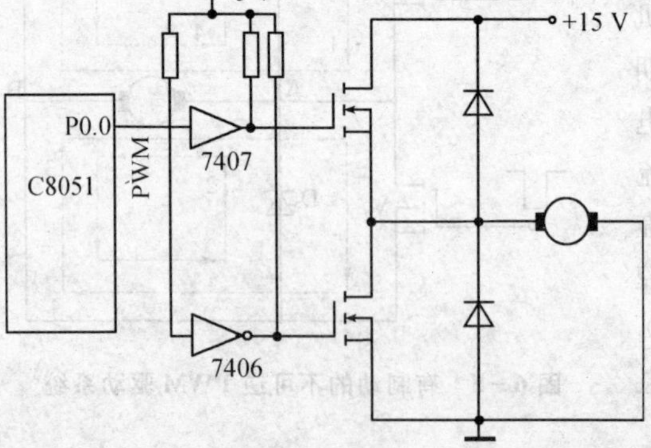

图6-7　单片机控制的有制动的不可逆PWM系统

用单片机对有制动的不可逆PWM系统的开环控制电路如图6-7所示。图中采用反相器7406实现对开关管V_2的控制。

6.3 直流电动机双极性驱动可逆 PWM 系统

直流电动机常要求工作在正反转的场合，这时需要使用可逆 PWM 系统。可逆 PWM 系统分为双极性驱动和单极性驱动，本节介绍双极性驱动可逆 PWM 系统。

6.3.1 双极性驱动可逆 PWM 系统的控制原理

双极性驱动是指在一个 PWM 周期里，电动机电枢的电压极性呈正负变化。双极性驱动电路有 2 种。

- T 型：它由 2 个开关管组成，采用正负电源，相当于 2 个不可逆系统的组合，由于形状像横放的"T"，所以称为 T 型。T 型双极性驱动由于开关管要承受较高的反向电压，因此只用于低压小功率直流电动机驱动。
- H 型：其形状像"H"，也称桥式电路。H 型双极性驱动应用较多。

H 型双极可逆 PWM 驱动系统如图 6－8 所示。它由 4 个开关管和 4 个续流二极管组成，单电源供电。4 个开关管分成两组，V_1、V_4 为一组，V_2、V_3 为另一组。同一组的开关管同步导通或关断，不同组的开关管的导通与关断正好相反。

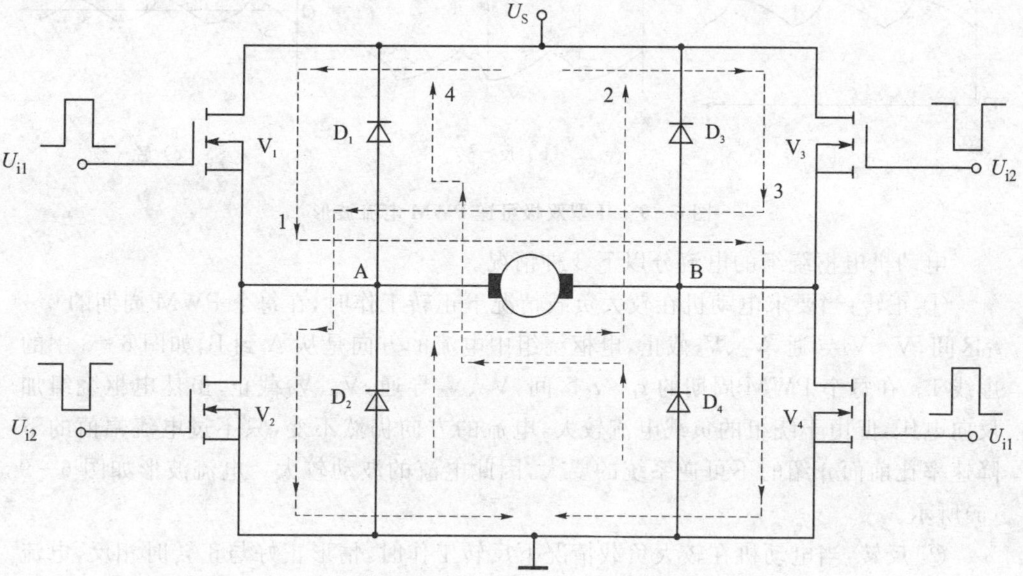

图 6－8　H 型双极可逆 PWM 驱动系统

在每个 PWM 周期里，当控制信号 U_{i1} 为高电平时，开关管 V_1、V_4 导通，此时 U_{i2} 为低电平，因此 V_2、V_3 截止，电枢绕组承受从 A 到 B 的正向电压；当控制信号 U_{i1} 为低电平时，开关管 V_1、V_4 截止，此时 U_{i2} 为高电平，因此 V_2、V_3 导通，电枢绕组承受从 B 到 A 的反向电压，这就是所谓的"双极"。

由于在一个PWM周期里电枢电压经历了正反两次变化,因此其平均电压U_o可由下式决定,即

$$U_o=\left(\frac{t_1}{T}-\frac{T-t_1}{T}\right)U_S=\left(2\frac{t_1}{T}-1\right)U_S=(2\alpha-1)U_S \tag{6-3}$$

由式(6-3)可见,双极性可逆PWM驱动时,电枢绕组所受的平均电压取决于占空比α的大小。当$\alpha=0$时,$U_o=-U_S$,电动机反转,且转速最大;当$\alpha=1$时,$U_o=U_S$,电动机正转,转速最大;当$\alpha=1/2$时,$U_o=0$,电动机不转,虽然此时电动机不转,但电枢绕组中仍然有交变电流流动,使电动机产生高频振荡,这种振荡有利于克服电动机负载的静摩擦,提高动态性能。

电动机电枢绕组中的电流波形如图6-9所示。

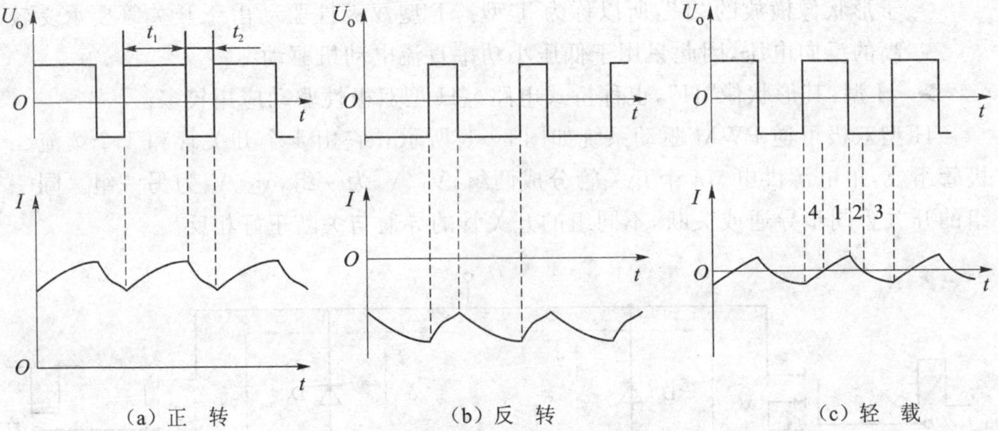

图6-9　H型双极可逆PWM电流波形

电动机电枢绕组的电流分以下3种情况。

① 正转:当要求电动机在较大负载情况下正转工作时,在每个PWM周期的0～t_1区间,V_1、V_4导通,V_2、V_3截止,电枢绕组中电流的方向是从A到B,如图6-8中的虚线1。在每个PWM周期的t_1～t_2区间,V_2、V_3导通,V_1、V_4截止,虽然电枢绕组加反向电压,但由于绕组的负载电流较大,电流的方向仍然不变,只不过电流幅值的下降速率比前面介绍的不可逆系统的要大,因此电流的波动较大。电流波形如图6-9(a)所示。

② 反转:当电动机在较大负载情况下反转工作时,情形正好与正转时相反,电流波形如图6-9(b)所示,这里不再介绍。

③ 轻载:当电动机在轻载下工作时,负载使电枢电流很小,电流波形基本上围绕横轴上下波动,电流的方向也在不断地变化,如图6-9(c)所示。在每个PWM周期的0～t_1区间,V_2、V_3截止。开始时,由于自感电动势的作用,电枢中的电流维持原流向,即B→A,电流线路如图6-8中虚线4,经二极管D_4、D_1到电源,电动机处于再生制动状态。由于二极管的D_4、D_1钳位作用,此时V_1、V_4不能导通。当电流衰减到零

后，在电源电压的作用下，V_1、V_4开始导通。电流经 V_1、V_4形成回路，如图 6-8 中虚线 1。这时电枢电流的方向为 A→B，电动机处于电动状态。在每个 PWM 周期的 $t_1 \sim t_2$区间，V_1、V_4截止。电枢电流在自感电动势的作用下继续为 A→B，其电流流向如图 6-8 中虚线 2，电动机仍处于电动状态。当电流衰减为零后，V_2、V_3开始导通，电流线路如图 6-8 中的虚线 3，电动机处于反接制动状态。所以，在轻载下工作时，电动机的工作状态呈电动和制动交替变化。

双极性驱动时，电动机可在 4 个象限上工作，低速时的高频振荡有利于消除负载的静摩擦，低速平稳性好。但在工作过程中，由于 4 个开关管都处于开关状态，功率损耗较大，因此双极性驱动只用于中小功率直流电动机。

6.3.2 采用专用直流电动机驱动芯片 LMD18200 实现双极性控制

在双极性驱动下工作时，由于开关管自身都有开关延时，并且"开"和"关"的延时时间不同，所以在同一桥臂上的 2 个开关管容易出现直通现象，这将引起短路类的严重事故。为了防止直通，同一桥臂上的 2 个开关管在"开"与"关"的交替时，增加一个低电平延时，如图 6-10 所示。使某一个开关管在"开"之前，保证另一个开关管处于"关"的状态。通常，把这个低电平延时称为死区。死区的时间长短可根据开关管的种类以及使用要求来确定，一般应在5～20 μs。

单片机的专用 PWM 口发出的 PWM 信号波没有死区设置功能，因此必须外接能产生死区功能的芯片。一种方式是采用专用 PWM 信号发生器集成电路，如 SG1731、UC3637 等，这些芯片都有 PWM 波发生电路、死区电路、保护电路，但它们大多采用模拟电压控制。如果使用单片机控制，必须先通过 D/A 转换。另一种方式仍使用单片机的 PWM 口，外接含有死区功能和驱动功能的专用集成电路，这对于小型直流电动机的控制，其电路非常简单。下面介绍一种典型芯片 LMD18200 的性能和应用。

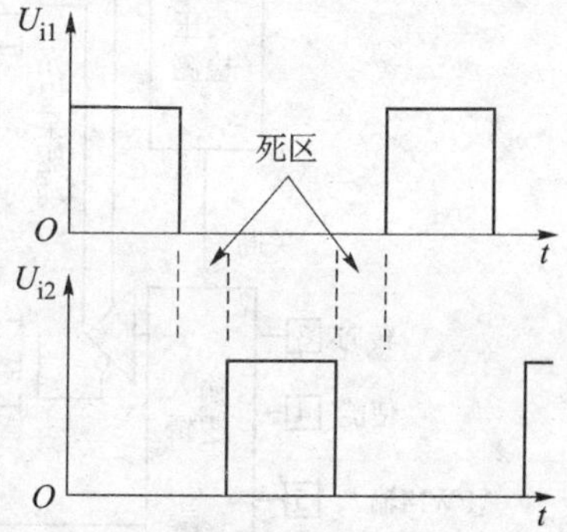

图 6-10 死 区

LMD18200 是美国国家半导体公司生产的产品，专用于直流电动机驱动的集成电路芯片。它有 11 个引脚，采用 T-220 封装。其功能如下：

- 额定电流 3 A，峰值电流 6 A，电源电压 55 V；
- 额定输出电流 2 A，输出电压 30 V；
- 可通过输入的 PWM 信号实现 PWM 控制；
- 可通过输入的方向控制信号实现转向控制；
- 可以接受 TTL 或 CMOS 以及与它们兼容的输入控制信号；
- 可以实现直流电动机的双极性和单极性控制；

➢ 内设过热报警输出和自动关断保护电路;
➢ 内设防桥臂直通电路。

LMD18200的原理图如图6-11所示。由图可见,它内部集成了4个DMOS管,组成一个标准的H型驱动桥。通过充电泵电路为上桥臂的2个开关管提供栅极控制电压,充电泵电路由一个300 kHz的振荡器控制,使充电泵电容可以充至14 V左右,典型上升时间是20 μs,适于1 kHz左右的工作频率。可在引脚1、11外接电容形成第二个充电泵电路,外接的电容越大,向开关管栅极输入电容充电的速度越快,电压上升的时间越短,工作频率可以更高。引脚2、10接直流电动机电枢,正转时电流的方向应该从引脚2到引脚10,反转时电流的方向应该从引脚10到引脚2。电流检测输出引脚8可以接一个对地电阻,通过电阻来检测输出过流情况。内部保护电路设置的过电流阈值为10 A,当超过该值时会自动封锁输出,并周期性地自动恢复输出。如果过电流持续时间较长,过热保护将关闭整个输出。过热信号还可通过引脚9输出,当结温达到145℃时引脚9有输出信号。

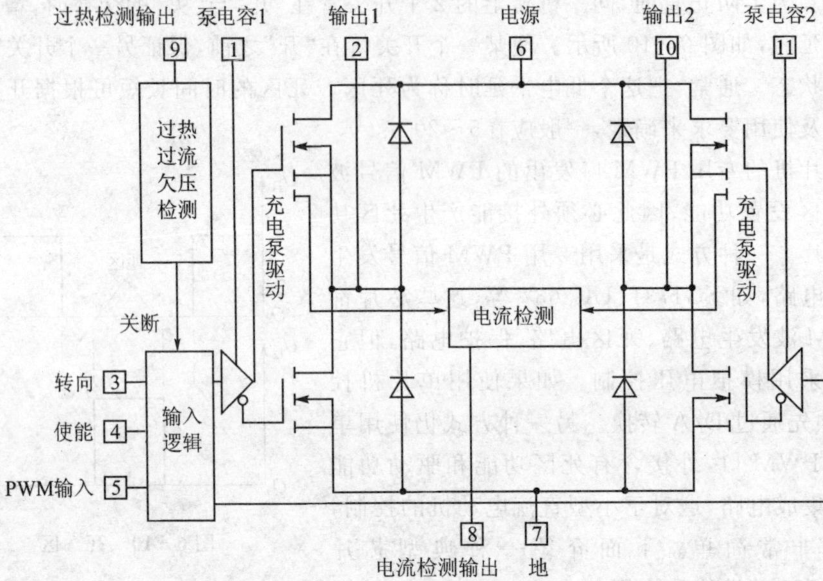

图6-11 LMD18200原理图

输入控制信号引脚包括:转向控制引脚3、使能控制引脚4(低电平有效)、PWM输入引脚5。

LMD18200提供双极性驱动方式和单极性驱动方式,这两种方式下的输入接法和理想波形如图6-12所示。

图6-12(a)是双极性驱动方式。在这种方式中,PWM控制信号通过引脚3输入。根据PWM控制信号的占空比来决定直流电动机的转速和转向。当占空比为50%时,输出平均电压U_o为0,电动机不转;当占空比大于50%时,平均电压U_o大于

0，电动机正转；当占空比小于50%时，平均电压U_o小于0，电动机反转。

图6-12(b)是单极性驱动方式。在这种方式中，PWM控制信号是通过引脚5输入的，而转向信号则通过引脚3输入，这一点与双极性驱动方式不同，请注意区分。

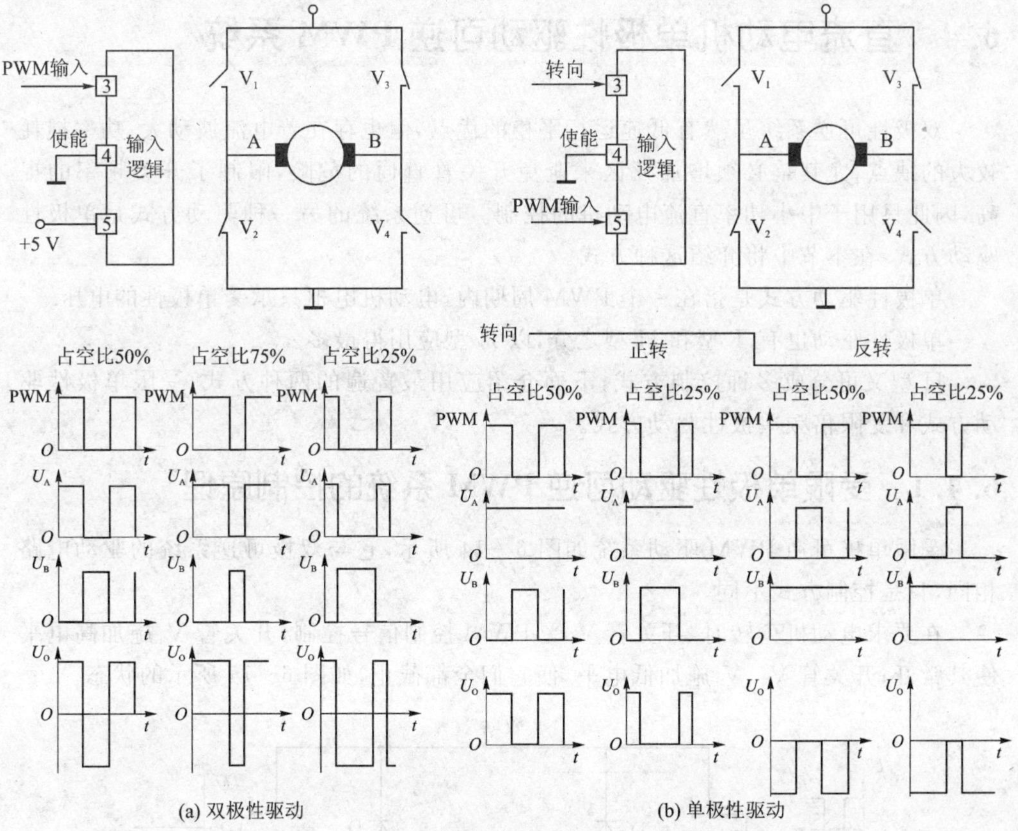

图6-12　两种方式下的输入接法和理想波形

图6-13是C8051单片机与LMD18200接口的例子，它们组成了一个双极性驱动直流电动机的开环控制电路。该电路中，由C8051单片机发出PWM控制信号，通过光电耦合器4N25与LMD18200的引脚3相连，其目的是隔离，以避免

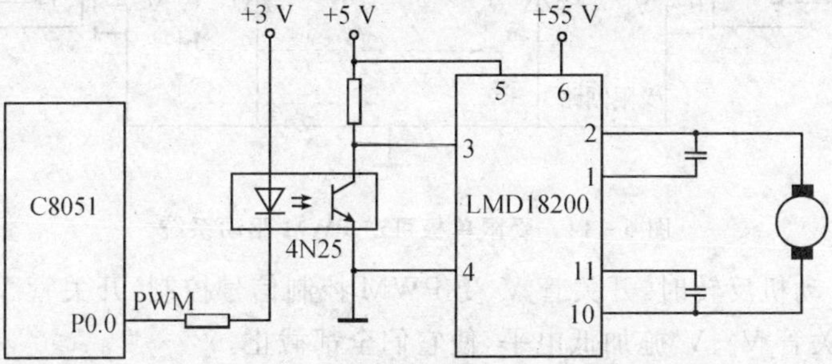

图6-13　采用LMD18200的双极性驱动

LMD18200 驱动电路对控制信号的干扰。

由于采用了 LMD18200 功率集成驱动电路,使整个电路元件少,体积小,适合在仪器仪表控制中使用。

6.4 直流电动机单极性驱动可逆 PWM 系统

双极性可逆系统虽然有低速运行平稳的优点,但也存在着电流波动大、功率损耗较大的缺点,尤其是必须增加死区来避免开关管直通的危险,限制了开关频率的提高,因此只用于中小功率直流电动机的控制。可逆系统的另一种驱动方式是单极性驱动方式,在本节中将介绍这种方式。

单极性驱动方式是指在一个 PWM 周期内,电动机电枢只承受单极性的电压。

单极性驱动也有 T 型和 H 型之分,以 H 型应用得最多。

H 型又可分成多种控制方式,下面介绍应用最普遍的两种方式:受限单极性驱动方式和受限倍频单极性驱动方式。

6.4.1 受限单极性驱动可逆 PWM 系统的控制原理

受限单极可逆 PWM 驱动系统如图 6-14 所示,它与双极可逆系统的驱动电路相同,只是控制方式不同。

在要求电动机正转时,开关管 V_1受 PWM 控制信号控制,开关管 V_4施加高电平使其常开;开关管 V_2、V_3施加低电平,使它们全都截止,如图 6-14 所示的状态。

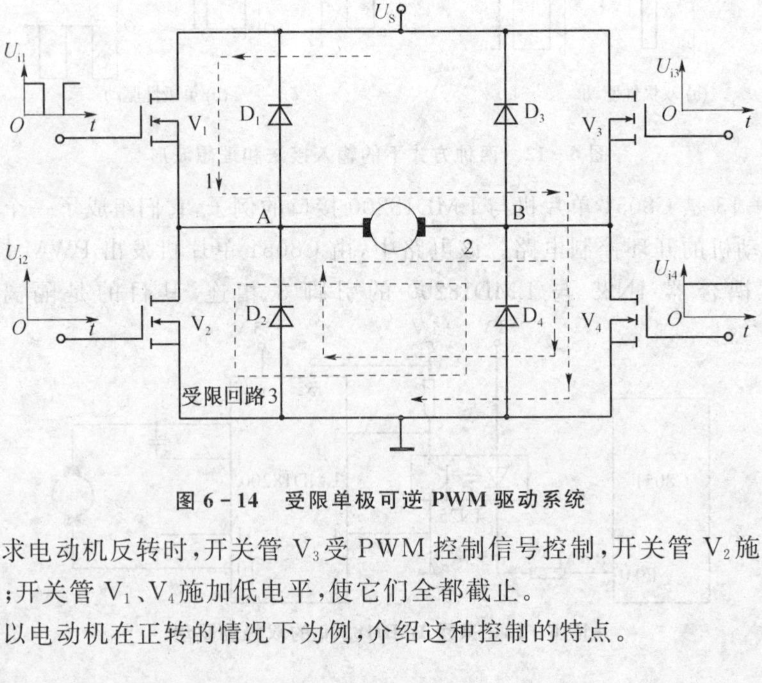

图 6-14 受限单极可逆 PWM 驱动系统

在要求电动机反转时,开关管 V_3受 PWM 控制信号控制,开关管 V_2施加高电平使其常开;开关管 V_1、V_4施加低电平,使它们全都截止。

下面以电动机在正转的情况下为例,介绍这种控制的特点。

当要求电动机正转时，在每个 PWM 周期的 $0\sim t_1$ 区间，V_1 导通，电流沿图 6-14 所示的虚线 1 流经电枢绕组，方向是 A→B，电动机工作在电动状态。在每个 PWM 周期的 $t_1\sim t_2$ 区间，V_1 截止，电流在自感电动势的作用下，经 V_4 和 D_2 形成续流回路，如图 6-14 的虚线 2，电动机继续工作在电动状态。

电动机正转时的电流波形如图 6-15(a)所示。由图可见，其电压和电流波形都与不可逆 PWM 系统的相同，占空比仍可按式(6-2)进行计算。

当要求电动机制动时，PWM 控制信号的占空比减小，使电枢两端的平均电压小于反电动势。在反电动势的作用下，电流的路线应该是从 A 点出发，经 V_2、D_4 到 B 来产生制动转矩，如图 6-14 的虚线 3；但是由于 V_2 处于截止状态，使耗能制动电流通路受到限制，所谓“受限”因此而得名。

当电动机工作在轻载时，在每个 PWM 周期的 $t_1\sim t_2$ 区间，当续流电流沿图 6-14 虚线 2 流动并衰减到零后，由于 V_2 的截止使反电动势不能建立反向电流，电枢电流出现断流现象，如图 6-15(b)所示。

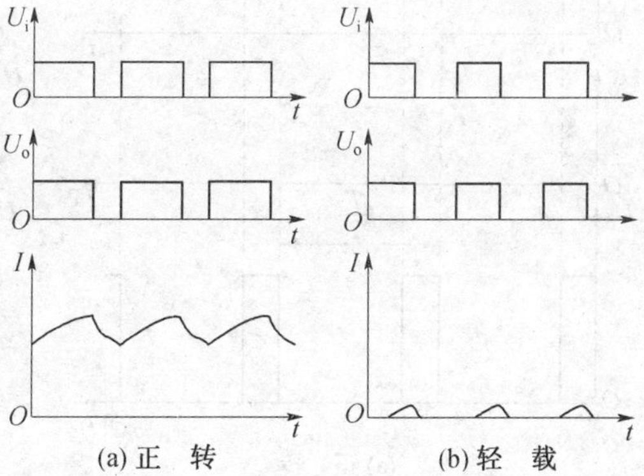

图 6-15　受限单极可逆 PWM 电流波形

受限单极性驱动方式在轻载时会出现断流现象，这是这种方式的不利一面，可以通过提高开关频率的方法或改进电路设计来克服；但是由于能够避免开关管直通，可以大大提高系统的可靠性，所以适用于在大功率、大转动惯量、可靠性要求较高的直流电动机控制上应用。

6.4.2　受限倍频单极性驱动可逆 PWM 系统的控制原理

受限倍频单极驱动方式是通过改变对开关管的控制方式，而使直流电动机电枢两端获得比 PWM 控制信号频率高 1 倍的电压波，这样可以弥补受限单极驱动所产生的电流断流的问题。

在采用受限倍频单极驱动的情况下，当要求电动机正转时，开关管 V_1、V_4 接 PWM 控制信号，请注意开关管 V_1、V_4 所接的 PWM 控制信号的占空比和频率都相同，只是相位相差 180°。对另 2 个开关管 V_2、V_3 施加低电平，使它们始终截止。这样的控制就会在电动机电枢两端产生 2 倍于 PWM 控制信号频率的电压波形，即所谓“倍频”。电枢两端的电压波形与 PWM 控制信号波形的关系如图 6-16(a)所示。

当要求电动机反转时，占空比和频率相同而相位相差 180°的 PWM 控制信号加在开关管 V_2、V_3 上，而开关管 V_1、V_4 始终截止。在电动机电枢两端产生的倍频电压波形如图 6-16(b)所示。

受限倍频单极驱动方式的缺点是没有耗能制动能力，但是由于提高了电枢电压频率,从而解决了断流问题,并且电枢电流的波动也减小了1倍,因此多应用于大功率、可靠性要求较高的场合。

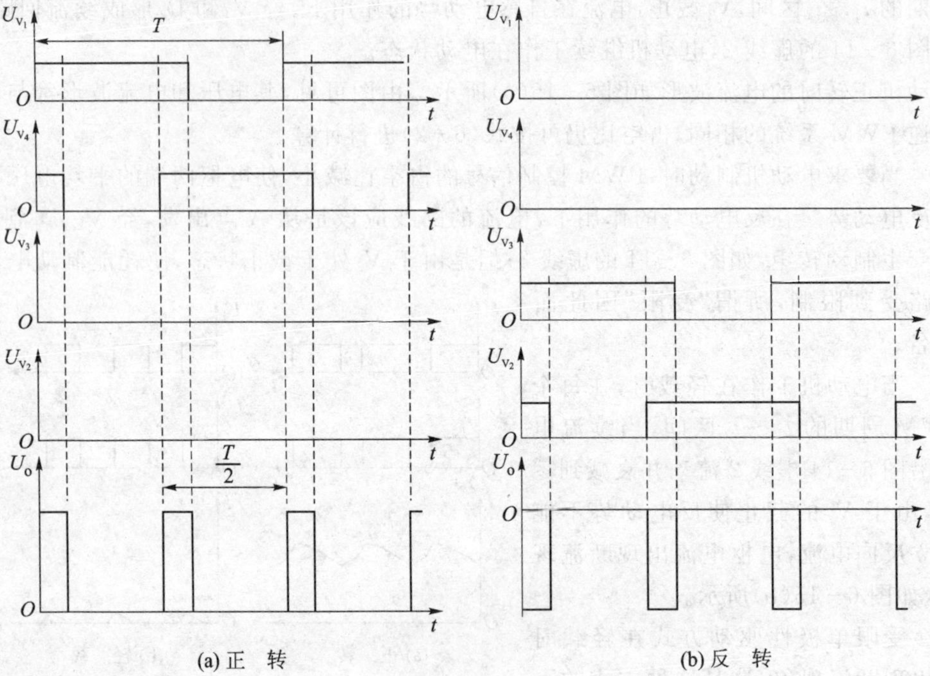

图 6-16 受限倍频单极可逆 PWM 电压波形

6.4.3 用单片机实现受限单极性控制

用 C8051 单片机控制受限单极性可逆 PWM 驱动系统的原理图如图 6-17 所示。图中,单片机将 PWM 定向到 P0.0 引脚,另外通过 P1.0 引脚发出转向控制信号,规定其中高电平代表正转,低电平代表反转。从单片机输出的 PWM 信号和转向信号先经过 2 个与门和 1 个非门再与各个开关管的栅极相连。

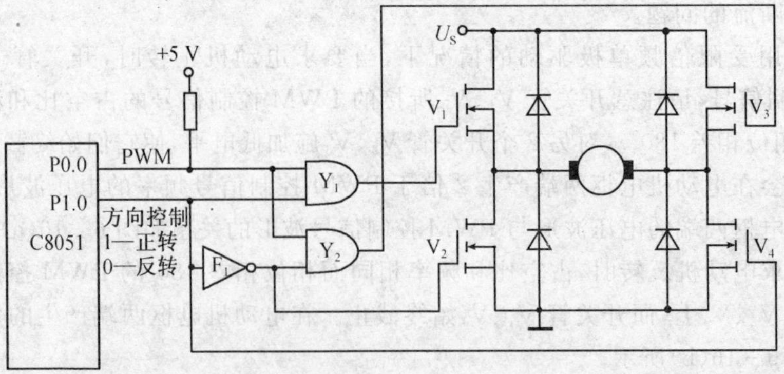

图 6-17 单片机控制受限单极性可逆 PWM 系统原理图

当电动机要求正转时，单片机 P1.0 输出高电平信号，该信号分成 3 路：第 1 路接与门 Y_1 的输入端，使与门 Y_1 的输出由 PWM 决定，所以开关管 V_1 栅极受 PWM 控制。第 2 路直接与开关管 V_4 的栅极相连，使 V_4 导通。第 3 路经非门 F_1 连接到与门 Y_2 的输入端，使与门 Y_2 输出为 0，这样使开关管 V_3 截止。从非门 F_1 输出的另一路与开关管 V_2 的栅极相连，其低电平信号也使 V_2 截止。

同样，当电动机要求反转时，单片机 P1.0 输出低电平信号，经过 2 个与门和 1 个非门组成的逻辑电路后，使开关管 V_3 受 PWM 信号控制，V_2 导通，V_1、V_4 全都截止。

6.5 小功率直流伺服系统

采用专用集成电路芯片可以很方便地组成单片机控制的小功率直流伺服系统。LM629 就是其中一种专用运动控制处理器。下面以这种芯片为例，介绍其在小功率直流伺服系统中的应用。

6.5.1 LM629 的功能和工作原理

LM629 是美国国家半导体公司生产的产品。它是全数字式控制的专用运动控制处理器。通过一片单片机、一片 LM629、一片功率驱动器、一台直流电动机、一个增量式光电编码盘就可以构成一个伺服系统。LM629N 是 NMOS 结构，采用 28 引脚双列直插式封装，使用 6 MHz 或 8 MHz 时钟频率和 5 V 电源工作。它有如下功能：

- 内部有 32 位的位置、速度和加速度寄存器；
- 16 位可编程数字 PID 控制器；
- 可编程微分项采样时间间隔；
- 8 位分辨率的 PWM 输出；
- 内部梯形速度图发生器；
- 可以进行位置和速度控制；
- 速度、位置和数字 PID 控制器参数可以在控制过程中改变；
- 实时可编程中断；
- 可对增量式光电编码盘的输出进行 4 倍频处理和信号处理。

LM629 的引脚 1～3 接增量式光电编码盘的输出信号 C、A、B；引脚 4～11 是数据口 D0～D7；引脚 12～15 分别是 $\overline{CS}$、$\overline{RD}$、地、$\overline{WR}$；引脚 16 是 $\overline{PS}$，$\overline{PS}$=1 时读/写数据，$\overline{PS}$=0 时读状态和写指令；引脚 17 是 HI，HI=1 时申请中断；引脚 18(PWMS)、引脚 19(PWMM)分别是转向和 PWM 输出；引脚 26～28 分别是 CLK、$\overline{RST}$、V_{DD}；其他引脚不用。

LM629 的系统框图如图 6-18 所示。它通过 I/O 口与单片机通信，输入运动参数和控制参数，输出状态和信息。

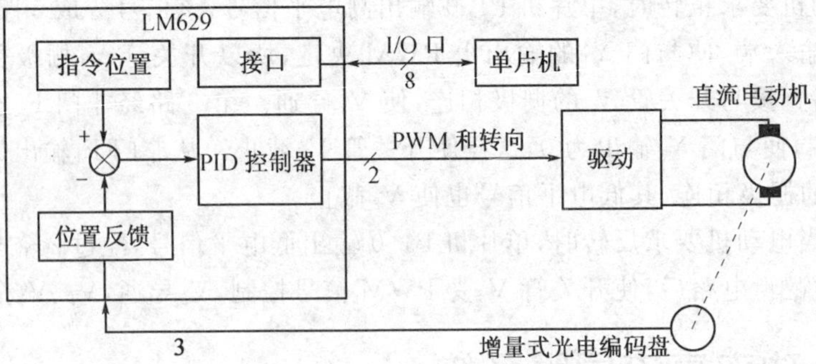

图 6-18　LM629 组成的系统框图

用一个增量式光电编码盘来反馈电动机的实际位置。来自增量式光电编码盘的位置信号 A、B 经 LM629 进行 4 倍频，使分辨率提高。A、B 逻辑状态每变化一次，LM629 内的位置寄存器就会加(减)1。编码盘的 A、B、C 信号同时为低电平时，就产生一个 Index 信号送入Index寄存器，记录电动机的绝对位置。

LM629 的梯形速度图发生器用于计算所需的梯形速度分布图。在位置控制方式时，单片机送来加速度、最高转速、最终位置数据，LM629 利用这些数据计算运行轨迹，如图 6-19(a)所示。在电动机运行时，上述参数允许更改，产生如图 6-19(b)所示的轨迹。在速度控制方式时，电动机用规定的加速度加速到规定的速度，并一直保持这一速度，直到新的速度指令执行。如果速度存在扰动，LM629 可使其平均速度恒定不变。

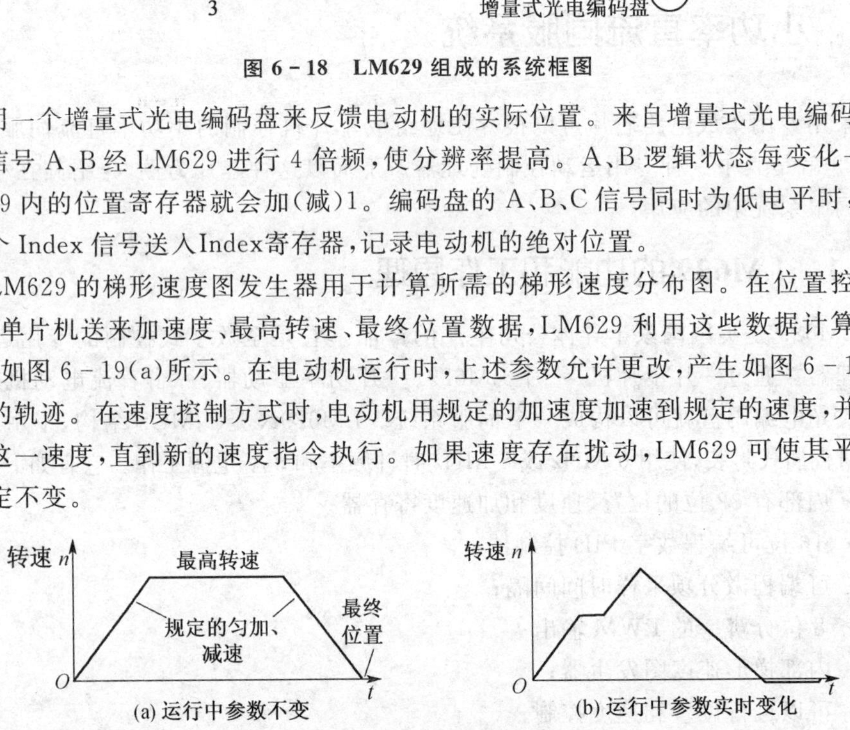

图 6-19　两种典型的速度轨迹

LM629 内部有一个数字 PID 控制器，用来控制闭环系统。数字 PID 控制器采用增量式 PID 控制算法，所需的 K_P、K_I、K_D系数数据由单片机提供。

6.5.2　LM629 的指令

LM629 有 22 条指令，可用于单片机对其进行控制、数据传送和了解状态信息。指令可分成 5 类，分别介绍如下。

1. 初始化指令

初始化指令有 3 条，用于对 LM629 初始化操作。

(1) 复位指令(RESET)

操作码:00H　　无数据

复位指令将 LM629 片内各寄存器清 0,清除绝大多数中断的屏蔽。复位至少要用1.5 ms。

(2) 8 位 PWM 输出指令(PORT8)

操作码:05H　　无数据

在使用 LM629 时,初始化时必须执行该指令一次。

(3) 原点定义指令(DFH)

操作码:02H　　无数据

定义当前位置为原点或绝对零点。

2. 中断指令

LM629 有 6 个能够引发单片机中断的中断源。下面 7 条指令都与中断有关。

(1) 设定 Index 位置指令(SIP)

操作码:03H　　无数据

当来自增量式光电编码盘的 3 个脉冲信号同时都是 0 时,绝对位置被记录到 Index寄存器,并引发中断,使状态字节的第 3 位置 1。

(2) 误差中断指令(LPEI)

操作码:1BH　　2 个字节写数据(高 8 位在前),数据范围:0000H～7FFFH

位置误差超差,说明系统出现严重问题,因此,用户通过该指令输入位置误差阈值。当超出设定值时发生中断,使状态字节第 5 位置 1。

(3) 误差停指令(LPES)

操作码:1AH　　2 个字节写数据,数据范围:0000H～7FFFH

用户通过该指令输入误差停阈值,当超出设定值时系统关断电动机,并引发中断,使状态字节第 5 位置 1。

(4) 设定绝对断点指令(SBPA)

操作码:20H　　4 个字节写数据,数据范围:C0000000H～3FFFFFFFH

用户通过该指令设置绝对位置断点,当到达绝对位置时引发中断,使状态字节第 6 位置 1。

(5) 设定相对断点指令(SBPR)

操作码:21H　　4 个字节写数据,数据范围:C0000000H～3FFFFFFFH

用户通过该指令设置相对位置断点,当到达相对位置时引发中断,使状态字节第 6 位置 1。

(6) 屏蔽中断指令(MSKI)

操作码:1CH　　2 个字节写数据

用户通过该指令将不需要的中断源屏蔽掉。2 个字节写数据中的第 1 个字节(高 8 位)无用,第 2 个字节各位功能如表 6－1 所列。

表6-1　屏蔽中断指令第2个字节各位功能

7	6	5	4	3	2	1	0
不用	断点	位置超差	位置信息错	Index脉冲	运动完成	命令错	不用

当表6-1中的位等于0时,该中断屏蔽。

(7) 复位中断指令(RSTI)

操作码:1DH　　2个字节写数据

第1个字节无用。当中断发生时,RSTI指令用来写0,复位指定的中断标志。

3. PID控制器指令

PID控制器指令有2条,用于输入PID参数。

(1) 装入PID参数指令(LFIL)

操作码:1EH　　2～10个字节写数据

输入的参数包括PID系数K_P、K_I、K_D和积分极限。数据的前2个字节中,低8位字节(第2个字节)的内容如表6-2所列,表中各位1表示选择;0表示不用。高8位字节(第1个字节)存放微分采样时间间隔数据,其数据格式如表6-3所列。随后是参数数据,每个数据占2个字节,顺序为K_P、K_I、K_D和积分极限。

表6-2　低字节内容

7	6	5	4	3	2	1	0
不用				K_P	K_I	K_D	积分极限

表6-3　高字节数据格式

15	14	13	12	11	10	9	8	时间间隔/μs
0	0	0	0	0	0	0	0	256
0	0	0	0	0	0	0	1	512
0	0	0	0	0	0	1	0	768
0	0	0	0	0	0	1	1	1 024
⋮	⋮	⋮	⋮	⋮	⋮	⋮	⋮	⋮
1	1	1	1	1	1	1	1	65 536

(2) 参数有效指令(UDF)

操作码:04H　　无数据

PID参数输入采用双缓存,UDF指令使用LFIL指令输入的参数真正送入寄存器中。

4. 运动指令

运动指令有2条,用于输入位置、速度、加速度、控制方式和转向参数。

(1) 装入运动参数指令(LTRJ)

操作码:1FH　　2～14个字节写数据

用户通过运动指令输入加速度、速度、位置、控制方式、转向、停车方式等数据。数据的前2个字节的内容如表6-4所列。其后紧随着的是加速度、速度、位置参数数据。其中加速度和速度都是32位数据，它们的低16位数据都是小数位。位置数据是30位有符号数。加速度、速度、位置三个数据每个都占4个字节。高字节先送。

表6-4　装入运动参数指令前2个字节的内容

7	6	5	4	3	2	1	0
不用	不用	装加速度	相对加速度	装速度	相对速度	装位置	相对位置
15	14	13	12	11	10	9	8
不用	不用	不用	正转	速度方式	慢停	快停	PWM=0

表6-4中，0、2、4位为1时表示位置、速度和加速度是相对值；为0时是绝对值。8、9、10位是停车方式，只能选择其中之一。11位为1时LM629工作在速度控制方式，为0时工作在位置控制方式。

(2) 数据有效指令(STT)

操作码:01H　　　无数据

运动参数输入也采用双缓存，STT指令使LTRJ指令输入的数据生效。

5. 状态和信息指令

单片机通过状态和信息指令读LM629的状态和运动信息。这类指令有8条。

(1) 读状态指令(RDSTAT)

操作码:无　　　1个字节读数据

从LM629直接读1个字节的状态数据，其内容如表6-5所列，其中1～6位在相应的中断发生时置1。第0位为1表示“忙”，第7位为1表示“停车”。

表6-5　读状态指令读出的状态数据内容

7	6	5	4	3	2	1	0
停车	断点到	位置超差	位置信息错	Index脉冲	运动完成	命令错	忙

(2) 读信号寄存器指令(RDSIGS)

操作码:0CH　　　2个字节读数据

读出的2个字节数据内容如表6-6所列，其中所指的是各位为1时的功能。

表6-6　读信号寄存器指令读出的数据内容

7	6	5	4	3	2	1	0
停车	断点到（中断）	位置超差（中断）	位置信息错（中断）	Index脉冲（中断）	运动完成（中断）	命令错（中断）	下一个Index
15	14	13	12	11	10	9	8
发生中断	装加速度	执行UDF	正转	速度方式	运动完成	误差停	8位输出

(3) 读Index位置指令(RDIP)

操作码:09H　　　4个字节读数据，数据范围:C0000000H～3FFFFFFFH

读 Index 寄存器位置数据,数据顺序是高位在前。

(4) 读预定位置指令(RDDP)

操作码:08H　　4 个字节读数据,数据范围:C0000000H～3FFFFFFFH

读预定位置数据,数据顺序是高位在前。

(5) 读实际位置指令(RDRP)

操作码:0AH　　4 个字节读数据,数据范围:C0000000H～3FFFFFFFH

读当前实际位置数据,数据顺序是高位在前。

(6) 读预定速度指令(RDDV)

操作码:07H　　4 个字节读数据,数据范围:C0000001H～3FFFFFFFH

读预定速度数据,其中低 16 位是小数位,数据顺序是高位在前。

(7) 读实际速度指令(RDRV)

操作码:0BH　　2 个字节读数据,数据范围:C000H～3FFFH

读实际速度数据,都是整数,数据顺序是高位在前。

(8) 读积分和指令(RDSUM)

操作码:0DH　　2 个字节读数据

读积分和数据,数据顺序是高位在前。

以上大多数指令可以在电动机运行过程中执行。

6.5.3 LM629 的应用

应用 LM629 组成的位置伺服系统如图 6-20 所示。本例中采用 8051 单片机对其进行控制。LM629 的 I/O 口 D0～D7 与单片机的 P0 口相连,用来从单片机传送数据和控制指令,从 LM629 传送电动机的状态和运动信息。单片机的 P2.0 引脚与 LM629 的片选相连,作为选中 LM629 的地址线。引脚 P2.1 与 LM629 的 $\overline{PS}$ 相连,

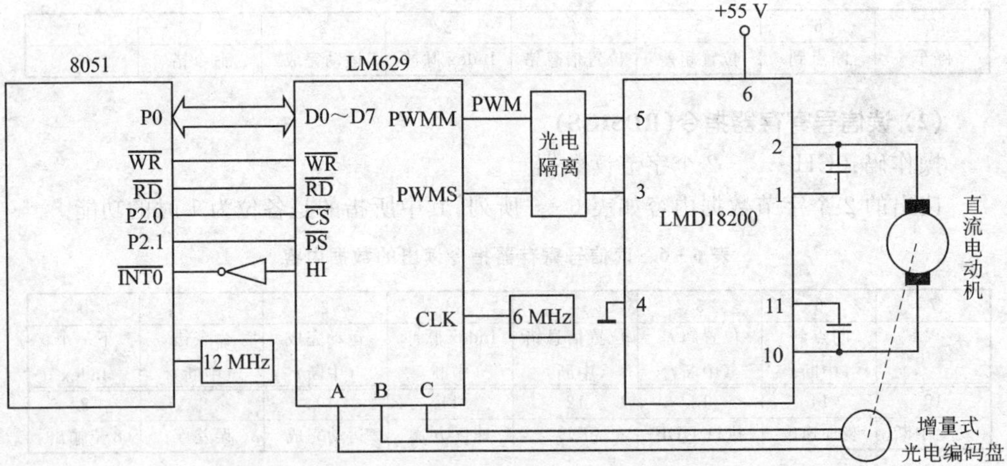

图 6-20　应用 LM629 组成的位置伺服系统

作为另一条地址线。当 P2.1=0 时，单片机可以向 LM629 写指令，或从 LM629 读状态；当 P2.1=1 时，单片机可以向 LM629 写数据，或从 LM629 读信息。LM629 的中断引脚经一个非门与单片机的 $\overline{INT0}$ 相连，LM629 的 6 个中断源都通过该引脚申请单片机中断，一旦有中断申请发生，单片机必须通过读 LM629 的状态字来辨别哪一个中断发生。

单片机的主要工作是向 LM629 传送运动数据和 PID 数据，并通过 LM629 对电动机的运行进行监控。LM629 则根据单片机发来的数据生成速度图，进行位置跟踪，PID 控制和生成 PWM 信号输出。

LM629 的 2 个输出 PWMS 和 PWMM 经光电隔离与驱动芯片 LMD18200 相连，来驱动直流电动机运行。在直流电动机输出轴上安装增量式光电编码盘作为传感器，它的输出直接连到 LM629 的 A、B、C 输入端，形成反馈环节。

习题与思考题

6-1 在直流电动机励磁恒定不变的情况下，怎样实现调速？

6-2 如何通过 PWM 控制来实现直流电动机的调速？

6-3 为什么说改变 PWM 频率不一定能改变直流电动机电枢的平均电压？

6-4 PWM 的频率如何选择？

6-5 什么是可逆 PWM 系统？什么是单极性驱动和双极性驱动？

6-6 什么是死区？它有什么作用？

6-7 请根据图 6-13 所示的控制电路，编写直流电动机调速程序。

6-8 试分析为什么受限单极性驱动方式在轻载时会出现断流现象？怎样解决？

6-9 试比较双极性驱动方式、受限单极性驱动方式和受限倍频单极性驱动方式各有什么特点？它们各适用于哪些场合？

6-10 试设计用单片机控制受限倍频单极性可逆 PWM 驱动系统电路。

第7章

交流异步电动机变频调速系统

交流异步电动机(以下均指的是感应交流异步电动机)因为具有结构简单、体积小、质量轻、价格便宜、维护方便的特点,在生产和生活中得到广泛的应用。与其他种类电动机相比,交流异步电动机的市场占有量始终居第一位。

然而,长期以来,交流异步电动机的调速始终是一个不好解决的难题。直到20世纪70年代,由于计算机的产生,以及近20年来新型快速的电力电子元件的出现,才使得交流异步电动机的调速成为可能,并得到迅速普及。目前,交流异步电动机调速系统已广泛用于数控机床、风机、泵类、传送带、给料系统、空调器等设备的动力源或运动源,并得到了节约电能、提高设备自动化、提高产品产量和质量的良好效果。因此,交流异步电动机调速技术是现代自动控制专业技术人员必须掌握的知识。

现在流行的交流异步电动机调速控制方法可分为2种:变频变压法(VVVF)和矢量控制法。前者的原理相对比较简单,有20多年比较成熟的发展经验,因此应用较多,目前市场上出售的变频器多数采用这种控制方法。但由于使用这种控制方法对交流异步电动机进行调速时,可能会使电动机的机械特性变差,因此人们开始研究矢量控制技术。矢量控制的思路是:设法在三相交流异步电动机上模拟直流电动机控制转矩的规律。

本章将详细介绍变频调速原理、VVVF控制法以及专用芯片SA4828的使用。

7.1 交流异步电动机变频调速原理

7.1.1 交流异步电动机调速原理

根据电机学理论,交流异步电动机的转速可表示如下:

$$n=\frac{60f}{p}(1-s) \tag{7-1}$$

式中 n——电动机转速;

p——电动机磁极对数;

f——电源频率;

s——转差率。

由式(7-1)可知，影响电动机转速的因素有：电动机的磁极对数 p、转差率 s 和电源频率 f。其中，改变电源频率来实现交流异步电动机调速的方法效果最理想，这就是所谓的变频调速。

7.1.2 主电路和逆变电路工作原理

变频调速实质上是向交流异步电动机提供一个频率可控的电源。能实现这一功能的装置称为变频器。变频器由两部分组成：主电路和控制电路，其中主电路通常采用交—直—交方式，即先将交流电转变成直流电(整流、滤波)，再将直流电转变成频率可调的矩形波交流电(逆变)。主电路原理图如图 7-1 所示，它是变频器常用的最基本的形式。

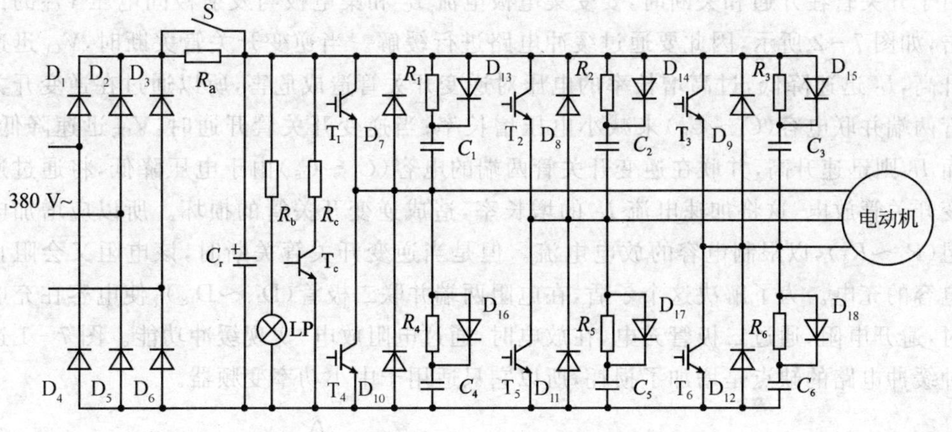

图 7-1 电压型交—直—交变频调速主电路

1. 主电路中各元件的功能

(1) 交—直电路

整流管 $D_1 \sim D_6$ 组成三相整流桥，对三相交流电进行全波整流。整流后的直流电压为

$$U = 1.35 \times 380\ \text{V} = 513\ \text{V}$$

滤波电容 C_r 滤除整流后的电压波纹，并在负载变化时保持电压平稳。

当变频器通电时，瞬时冲击电流较大，为了保护电路元件，加限流电阻 R_a。延时一段时间后，通过控制电路使开关 S 闭合，将限流电阻短路。

电源指示灯 LP 除了指示电源通断外，还可以在电源断开时，作为滤波电容 C_r 放电通路和指示。滤波电容 C_r 容量通常很大，所以放电的时间较长(数分钟)，几百伏的高电压会威胁人员安全，因此，在维修时，要等指示灯熄灭后进行。

R_c 是制动电阻。电动机在制动过程中处于发电状态，由于电路是处在断开情况下，增加的电能无处释放，使电路电压不断升高，将会损坏电路元件，所以，应给出一个放电通路,使这部分再生电流消耗在电阻 R_c 上。制动时,通过控制电路使开关管 T_c 导通,形成放电通路。

(2) 直—交电路

逆变开关管 $T_1 \sim T_6$ 组成三相逆变桥,将直流电逆变成频率可调的矩形波交流电。逆变开关管可以选择绝缘栅双极晶体管 IGBT、功率场效应管 MOSFET。

续流二极管 $D_7 \sim D_{12}$ 的作用是:当逆变开关管由导通状态变为截止时,虽然电压突变降为零,但由于电动机线圈的电感作用,储存在线圈中的电能开始释放,续流二极管提供通道,维持电流继续在线圈中流动。另外,当电动机制动时,续流二极管为再生电流提供通道,使其回流到直流电源。

电阻 $R_1 \sim R_6$、电容 $C_1 \sim C_6$、二极管 $D_{13} \sim D_{18}$ 组成缓冲电路,来保护逆变开关管。由于开关管在开通和关断时,要受集电极电流 I_C 和集电极与发射极间电压 V_{CE} 的冲击,如图 7-2 所示,因此要通过缓冲电路进行缓解。当逆变开关管关断时,V_{CE} 迅速升高,I_C 迅速降低,过高增长率的电压对逆变开关管造成危害,所以通过在逆变开关管两端并联电容($C_1 \sim C_6$)来减小电压增长率;当逆变开关管开通时,V_{CE} 迅速降低,而 I_C 则迅速升高,并联在逆变开关管两端的电容($C_1 \sim C_6$)由于电压降低,将通过逆变开关管放电,这将加速电流 I_C 的增长率,造成逆变开关管的损坏。所以应增加电阻($R_1 \sim R_6$),以限制电容的放电电流。但是当逆变开关管关断时,该电阻又会阻止电容的充电。为了解决这个矛盾,在电阻两端并联二极管($D_{13} \sim D_{18}$),使电容在充电时,避开电阻,通过二极管充电,在放电时,通过电阻放电,实现缓冲功能。图 7-1 这种缓冲电路的缺点是增加了损耗,所以它只适用于中小功率变频器。

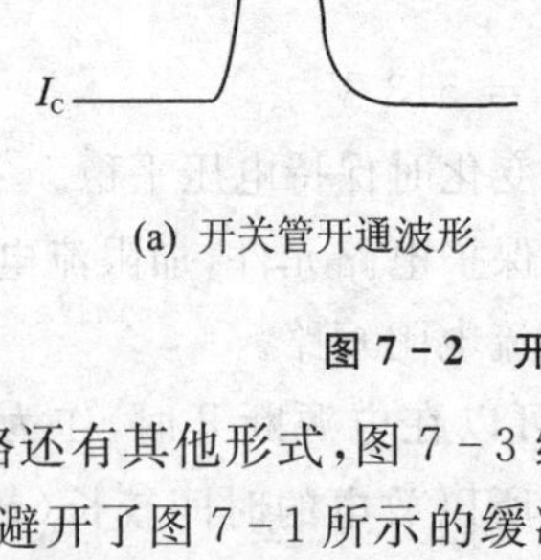

(a) 开关管开通波形

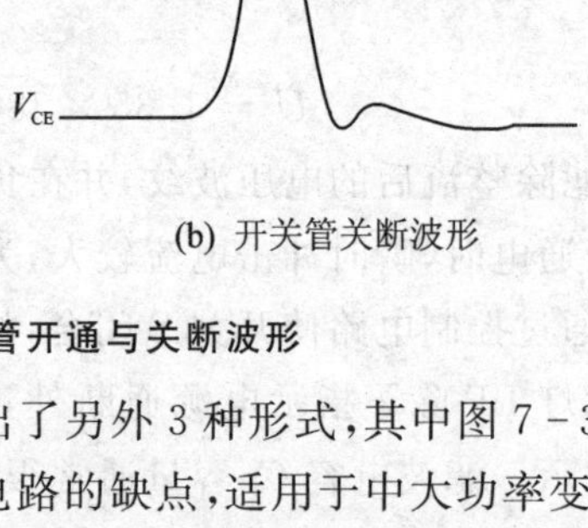

(b) 开关管关断波形

图 7-2 开关管开通与关断波形

缓冲电路还有其他形式,图 7-3 给出了另外 3 种形式,其中图 7-3(a)是交叉式缓冲电路,它避开了图 7-1 所示的缓冲电路的缺点,适用于中大功率变频器;图 7-3(b)是为了吸收高于直流电压的电压尖峰而设计的,适用于小功率变频器;图 7-3(c)是在逆变开关管前面串联一个 di/dt 抑制电路,使缓冲效果更好。

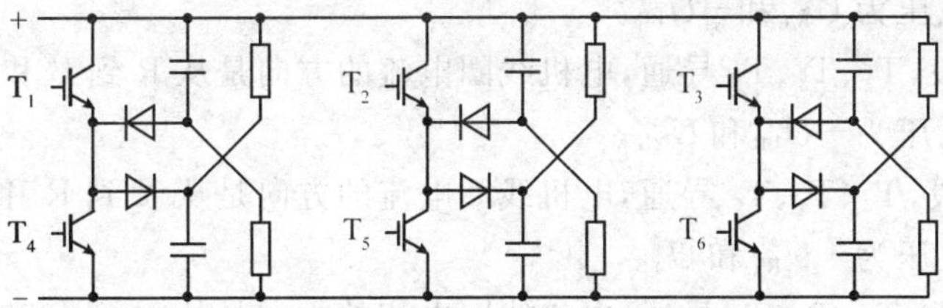

(a) 交叉式缓冲电路

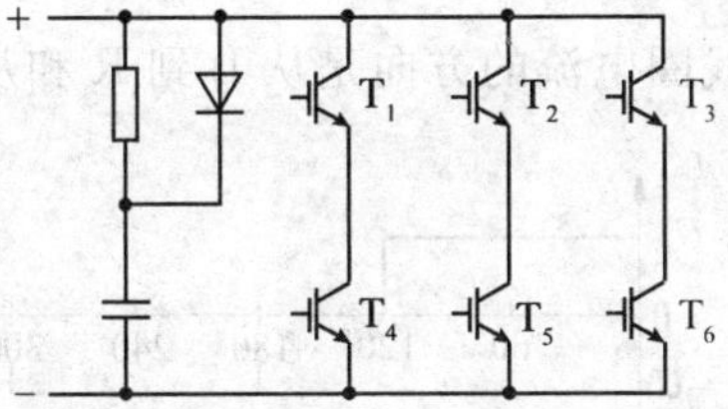

(b) 小功率缓冲电路

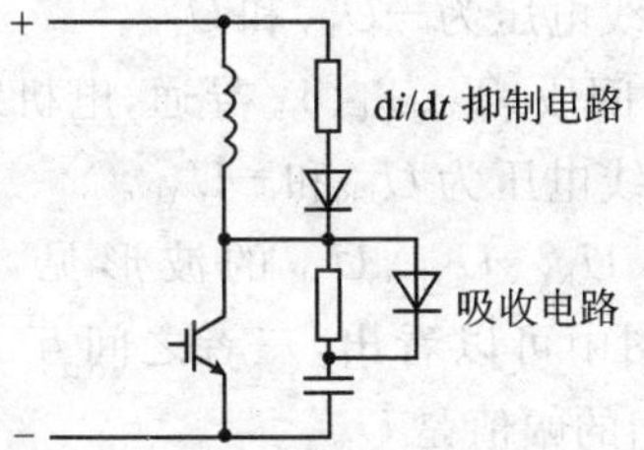

(c) di/dt 抑制缓冲电路

图 7－3　缓冲电路

2. 三相逆变桥的工作原理

三相逆变桥的电路简图如图 7－4(a)所示，图中 R、Y、B 为逆变桥的输出。图 7－4(b)是各逆变管导通的时序，其中深色部分表示逆变管导通。从图 7－4(b)可以看出，每一时刻总有 3 只逆变管导通，另 3 只逆变管关断；并且 T_1 与 T_4、T_2 与 T_5、T_3 与 T_6 每对逆变管不能同时导通。

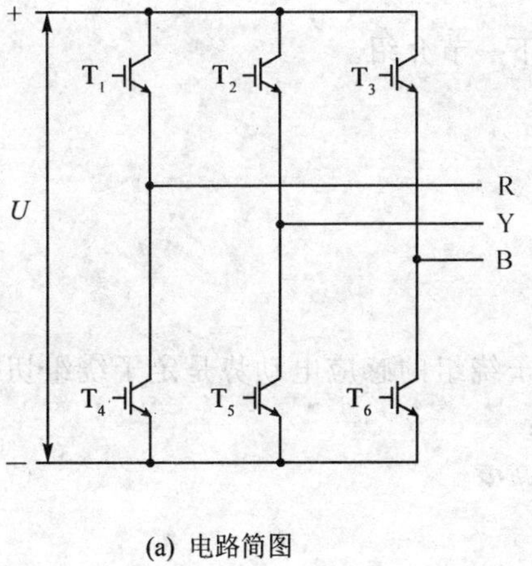

(a) 电路简图

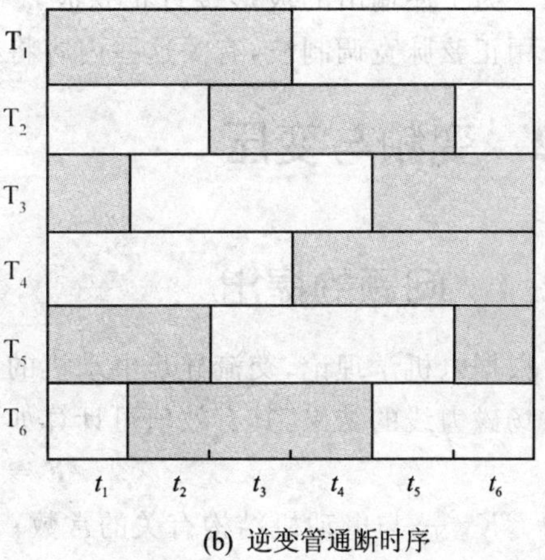

(b) 逆变管通断时序

图 7－4　三相逆变桥工作原理

➤ t_1 时间段，T_1、T_3、T_5 导通，电机线圈电流的方向是从 R 到 Y 和从 B 到 Y(设从 R 到 Y、从 Y 到 B、从 B 到 R 为正方向，下同)，得到线电压为 U_{RY} 和 $-U_{YB}$。

➤ t_2 时间段，T_1、T_5、T_6 导通，电机线圈电流的方向是从 R 到 Y 和从 R 到 B，得

到的线电压为 U_{RY} 和 $-U_{BR}$。

- t_3 时间段，T_1、T_2、T_6 导通，电机线圈电流的方向是从R到B和从Y到B，得到的线电压为 $-U_{BR}$ 和 U_{YB}。
- t_4 时间段，T_2、T_4、T_6 导通，电机线圈电流的方向是从Y到R和从Y到B，得到的线电压为 $-U_{RY}$ 和 U_{YB}。
- t_5 时间段，T_2、T_3、T_4 导通，电机线圈电流的方向是从Y到R和从B到R，得到的线电压为 $-U_{RY}$ 和 U_{BR}。
- t_6 时间段，T_3、T_4、T_5 导通，电机线圈电流的方向是从B到R和从B到Y，得到的线电压为 U_{BR} 和 $-U_{YB}$。

线电压 U_{RY}、U_{YB}、U_{BR} 的波形见图7-5。从图中可以看出，三者之间互差120°，它们的幅值是 U。

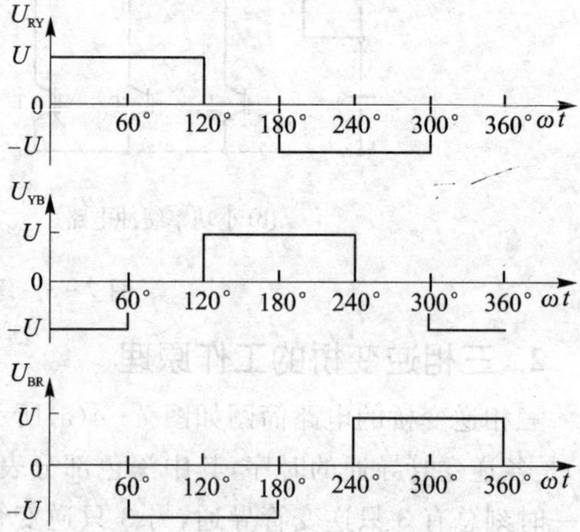

图7-5　逆变输出线电压波形

因此，只要按图7-4(b)的规律控制6只逆变管的导通和关断，就可以把直流电逆变成矩形波三相交流电，而矩形波三相交流电的频率可在逆变时受到控制。

然而，矩形波不是正弦波，含有许多高次谐波成分，将使交流异步电动机产生发热、力矩下降、振动噪声等不利结果。为了使输出的波形接近正弦波，可采用正弦脉宽调制波，有关这些内容将在下一节介绍。

7.2　变频与变压

7.2.1　问题的提出

根据电机学理论，交流异步电动机的定子绕组的感应电动势是定子绕组切割旋转磁场磁力线的结果，其有效值可计算如下：

$$\boldsymbol{E} = Kf\boldsymbol{\Phi} \tag{7-2}$$

式中　K——与电动机结构有关的常数；

f——电源频率；

$\boldsymbol{\Phi}$——磁通。

而在电源一侧，电源电压的平衡方程式为

$$\boldsymbol{U} = \boldsymbol{E} + \boldsymbol{I}r + \mathrm{j}\boldsymbol{I}x \tag{7-3}$$

该式表示，加在电机绕组端的电源电压 $\boldsymbol{U}$，一部分产生感应电动势 $\boldsymbol{E}$，另一部分

消耗在阻抗（线圈电阻 r 和漏电感 x）上。其中定子电流为

$$\boldsymbol{I} = \boldsymbol{I}_1 + \boldsymbol{I}_2 \tag{7-4}$$

它分成两部分：少部分（$\boldsymbol{I}_1$）用于建立主磁场磁通 $\boldsymbol{\Phi}$，大部分（$\boldsymbol{I}_2$）用于产生电磁力带动机械负载。

当交流异步电动机进行变频调速时，例如频率 f 下降，则由式（7－2）可得 $\boldsymbol{E}$ 降低；在电源电压 $\boldsymbol{U}$ 不变的情况下，根据式（7－3），定子电流 $\boldsymbol{I}$ 将增加；此时，如果外负载不变，则 $\boldsymbol{I}_2$ 不变，由式（7－4）可知，$\boldsymbol{I}$ 的增加将使 $\boldsymbol{I}_1$ 增加，也就是使磁通量 $\boldsymbol{\Phi}$ 增加；根据式（7－2），$\boldsymbol{\Phi}$ 的增加又使 $\boldsymbol{E}$ 增加，达到一个新的平衡点。

理论上这种新的平衡对机械特性影响不大，但实际上，由于电动机的磁通容量与电动机的铁芯大小有关，通常在设计时已达到最大容量，因此，当磁通量增加时，将产生磁饱和，造成实际磁通量增加不上去，产生电流波形畸变，削弱电磁力矩，影响机械特性。

为了解决机械特性下降的问题，一种解决方案是设法维持磁通量恒定不变，即设法使

$$\boldsymbol{E}/f = K\boldsymbol{\Phi} = 常数 \tag{7-5}$$

这就要求，当电动机调速改变电源频率 f 时，$\boldsymbol{E}$ 也应该作相应的变化，来维持它们的比值不变。但实际上，$\boldsymbol{E}$ 的大小无法进行控制。

由于在阻抗上产生的压降相对于加在绕组端的电源电压 $\boldsymbol{U}$ 很小，如果略去，则式（7－3）可简化成

$$\boldsymbol{U} \approx \boldsymbol{E} \tag{7-6}$$

这说明可以用加在绕组端的电源电压 $\boldsymbol{U}$ 来近似地代替 $\boldsymbol{E}$。调节电压 $\boldsymbol{U}$，使其跟随频率 f 的变化，从而达到使磁通量恒定不变的目的，即

$$\boldsymbol{E}/f \approx \boldsymbol{U}/f = 常数 \tag{7-7}$$

所以在变频的同时也要变压，这就是所谓 VVVF（Variable Voltage Variable Frequency）。

如果频率从 f 调到 f_x，则电压 $\boldsymbol{U}$ 也要调到 U_x。用频率调节比 K_f 表示频率的变化，用电压调节比 K_U 表示电压的变化，则它们分别可表示为

$$K_f = f_x/f_n \tag{7-8}$$

$$K_U = U_x/U_n \tag{7-9}$$

式中 f_n——电动机的额定频率；

U_n——电动机的额定电压。

要使磁通量保持近似恒定，就要使

$$K_U = K_f \tag{7-10}$$

7.2.2 变频与变压的实现——SPWM 调制波

怎样在实现变频的同时也变压？我们想起了脉宽调制 PWM。将图 7－5 所示

的一个周期的输出波形用一组等宽脉冲波来表示,如图 7-6 所示。

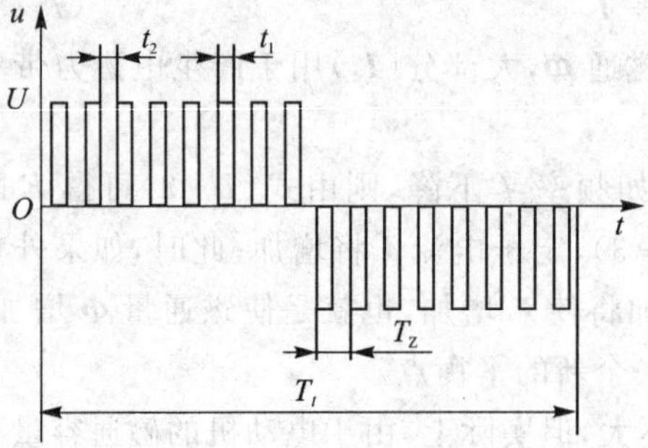

图 7-6 含有等宽载波的脉宽调制波形

图 7-6 中,每个脉冲的宽度为 t_1,相邻脉冲的间隔为 t_2,$t_1+t_2=T_Z$(脉冲波周期),则等宽脉冲的占空比 α 为

$$\alpha=\frac{t_1}{t_1+t_2} \tag{7-11}$$

调节占空比 α,就可以调节输出的平均电压;调节 PWM 波的频率 $1/T_t$,就可以改变电源频率,实现调速。通过控制电路,可以容易地实现对脉冲波的占空比和 PWM 波的频率分别进行调整。

然而,虽然实现了变频与变压,可是逆变电路输出的电压波形仍然是一组矩形波,而不是正弦波,仍然存在许多高次谐波的成分,因此还要进行改变。

一种方法是将等宽的脉冲波变成宽度渐变的脉冲波,其宽度即平均电压变化规律应符合正弦变化规律,如图 7-7 所示。把这样的波称为正弦脉宽调制波,简称 SPWM 波。SPWM 波大大减少了谐波成分,可以得到基本满意的驱动效果。

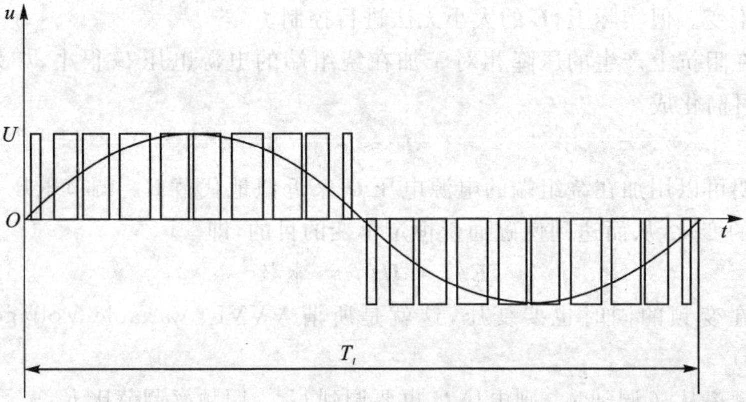

图 7-7 SPWM 波形

产生正弦脉宽调制波 SPWM 的方法是:用一组等腰三角形波与一个正弦波进行比较,如图 7-8 所示,其相等的时刻(即交点)作为开关管"开"或"关"的时刻。

将这组等腰三角形波称为载波,而正弦波则称为调制波。正弦波的频率和幅值是可控制的,如图 7-8 所示,改变正弦波的频率,就可以改变输出电源的频率,从而改变电动机的转速;改变正弦波的幅值,也就改变了正弦波与载波的交点,使输出脉冲系列的宽度发生变化,从而改变输出电压。

对三相逆变开关管生成 SPWM 波的控制可以有 2 种方式:单极性控制和双极性控制。

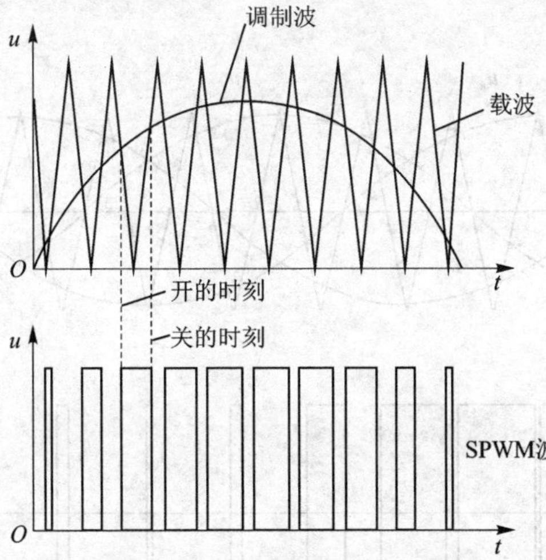

图 7-8　SPWM 波生成方法

采用单极性控制时，每半个周期内，逆变桥的同一桥臂的上、下两只逆变开关管中，只有一只逆变开关管按图 7-8 的规律反复通断，而另一只逆变开关管始终关断；在另外半个周期内，两只逆变开关管的工作状态正好相反。

三相逆变器中的 6 只逆变开关管的工作状态仍然可以用图 7-4(b)进行描述。图中深色的部分是逆变开关管按图 7-8 的规律进行开通与关断的时间，而空白部分则是逆变开关管始终关断的时间。例如，T_1 开关管在 t_1、t_2、t_3 时间段中按 SPWM 波的规律进行开通和关断，在 t_4、t_5、t_6 时间段则全关断；同一桥臂的 T_4 开关管正好相反，在 t_1、t_2、t_3 时间段全关断，而在 t_4、t_5、t_6 时间段则按 SPWM 波的规律进行开通和关断。三个桥臂工作的规律都相同，只是在相位上相差 120°。

采用双极性控制时，在全部周期内，同一桥臂的上、下两只逆变开关管交替开通与关断，形成互补的工作方式。其各种波形如图 7-9 所示。

图 7-9(a)表示三相调制波与等腰三角形载波的关系。三相调制波是由 u_R、u_Y、u_B 三条正弦波组成的，其频率和幅值都一样，但在相位上相差 120°。每一条正弦波与等腰三角形载波的交点决定了同一桥臂(即同一相)的逆变开关管的开通与关断的时间。例如：u_R 与三角波的交点决定了 T_1 与 T_4(参看图 7-4(a)组成 R 相的桥臂)的开通与关断的时间。

图 7-9(b)、(c)、(d)表示各相电压 U_R、U_Y、U_B 输出的波形。它们分别是各桥臂按对应的正弦波与三角载波交点所决定的时间，进行“开”与“关”所产生的输出波形。其波值正负交替，这就是所谓双极性，其中上臂开关管产生正脉冲，下臂开关管产生负脉冲。它们的最大幅值是 $\pm U/2$。同样，三相相电压波形的相位也互差 120°。

图 7-9(e)表示线电压 U_{RY} 输出波形，它是由相电压合成的($U_{RY}=U_R-U_Y$，同理，也可以得到 $U_{YB}=U_Y-U_B$，$U_{BR}=U_B-U_R$)。线电压是单极性的。

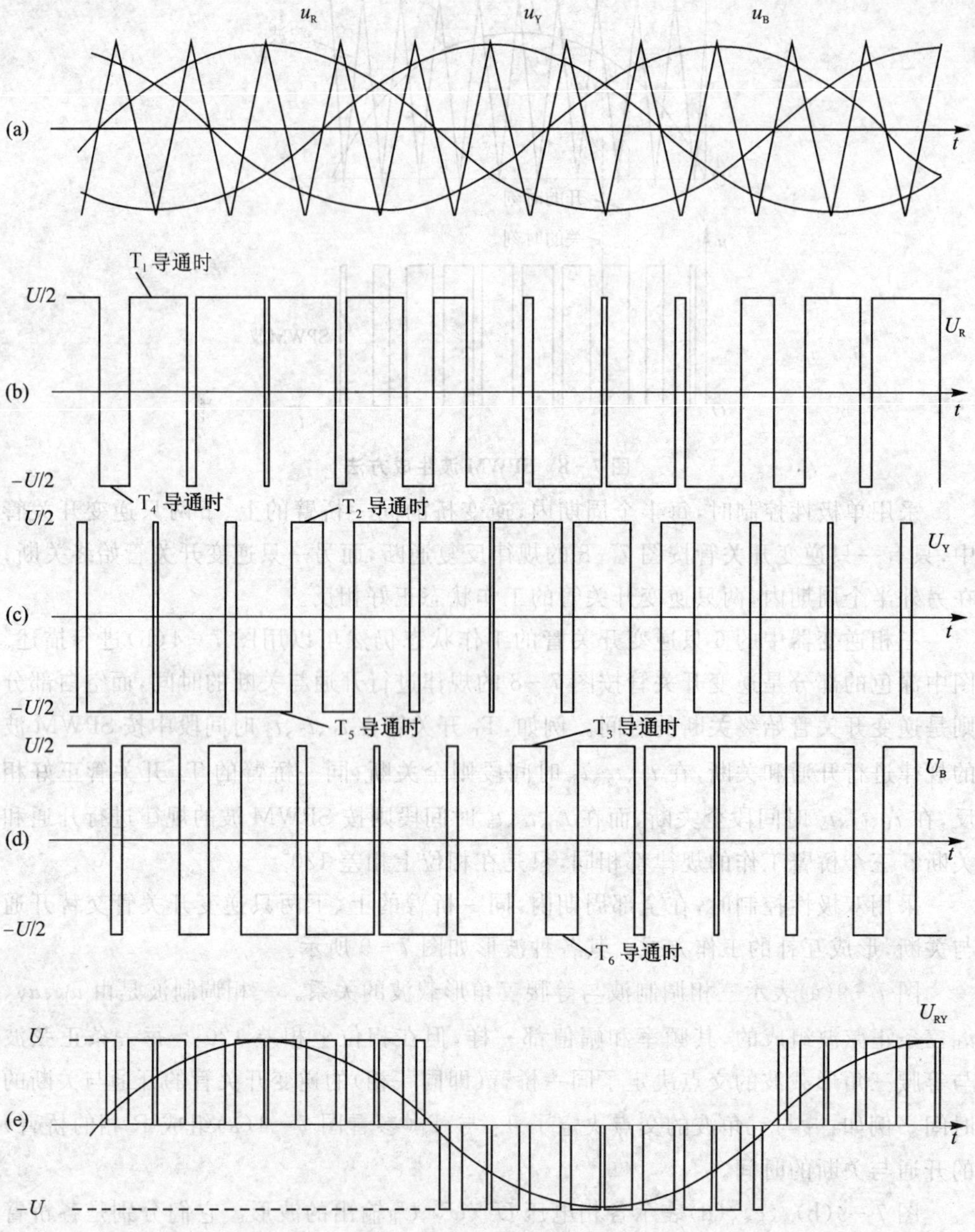

(a) 三相调制波与三角载波； (b) R相相电压波形； (c) Y相相电压波形；

(d) B相相电压波形； (e) U_{RY}线电压波形

图 7-9 三相逆变器输出双极式 SPWM 波形图

7.2.3 载波频率的选择

SPWM 波毕竟不是正弦波，它含有高次谐波的成分，因此应尽量采取措施减少它。图 7－10 是 SPWM 电流波形。显然，它仅仅是含有谐波的近似正弦波。

图中给出了载波在不同频率时的 SPWM 电流波形，可见载波频率越高，谐波波幅越小，SPWM 电流波形越好。因此，希望提高载波频率来减小谐波。

提高载波的频率要受逆变开关管的最高开关频率限制。第三代绝缘栅双极晶体管 IGBT 的工作频率可达 30 kHz，采用这样的器件作为逆变开关管，可以得到平滑的电流波形。这就是越来越多的变频器采用 IGBT 的原因之一。

另外，高的载波频率使变频器和电机的噪声进入超声范围，超出人的听觉范围，产生静音的效果。但是，频率越高也限制了电流的上升，开关管的损耗也会增加。

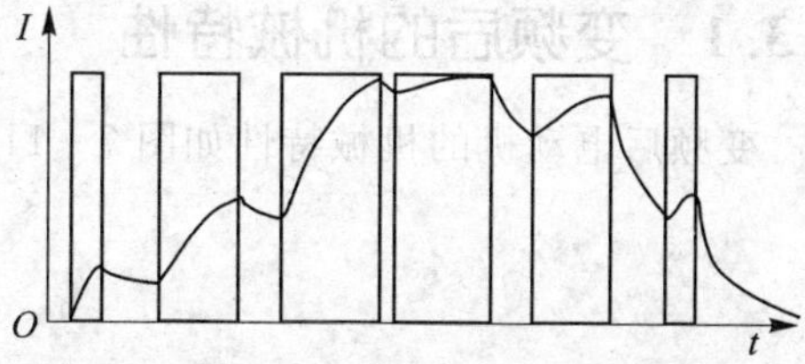

(a) 载波频率较低时的电流波形

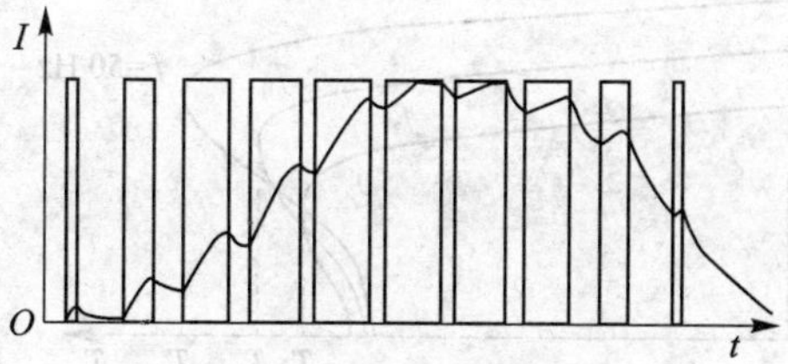

(b) 载波频率较高时的电流波形

图 7－10 SPWM 电流波形

载波与调制波的频率调整可以有以下 3 种形式。

1. 同步控制方式

同步控制方式是，在调整调制波频率的同时也相应地调整载波频率，使两者的比值等于常数。这使得在逆变器输出电压的每个周期内，所使用的三角波的数目是不变的，因此所产生的 SPWM 波的脉冲数是一定的。

这种控制方式的优点是，在调制波频率变化的范围内，逆变器输出波形的正、负半波完全对称，使输出三相波形之间具有 120°相差的对称关系。但是，在低频时，会使每个周期 SPWM 脉冲个数过少，使谐波分量加大，这是这种方式严重的不足。

2. 异步控制方式

异步控制方式是使载波频率固定不变，只调整调制波频率进行调速。它不存在同步控制方式所产生的低频谐波分量大的缺点，但是，它可能会造成逆变器输出的正半波与负半波、三相波之间出现不严格对称的现象，这将造成电动机运行不平稳。

3. 分段同步控制方式

针对同步控制和异步控制的特点，取它们的优点，就构成了分段同步控制方式。在低频段，使用异步控制方式；在其他频率段，使用同步控制方式。这种方式在实际中应用较多。

7.3 变频后的机械特性及其补偿

7.3.1 变频后的机械特性

变频后电动机的机械特性如图7-11所示。

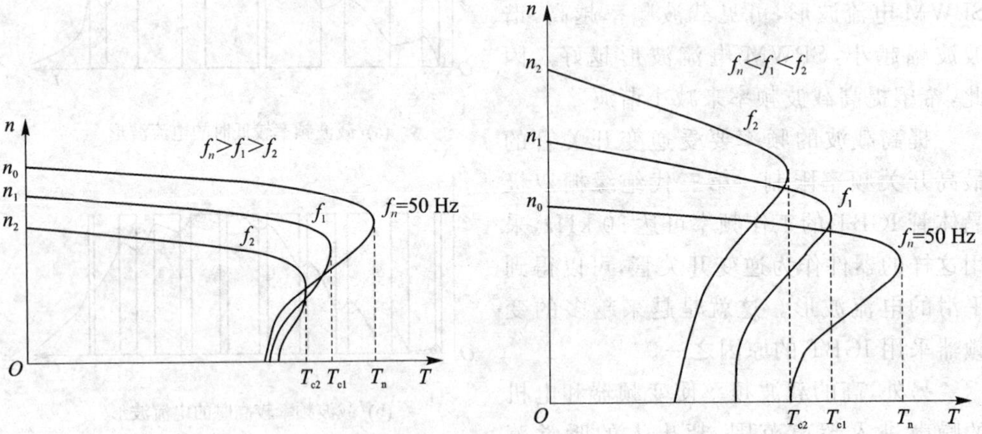

(a) 电动机向低于额定转速方向调速时的机械特性　(b) 电动机向高于额定转速方向调速时的机械特性

图7-11　调速后的机械特性

从图中可以看出,当电动机向低于额定转速 n_0 方向调速时(如图7-11(a)所示),曲线近似平行地下降,这说明,减速后的电动机仍然保持原来较硬的机械特性;但是,临界转矩却随着电动机转速的下降而逐渐减小,这就造成了电动机带负载能力的下降。

临界转矩下降的原因可以这样解释:在7.2.1小节中,为了使电动机定子的磁通量 Φ 保持恒定,调速时就要求使感应电动势 E 与电源频率 f 的比值不变,即 E/f=常数。为了使控制容易实现,采用电源电压 $U\approx E$ 来近似代替,这是以忽略定子阻抗压降作为代价的,当然存在一定的误差。显然,被忽略掉的定子阻抗压降在电压 U 中所占比例大小决定了它的影响。当频率 f 的数值相对较高时,定子阻抗压降在电压 U 中所占的比例相对较小,$U\approx E$ 所产生的误差较小;当频率 f 的数值降得较低时,电压也按同比例下降,而定子阻抗的压降并不按同比例下降,使得定子阻抗压降在电压 U 中所占的比例增大,已经不能满足 $U\approx E$。此时如果仍以 U 代替 E,将带来较大的误差。因为定子阻抗压降所占的比例增大,使得实际上产生的感应电动势 E 减小,E/f 的比值减小,造成磁通量 Φ 减小,因而导致电动机的临界转矩下降。

当电动机向高于额定转速 n_0 方向调速时(如图7-11(b)所示),曲线不仅临界转矩下降,而且曲线工作段的斜率开始增大,使机械特性变软。

造成这种现象的原因是：当频率 f 升高时，电源电压不能相应地升高。这是因为电动机绕组的绝缘强度限制了电源电压不能超过电动机的额定电压，所以，磁通量 Φ 将随着频率 f 的升高而反比例下降。磁通量的下降使电动机的转矩下降，造成电动机的机械特性变软。

7.3.2 U/f 转矩补偿法

变频后机械特性的下降将使电动机带负载能力减弱，影响交流电动机变频调速的使用。因此人们想办法来解决这个问题。一种简单的解决方法是采用 U/f 转矩补偿法。

U/f 转矩补偿法的原理是：针对频率 f 降低时，电源电压 U 成比例地降低引起的 U 下降过低，采用适当提高电压 U 的方法来保持磁通量 Φ 恒定，使电动机转矩回升。因此，有些变频器说明书中也称它为转矩提升(Torque Boost)。

适当提高电压 U 将使调压比 $K_U > K_f$，也就是说电压 U 并不再随频率 f 等比例地变化，而是按图 7-12 所示的曲线关系变化。采用 U/f 转矩补偿后的电动机机械特性如图 7-13 所示。

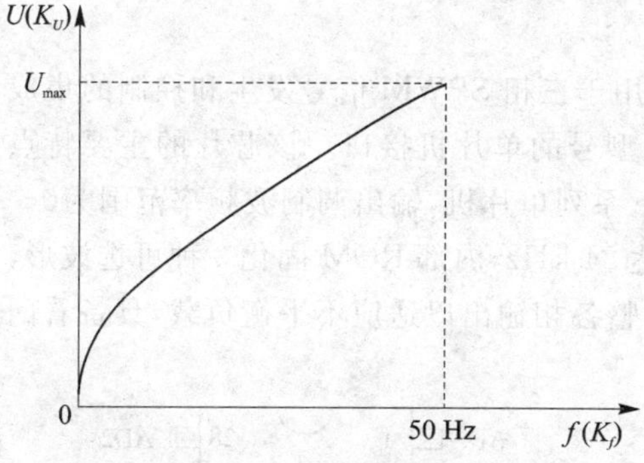

图 7-12　U/f 补偿曲线

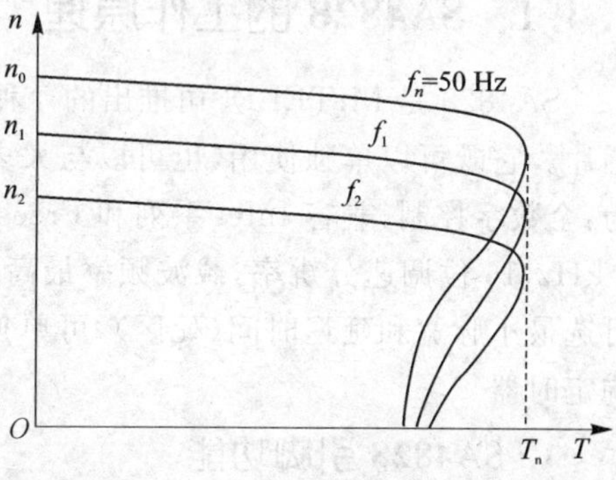

图 7-13　补偿后的机械特性

注意：U/f 转矩补偿法只能补偿向低于额定转速方向调速时的机械特性，而对向高于额定转速方向调速时的机械特性不能补偿。

在实际的通用变频器中，常给出若干条简化了的曲线供用户选择，如图 7-14 所示。其中直线 1 用于中高速满载；折线 2 用于全速满载；直线 4 用于全速中低载；直线 3 介于直线 1 和直线 4 之间，用于中高速中载。

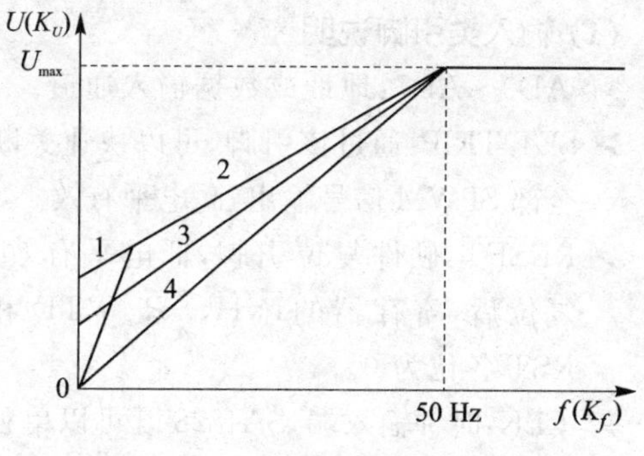

图 7-14　通用变频器的 U/f 曲线

7.4 SPWM 波发生器 SA4828 芯片

前面已介绍过,逆变开关管的开关时间要由载波与调制波的交点来决定。在调制波的频率、幅值和载波的频率这 3 项参数中,不论哪一项发生变化,都使得载波与调制波的交点发生变化。因此,每一次调整时,都要重新计算交点的坐标。

显然,单片机的计算能力和速度不足以胜任这项任务。过去通常的做法是:对计算作一些简化,并事先计算出交点坐标,将其制成表格,使用时进行查表调用。但即使这样,单片机的负担也很重。

为了使单片机从这一沉重的负担中解脱出来,近些年来,一些厂商推出了专用于生成三相或单相 SPWM 波控制信号的大规模集成电路芯片,如 HEF4752、SLE4520、SA4828 等。采用这样的集成电路芯片,可以大大减轻单片机的负担,使单片机可以空出大量的机时用于检测和监控。下面将详细介绍 SA4828 三相 SPWM 波控制芯片的原理和编程。

7.4.1 SA4828 的工作原理

SA4828 是 MITEL 公司推出的一种专用于三相 SPWM 信号发生和控制的集成芯片。它既可以单独使用,也可以与大多数型号的单片机接口。该芯片的主要特点为:全数字控制,兼容 Intel 系列和 Freescale 系列单片机,输出调制波频率范围为0～4 kHz,16 位调速分辨率,载波频率最高可达 24 kHz,内部 ROM 固化 3 种可选波形,可选最小脉宽和延迟时间(死区),可单独调整各相输出以适应不平衡负载,具备看门狗定时器。

1. SA4828 引脚功能

SA4828 采用 28 脚的 DIP 和 SOIC 封装。其引脚如图 7-15 所示。各引脚功能如下。

(1) 输入类引脚说明

➢ AD0～AD7:地址或数据输入通道。

➢ SET TRIP:通过该引脚,可以快速关断全部 SPWM 信号输出,高电平有效。

➢ $\overline{\text{RESET}}$:硬件复位引脚,低电平有效。复位后,寄存器的 $\overline{\text{INH}}$、$\overline{\text{CR}}$、WTE 和 RST 各位为 0。

➢ CLK:时钟输入端,SA4828 既可以单独外接时钟,也可以与单片机共用时钟。

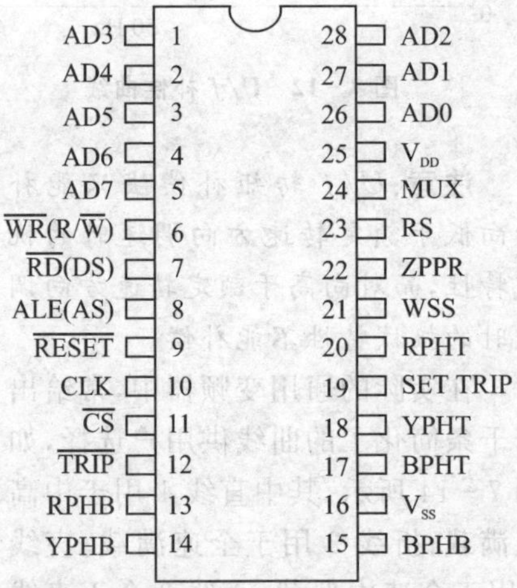

图 7-15 SA4828 引脚

➢ MUX:用于总线选择。当 MUX 为高电平时,使用地址与数据共用的总线,这时，地址/数据引脚 RS 不用；当 MUX 为低电平时，使用地址与数据分开的总线，这时，地址锁存引脚 ALE 接低电平，RS 引脚要与一条地址线相连，来区分输入的字节是地址（低电平），还是数据（高电平），通常先地址后数据。

- $\overline{CS}$：片选引脚。
- $\overline{WR}$、$\overline{RD}$、ALE：用于$\overline{RD}$/$\overline{WR}$模式，分别接收读/写、地址锁存指令。
- R/$\overline{W}$、AS、DS：用于 R/$\overline{W}$模式，分别接收读/写、地址、数据指令。

(2) 输出类引脚说明

- RPHB、YPHB、BPHB：这些引脚通过驱动电路控制逆变桥的 R、Y、B 相的下臂开关管。
- RPHT、YPHT、BPHT：这些引脚通过驱动电路控制逆变桥的 R、Y、B 相的上臂开关管。

以上引脚都是标准 TTL 输出，每一个输出都有 12 mA 的驱动能力，可直接驱动光电耦合器。

- $\overline{TRIP}$：输出一个封锁状态。当 SETTRIP 有效时，$\overline{TRIP}$为低电平，表示输出已被封锁。$\overline{TRIP}$也有 12 mA 的驱动能力，可直接驱动一个 LED 指示灯。
- ZPPR：输出调制波频率。
- WSS：输出采样波形。

2. 内部结构及工作原理

SA4828 内部结构如图 7-16 所示。来自单片机的数据通过总线控制和译码进入初始化寄存器或控制寄存器。它们对相控逻辑电路进行控制。外部时钟输入经分频器分成设定的频率，并生成三角形载波，三角形载波与所选定的片内 ROM 中的调

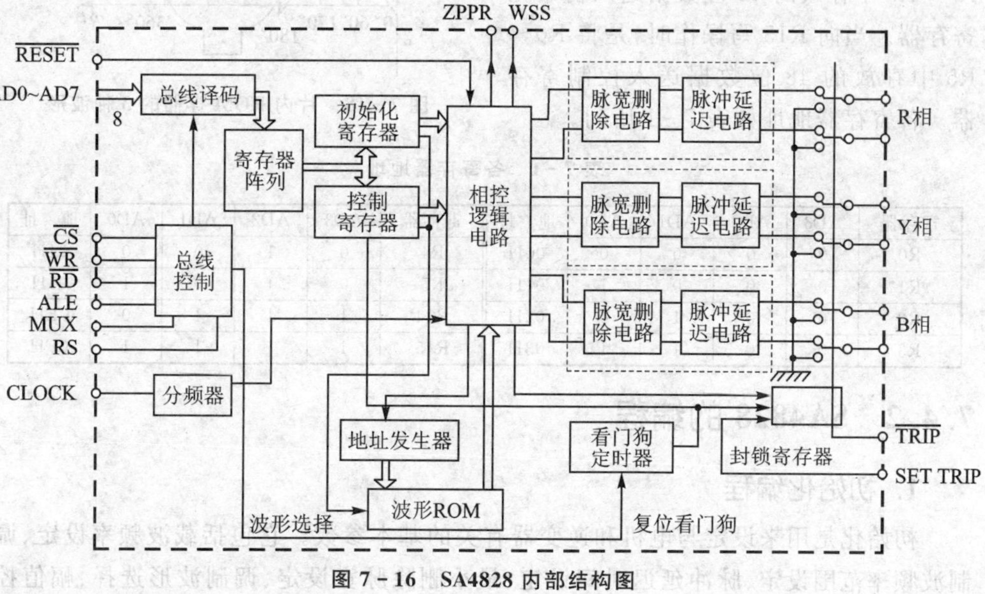

图 7-16 SA4828 内部结构图

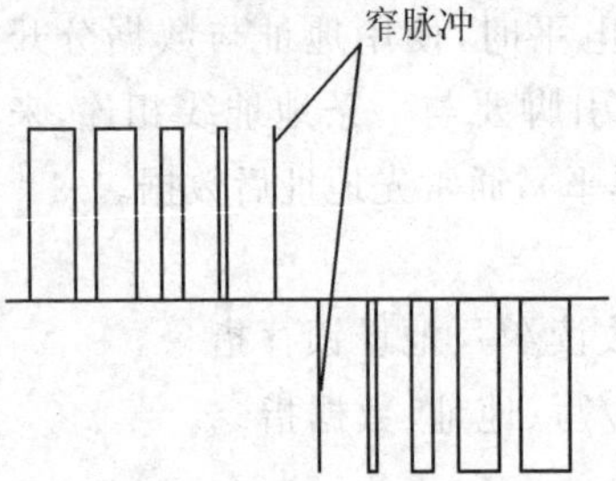

图 7-17　脉冲序列中的窄脉冲

制波形进行比较,自动生成 SPWM 输出脉冲。通过脉冲删除电路,删去比较窄的脉冲(如图 7-17所示),因为这样的脉冲不起任何作用,只会增加开关管的损耗。通过脉冲延迟电路生成死区,保证任何桥臂上的两个开关管不会在状态转换期间短路。看门狗定时器用来防止程序跑飞,当时间条件满足时快速封锁输出。

片内 ROM 存有 3 种可供选择的波形:纯正弦波形、增强型波形和高效型波形,如图 7-18 所示。每一种波形各 1 536 个采样值。增强型波形又称三次谐波,它可以使输出功率提高 20%,三相谐波互相抵消,防止电动机发热。高效型波形又称死区带三次谐波,它是进一步优化的三次谐波,可以减小逆变开关管的损耗,提高功率利用率。

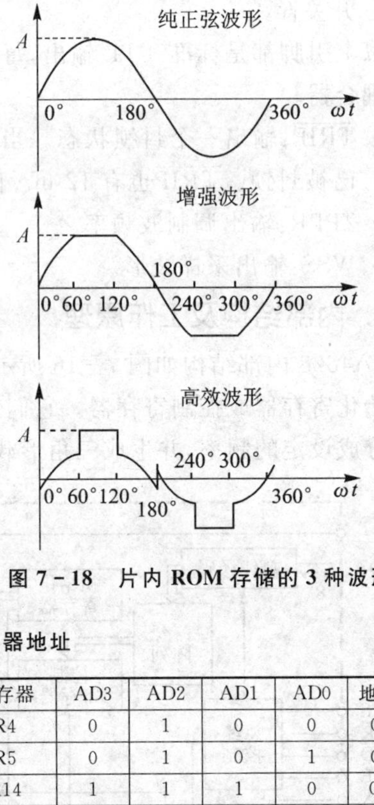

图 7-18　片内 ROM 存储的 3 种波形

寄存器阵列包含 8 个 8 位寄存器 R0～R5 和 R14、R15。其中 R0～R5 用来暂存来自单片机的数据,这些数据可能是初始化数据,或者是控制数据;而 R14、R15 是 2 个虚拟的寄存器,物理上不存在。当向 R14 写操作时,实际是将 R0～R5 中存放的 48 位数据送入初始化寄存器。当向 R15 写操作时,是将 R0～R5 中存放的 48 位数据送入控制寄存器。各寄存器地址如表 7-1 所列。

表 7-1　各寄存器地址

寄存器	AD3	AD2	AD1	AD0	地　址	寄存器	AD3	AD2	AD1	AD0	地　址
R0	0	0	0	0	00H	R4	0	1	0	0	04H
R1	0	0	0	1	01H	R5	0	1	0	1	05H
R2	0	0	1	0	02H	R14	1	1	1	0	0EH
R3	0	0	1	1	03H	R15	1	1	1	1	0FH

7.4.2　SA4828 的编程

1. 初始化编程

初始化是用来设定与电机和逆变器有关的基本参数。它包括载波频率设定、调制波频率范围设定、脉冲延迟时间设定、最小删除脉宽设定、调制波形选择、幅值控制、看门狗时间常数设定。

在初始化编程时，R0～R5 各寄存器内容如表 7－2 所列。下面分别介绍这些内容的设定。

表 7－2 初始化编程时 R0～R5 各寄存器内容

寄存器＼位	7	6	5	4	3	2	1	0
R0	FRS2	FRS1	FRS0	—	—	CFS2	CFS1	CFS0
R1	—	PDT6	PDT5	PDT4	PDT3	PDT2	PDT1	PDT0
R2	—	—	PDY5	PDY4	PDY3	PDY2	PDY1	PDY0
R3	—	—	AC	0	0	—	WS1	WS0
R4	WD15	WD14	WD13	WD12	WD11	WD10	WD9	WD8
R5	WD7	WD6	WD5	WD4	WD3	WD2	WD1	WD0

(1) 载波频率的设定

载波频率(即三角波频率)越高越好，但频率越高损耗会越大；另外，其还受开关管最高频率限制，因此要合理设定。设定字由 CFS0～CFS2 这 3 位组成。载波频率 f_{CARR} 为

$$f_{CARR}=\frac{f_{CLK}}{512\times 2^{n-1}} \tag{7-12}$$

式中 f_{CLK}——时钟频率，n 值的二进制数即为载波频率设定字。

☞【例 7－1】如果单片机晶振频率为 6 MHz，从单片机 ALE 引脚输出频率是 1 MHz，接 SA4828 的 CLK 引脚，则根据式(7－12)可求得当 $n=0$ 时，$f_{CARR}=3.9$ kHz。

(2) 调制波频率范围的设定

调制波频率决定了电动机的转速，因此先根据电动机的调速范围，通过式(7－1)计算求出调制频率范围，然后确定设定字。设定调制波频率范围的目的是在此范围内进行 16 位分辨率的细分，这样可以提高调速的控制精度，也就是范围越小，控制精度越高。

调制波频率范围设定字是由 FRS0～FRS2 这 3 位组成的。调制波频率 f_{RANGE} 为

$$f_{RANGE}=\frac{f_{CARR}\times 2^{m}}{384} \tag{7-13}$$

式中，m 值的二进制数即为调制波频率范围设定字。

接上例，如果调制波频率范围 $f_{RANGE}=100$ Hz，带入式(7－13)得 $m=3.3$，取 $m=4$，则验算 $f_{RANGE}=162$ Hz。

(3) 脉冲延迟时间的设定

该设定字是由 PDY0～PDY5 这 6 位组成的。脉冲延迟时间 t_{PDY} 为

$$t_{PDY}=\frac{63-n_{PDY}}{f_{CARR}\times 512} \tag{7-14}$$

式中，n_{PDY} 的二进制数即为脉冲延迟时间设定字。

【例7-2】若 $t_{PDY}=5\ \mu s$，$f_{CARR}=3.9\ kHz$，带入式(7-14)，则得 $n_{PDY}=53=35H$。

(4) 最小删除脉宽的设定

最小删除脉宽设定字由PDT0～PDT6这7位组成。最小删除脉宽 t_{PDT} 为

$$t_{PDT}=\frac{127-n_{PDT}}{f_{CARR}\times 512} \tag{7-15}$$

式中，n_{PDT} 的二进制数即为最小删除脉宽设定字。

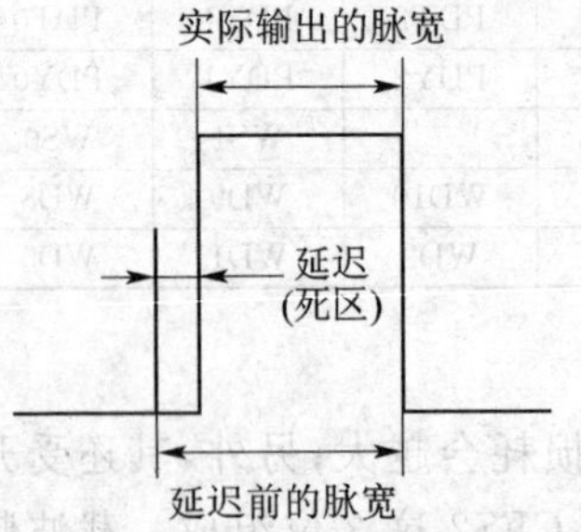

图7-19　延迟前后的脉宽关系

考虑到延迟(死区)的因素，在延迟时，通常的做法是在保持原频率不变的基础上，使开关管延迟开通，如图7-19所示，实际输出的脉宽=延迟前的脉宽-延迟时间。由结构图7-16可知，SA4828的工作顺序是先删除最窄脉冲，然后再延迟，所以式(7-15)给出的 t_{PDT} 应是延迟前的最小删除脉宽。它等于实际输出的最小脉宽加上延迟时间，即

$$t_{PDT}=\text{实际输出的最小脉宽}+t_{PDY} \tag{7-16}$$

接上例，如果实际输出最小脉宽为 $8\ \mu s$，则 $t_{PDT}=8\ \mu s+5\ \mu s=13\ \mu s$，带入式(7-15)可得 $n_{PDT}=101=65H$。

(5) 调制波形的选择

波形选择字由WS0、WS1这2位组成，通过表7-3来选择。

纯正弦波可用于静态逆变电源、UPS电源和单相交流电机调速。增强型和高效型可用于三相交流调速。

表7-3　波形选择字对应波形

WS1	WS0	波　形
0	0	纯正弦波
0	1	增强型
1	0	高效型

(6) 幅值控制

AC是幅值控制位。当AC=0时，控制寄存器中的R相的幅值就是其他两相的幅值；当AC=1时，控制寄存器中的R、Y、B相分别可以调整各自的幅值，以适应不平衡负载。

(7) 看门狗时间常数设定

时间常数由WD0～WD15这16位组成，根据下式：

$$t=\frac{n_{TIM}\times 1\ 024}{f_{CLK}} \tag{7-17}$$

计算出 n_{TIM} 值，它的二进制数即为时间常数。当每次向控制寄存器写数据时，自动用这个常数重置看门狗，即叫醒一次。如果单片机失去控制，在指定时间内没有叫醒看门狗，则看门狗会立即封锁输出。

如果用 25 MHz 主频，则时间常数范围为 41 μs＜t＜2.68 s。控制寄存器的 WTE 位可以控制看门狗有效或无效。

初始化寄存器通常在程序初始化时定义。这些参数专用于逆变电路中，因此，在电机操作期间不应该改变它们。如果一定要修改，可先用控制寄存器中的$\overline{\text{INH}}$位来关断 SPWM 输出，然后再进行修改。

2. 控制寄存器编程

控制寄存器的作用包括调制波频率选择（调速）、调制波幅值选择（调压）、正反转选择、输出禁止位控制、计数器复位控制、看门狗选择、软复位控制。控制数据仍然是通过 R0～R5 寄存器输入并暂存，当向 R15 虚拟寄存器写操作时，将这些数据送入控制寄存器。R0～R5 各寄存器内容如表 7-4 所列。

表 7-4 控制寄存器编程时 R0～R5 各寄存器内容

寄存器＼位	7	6	5	4	3	2	1	0
R0	PFS7	PFS6	PFS5	PFS4	PFS3	PFS2	PFS1	PFS0
R1	PFS15	PFS14	PFS13	PFS12	PFS11	PFS10	PFS9	PFS8
R2	RST	—	—	—	WTE	$\overline{\text{CR}}$	$\overline{\text{INH}}$	$\overline{\text{F}}$/R
R3	Ramp7	Ramp6	Ramp5	Ramp4	Ramp3	Ramp2	Ramp1	Ramp0
R4	Bamp7	Bamp6	Bamp5	Bamp4	Bamp3	Bamp2	Bamp1	Bamp0
R5	Yamp7	Yamp6	Yamp5	Yamp4	Yamp3	Yamp2	Yamp1	Yamp0

(1) 调制波频率选择

调制波频率选择字由 PFS0～PFS15 这 16 位组成。通过下式：

$$f_{\text{POWER}} = \frac{f_{\text{RANGE}}}{65\,536} \times n_{\text{PFS}} \tag{7-18}$$

求得 n_{PFS} 值，它的二进制数即是调制波频率选择字。

(2) 调制波幅值选择

通过改变调制波幅值来改变输出电压有效值，达到在变频的同时变压的目的。输出电压的改变要根据 U/f 曲线，随频率变化进行相应的变化。

调制波幅值是借助于 8 位幅值选择字（RAMP、YAMP、BAMP）来实现的。每一相都可以通过下式：

$$A_{\text{POWER}} = \frac{n_{\text{A}}}{255} \times 100 \tag{7-19}$$

求出 n_{A} 值，它的二进制数即为幅值选择字（即 RAMP 或 YAMP 或 BAMP）。式中的 A_{POWER} 就是调压比 K_U 的百分比值。

注意：初始化寄存器的 AC 位决定了 R 相幅值是否代表另两相幅值。

(3) 正反转选择

正反转选择位$\overline{\text{F}}$/R 控制三相 PWM 输出的相序。$\overline{\text{F}}$/R＝0 时正转，相序为 R→

Y→B;$\overline{F}$/R=1时反转,相序为B→Y→R。正反转期间输出波形连续。

(4) 输出禁止位控制

输出禁止位$\overline{INH}$。当$\overline{INH}$=0时,关断所有SPWM信号输出。

(5) 计数器复位控制

计数器复位位$\overline{CR}$。当$\overline{CR}$=0时,使内部的相计数器置为0°(R相)。

(6) 看门狗选择

看门狗选择位WTE。当WTE=1时,使用看门狗功能。

(7) 软复位控制

RST是软复位位。它与硬复位$\overline{RESET}$有相同的功能,高电平有效。

7.5 单片机控制交流异步电动机变频调速应用举例

7.5.1 硬件接口电路

SA4828与单片机接口的例子如图7-20所示。如前所述,SA4828芯片可以与多种单片机接口,本例中选用Intel公司的8051单片机。8051属于地址与数据总线复用类的单片机,因此,SA4828芯片的MUX引脚接高电平或者悬空不接。通过8051的P0口与SA4828的AD口相连,提供8位数据和低8位地址,SA4828芯片中的地址锁存器可以锁存来自8051的低8位地址,从而将AD口输入的地址与数据分开。SA4828的地址锁存器由8051的ALE信号控制。同时,连接的控制信号还有读/写信号$\overline{RD}$和$\overline{WR}$。SA4828的片选信号$\overline{CS}$用8051的P2.7引脚来控制,这样SA4828的8个寄存器的地址为

寄存器R0~R5的地址:0000H~0005H;

虚拟寄存器R14、R15的地址:000EH,000FH。

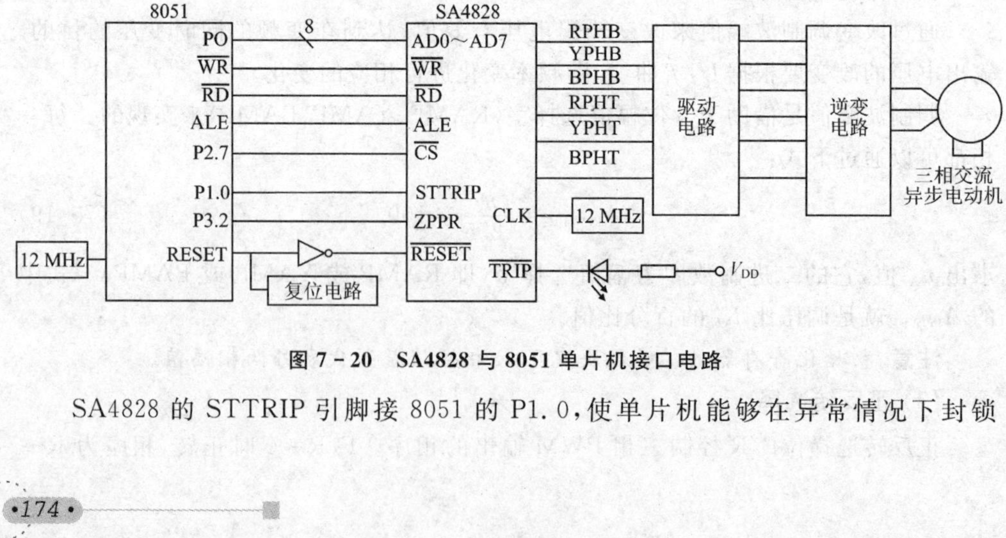

图7-20 SA4828与8051单片机接口电路

SA4828的STTRIP引脚接8051的P1.0,使单片机能够在异常情况下封锁

SA4828 的输出。ZPPR 引脚接 8051 的 P3.2($\overline{INT0}$),测量调制波的频率,用于显示。SA4828 的$\overline{TRIP}$引脚接一只发光二极管,当 SA4828 的输出被封锁时,发光二极管亮,用来指示封锁状态。SA4828 的 6 个输出引脚 RPHT、YPHT、BPHT、RPHB、YPHB、BPHB 分别通过各自的驱动电路,来驱动逆变桥的 6 只开关管。

7.5.2 编程举例

下面结合例题来介绍如何编程。

【例 7-3】已知 SA4828 与单片机硬件连接如图 7-20 所示,2 个芯片的时钟频率均为 12 MHz,调制波频率范围为 0～50 Hz,载波频率设计为 5 kHz,实际脉冲删除时间为12 μs,死区延迟时间为 6 μs,采用高效波形,使用红相控制幅值,不用看门狗,试设计初始化程序和调速程序。

将程序分成 3 部分,分别介绍如下。

(1) 初始化程序设计

根据上面介绍的公式,计算出 SA4828 各个初始化参数字。

另外,为了显示调制波频率,必须测量 ZPPR 引脚的输出脉冲周期,其周期的倒数就是调制波频率。测量 ZPPR 输出脉冲周期的方法是:利用 ZPPR 输出脉冲的下降沿触发$\overline{INT0}$中断,这时计算 2 个 ZPPR 输出脉冲下降沿的时间间隔。时间间隔可用定时器 T0 求得(初值为 00H)。但因为调制波的频率较低,周期较长,可能会出现周期大于 16 位的 T0 所能定时最长时间,因此,还要利用定时器 T0 的溢出中断。在 T0 每次中断时,给一个指示器加 1,加 1 的结果存入 RAM 某个单元中,所以,本程序要用 2 个中断。它们的初始化程序如下:

```
        ORG     0000H
        LJMP    START
        ORG     0003H
        LJMP    WZD
        ORG     000BH
        LJMP    JA1
START:  …
        SETB    IT0                     ;脉冲下降沿触发外中断
        MOV     TMOD,#10H               ;T0 工作在定时、方式 1
        SETB    EX0                     ;开外中断
        SETB    ET0                     ;开定时中断
        SETB    EA                      ;开总控制中断
        …
```

下面计算 SA4828 初始化参数字。

1) 载波频率设定字

由式(7-12)可得

$$2^{n-1}=\frac{f_{CLK}}{f_{CARR}\times 512}=\frac{12\times 10^6\ \text{Hz}}{5\times 10^3\ \text{Hz}\times 512}=4.69$$

取 $2^{n-1}=4$,所以 $n=3$。载波频率设定字为 011B。

反算载波频率为

$$f_{CARR}=\frac{f_{CLK}}{512\times 2^{n-1}}=\frac{12\times 10^6\ \text{Hz}}{512\times 2^2}=5.86\ \text{kHz}$$

2) 调制波频率范围设定字

由式(7-13)可得

$$2^m=\frac{384\times f_{RANGE}}{f_{CARR}}=\frac{384\times 50\ \text{Hz}}{5\ 860\ \text{Hz}}=3.28$$

取 $2^m=4$,所以 $m=2$。调制波频率范围设定字为 010B。

反算调制波频率范围为

$$f_{RANGE}=\frac{f_{CARR}\times 2^m}{384}=\frac{5\ 860\ \text{Hz}\times 2^2}{384}=61\ \text{Hz}$$

所以寄存器 R0 的值应为 010XX011B,即 43H。

3) 脉冲延迟时间的设定字

由式(7-14)得

$$n_{PDY}=63-512\times t_{PDY}\times f_{CARR}=63-512\times 6\times 10^{-6}\ \text{s}\times 5\ 860\ \text{Hz}=45=2\text{DH}$$

所以,脉冲延迟时间的设定字为 2DH,即寄存器 R2 中的值为 2DH。

4) 最小删除脉宽设定字

最小删除脉宽等于实际最小删除脉宽加上延迟时间,所以 $t_{PDT}=12\ \mu\text{s}+6\ \mu\text{s}=18\ \mu\text{s}$。

由式(7-15)得

$$n_{PDT}=127-512\times t_{PDT}\times f_{CARR}=127-512\times 18\times 10^{-6}\ \text{s}\times 5\ 860\ \text{Hz}=73=49\text{H}$$

所以,最小删除脉宽设定字为 49H,R1 寄存器的值为 49H。

5) 波形选择字和 AC 设定

选用高效波形,选择字为 10;红相控制幅值,AC=0。所以,寄存器 R3 中的值为 02H。

6) 看门狗设定

不用看门狗,所以寄存器 R4、R5 的值均为 00H。

SA4828 初始化子程序如下:

```
INIT:   MOV   A,#43H              ;R0=43H
        MOV   DPTR,#0000H         ;指向 R0 地址
        MOVX  @DPTR,A             ;43H 装入 R0
        INC   DPTR                ;指向 R1 地址
        MOV   A,#49H
        MOVX  @DPTR,A             ;49H 装入 R1
        INC   DPTR                ;指向 R2 地址
        MOV   A,#2DH
        MOVX  @DPTR,A             ;2DH 装入 R2
        INC   DPTR                ;指向 R3 地址
        MOV   A,#02H
        MOVX  @DPTR,A             ;02H 装入 R3
        INC   DPTR                ;指向 R4 地址
        MOV   A,#00H
        MOVX  @DPTR,A             ;00H 装入 R4
        INC   DPTR                ;指向 R5 地址
        MOVX  @DPTR,A             ;00H 装入 R5
        MOV   DPTR,#000EH         ;指向 R14 地址
        MOVX  @DPTR,A             ;将 6 个寄存器的值写入
                                  ;SA4828 初始化寄存器
```

(2) 调速子程序设计

假定用户由键盘输入的电动机转速通过键处理程序进行转换,变成调制波频率值 f_{POWER},并将其存入内部 RAM 30H;通过查 U/f 曲线表,可以得到与调制波频率比相对应的调压比 A_{POWER},并将其存入 31H 中;其他控制参数如:正反转、输出封锁、看门狗、相计数器复位、软复位,这些位变量存入位操作区 20H,以便通过位操作来改变它们的值。

调制波频率控制字计算可由式(7-18)得

$$n_{\mathrm{PFS}}=\frac{65\,536\times f_{\mathrm{POWER}}}{f_{\mathrm{RANGE}}}=\frac{65\,536\times f_{\mathrm{POWER}}}{61}=1\,074f_{\mathrm{POWER}}$$

式中,f_{POWER}与 f_{RANGE}的单位相同,因此,n_{PFS}是无因次的量。$1\,074f_{\mathrm{POWER}}$可以看成是一个双字节的无符号数与一个单字节的无符号数相乘,其积是一个双字节的无符号数。

调制波幅值控制字计算可由式(7-19)得

$$n_{\mathrm{A}}=\frac{255\times A_{\mathrm{POWER}}}{100}$$

这是两个单字节数相乘,再除以一个单字节的数,其结果是一个单字节数。

调速子程序就是要计算出 n_{PFS}和 n_{A} 字,并将其送入 SA4828 的控制寄存器。

SA4828 调速子程序如下:

```
SPEED: MOV    R2,#04H          ;作乘法准备,求nPFS字
       MOV    R3,#32H          ;将1 074(0432H)作为被乘数
       MOV    R6,#00H
       MOV    R7,30H           ;乘数为fPOWER
       LCALL  QMUL             ;调乘法子程序
       MOV    A,R7             ;积的低8位送SA4828寄存器R0
       MOV    DPTR,#0000H      ;指向R0
       MOVX   @DPTR,A
       MOV    A,R6             ;积的次低8位送SA4828寄存器R1
       INC    DPTR             ;指向R1
       MOVX   @DPTR,A
       INC    DPTR             ;指向R2
       MOV    A,20H            ;将20H中存放的位控制参数送寄存器R2
       MOVX   @DPTR,A
       MOV    A,#0FFH          ;求调制波幅值控制字nA
       MOV    B,31H            ;APOWER送B
       MUL    AB               ;255×APOWER
       MOV    R2,#00H          ;准备作除法
       MOV    R3,#00H
       MOV    R4,B             ;将积作为被除数
       MOV    R5,A
       MOV    R6,#00H
       MOV    R7,#64H          ;除100
       LCALL  NDIV             ;调除法子程序
       MOV    A,R5             ;商送入SA4828的寄存器R3
       INC    DPTR             ;指向R3
       MOVX   @DPTR,A
       MOV    DPTR,#000FH      ;指向R15
       MOVX   @DPTR,A          ;将寄存器中的值写入SA4828控制寄存器
       SETB   TR0              ;开始定时
       RET
```

(3) 中断子程序设计

本例中所使用的中断源有2个:T0中断和$\overline{\text{INT0}}$中断。$\overline{\text{INT0}}$中断的功能是计算ZPPR输出的调制波频率。由于调制波频率可能比较低,因此用T0溢出中断来记录一个ZPPR周期中T0溢出的次数,这个溢出次数保存到10H中。这样,在一个$\overline{\text{INT0}}$中断间隔里,所用的时间(即ZPPR周期)是3字节的数(1字节的T0溢出次数,2字节的T0值)。

因为 8051 使用 12 MHz 的时钟频率，一个机器周期是 1 μs，所以调制波频率的计算公式为

$$f_{POWER}=\frac{10^6}{T_{ZPPR}} \tag{7-20}$$

10^6 =0F4240H，也是一个 3 字节的数，因此，式(7-20)是一个 3 字节除法运算。如果对精度要求不高，则式(7-20)的分子和分母可以舍掉最低字节来简化计算，这样就成为双字节除法运算。所以，当 $\overline{INT0}$ 中断时，只取 TH0，将其存放到 11H 中。除法运算的整数商存放到 12H 中，小数商存放到 13H 中。各中断子程序如下：

1) T0 中断子程序

```
JA1:    INC     10H             ;T0 溢出次数加 1
        RETI
```

2) $\overline{INT0}$ 中断子程序

```
WZD:    MOV     TL0,#00H        ;TL0 清 0
        MOV     11H,TH0         ;取 TH0 值
        MOV     TH0,#00H        ;TH0 清 0
        PUSH    ACC             ;保存现场
        PUSH    B
        PUSH    PSW
        SETB    PSW.3           ;使用第一工作寄存器区
        MOV     A,11H           ;检查除数是否为 0
        ORL     A,10H
        JZ      ABC             ;除数为 0 则退出
        MOV     R2,#00H         ;输入被除数
        MOV     R3,#00H
        MOV     R4,#0FH
        MOV     R5,#42H
        MOV     R6,10H          ;输入除数
        MOV     R7,11H
        LCALL   NDIV            ;调用双字节除法子程序
        MOV     12H,R5          ;调制波频率整数部分存 12H
        MOV     R6, #00H        ;对余数(R2R3)乘 100
        MOV     R7,#64H
        LCALL   QMUL            ;双字节乘法，乘 100
        MOV     R2,0CH          ;将积作为被除数，(R4)→R2
        MOV     R3,0DH          ;(R5)→R3
```

```
       MOV    R4,0EH          ;(R6)→R4
       MOV    R5,0FH          ;(R7)→R5
       MOV    R6,10H          ;除数
       MOV    R7,11H
       LCALL  NDIV            ;调用双字节除法子程序
       MOV    13H,R5          ;将调制波频率小数部分(小于100)存13H
       MOV    10H,#00H        ;10H清0
ABC:   POP    PSW             ;恢复现场
       POP    B
       POP    ACC
       RETI
```

(4) 双字节乘除法子程序

双字节乘除法子程序采用标准的MCS-51子程序库中的程序。

1) 双字节无符号数乘法子程序

(R2R3)×(R6R7)=(R4R5R6R7)

```
QMUL:  MOV    A,R3
       MOV    B,R7
       MUL    AB
       XCH    A,R7
       MOV    R5,B
       MOV    B,R2
       MUL    AB
       ADD    A,R5
       MOV    R4,A
       CLR    A
       ADDC   A,B
       MOV    R5,A
       MOV    A,R6
       MOV    B,R3
       MUL    AB
       ADD    A,R4
       XCH    A,R6
       XCH    A,B
       ADDC   A,R5
       MOV    R5,A
```

```
        MOV    F0,C
        MOV    A,R2
        MUL    AB
        ADD    A,R5
        MOV    R5,A
        CLR    A
        MOV    ACC.0,C
        MOV    C,F0
        ADDC   A,B
        MOV    R4,A
        RET
```

2）双字节无符号数除法子程序

当满足（R2R3）＜（R6R7）时，（R2R3R4R5）÷（R6R7）＝（R4R5），余数在（R2R3）。

```
NDIV：   MOV    B,#16
NDVL1：  CLR    C
         MOV    A,R5
         RLC    A
         MOV    R5,A
         MOV    A,R4
         RLC    A
         MOV    R4,A
         MOV    A,R3
         RLC    A
         MOV    R3,A
         XCH    A,R2
         RLC    A
         XCH    A,R2
         MOV    F0,C
         CLR    C
         SUBB   A,R7
         MOV    R1,A
         MOV    A,R2
         SUBB   A,R6
         JB     F0,NDVM1
         JC     NDVD1
NDVM1：  MOV    R2,A
```

```
        MOV    A,R1
        MOV    R3,A
        INC    R5
NDVD1:  DJNZ   B,NDVL1
        CLR    F0
        RET
```

习题与思考题

7-1 简述交流异步电动机变频调速原理。

7-2 为什么交流电动机变频调速还需要变压?

7-3 参考图 7-9,画出 U_{YB} 线电压波形图。

7-4 变频变压调速时,载波频率如何选择?

7-5 交流电动机变频变压调速后的机械特性有哪些不足? 怎样改进?

7-6 设 SA4828 时钟频率 4 MHz,调制波频率范围 0～60 Hz,载波频率1 kHz,延迟时间 4 μs,实际脉冲删除时间 7 μs,采用增强波形,各相电压幅值分别控制,使用看门狗,看门狗时间常数 1 s,硬件连接如图 7-20 所示,试设计 SA4828 初始化程序。

第 8 章

步进电动机的单片机控制

步进电动机是纯粹的数字控制电动机。它将电脉冲信号转变成角位移，即给一个脉冲信号，步进电动机就转动一个角度，因此非常适合于单片机控制。近 30 年来，数字技术、计算机技术和永磁材料的迅速发展，推动了步进电动机的发展，为步进电动机的应用开辟了广阔的前景。

步进电动机有如下特点：

➢ 步进电动机的角位移与输入脉冲数严格成正比，因此，当它转一转后，没有累计误差，具有良好的跟随性。
➢ 由步进电动机与驱动电路组成的开环数控系统，既非常简单、廉价，又非常可靠。同时，它也可以与角度反馈环节组成高性能的闭环数控系统。
➢ 步进电动机的动态响应快，易于启停、正反转及变速。
➢ 速度可在相当宽的范围内平滑调节，低速下仍能保证获得大转矩，因此，一般可以不用减速器而直接驱动负载。
➢ 步进电动机只能通过脉冲电源供电才能运行，它不能直接使用交流电源和直流电源。
➢ 步进电动机存在振荡和失步现象，必须对控制系统和机械负载采取相应的措施。
➢ 步进电动机自身的噪声和振动较大，带惯性负载的能力较差。

8.1 步进电动机的结构和工作原理

8.1.1 步进电动机的分类与结构

1. 步进电动机的分类

步进电动机可分为 3 大类：

① 反应式步进电动机。反应式步进电动机 VR(Variable Reluctance)，其转子是由软磁材料制成的，转子中没有绕组。它的结构简单，成本低，步距角可以做得很小，但动态性能较差。

② 永磁式步进电动机。永磁式步进电动机 PM(Permanent Magnet)，其转子是用永磁材料制成的，转子本身就是一个磁源。它的输出转矩大，动态性能好。转子的

极数与定子的极数相同,所以步距角一般较大。需供给正负脉冲信号。

③ 混合式步进电动机。混合式步进电动机 HB(Hybrid)综合了反应式和永磁式两者的优点,它的输出转矩大,动态性能好,步距角小;但结构复杂,成本较高。

反应式步进电动机和混合式步进电动机应用得非常广泛,在单片机系统中尤其大量使用。本章重点介绍这两种步进电动机的原理和控制方法。

2. 反应式步进电动机的结构

图 8-1 是一个三相反应式步进电动机结构图。从图中可以看出,它分成转子和定子两部分。定子是由硅钢片叠成的。定子上有 6 个磁极(大极),每 2 个相对的磁极(N、S 极)组成一对,共有 3 对。每对磁极都缠有同一绕组,也即形成一相,这样 3 对磁极有 3 个绕组,形成三相。可以得出,四相步进电动机有 4 对磁极、4 相绕组;五相步进电动机有 5 对磁极、5 相绕组……以此类推。每个磁极的内表面都分布着多个小齿,它们大小相同,间距相同。

转子是由软磁材料制成的,其外表面也均匀分布着小齿,这些小齿与定子磁极上小齿的齿距相同,形状相似。

由于小齿的齿距相同,所以不管是定子还是转子,其齿距角都可计算如下:

$$\theta_Z = 2\pi/Z \tag{8-1}$$

式中 Z——转子的齿数。

例如,如果转子的齿数为 40,则齿距角为 $\theta_Z = 2\pi/40 = 9°$。

反应式步进电动机运动的动力来自于电磁力。在电磁力的作用下,转子被强行推动到最大磁导率(或者最小磁阻)的位置(如图 8-2(a)所示,定子小齿与转子小齿对齐的位置),并处于平衡状态。对三相步进电动机来说,当某一相的磁极处于最大磁导率位置时,另外两相必须处于非最大磁导率位置(如图 8-2(b)所示,定子小齿与转子小齿不对齐的位置)。

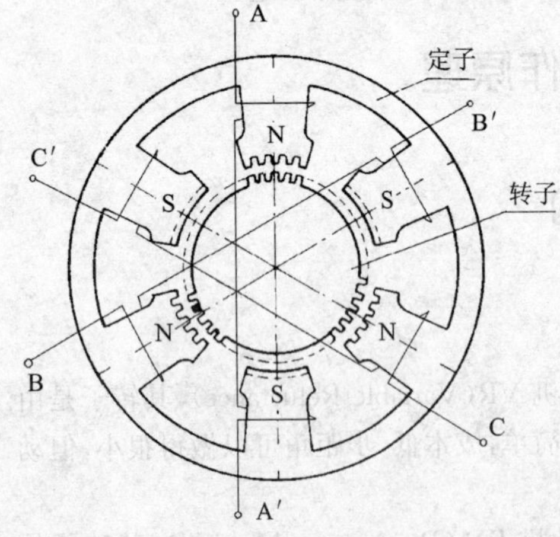

图 8-1 三相反应式步进电动机结构图

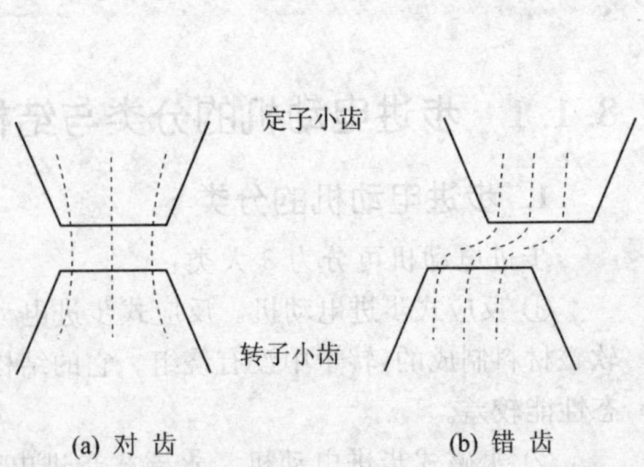

图 8-2 定子小齿与转子小齿间的磁导现象

把定子小齿与转子小齿对齐的状态称为对齿，把定子小齿与转子小齿不对齐的状态称为错齿。错齿的存在是步进电动机能够旋转的前提条件，所以，在步进电动机的结构中必须保证有错齿存在，也就是说，当某一相处于对齿状态时，其他相必须处于错齿状态。

继续上例，如果转子有 40 个齿，则转子的齿距角为 9°，因为定子的齿距角与转子相同，故定子的齿距角也是 9°。所不同的是，转子的齿是圆周分布的，而定子的齿只分布在磁极上，属于不完全齿。当某一相处于对齿状态时，该相磁极上定子的所有小齿都与转子上的小齿对齐。

三相步进电动机的每一相磁极在空间上相差 120°。假如当前 A 相处于对齿状态，以 A 相位置作为参考点，B 相与 A 相相差 120°，C 相与 A 相相差 240°。下面可以计算当 A 相处于对齿状态时，B、C 两相的错齿程度。

将 A 相磁极中心线看成 0°，在 0°处的转子齿为 0 号齿，则在 120°处的 B 相磁极中心线上对应的转子齿号为 $120°/9°=13.\dot{3}$，即 B 相磁极中心线处于转子第 13 号齿再过 1/3 齿距角的地方，如图 8-3 所示。这说明 B 相错了 1/3 个齿矩角，也即错齿 3°。

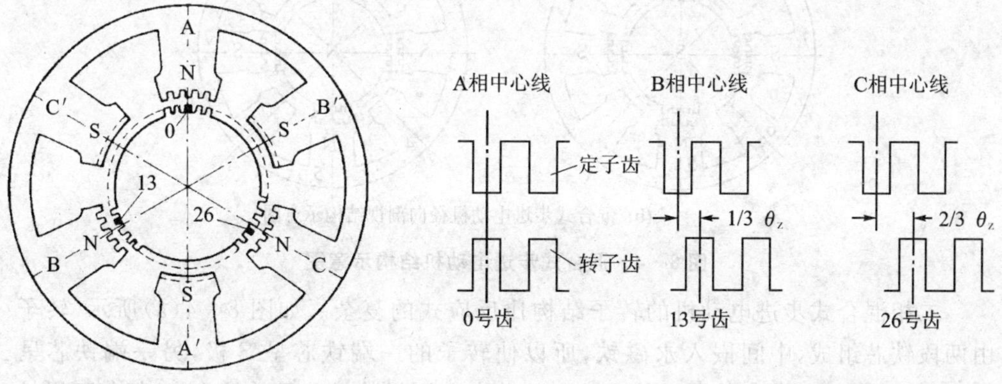

(a) A相对齿时定转子齿的位置关系　　(b) 0、13、26号转子齿与定子齿的位置关系

图 8-3　A 相对齿时 B、C 相的错齿

同理，与 A 相相差 240°的 C 相磁极中心线上对应的齿号为 $240°/9°=26.\dot{6}$，即 C 相磁极中心线处于转子第 26 号齿再过 2/3 齿距角的地方，如图 8-3 所示。这说明 C 相错齿 6°。

3. 二相混合式步进电动机的结构

二相混合式步进电动机的结构与反应式步进电动机的结构相似，其结构示意图如图 8-4 所示。二相混合式步进电动机的定子上也有磁极（大极），一般有 8 个磁极，如图 8-4(b)所示，间隔的 4 个磁极是同一绕组（相），例如，1、3、5、7 是 A 相；2、

4、6、8 是 B 相。绕组按照一定的缠绕方式,使每一相相对的磁极在通电后产生相同的极性,例如,图 8-4(b)中,A 相正向通电时,磁极 1、5 呈 N 极,3、7 呈 S 极。同反应式步进电动机一样,每个磁极的内表面上也均匀分布着大小相同、间距相等的小齿。这些小齿与转子上的小齿齿距相同,因此它们的齿距角 θ_Z 仍然可以用式(8-1)计算。

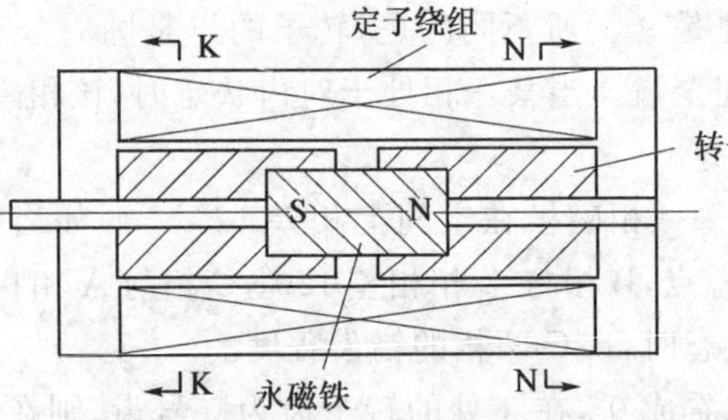

(a) 混合式步进电动机轴向剖视结构示意图

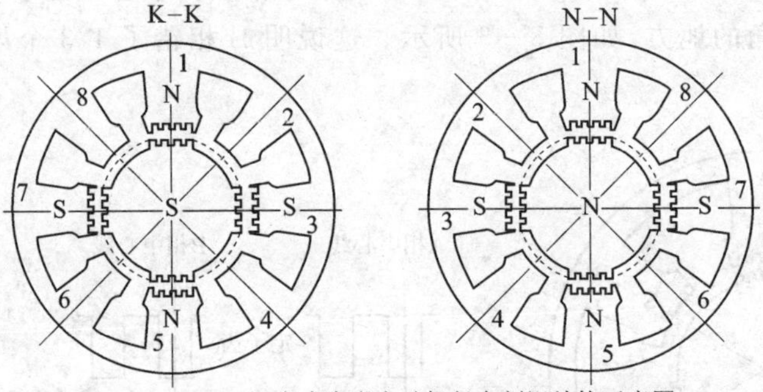

(b) 混合式步进电动机径向剖视结构示意图

图 8-4 混合式步进电动机结构示意图

二相混合式步进电动机的转子结构比反应式的复杂。如图 8-4(a)所示,转子由两段铁芯组成,中间嵌入永磁铁,所以使转子的一端铁芯呈 S 极,另一端铁芯呈 N 极。转子的两段铁芯外周虽然也均匀地分布着同样数量和尺寸的小齿,但是两段铁芯上的小齿互相错位半个齿距,这个结构可以从图 8-4(b)的两个图中通过比较转子上的小齿位置看出。

制造时,要保证当某一磁极上的小齿与转子上的小齿处于对齿时,与这个磁极相垂直的另两个磁极上的小齿和转子上的小齿一定处于最大错齿位置。例如图 8-4(b)的K-K剖视图,当磁极 1 和磁极 5 与转子处于对齿时,磁极 3 和磁极 7 一定处于最大错齿位置。

因为转子也产生磁场,所以混合式步进电动机所产生的转矩是由转子永磁磁场和定子电枢磁场共同作用所产生的,它比反应式步进电动机仅由定子磁场所产生的转矩要大。

8.1.2 反应式步进电动机的工作原理

1. 反应式步进电动机的步进原理

如果给处于错齿状态的相通电，则转子在电磁力的作用下，将向磁导率最大(或磁阻最小)的位置转动，即向趋于对齿的状态转动。步进电动机就是基于这一原理转动的。

步进电动机步进的过程也可通过图 8－5 进一步说明。当开关 S_A 合上时，A 相绕组通电，使 A 相磁场建立。A 相定子磁极上的齿与转子的齿形成对齿，同时，B 相、C 相上的齿与转子形成错齿。

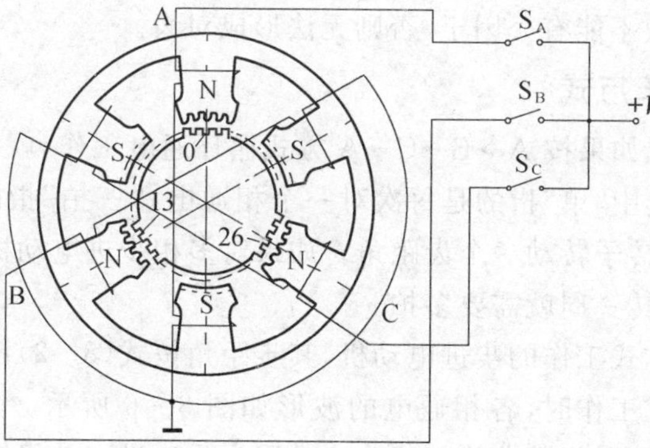

图 8－5 步进电动机的步进原理

将 A 相断电，同时将 S_B 合上，使处于错 1/3 个齿距角的 B 相通电，并建立磁场。转子在电磁力的作用下，向与 B 相成对齿的位置转动。其结果是：转子转动了 1/3 个齿距角；B 相与转子形成对齿；C 相与转子错 1/3 个齿距角；A 相与转子错 2/3 个齿距角。

相似地，在 B 相断电的同时，合开关 S_C 给 C 相通电建立磁场，转子又转动了 1/3 个齿距角，与 C 相形成对齿，并且 A 相与转子错 1/3 个齿距角，B 相与转子错 2/3 个齿距角。

当 C 相断电，再给 A 相通电时，转子又转动了 1/3 个齿距角，与 A 相形成对齿，与 B、C 两相形成错齿。至此，所有的状态与最初时一样，只不过转子累计转过了一个齿距角。

可见，由于按 A→B→C→A 顺序轮流给各相绕组通电，磁场按 A→B→C 方向转过了 360°，转子则沿相同方向转过一个齿距角。

同样，如果改变通电顺序，即按与上面相反的方向(A→C→B→A 顺序)通电，则转子的转向也改变。

如果对绕组通电一次的操作称为 1 拍，那么前面所述的三相反应式步进电动机的三相轮流通电就需要 3 拍。转子每拍走 1 步，转一个齿距角需要 3 步。

转子走1步所转过的角度称为步距角θ_N,可用下式计算,即

$$\theta_N = \frac{\theta_Z}{N} = \frac{2\pi}{NZ} \tag{8-2}$$

式中 N——步进电动机工作拍数。

例如,对于转子有40个齿的三相步进电动机来说,转过一个齿距角相当于转过9°,共用了3步,每换相一次走1步,这样每步走了3°,步距角为3°。

从以上分析可知,反应式步进电动机对结构的要求是:

➢ 定子绕组磁极的分度角(如三相的120°和240°)不能被齿距角整除,否则无法形成错齿;

➢ 定子绕组磁极的分度角被齿距角除后所得的余数,应是步距角的倍数,而且倍数值与相数不能有公因子,否则无法形成对齿。

2. 单三拍工作方式

三相步进电动机如果按A→B→C→A方式循环通电工作,就称这种工作方式为单三拍工作方式。其中"单"指的是每次对一个相通电;"三拍"指的是磁场旋转一周需要换相3次,这时转子转动一个齿距角。如果对多相步进电动机来说,每次只对一相通电,要使磁场旋转一周就需要多拍。

以单三拍工作方式工作的步进电动机,其步距角按式(8-2)计算。

在用单三拍方式工作时,各相通电的波形如图8-6所示。其中电压波形是方波,而电流波形则由两段指数曲线组成。这是因为受步进电动机绕组电感的影响,当绕组通电时,电感阻止电流的快速变化;当绕组断电时,储存在绕组中的电能通过续流二极管放电。电流的上升时间取决于回路中的时间常数。我们希望绕组中的电流也能像电压一样突变,这一点与其他电动机不同,因为这样会使绕组在通电时能迅速建立磁场,断电时不会干扰其他相磁场。

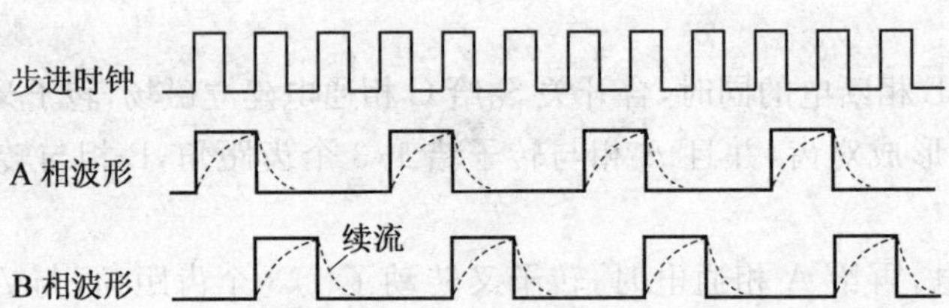

图8-6 单三拍工作方式时的相电压、电流波形

为了达到这一目的可以有许多方法。在续流二极管回路中串联一个电阻是其中一种有效的方法。它可以在绕组断电时,通过续流二极管将储存在绕组中的电能消耗在电阻上,表现为电流波形下降的速度加快,下降时间减少。

3. 双三拍工作方式

三相步进电动机的各相除了采用单三拍方式通电工作外，还可以有其他通电方式。双三拍是其中之一。

双三拍的工作方式是：每次对两相同时通电，即所谓“双”；磁场旋转一周需要换相3次，即所谓“三拍”，转子转动一个齿距角，这与单三拍是一样的。在双三拍工作方式中，步进电动机正转的通电顺序为AB→BC→CA；反转的通电顺序为BA→AC→CB。

因为在双三拍工作方式中，转子转动一个齿距角需要的拍数也是“三拍”，所以，它的步距角与单三拍时一样，仍然用式(8-2)求得。

在用双三拍方式工作时，各相通电的波形如图8-7所示。由图可见，每一拍中，都有两相通电，每一相通电时间都持续两拍。所以，双三拍通电的时间长，消耗的电功率大，当然，获得的电磁转矩也大。

双三拍工作时，所产生的磁场形状与单三拍时不一样，如图8-8所示。

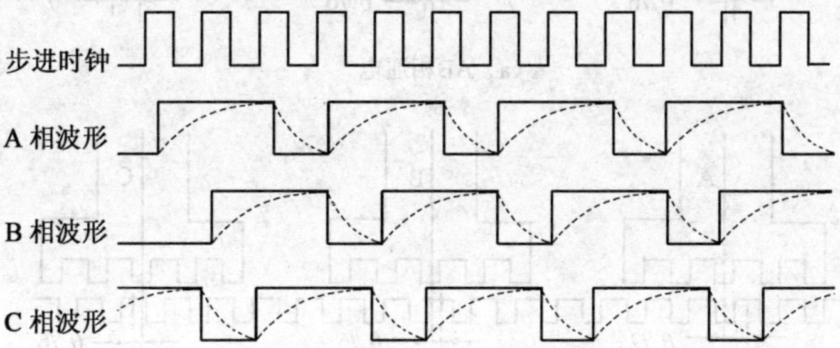

图8-7　双三拍工作方式时的相电压、电流波形

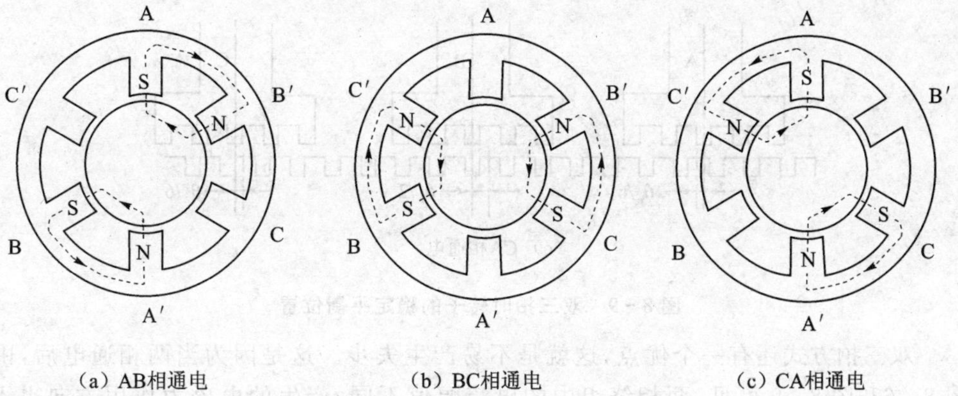

图8-8　双三拍工作时的磁场情况

与单三拍另一个不同之处是：双三拍工作时的磁导率最大位置并不是转子处于对齿的位置。

当A、B两相通电时，最大磁导率的位置是转子齿与A、B两相磁极的齿分别错±1/6个齿距角的位置，此时转子齿与C相错1/2个齿距角，如图8-9(a)所示。也就是说，在最大磁导率位置时，没有对齿存在。在这个位置，A和B′(或A′和B)两个磁极所产生的磁场，使定子与转子相互作用的电磁转矩大小相等，方向相反，使转子处于平衡状态。

同样，当B、C两相通电时，平衡位置是转子齿与B、C两相磁极的齿分别错±1/6个齿距角的位置，如图8-9(b)所示。

当C、A两相通电时，平衡位置是转子齿与C、A两相磁极的齿分别错±1/6个齿距角的位置，如图8-9(c)所示。

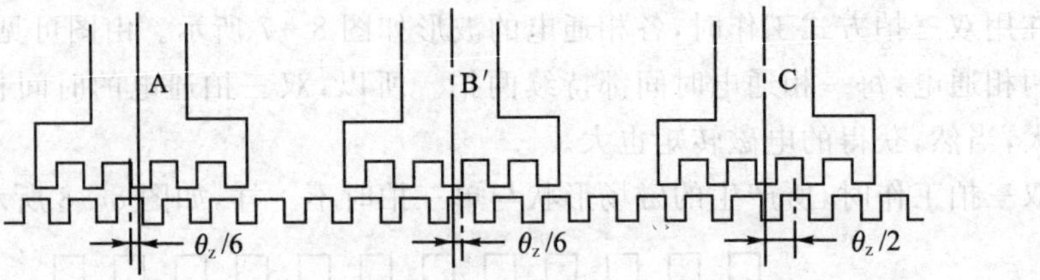

(a) AB相通电

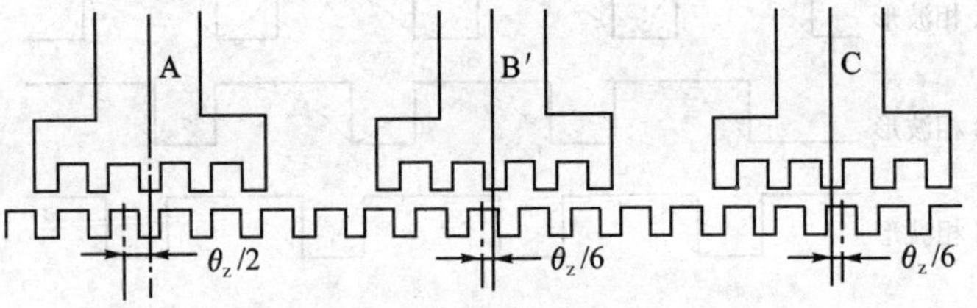

(b) BC相通电

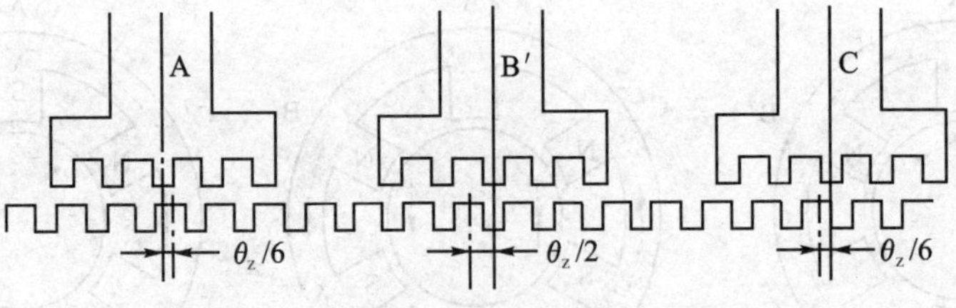

(c) CA相通电

图8-9 双三拍时转子的稳定平衡位置

双三拍方式还有一个优点，这就是不易产生失步。这是因为当两相通电后，由图8-6和图8-9可见，两相绕组中的电流幅值不同，产生的电磁力作用方向也不同。所以，其中一相产生的电磁力起了阻尼作用。绕组中电流越大，阻尼作用就越大。这有利于步进电动机在低频区工作。而单三拍由于是单相通电励磁，不会产生阻尼作用，因此当工作在低频区时，由于通电时间长而使能量过大，易产生失步现象。

4. 六拍工作方式

六拍工作方式是三相步进电动机的另一种通电方式。这是单三拍与双三拍交替使用的一种方法，也称做单双六拍或 1→2 相励磁法。

步进电动机的正转通电顺序为 A→AB→B→BC→C→CA；反转通电顺序为 A→AC→C→CB→B→BA。可见，磁场旋转一周，通电需要换相 6 次（即六拍），转子才转动一个齿距角。这是与单三拍和双三拍最大的区别。

由于转子转动一个齿距角需要六拍，根据式（8－2），六拍工作时的步距角要比单三拍和双三拍时的步距角小一半，所以步进精度要高一倍。

六拍工作时，各相通电的电压和电流波形如图 8－10 所示。可以看出，在使用六拍工作方式时，有三拍是单相通电，有三拍是双相通电；对任一相来说，它的电压波形是一个方波，周期为六拍，其中有三拍连续通电，有三拍连续断电。

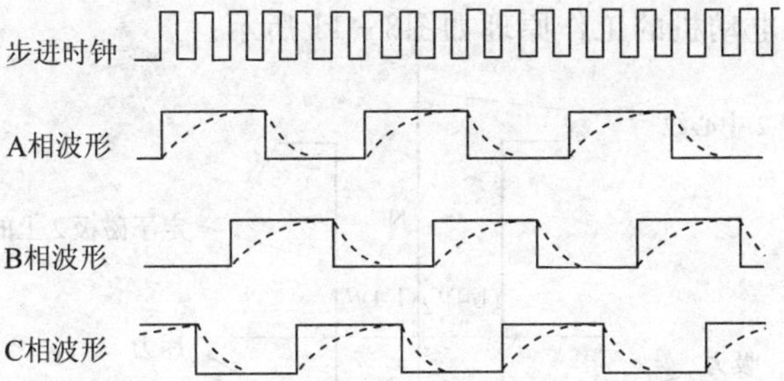

图 8－10　六拍工作方式时的相电压、电流波形

单三拍、双三拍、六拍 3 种工作方式的区别如表 8－1 所列。

表 8－1　3 种工作方式比较

工作方式	单三拍	双三拍	六　拍	工作方式	单三拍	双三拍	六　拍
步进周期	T	T	T	转矩	小	中	大
每相通电时间	T	2T	3T	电磁阻尼	小	较大	较大
走齿周期	3T	3T	6T	振荡	易	较易	不易
相电流	小	较大	最大	功耗	小	大	中
高频性能	差	较好	较好				

由表 8－1 可以看出，这 3 种工作方式的区别较大，一般来说，六拍工作方式的性能最好，单三拍工作方式的性能较差。因此，在步进电动机控制的应用中，选择合适的工作方式非常重要。

以上介绍了三相步进电动机的工作方式。对于多相步进电动机，也可以有几种工作方式。例如四相步进电动机，有单四拍（A→B→C→D）、双四拍（AB→BC→CD→DA）、八拍（A→AB→B→BC→C→CD→D→DA 或者 AB→ABC→BC→BCD→CD→CDA→DA→DAB）。同样，读者可以自己推得五相步进电动机的工作方式。

8.1.3 二相混合式步进电动机的工作原理

如图 8-4(b)所示,S 极转子与定子的 N 极磁极产生吸合力,与定子的 S 极磁极产生排斥力;同时,N 极转子与定子的 S 极磁极产生吸合力,与定子的 N 极磁极产生排斥力。这些力所产生的合力就会推动转子转动。

转子的 N、S 极性是不变的,通过改变定子磁极的 N、S 极性以及变化顺序,就会使转子按要求旋转。

例如,转子有 50 个齿,根据式(8-1),齿距角为 360°/50=7.2°。在转子 S 极一端,图 8-4(b)的 K-K 视图中,如果将磁极 1 的中心线看成 0°,在 0°处的转子齿为 0 号齿,且处于对齿,则磁极 2 的中心线上对应的转子齿号为 45°/7.2°$=6\frac{1}{4}$,即磁极 2 的中心线处于转子第 6 号齿再过 1/4 齿距角的地方,也即磁极 2 错了 1/4 个齿距角。混合式步进电动机的工作原理如图8-11 所示。

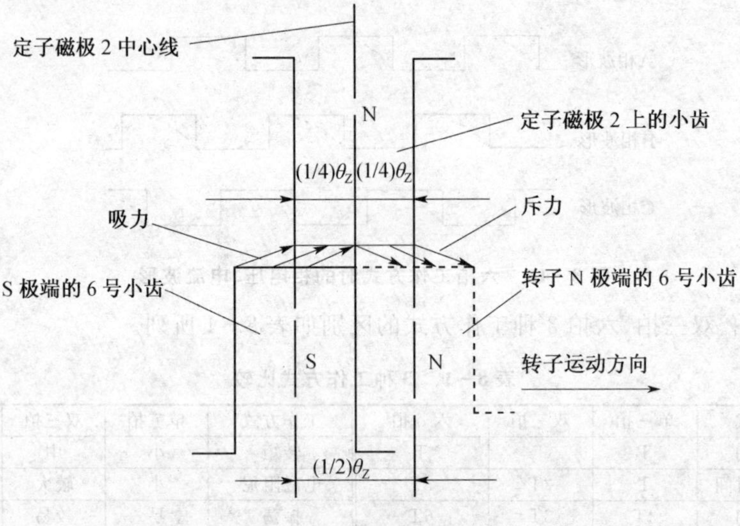

图 8-11 混合式步进电动机的工作原理

因为转子 S 极端的齿与 N 极端的齿在制造时互相错位半个齿距,所以磁极 2 的中心线与转子 N 极端的 6 号齿也错位 1/4 个齿距角,只不过转子 N 极端的 6 号齿位于中心线的另一端,见图 8-11。

此时,如果给磁极 2 的绕组通电,并使其产生 N 极磁场,则转子 S 极端的齿与磁极 2 产生吸合力,而转子 N 极端的齿与磁极 2 产生排斥力,其合力推动转子向右运动。运动的结果使转子 S 极端的齿与磁极 2 处于对齿位置,N 极端的齿与磁极 2 处于最大错齿位置,也就是说,这次通电使转子转过 1/4 个齿距角。

由此可见,每通电一次,转子走一步,转过 1/4 个齿距角。二相混合式步进电动机的步距角仍然可以通过式(8-2)来计算。如果要转过一个齿距角,就需要换相通电 4 次。二相混合式步进电动机只有两个相，为了实现 4 次换相通电，就需要对某一相分别正向和反向通电，这样的驱动称为双极性驱动，二相混合式步进电动机只能通过双极性驱动来工作，有关步进电动机的双极性驱动参见 8.3.6 小节。

如果每次只给一相通电，就称为单相通电方式。用 A 表示 A 相正向通电，$\overline{A}$ 表示 A 相反向通电，B 相通电也如此表示，则二相混合式步进电动机的单相正转通电顺序为 $A \to B \to \overline{A} \to \overline{B}$，单相反转通电顺序为 $A \to \overline{B} \to \overline{A} \to B$。

二相混合式步进电动机也可以两相同时通电，这种通电方式称为两相通电方式。两相正转通电顺序为 $AB \to \overline{A}B \to \overline{A}\,\overline{B} \to A\,\overline{B}$；两相反转通电顺序为 $AB \to A\,\overline{B} \to \overline{A}\,\overline{B} \to \overline{A}B$。

同反应式步进电动机一样，当两相同时通电时，平衡位置不是对齿位置，两相通电会获得比单相通电更大的转矩。

由上可见，不管是单相通电还是两相通电，都通过 4 拍转过一个齿距角，业界习惯统称其为整步方式。以 50 齿转子为例，步距角 $\theta_N = 360°/50/4 = 1.8°$。

如果将单相通电与两相通电交替组合在一起，就形成另外一种通电方式，业界习惯称其为半步方式。其正转的通电顺序为 $A \to AB \to B \to \overline{A}B \to \overline{A} \to \overline{A}\,\overline{B} \to \overline{B} \to A\,\overline{B}$；反转的通电顺序为 $A \to A\,\overline{B} \to \overline{B} \to \overline{A}\,\overline{B} \to \overline{A} \to \overline{A}B \to B \to AB$。转过一个齿距角需要 8 拍。在这种工作方式下，转子为 50 齿的步距角 $\theta_N = 360°/50/8 = 0.9°$。由此可见，半步方式可以提高步进精度。

8.2 步进电动机的特性

8.2.1 步进电动机的振荡、失步及解决方法

步进电动机的振荡和失步是一种普遍存在的现象，它影响应用系统的正常运行，因此要尽力去避免。下面对振荡和失步的原因进行分析，并给出解决方法。

1. 振　荡

步进电动机的振荡现象主要发生于：步进电动机工作在低频区；步进电动机工作在共振区；步进电动机突然停车时。

当步进电动机工作在低频区时，由于励磁脉冲间隔的时间较长，步进电动机表现为单步运行。当励磁开始时，转子在电磁力的作用下加速转动。在到达平衡点时，电磁驱动转矩为零，但转子的转速最大，由于惯性，转子冲过平衡点。这时电磁力产生负转矩，转子在负转矩的作用下，转速逐渐为零，并开始反向转动。当转子反转过平衡点后，电磁力又产生正转矩，迫使转子又正向转动。如此下去，形成转子围绕平衡点的振荡。由于有机械摩擦和电磁阻尼的作用，这个振荡表现为衰减振荡，最终稳定在平衡点。

当步进电动机工作在共振区时，步进电动机的脉冲频率接近步进电动机的振荡

频率 f_0 或振荡频率的分频或倍频，这会使振荡加剧，严重时造成失步。步进电动机的振荡频率 f_0 可由下式求出，即

$$f_0 = \frac{1}{2\pi}\sqrt{\frac{ZT_{\max}}{J}} \qquad (8-3)$$

式中 J——转动惯量；

Z——转子齿数；

$T_{\max}$——最大转矩。

振荡失步的过程可描述如下：在第1个脉冲到来后，转子经历了一次振荡。当转子回摆到最大幅值时，恰好第2个脉冲到来，转子受到的电磁转矩为负值，使转子继续回摆。接着第3个脉冲到来，转子受正电磁转矩的作用回到平衡点。这样，转子经过3个脉冲仍然回到原来位置，也就是丢了3步。

当步进电动机工作在高频区时，由于换相周期短，转子来不及反冲，同时，绕组中的电流尚未上升到稳定值，转子没有获得足够的能量，所以在这个工作区中不会产生振荡。

减小步距角可以减小振荡幅值，以达到削弱振荡的目的。

2. 失　步

步进电动机失步的原因有2种：

- 转子的转速慢于旋转磁场的速度，或者说慢于换相速度。例如，步进电动机在启动时，如果脉冲的频率较高，由于电动机来不及获得足够的能量，使其无法令转子跟上旋转磁场的速度，所以引起失步。因此，步进电动机有一个启动频率，超过启动频率启动时，肯定会产生失步。注意，启动频率不是一个固定值，提高电动机的转矩、减小负载转动惯量、减小步距角，都可以提高步进电动机的启动频率。
- 转子的平均速度大于旋转磁场的速度。这主要发生在制动和突然换向时，转子获得过多的能量，产生严重的过冲，引起失步。

3. 阻尼方法

消除振荡是通过增加阻尼的方法来实现的，主要有机械阻尼法和电子阻尼法两大类。其中机械阻尼法比较单一，就是在电动机轴上加阻尼器。电子阻尼法则有多种：

① 多相励磁法。前面介绍过，采用多相励磁会产生电磁阻尼，会削弱或消除振荡现象。例如，三相步进电动机的双三拍和六拍方式。

② 变频变压法。步进电动机在高频和在低频时转子所获得的能量不一样。在低频时，绕组中的电流上升时间长，转子获得的能量大，因此容易产生振荡；在高频时则相反。因此，可以设计一种电路，使电压随频率的降低而减小，这样使绕组在低频时的电流减小，可以有效地消除振荡。

③ 细分步法。细分步法是将步进电动机绕组中的稳定电流分成若干阶级，每进

一步时,电流升一级;同时,也相对地提高步进频率,使步进过程平稳进行。

④ 反相阻尼法。这种方法用于步进电动机制动。在步进电动机转子要过平衡点之前,加一个反向作用力去平衡惯性力,使转子到达平衡点时速度为0,实现准确制动。例如,三相步进电动机工作在单三拍,目前正处于B拍,并希望它停在C拍,则控制换相为B→C→B→C。第2个B拍就是起平衡惯性力作用的,而不是让电动机走一步。

8.2.2 步进电动机的矩角特性

把转子处于平衡点的位置称为零位。在励磁状态不变的情况下,如果让转子离开零位,则转子偏离零位线的夹角称为失调角 θ_e。失调角 θ_e是在齿距角 θ_Z范围内变化的,为了表示方便,将齿距角的范围看成 2π,失调角就用相对于 2π 来表示。例如,$\theta_e=\theta_Z/4$,则可表示为 $\theta_e=\pi/2$ 或 $\theta_e=-\pi/2$。由于转子偏离零位,也就是有失调角产生,因此就有电磁转矩。电磁转矩的大小与失调角 θ_e的大小有关,它们之间的关系就称为步进电动机的矩角特性。下面分析电磁转矩沿失调角的分布。

1. 单相通电

当失调角 $\theta_e=0$ 时,转子位于零位,定子齿与转子齿之间虽然有电磁力存在,但电磁力在转子的切线方向上没有分力,所以转子不转动,如图8-12(a)所示。

如果转子偏离零位,就有失调角存在,电磁力在转子的切线方向就产生分力,因而形成转矩。随着失调角的增加(顺时针为正),产生的转矩增大。

当 $\theta_e=\pi/2$ 时,转矩最大。转矩的方向是逆时针的,如图8-12(b)所示,所以是负转矩。

当 $\theta_e=\pi$ 时,转子转到两个定子齿之间,转子齿受到两个定子齿的电磁力,在切线方向上受的分力保持平衡,如图8-12(c)所示,所以转子受的转矩为0。

当 $\theta_e>\pi$ 时,转子转到下一个定子齿附近,受该定子齿的作用,产生正转矩,如图8-12(d)所示。当 $\theta_e=2\pi$ 时,转子转到新的零位,受的转矩为0。再转下去,就进入下一个循环。

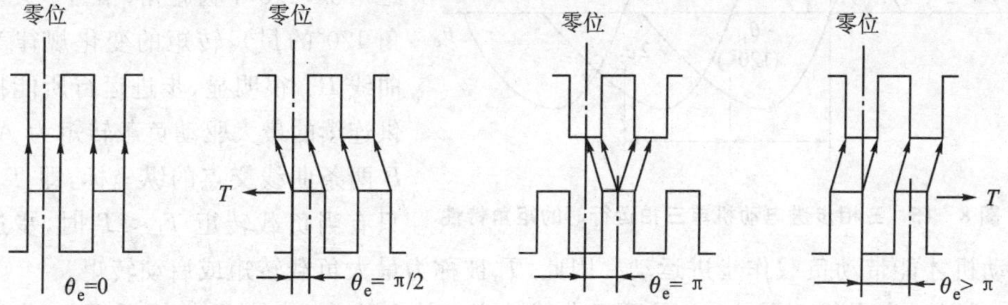

(a) $\theta_e=0$　(b) $\theta_e=\frac{\pi}{2}$　(c) $\theta_e=\pi$　(d) $\theta_e>\pi$

图8-12　电磁转矩随失调角的变化

步进电动机的转矩随失调角的这种变化规律,可用曲线来表示,其曲线形状近似正弦曲线,如图 8-13 所示。其中 T_{max} 是最大转矩,它表示了步进电动机承受负载的能力,它是步进电动机最主要的性能指标之一。

2. 多相通电

根据叠加原理,多相通电时的矩角特性可近似地由每相单独通电时的矩角特性叠加求出。以三相步进电动机双三拍方式为例,A、B 两相单独通电时的矩角特性如图 8-14 所示,两条曲线相位差 120°,最大转矩分别为 T_A、T_B。A、B 两相的矩角特性曲线叠加,就可以得到 A、B 同时通电时的矩角特性曲线,其最大转矩为 T_{AB}。

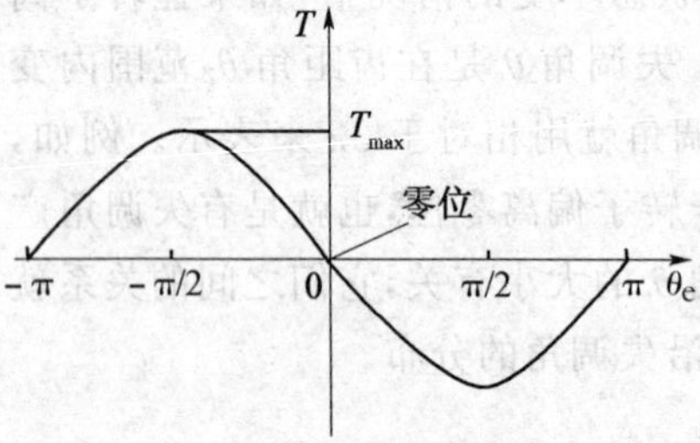

图 8-13 步进电动机的矩角特性

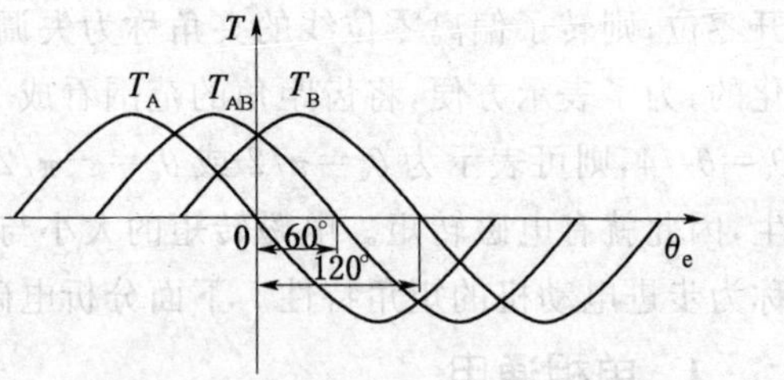

图 8-14 三相步进电动机单相、双相通电时的矩角特性

由图 8-14 可见,对于三相步进电动机来说,两相通电时的最大转矩与单相通电时的最大转矩相同,也就是说,三相步进电动机不能靠增加通电相数来提高最大转矩。

3. 单步运行与最大负载能力

步进电动机的矩角特性说明转矩是随失调角而变化的,它不是一个固定值。那么,这样变化的转矩是怎样驱动负载的呢?下面进行分析。

三相步进电动机单三拍方式时运行的矩角特性如图 8-15 所示。曲线 A 是 A 相通电时转矩的变化曲线。如果此时送入一个控制脉冲,切换为 B 相绕组通电,转子就转过一个步距角 θ_N(1/3 个齿距角,相当于失调角 120°的量),转矩的变化规律为曲线 B。很明显,步进运行所能提供连续的最大驱动负载转矩为 A、B 两条曲线交点的纵坐标,即 T_q。只有当负载转矩 $T_L < T_q$ 时,步进电动机才能带动负载作步进运动。因此,T_q 被称为最大负载转矩或启动转矩。

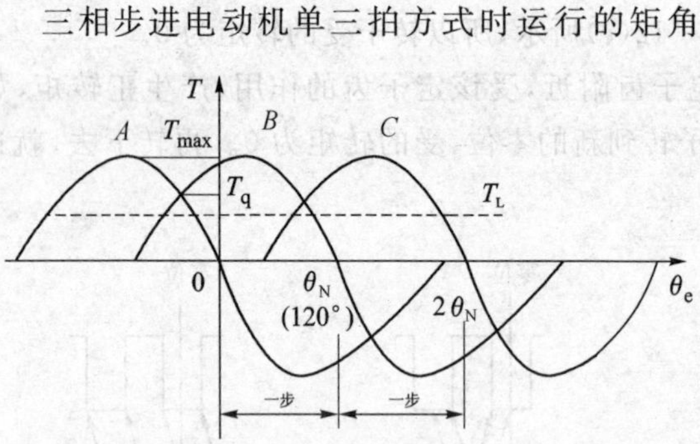

图 8-15 三相步进电动机单三拍运行时的矩角特性

显然,步距角 θ_N 越小,A、B 两条曲线的交点越上移,也就是 T_q 越接近 T_{max},步进电动机带负载能力越大。所以,减小步距角有利于提高步进电动机的带负载能力。

8.2.3 步进电动机的矩频特性

步进电动机的输出转矩与控制脉冲频率之间的关系称为矩频特性。图 8-16 是矩频特性曲线的一个例子。由图可见，步进电动机的矩频特性曲线是一条下降曲线。它以最大负载转矩(启动转矩) T_q 作为起点，随着控制脉冲频率 f 逐步增加，步进电动机的转速逐步升高，而步进电动机的带负载能力却逐步下降。

步进电动机的输出转矩随频率升高而下降的原因可以这样解释：由于有绕组电感的影响，绕组中电流的波形参见图 8-6，电流的上升需要一定的时间。以图 8-17 的驱动电路为例，电流上升时驱动电路的时间常数 τ_a 为

$$\tau_a = \frac{L}{R_a} \tag{8-4}$$

式中 L——绕组的电感；

R_a——通电回路的总电阻，包括绕组线圈电阻、限流电阻 R_1 和晶体管结电阻。

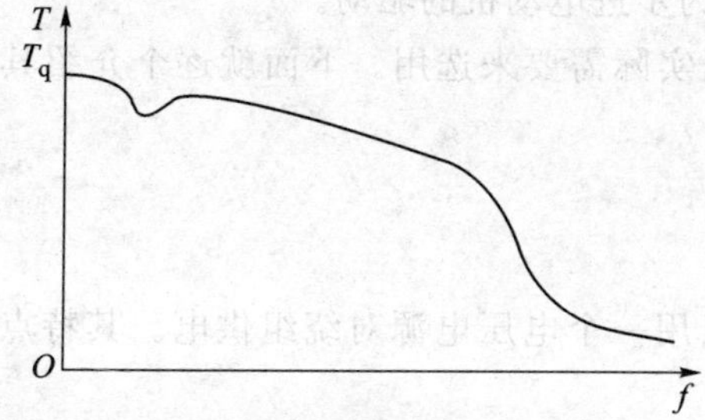

图 8-16 步进电动机的矩频特性

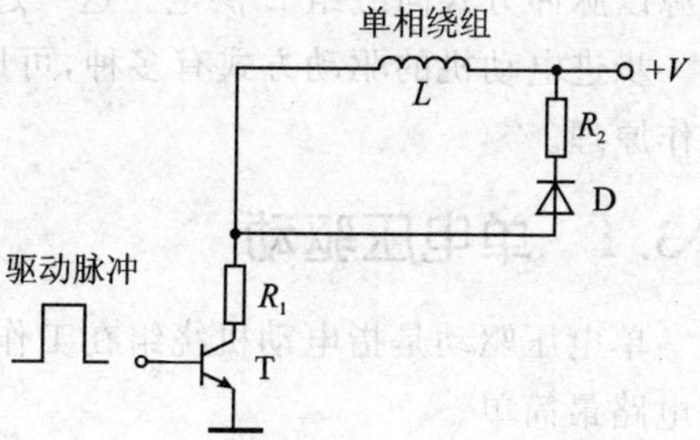

图 8-17 步进电动机的驱动电路

电流下降时放电回路的时间常数 τ_b 为

$$\tau_b = \frac{L}{R_b} \tag{8-5}$$

式中 R_b——放电回路的总电阻，包括绕组线圈电阻、耗能电阻 R_2 和续流二极管结电阻。

由于时间常数的存在，绕组中的电流上升和下降都需要一定的时间。当脉冲频率较低时，绕组中通电的周期较长，电流的平均值较大，电动机获得的能量较高，因此能维持较高的转矩；当脉冲频率较高时，绕组中通电的周期较短，电流的平均值较小，电动机获得的能量较少，因此转矩下降。

另外，随着频率上升，转子转速升高，在定子绕组中产生的附加旋转电势使电动机受到更大的阻尼转矩，铁芯的涡损也增加。这些都是使步进电动机输出转矩下降的因素。

矩频特性曲线上的凹陷可看成是步进电动机的共振区。由于共振消耗一定的能量，故使转矩下降。

为了提高矩频特性的高频性能,可用如下方法:

- 减小时间常数。由式(8-4)可以看出,增加电阻 R_a 可以减小时间常数;但增加 R_a 会使通电回路中电流值减小,所以,为了保证通电回路中的电流不变,在增加电阻 R_a 的同时,还要提高电源电压。
- 改进工作方式。采用多相励磁的工作方式,例如,三相步进电动机的双三拍、六拍方式。

由图8-7和图8-10可见,多相励磁工作方式使每一相通电的时间延长了,电动机就能获得较多的能量,使高频时输出的转矩增加。

8.3 步进电动机的驱动

通过前面的原理介绍,我们知道了步进电动机使用脉冲电源工作。脉冲电源的获得可通过图8-17来说明。开关管T是按照控制脉冲的规律"开"和"关",使直流电源以脉冲方式向绕组 L 供电。这一过程称为步进电动机的驱动。

步进电动机的驱动方式有多种,可以根据实际需要来选用。下面就逐个介绍其工作原理。

8.3.1 单电压驱动

单电压驱动是指电动机绕组在工作时,只用一个电压电源对绕组供电。其特点是电路最简单。

图8-17就是一个例子,它只有一个电源 V。电路中的限流电阻 R_1 决定了时间常数,但 R_1 太大会使绕组供电电流减小。这一矛盾不能解决时,会使电动机的高频性能下降。可在 R_1 两端并联一个电容,以使电流的上升波形变陡,来改善高频特性,但这样做又使低频性能变差。

R_1 在工作中要消耗一定的能量,所以这个电路损耗大,效率低。一般只用于小功率步进电动机的驱动。

8.3.2 双电压驱动

用提高电压的方法可以使绕组中的电流上升波形变陡,这样就产生了双电压驱动。双电压驱动有两种方式:双电压法和高低压法。

1. 双电压法

双电压法的基本思路是:在低频段使用较低的电压驱动,在高频段使用较高的电压驱动。其电路原理如图8-18所示。

当电动机工作在低频时,给 T_1 低电平,使 T_1 关断。这时电动机的绕组由低电压 V_L 供电,控制脉冲通过 T_2 使绕组得到低压脉冲电源。当电动机工作在高频时,给 T_1

高电平，使 T_1 打开。这时二极管 D_2 反向截止，切断低电压电源 V_L，电动机绕组由高电压 V_H 供电，控制脉冲通过 T_2 使绕组得到高压脉冲电源。

这种驱动方法保证了低频段仍然具有单电压驱动的特点，在高频段具有良好的高频性能，但仍没摆脱单电压驱动的弱点，在限流电阻 R 上仍然会产生损耗和发热。

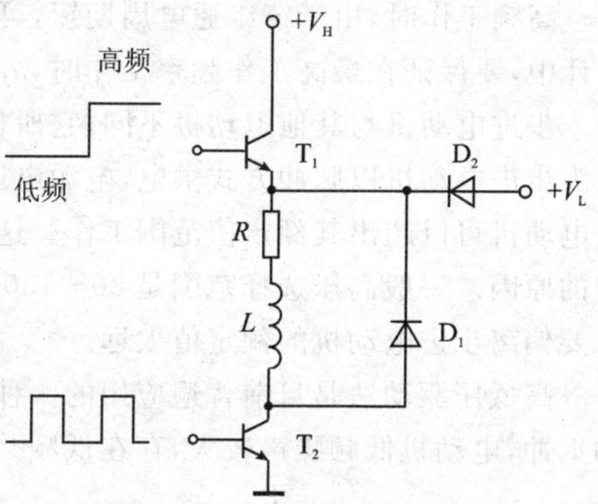

图 8－18　双电压驱动原理图

2. 高低压法

高低压法的基本思路是：不论电动机工作的频率如何，在绕组通电的开始用高压供电，使绕组中电流迅速上升，而后用低压来维持绕组中的电流。

高低压驱动电路的原理图如图 8－19 所示。尽管看起来与双电压法电路非常相似，但它们的原理有很大差别。

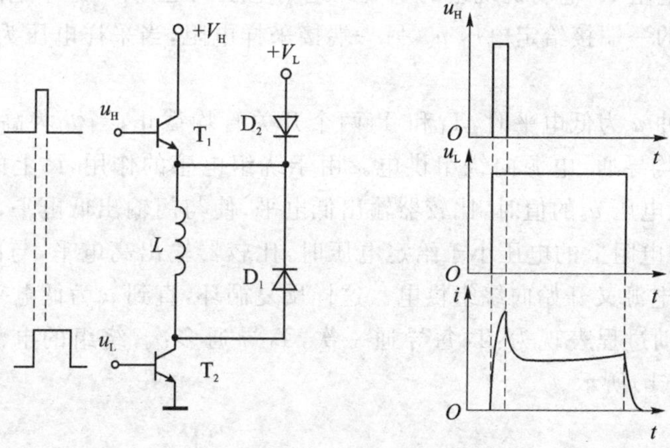

图 8－19　高低压驱动原理图

高压开关管 T_1 的输入脉冲 u_H 与低压开关管 T_2 的输入脉冲 u_L 同时起步，但脉宽要窄得多。两个脉冲同时使开关管 T_1、T_2 导通，使高电压 V_H 为电动机绕组供电。这使得绕组中电流 i 快速上升，电流波形的前沿很陡，电流波形如图 8－19 所示。当脉冲 u_H 降为低电平时，高压开关管 T_1 截止，高电压被切断，低电压 V_L 通过二极管 D_2 为绕组继续供电。由于绕组电阻小，回路中又没串联电阻，所以低电压只需数伏就可以为绕组提供较大电流。

低频工作时，由于绕组通电周期长，容易产生能量过剩。因此，在设计中，可通过计算平均电流的方法，来选择低电压 V_L 值。

高频工作时,由于绕组通电周期短,可能出现 u_H 与 u_L 脉宽相同的情况。因此,在设计中,要保证在最高工作频率工作时,u_H 的脉宽不要大于 u_L 的脉宽。

步进电动机与其他电动机不同,它所标称的额定电压和额定电流只是参考值;又因为步进电动机以脉冲方式供电,电源电压是其最高电压,而不是平均电压,所以,步进电动机可以超出其额定值范围工作。这就是为什么步进电动机可以采用高低压工作的原因。一般高压选择范围是 80～150 V,低压选择范围是 5～20 V。选择时注意不要偏离步进电动机的额定值太远。

高低压驱动法是目前普遍应用的一种方法。由于这种驱动在低频时电流有较大的上冲,电动机低频噪声较大,存在低频共振现象,故使用时要注意。

8.3.3 斩波驱动

高低压驱动时,电流波形在高压与低压交接处有一个凹陷(如图 8-19 所示),这会使输出转矩下降;另外,双电压也会增加设备的成本。而斩波驱动会很好地解决这些问题。

图 8-20(a)是斩波恒流驱动的原理图。T_1 是一个高频开关管。T_2 开关管的发射极接一只小电阻 R,电动机绕组的电流经这个电阻到地,所以这个电阻是电流采样电阻。比较器的一端接给定电压 u_c,另一端接采样电阻,当采样电压为 0 时,比较器输出高电平。

当控制脉冲 u_i 为低电平时,T_1 和 T_2 两个开关管均截止;当 u_i 为高电平时,T_1 和 T_2 两个开关管均导通,电源向绕组供电。由于绕组电感的作用,R 上的电压逐渐升高,当超过给定电压 u_c 的值时,比较器输出低电平,使与门输出低电平,T_1 截止,电源被切断;当采样电阻上的电压小于给定电压时,比较器输出高电平,与门也输出高电平,T_1 又导通,电源又开始向绕组供电。这样反复循环,直到 u_i 为低电平。

以上的驱动过程表现为:T_2 每导通一次,T_1 导通多次,绕组的电流波形为锯齿形,如图 8-20(b)所示。

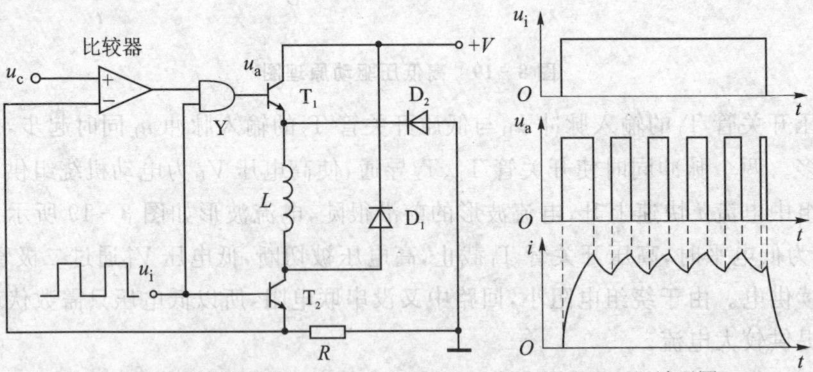

(a) 电路原理图　　(b) 波形图

图 8-20　斩波恒流驱动原理图

T_2导通时，电源是脉冲式供电（见 u_a波形），所以提高了电源效率，并且能有效地抑制共振。由于无须外接影响时间常数的限流电阻，所以提高了高频性能；但是，由于电流波形为锯齿形，将会产生较大的电磁噪声。

8.3.4 细分驱动

步进电动机各相绕组的电流是按照工作方式的节拍轮流通电的。绕组通电的过程非常简单，即通电—断电反复进行。现在设想将这一过程复杂化，例如，每次通电时电流的幅值并不是一次升到位，而是分级，逐级上升；同样，每次断电时电流也不是一次降到0，而是逐级下降。如果这样做，会发生什么现象？

众所周知，电磁力的大小与绕组通电电流的大小有关。当通电相的电流并不马上升到位，而断电相的电流并不立即降为0时，它们所产生的磁场合力，会使转子有一个新的平衡位置，这个新的平衡位置是在原来的步距角范围内。也就是说，如果绕组中电流的波形不再是一个近似方波，而是一个分成 N 个阶级的近似阶梯波，则电流每升或降一个阶级时，转子转动一小步。当转子按照这样的规律转过 N 小步时，实际上相当于它转过一个步距角。这种将一个步距角细分成若干小步的驱动方法，就称为细分驱动。

细分驱动使实际步距角更小了，可以大大提高对执行机构的控制精度。同时，也可以减小或消除振荡、噪声和转矩波动。目前，采用细分技术已经可以将原步距角分成数百份。

例如，三相步进电动机转子有40个齿，采用六拍工作方式，由式(8-2)可计算出它的步距角为1.5°。如果将步距角4细分，则新的步距角为0.375°。细分后它的电流波形如图8-21所示。

电流细分号为 $A \to A\frac{B}{4} \to A\frac{B}{2} \to A\frac{3}{4}B \to AB \to \frac{3}{4}AB \to \frac{A}{2}B \to \frac{A}{4}B \to B \to B\frac{C}{4} \to B\frac{C}{2} \to B\frac{3}{4}C \to BC \to \frac{3}{4}BC \to \frac{B}{2}C \to \frac{B}{4}C \to C \to C\frac{A}{4} \to C\frac{A}{2} \to C\frac{3}{4}A \to CA \to A\frac{3}{4}C \to A\frac{C}{2} \to A\frac{C}{4} \to A$。

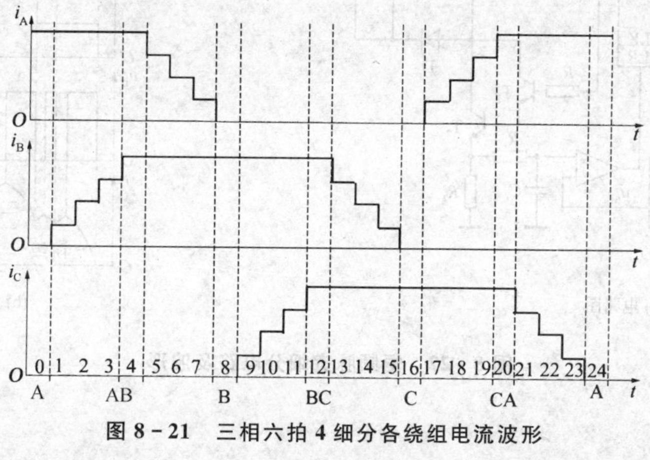

图8-21 三相六拍4细分各绕组电流波形

实现细分的驱动电路可分为两类:一类是采用线性模拟功率放大的方法获得阶梯形电流,这种方法电路简单,但功率管功耗大,效率低;另一类是用单片机采用数字脉宽调制的方法获得阶梯形电流,这种方法需要复杂的计算来使细分后的步距角均匀一致。下面介绍一种属于脉宽调制法的驱动电路——恒频脉宽调制细分电路,它不需要复杂的计算,是目前比较流行的方法。

恒频脉宽调制细分驱动控制实际上是在斩波恒流驱动的基础上的进一步改进。在斩波恒流驱动电路中,绕组中电流的大小取决于比较器的给定电压,在工作中这个给定电压是一个定值。现在,用一个阶梯电压来代替这个给定电压,就可以得到阶梯形电流。

恒频脉宽调制细分驱动电路如图 8-22(a)所示。单片机是控制主体。它通过定时器 T0 输出 20 kHz 的方波,送 D 触发器,作为恒频信号;同时,输出阶梯电压的数字信号到 D/A 转换器,作为控制信号,它的阶梯电压的每一次变化,都使转子走一细分步。

恒频脉宽调制细分电路工作原理如下:当 D/A 转换器输出的 u_a 不变时,恒频信号 CLK 的上升沿使 D 触发器输出 u_b 高电平,使开关管 T_1、T_2 导通,绕组中的电流上升,采样电阻 R_2 上压降增加。当这个压降大于 u_a 时,比较器输出低电平,使 D 触发器输出 u_b 低电平,T_1、T_2 截止,绕组的电流下降。这使得 R_2 上的压降小于 u_a,比较器输出高电平,使 D 触发器输出高电平,T_1、T_2 导通,绕组中的电流重新上升。这样的过程反复进行,使绕组电流的波顶呈锯齿形。因为 CLK 的频率较高,故锯齿形波纹会很小。

当 u_a 上升突变时,采样电阻上的压降小于 u_a,电流有较长的上升时间,电流幅值大幅增长,上升了一个阶级,如图 8-22(b)所示。

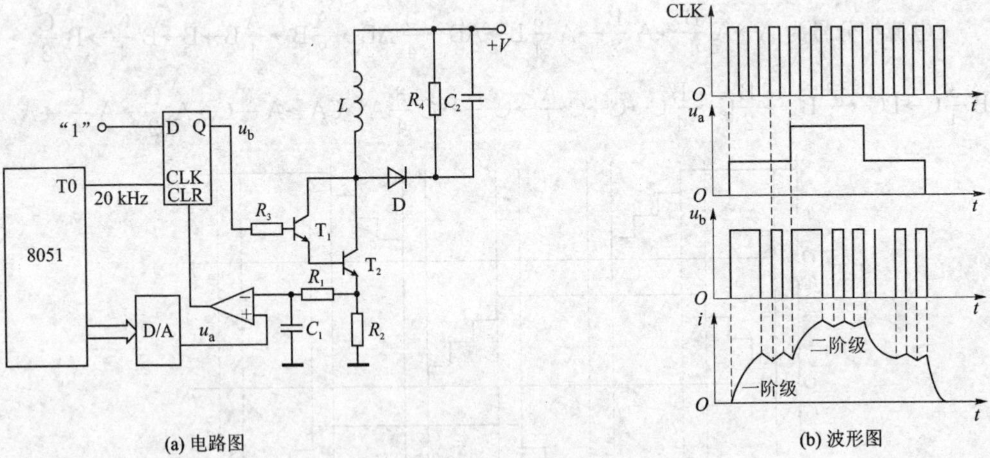

(a) 电路图　　(b) 波形图

图 8-22　恒频脉宽细分电路及波形

同样，当 u_a 下降突变时，采样电阻上的压降有较长时间大于 u_a，比较器输出低电平，CLK 的上升沿即使使 D 触发器输出 1，也马上清 0。电源始终被切断，使电流幅值大幅下降，降到新的阶级为止。

以上过程重复进行。u_a 的每一次突变，就会使转子转过一个细分步。

8.3.5 集成电路驱动

驱动电路集成化已成为一种趋势。目前，已有多种步进电动机驱动集成电路芯片，它们大多集驱动和保护于一体，作为小功率步进电动机的专用驱动芯片，广泛用于小型仪表、计算机外设等领域，使用起来非常方便。下面举一例，介绍 UCN5804B 芯片的功能和应用。

UCN5804B 集成电路芯片适用于四相步进电动机的单极性驱动。它最大能输出 1.5 A 电流、35 V 电压。内部集成驱动电路、脉冲分配器、续流二极管和过热保护电路。它可以选择工作在单四拍、双四拍和八拍方式，上电自行复位，可以控制转向和输出使能。

图 8－23 是这种芯片的一个典型应用。结合图 8－23 可以看出芯片的各引脚功能：4、5、12、13 脚为接地引脚；1、3、6、8 脚为输出引脚，电动机各相的接线如图所示；14 脚控制电动机的转向，其中低电平为正转，高电平为反转；11 脚是步进脉冲的输入端；9、10 脚决定工作方式，其真值表如表 8－2 所列。

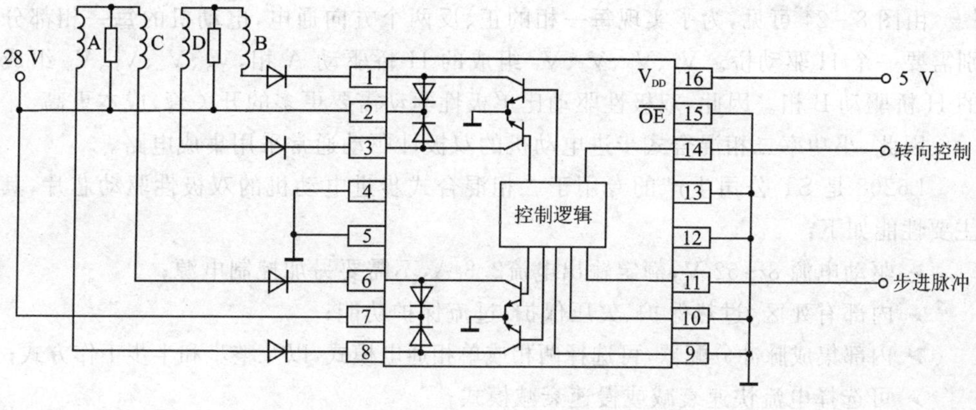

图 8－23 UCN5804B 集成电路典型应用

表 8－2 9、10 脚真值表

工作方式	9 脚	10 脚	工作方式	9 脚	10 脚
双四拍	0	0	单四拍	1	0
八拍	0	1	禁止	1	1

在图 8－23 所示的应用中，每两相绕组共用一个限流电阻。由于绕组间存在互感，绕组的感应电动势可能会使芯片的输出电压为负，导致芯片有较大电流输出，发

生逻辑错误。因此,需要在输出端串接肖特基二极管。

8.3.6 双极性驱动

以上介绍的驱动都是单极性驱动。在实际应用中,有时需要双极性驱动。双极性驱动是指对绕组进行正向和反向通电。二相混合式步进电动机必须使用双极性驱动。

在第 6 章中提到过,为了使直流电动机实现可逆驱动,最常用的方法是使用 H 驱动桥。现在也将这种方法应用到步进电动机的双极性驱动中。对二相混合式步进电动机进行双极性驱动的基本电路如图 8-24 所示。

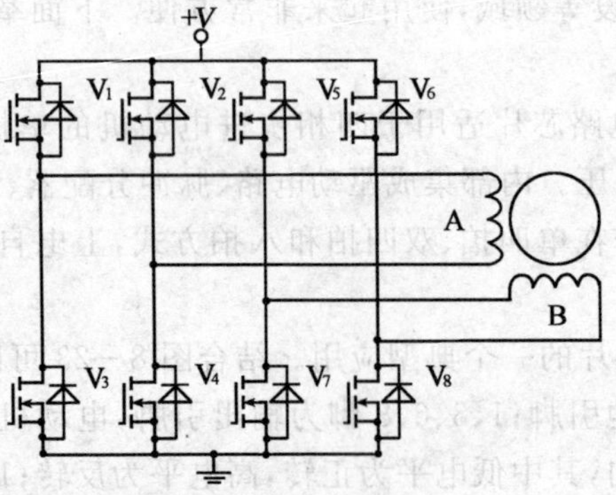

图 8-24 二相混合式步进电动机的双极性驱动

由图 8-24 可见,为了实现每一相的正、反两个方向通电,电动机的每一相都分别需要一个 H 驱动桥。V_1、V_2、V_3、V_4 组成的 H 桥驱动 A 相,V_5、V_6、V_7、V_8 组成的 H 桥驱动 B 相。因此,双极性驱动比单极性驱动需要更多的开关管,成本更高。

因此,小功率二相混合式步进电动机的双极性驱动通常采用集成电路。

L6208 是 ST 公司生产的专用于二相混合式步进电动机的双极性驱动芯片,其主要性能如下:

- 驱动电源 8～52 V,额定输出电流2.8 A,不需要另加控制电源;
- 内部有死区、过热保护、欠压保护、过流保护功能;
- 内部集成脉冲分配器,可选择两相或单相通电模式,以及整步和半步工作方式;
- 可选择电流快速衰减或慢速衰减模式;
- 可实现细分驱动。

L6208 芯片内部结构框图如图 8-25 所示。其结构大致可分为外部控制信号处理单元和两个相同的 H 桥控制与驱动单元。来自外部的控制信号经脉冲分配生成 H 桥的控制信号送入门控逻辑,来控制 H 桥的开关管导通与关断。在 SENSE 引脚上的电压降与 V_{REF} 参考电压相比较,实现电流控制。

L6208 芯片 DIP 封装的引脚功能如表 8-3 所列。

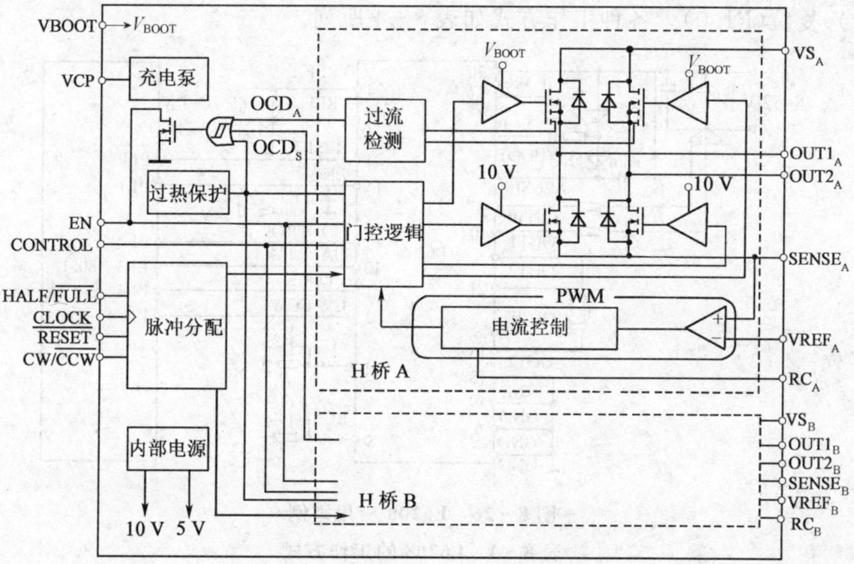

图 8-25 L6208 芯片内部结构框图

表 8-3 L6208 引脚功能

引脚号	引脚名	类　型	功　能
1	CLOCK	逻辑输入	步进时钟输入
2	CW/CCW	逻辑输入	转向控制：0——逆时针；1——顺时针
3	$SENSE_A$	模拟输入	H 桥 A 电流传感电阻接入端
4	RC_A	RC	H 桥 A 电流控制器关断时间选择
5	$OUT1_A$	功率输出	A 相输出 1
6、7、18、19	GND	地	电源地
8	$OUT1_B$	功率输出	B 相输出 1
9	RC_B	RC	H 桥 B 电流控制器关断时间选择
10	$SENSE_B$	模拟输入	H 桥 B 电流传感电阻接入端
11	$VREF_B$	模拟输入	H 桥 B 电流控制器参考电压接入端
12	HALF/FULL	逻辑输入	0——整步；1——半步
13	CONTROL	逻辑输入	电流快速/慢速衰减模式：0——快速；1——慢速
14	EN	逻辑输入	芯片使能，高电平使能
15	VBOOT	电源	上桥臂驱动电源
16	$OUT2_B$	功率输出	B 相输出 2
17	VS_B	电源	H 桥 B 供电源
20	VS_A	电源	H 桥 A 供电源
21	$OUT2_A$	功率输出	A 相输出 2
22	VCP	输出	充电泵输出
23	RESET	逻辑输入	复位，低电平有效
24	$VREF_A$	模拟输入	H 桥 A 电流控制器参考电压接入端

L6208 的应用举例如图 8-26 所示。L6208 与单片机通过 P1 口连接，来分别控制转速（P1.4）、转向（P1.5）、整步/半步（P1.3）、电流快速/慢速衰减（P1.2）、使能

(P1.1)、复位(P1.0)。各种工作方式如表8-4所列。

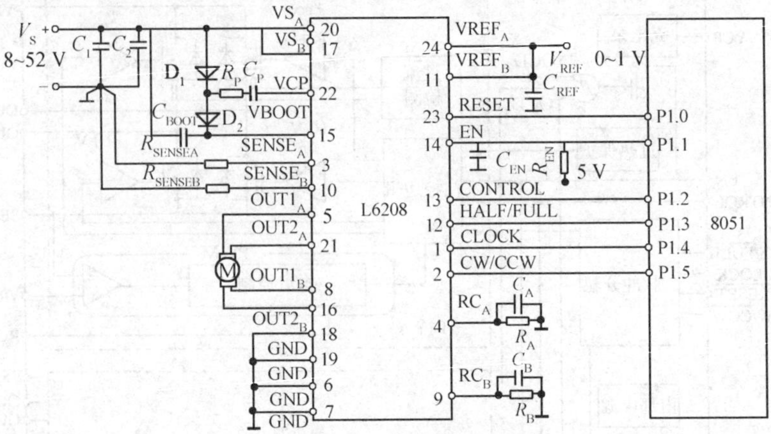

图8-26 L6208应用举例

表8-4 L6208的工作方式

工作方式	P1.0	P1.1	P1.2	P1.3	P1.4	P1.5
整步	先复位	1	—	0	步进时钟	—
半步	先复位	1	—	1	步进时钟	—
快速衰减	—	1	0	—	步进时钟	—
慢速衰减	—	1	1	—	步进时钟	—
顺时针转	—	1	—	—	步进时钟	1
逆时针转	—	1	—	—	步进时钟	0

为了选择单相通电整步工作方式,在复位后,需要保持P1.3引脚高电平一个步进时钟的时间,然后再将P1.3引脚拉为低电平,这样才能进入单相通电整步工作方式。

对于两相通电整步工作方式的选择则比较简单,在复位后,只需将P1.3引脚拉为低电平即可。

P1.1与EN引脚的连接加入了电阻R_{EN}和电容C_{EN},这是因为EN是一个双向引脚,它除了作为输入引脚控制使能外,内部还与保护电路输出的集电极连接。见图8-26,当保护动作时,使EN连到地,因此要外接上拉电阻R_{EN}和电容C_{EN}。

表8-5 元件参考值

元 件	参考值	元 件	参考值
C_1	100 μF	D_1	1N4148
C_2	100 nF	D_2	1N4148
C_A	1 nF	R_A	39 kΩ
C_B	1 nF	R_B	39 kΩ
C_{BOOT}	220 nF	R_{EN}	100 kΩ
C_P	10 nF	R_P	100 Ω
C_{EN}	5.6 nF	R_{SENSEA}	0.3 Ω
C_{REF}	68 nF	R_{SENSEB}	0.3 Ω

二极管D_1、D_2、电阻R_P、电容C_P、C_{BOOT}组成了外接的充电泵电路。通过VBOOT引脚为H桥的上桥臂驱动供电。R_{SENSEA}、R_{SENSEB}分别是H桥A和H桥B的电流传感电阻。电阻R_A、R_B和电容C_A、C_B用来决定斩波频率。

图8-26中所用元件及其参考值如表8-5所列。

8.4 步进电动机的单片机控制

步进电动机的驱动电路根据控制信号工作。在步进电动机的单片机控制中,控制信号由单片机产生。其基本控制作用如下:

① 控制换相顺序。步进电动机的通电换相顺序严格按照步进电动机的工作方式进行。通常我们把通电换相这一过程称为脉冲分配。例如,三相步进电动机的单三拍工作方式,其各相通电的顺序为 A→B→C,通电控制脉冲必须严格按照这一顺序分别控制 A、B、C 相的通电和断电。

② 控制步进电动机的转向。通过前面介绍的步进电动机原理我们已经知道,如果按给定的工作方式正序通电换相,步进电动机就正转;如果按反序通电换相,则电动机就反转。例如,四相步进电动机工作在单四拍方式,通电换相的正序是 A→B→C→D,电动机就正转;如果按反序 A→D→C→B,则电动机就反转。

③ 控制步进电动机的速度。如果给步进电动机发一个控制脉冲,它就转一步,再发一个脉冲,它就会再转一步。两个脉冲的间隔时间越短,步进电动机就转得越快。因此,脉冲的频率决定了步进电动机的转速。调整单片机发出脉冲的频率,就可以对步进电动机进行调速。

下面介绍如何用单片机实现上述控制。

8.4.1 脉冲分配

实现脉冲分配(也就是通电换相控制)的方法有两种:软件法和硬件法。

1. 软件法

软件法是完全用软件的方式,按照给定的通电换相顺序,通过单片机的 I/O 口向驱动电路发出控制脉冲。图 8-27是用这种方法控制五相步进电动机硬件接口的例子。利用 8051 系列单片机的 P1.0~P1.4 这 5 条 I/O 线,向五相步进电动机传送控制信号。

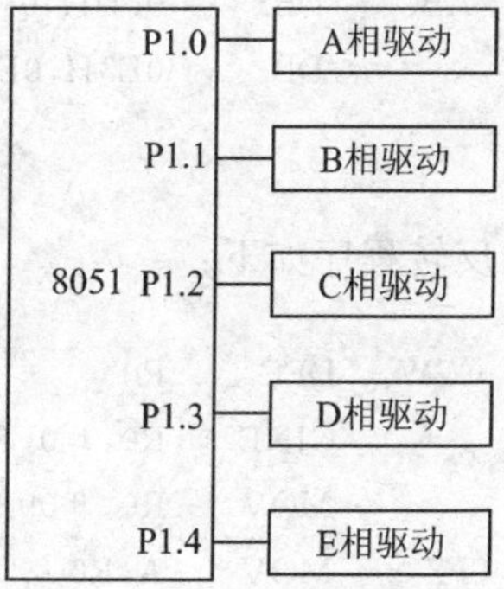

图 8-27 用软件实现脉冲分配的接口示意图

下面以五相步进电动机工作在十拍方式为例,说明如何设计软件。

五相十拍工作方式通电换相的正序为 AB→ABC→BC→BCD→CD→CDE→DE→DEA→EA→EAB,共有 10 个通电状态。如果 P1 口输出的控制信号中,0 代表使绕组通电,1 代表使绕组断电,则可用 10 个控制字来对应这 10 个通电状态。这 10 个控制字如表 8-6 所列。

表 8-6 五相十拍工作方式的控制字

通电状态	P1.4(E)	P1.3(D)	P1.2(C)	P1.1(B)	P1.0(A)	控制字
AB	1	1	1	0	0	FCH
ABC	1	1	0	0	0	F8H
BC	1	1	0	0	1	F9H
BCD	1	0	0	0	1	F1H
CD	1	0	0	1	1	F3H
CDE	0	0	0	1	1	E3H
DE	0	0	1	1	1	E7H
DEA	0	0	1	1	0	E6H
EA	0	1	1	1	0	EEH
EAB	0	1	1	0	0	ECH

在程序中,只要依次将这 10 个控制字送到 P1 口,步进电动机就会转动一个齿距角。每送一个控制字,就完成一拍,步进电动机就转过一个步距角。程序就是根据这个原理进行设计的。

用 R0 作为状态计数器,来指示第几拍,按正转时加 1、反转时减 1 的操作规律,则正转程序如下:

```
CW:   INC    R0                              ;正转加1
      CJNE   R0,#0AH,ZZ                      ;如果计数器等于10,则修正为0
      MOV    R0,#00H
ZZ:   MOV    A,R0                            ;计数器值送A
      MOV    DPTR,#ABC                       ;指向数据存放首地址
      MOVC   A,@A+DPTR                       ;取控制字
      MOV    P1,A                            ;送控制字到P1口
      RET
ABC:  DB     0FCH,0F8H,0F9H,0F1H,0F3H        ;10个控制字
      DB     0E3H,0E7H,0E6H,0EEH,0ECH
```

反转程序如下:

```
CCW:  DEC    R0                              ;反转减1(反序)
      CJNE   R0,#0FFH,FZ                     ;如果计数器等于FFH,则修正为9
      MOV    R0,#09H
FZ:   MOV    A,R0
      MOV    DPTR,#ABC                       ;指向数据存放首地址
      MOVC   A,@A+DPTR                       ;取控制字
      MOV    P1,A                            ;送P1口
      RET
```

软件法在电动机运行过程中，要不停地产生控制脉冲，占用了大量 CPU 时间，可能使单片机无法同时进行其他工作（如监测等），所以，人们更喜欢用硬件法。

2. 硬件法

硬件法是使用脉冲分配器芯片来进行通电换相控制。脉冲分配器有很多种，这里介绍一种 8713 集成电路芯片。8713 有几种型号，例如三洋公司生产的 PMM8713、富士通公司生产的 MB8713、国产的 5G8713 等，它们的功能相同，可以互换。

8713 属于单极性控制，用于控制三相和四相反应式步进电动机，可以选择以下不同的工作方式。

- 三相步进电动机：单三拍、双三拍、六拍；
- 四相步进电动机：单四拍、双四拍、八拍。

8713 可以选择单时钟输入或双时钟输入；具有正反转控制、初始化复位、工作方式和输入脉冲状态监视等功能；所有输入端内部都设有施密特整形电路，提高抗干扰能力；使用 4～18 V直流电源，输出电流为 20 mA。

8713 有 16 个引脚，各引脚功能如表 8－7 所列。

表 8－7　8713 引脚功能

引　脚	功　能	说　明
1	正转脉冲输入端	1、2 脚为双时钟输入端
2	反转脉冲输入端	
3	脉冲输入端	3、4 脚为单时钟输入端
4	转向控制端：0——反转；1——正转	
5、6	工作方式选择：00 为双三（四）拍；01、10 为单三（四）拍；11 为六（八）拍	
7	三/四相选择：0——三相；1——四相	
8	地	
9	复位端。低电平有效	
10、11、12、13	输出端。四相用 13、12、11、10 脚，分别代表 A、B、C、D；三相用 13、12、11 脚，分别代表 A、B、C	
14	工作方式监视。0 为单三（四）拍；1 为双三（四）拍；脉冲为六（八）拍	
15	输入脉冲状态监视，与时钟同步	
16	电源	

8713 脉冲分配器与单片机的接口例子如图 8－28所示。本例选用单时钟输入方式，8713 的 3 脚为步进脉冲输入端，4 脚为转向控制端，这两个引脚的输入均由单片机提供和控制。选用对四相步进电动机进行八拍方式控制，所以 5、6、7 脚均接高电平。

由于采用了脉冲分配器，故单片机只需提供步进脉冲，进行速度控制和转向控制，脉冲分配的工作交给脉冲分配器来自动完成。因此，CPU 的负担减轻许多。

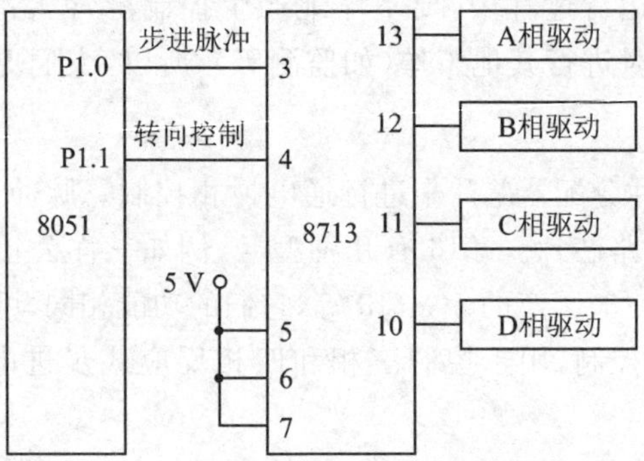

图 8-28　8713 脉冲分配器与单片机接口

8.4.2　速度控制

步进电动机的速度控制通过控制单片机发出的步进脉冲频率来实现。对于如图 8-27所示的软脉冲分配方式,可以采用调整两个控制字之间的时间间隔来实现调速。对于如图 8-28 所示的硬脉冲分配方式,可以控制步进脉冲的频率来实现调速。

根据上面介绍的调速原理,控制步进电动机速度的方法可有 2 种:

- 通过软件延时的方法。改变延时的时间长度就可以改变输出脉冲的频率,但这种方法使 CPU 长时间等待,占用大量机时,因此没有实用价值。
- 通过定时器中断的方法。在中断服务子程序中进行脉冲输出操作,调整定时器的定时常数就可以实现调速。这种方法占用 CPU 时间较少,在各种单片机中都能实现,是一种比较实用的调速方法。下面以图 8-28 为例介绍这种调速方法的应用。

定时器法利用定时器进行工作。为了产生如图 8-28 所示的步进脉冲,要根据给定的脉冲频率和单片机的机器周期来计算定时常数,这个定时常数决定了定时时间。当定时时间到而使定时器产生溢出时发生中断,在中断子程序中进行改变 P1.0 电平状态的操作,这样就可以得到一个给定频率的方波输出。改变定时常数,就可以改变方波的频率,从而实现调速。

本例使用定时器 T0,选择工作方式 1。设用于改变速度的定时常数存放在内部 RAM 30H(低 8 位)和 31H(高 8 位)中,则定时器中断服务子程序如下:

```
AA:   CPL    P1.0              ;改变 P1.0 电平状态
      PUSH   ACC               ;累加器 A 进栈
      PUSH   PSW
      CLR    C
      CLR    TR0               ;停定时器
```

```
        MOV     A,TL0           ;取 TL0 当前值
        ADD     A,#08H          ;加 8 个机器周期
        ADD     A,30H           ;加定时常数(低 8 位)
        MOV     TL0,A           ;重装定时常数(低 8 位)
        MOV     A,TH0           ;取 TH0 当前值
        ADDC    A,31H           ;加定时常数(高 8 位)
        MOV     TH0,A           ;重装定时常数(高 8 位)
        SETB    TR0             ;开定时器
        POP     PSW
        POP     ACC
        RETI                    ;返回
```

T0 初始化程序和定时常数计算程序略。

本例采用了精确定时的方法。因为中断过程和中断服务程序执行过程都要花一定的时间,这些时间造成延时,会影响步进脉冲的频率精度。定时器在溢出后,如果没接到停止的指令,则会继续从 0000H 开始加 1。因此,在本程序中,取 T0 的当前值与定时常数相加,是因为 T0 的当前值包含了在定时器停之前中断服务过程所花的时间。另外,在本程序中,定时器从停止到重新打开,CPU 执行了 8 条单周期的指令,这 8 个机器周期也要计算在内。

调速指令是通过输入界面由外界输入的,可通过键盘程序或 A/D 转换程序接收,通过这些程序将外界给定的速度值转换成相应的定时常数,并存入 30H 和 31H,这样就可以在定时器中断后改变步进脉冲的频率,达到调速的目的。

采用定时器法进行步进电动机的速度控制时,CPU 只在改变步进脉冲状态时进行参与,所以 CPU 的负担大大减轻,完全可以同时从事其他工作。

8.5 步进电动机的运行控制

步进电动机的运行控制涉及位置控制和加、减速控制。

8.5.1 位置控制

步进电动机的位置控制,指的是控制步进电动机带动执行机构从一个位置精确地运行到另一个位置。步进电动机的位置控制是步进电动机的一大优点,它可以不用借助位置传感器而只需简单的开环控制就能达到足够的位置精度,因此应用很广。

步进电动机的位置控制需要 2 个参数:

- 第一个是步进电动机控制的执行机构当前的位置参数,称为绝对位置。绝对位置是有极限的,其极限是执行机构运动的范围,超越了这个极限就应报警。
- 第二个是从当前位置移动到目标位置的距离,可以用折算的方式将这个距离折算成步进电动机的步数。这个参数是外界通过键盘或可调电位器旋钮

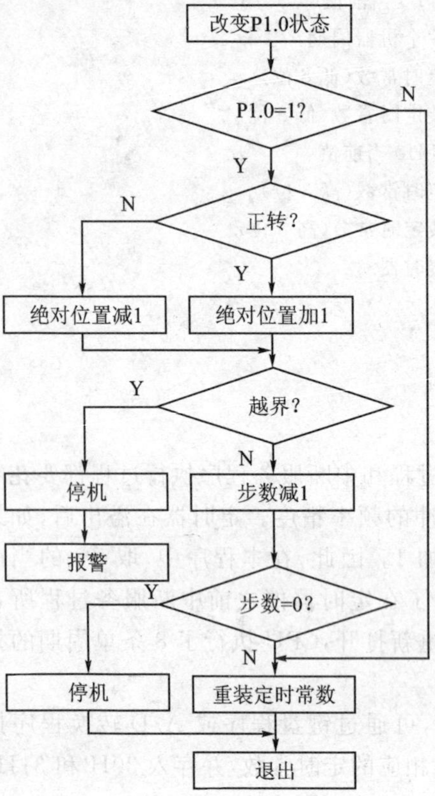

图 8-29　中断服务子程序框图

输入的,所以折算的工作应该在键盘程序或 A/D 转换程序中完成。

对步进电动机位置控制的一般做法是:步进电动机每走一步,步数减 1,如果没有失步存在,当执行机构到达目标位置时,步数正好减到 0。因此,用步数等于 0 来判断是否移动到目标位,作为步进电动机停止运行的信号。

绝对位置参数可作为人机对话的显示参数,或作为其他控制目的的重要参数(例如本例作为越界报警参数),因此也必须要给出。它与步进电动机的转向有关,当步进电动机正转时,步进电动机每走一步,绝对位置加 1;当步进电动机反转时,绝对位置随每次步进减 1。

下面给出一个例子。其硬件连接仍如图 8-28 所示,所有的操作仍然都发生在定时器中断程序(框图见图 8-29)中,而且每次中断仍然改变一次 P1.0 的状态,也就是说,每两次中断,步进电动机才走一步。下面是本程序使用的资源:

30H、31H——存放定时常数,低位在前;

32H～34H——存放绝对位置参数(假设用 3 字节),低位在前;

35H、36H——存放步数(假设最大值占 2 字节),低位在前。

程序如下:

```
POS:  CPL    P1.0                ;改变 P1.0 电平状态
      PUSH   ACC                 ;累加器 A 进栈
      PUSH   PSW
      PUSH   R0                  ;R0 进栈
      JNB    P1.0,POS4           ;P1.0=0 时,半个脉冲,转到 POS4
      CLR    EA                  ;关中断
      JNB    P1.1,POS1           ;反转,转到 POS1
      MOV    R0,#32H             ;正转。指向绝对位置低位 32H
      INC    @R0                 ;绝对位置加 1
      CJNE   @R0,#00H,POS2       ;无进位则转向 POS2
```

```
        INC     R0              ;指向 33H
        INC     @R0             ;(33H)+1
        CJNE    @R0,#00H,POS2   ;无进位则转向 POS2
        INC     R0              ;指向 34H
        INC     @R0             ;(34H)+1
        CJNE    @R0,#00H,POS2   ;无越界则转向 POS2
        CLR     TR0             ;发生越界,停定时器(停电动机)
        LCALL   BAOJING         ;调报警子程序
POS1:   MOV     R0,#32H         ;反转。指向绝对位置低位 32H
        DEC     @R0             ;绝对位置减 1
        CJNE    @R0,#0FFH,POS2  ;无借位则转向 POS2
        INC     R0              ;指向 33H
        DEC     @R0             ;(33H)-1
        CJNE    @R0,#0FFH,POS2  ;无借位则转向 POS2
        INC     R0              ;指向 34H
        DEC     @R0             ;(34H)-1
        CJNE    @R0,#0FFH,POS2  ;无越界则转向 POS2
        CLR     TR0             ;发生越界,停定时器(停电动机)
        LCALL   BAOJING         ;调报警子程序
POS2:   MOV     R0,#35H         ;指向步数低位 35H
        DEC     @R0             ;步数减 1
        CJNE    @R0,#0FFH,POS3  ;无借位则转向 POS3
        INC     R0              ;指向 36H
        DEC     @R0             ;(36H)-1
POS3:   SETB    EA              ;开中断
        MOV     A,35H           ;检查步数=0
        ORL     A,36H
        JNZ     POS4            ;不等于 0 转向 POS4
        CLR     TR0             ;等于 0。停定时器
        SJMP    POS5            ;退出
POS4:   CLR     C
        CLR     TR0             ;停定时器
        MOV     A,TL0           ;取 TL0 当前值
        ADD     A,#08H          ;加 8 个机器周期
        ADD     A,30H           ;加定时常数(低 8 位)
        MOV     TL0,A           ;重装定时常数(低 8 位)
        MOV     A,TH0           ;取 TH0 当前值
        ADDC    A,31H           ;加定时常数(高 8 位)
```

```
        MOV    TH0,A              ;重装定时常数(高8位)
        SETB   TR0                ;开定时器
POS5:   POP    R0
        POP    PSW
        POP    ACC
        RETI                      ;返回
```

步进电动机的正反转控制在主程序中实现。如果正转,则使 P1.1=1;如果反转,则使P1.1=0。因此,不管是正转还是反转,上面的程序都适用。

8.5.2 加、减速控制

实际上,在 8.4.2 小节所述速度控制中,速度并不是一次升到位。在 8.5.1 小节所述位置控制中,执行机构的位移也不总是恒速进行的。它们对运行的速度都有一定的要求。在这一小节中,将讨论步进电动机在运行中的加、减速问题。

步进电动机驱动执行机构从 A 点到 B 点移动时,要经历升速、恒速和减速过程。如果启动时一次将速度升到给定速度,由于启动频率超过极限启动频率 f_q,步进电动机要发生失步现象,因此会造成不能正常启动。如果到终点时突然停下来,由于惯性作用,步进电动机会发生过冲现象,会造成位置精度降低。如果非常缓慢地升降速,步进电动机虽然不会产生失步和过冲现象,但影响了执行机构的工作效率。所以,对步进电动机的加、减速要有严格的要求,那就是保证在不失步和过冲的前提下,用最快的速度(或最短的时间)移动到指定位置。

为了满足加、减速要求,步进电动机运行通常按照加、减速曲线进行。图 8-30 是加、减速运行曲线。加、减速运行曲线没有一个固定的模式,一般根据经验和试验得到。

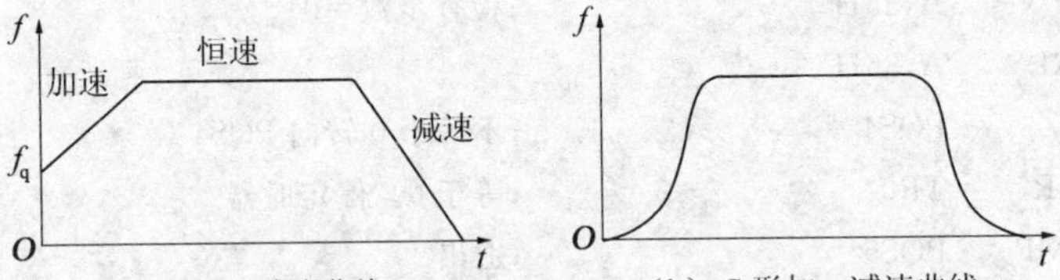

(a) 匀加、减速曲线　　(b) S形加、减速曲线

图 8-30　加、减速运行曲线

最简单的是匀加速和匀减速曲线,如图 8-30(a)所示。其加、减速曲线都是直线,因此容易编程实现。按直线加速时,加速度是不变的,当恒负载时,要求电动机输出恒转矩。但是由于步进电动机的矩频特性曲线是下降的(见图 8-16),当满载直线加速时,有可能造成因转矩不足而产生失步的现象。

采用指数加、减速曲线或 S 形（分段指数曲线）加、减速曲线是最好的选择，如图 8-30(b)所示，这是因为随着转速的增加，加速度在减小。电动机输出转矩的变化符合矩频特性。

步进电动机的运行还可根据距离的长短，分如下 3 种情况处理。

➢ 短距离：由于距离较短，来不及升到最高速，因此，在这种情况下，步进电动机以接近启动频率运行，运行过程没有加、减速。

➢ 中、短距离：该距离里，步进电动机只有加、减速过程，而没有恒速过程。

➢ 中、长距离：该距离里，步进电动机不仅有加、减速过程，还有恒速过程。由于距离较长，要尽量缩短用时，保证快速反应性。因此，在加速时，尽量用接近启动频率启动；在恒速时，尽量工作在最高速。

单片机在用定时器法调速时，用改变定时常数的方法来改变输出的步进脉冲频率，达到改变转速的目的。对于 MCS-51 系列单片机，其定时器属于加 1 定时器。因此，在步进电动机加速时，定时常数应增加；减速时，定时常数应减小。

如果采用非线性加、减速曲线，要用离散法将加、减速曲线离散化。将离散所得的转速序列所对应的定时常数序列做成表格，存储在程序存储器中。在程序运行中，使用查表的方式重装定时常数，这样做比用计算法节省时间，可提高系统的响应速度。

下面举例来说明步进电动机加、减速控制程序的编制。

图 8-31 是近似指数加速曲线。由图可见，离散后速度并不是一直上升的，而是每升一级都要在该级上保持一段时间，因此实际加速轨迹呈阶梯状。如果速度是等间距分布，那么在该速度级上保持的时间不一样长。为了简化，用速度级数 N 与一个常数 C 的乘积去模拟，并且保持的时间用步数来代替。因此，速度每升一级，步进电动机都要在该速度级上走 NC 步（其中 N 为该速度级数）。

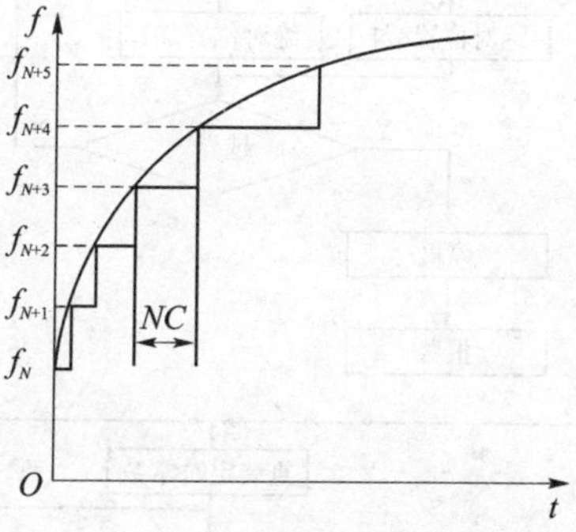

图 8-31 加速曲线离散化

为了简化，减速时也采用与加速时相同的方法，只不过其过程是加速时的逆过程。

本程序的参数除了有速度级数 N 和级步数 NC 以外，还有以下参数。

➢ 加速过程的总步数：电动机在升速过程中每走一步，加速总步数就减 1，直到减为 0，加速过程结束，进入恒速过程。

➢ 恒速过程的总步数：电动机在恒速过程中每走一步，恒速总步数就减 1，直到减为 0，恒速过程结束，进入减速过程。

➢ 减速过程的总步数：电动机在减速过程中每走一步，减速总步数就减 1，直到减为0,减速过程结束,电动机停止运行。

本程序的资源分配如下:

R0——中间寄存器;

R1——存储速度级数;

R2——存储级步数;

R3——加减速状态指针,加速时指向35H,恒速时指向37H,减速时指向3AH;

32H～34H——存放绝对位置参数(假设用3字节),低位在前;

35H～36H——存放加速总步数(假设用2字节),低位在前;

37H～39H——存放恒速总步数(假设用3字节),低位在前;

3AH～3BH——存放减速总步数(假设用2字节),低位在前。

定时常数序列存放在以ABC为起始地址的ROM中。初始R3＝35H,R1、R2都有初始值。

加减速程序框图如图8－32所示。

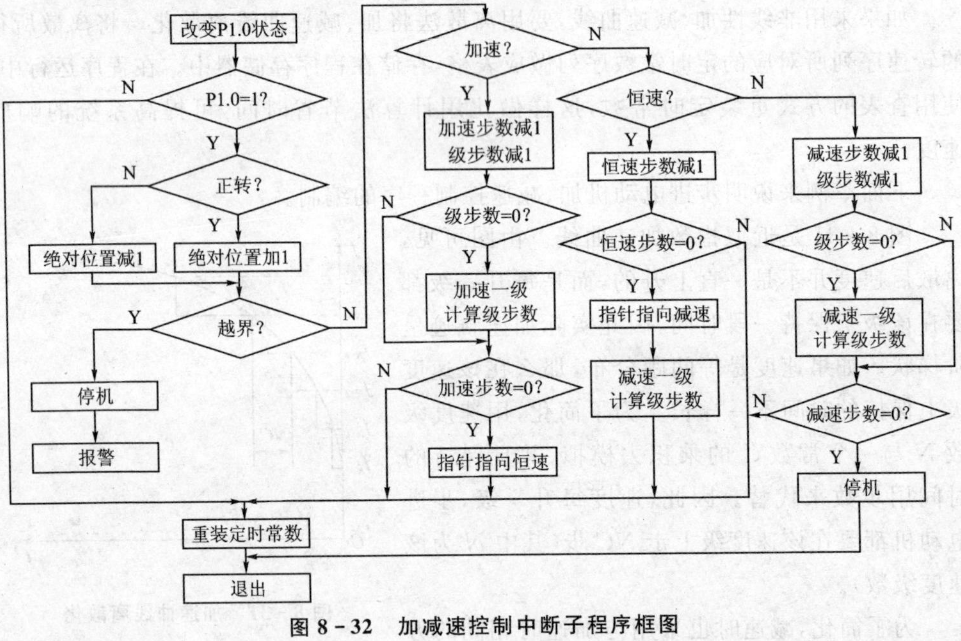

图8－32 加减速控制中断子程序框图

程序如下:

```
JAJ:   CPL    P1.0          ;改变P1.0电平状态
       PUSH   ACC           ;保存现场
       PUSH   PSW
       PUSH   B
       PUSH   DPTL
```

```
        PUSH   DPTH
        SETB   RS0                 ;选用工作寄存器 1
        JNB    P1.0,JAJ10          ;P1.0=0 时,半个脉冲,转到 JAJ10
        CLR    EA                  ;关中断
        JNB    P1.1,JAJ1           ;反转,转到 JAJ1
        MOV    R0,#32H             ;正转,指向绝对位置低位 32H
        INC    @R0                 ;绝对位置加 1
        CJNE   @R0,#00H,JAJ2       ;无进位则转向 JAJ2
        INC    R0                  ;指向 33H
        INC    @R0                 ;(33H)+1
        CJNE   @R0,#00H,JAJ2       ;无进位则转向 JAJ2
        INC    R0                  ;指向 34H
        INC    @R0                 ;(34H)+1
        CJNE   @R0,#00H,JAJ2       ;无越界则转向 JAJ2
        CLR    TR0                 ;发生越界,停定时器(停电动机)
        LCALL  BAOJING             ;调报警子程序
JAJ1:   MOV    R0,#32H             ;反转,指向绝对位置低位 32H
        DEC    @R0                 ;绝对位置减 1
        CJNE   @R0,#0FFH,JAJ2      ;无借位则转向 JAJ2
        INC    R0                  ;指向 33H
        DEC    @R0                 ;(33H)-1
        CJNE   @R0,#0FFH,JAJ2      ;无借位则转向 JAJ2
        INC    R0                  ;指向 34H
        DEC    @R0                 ;(34H)-1
        CJNE   @R0,#0FFH,JAJ2      ;无越界则转向 JAJ2
        CLR    TR0                 ;发生越界,停定时器(停电动机)
        LCALL  BAOJING             ;调报警子程序
JAJ2:   SETB   EA                  ;开中断
        CJNE   R3,#35H,JAJ5        ;不是加速则转向 JAJ5
        MOV    R0,#35H             ;指向加速步数低位 35H
        DEC    @R0                 ;加速步数减 1
        CJNE   @R0,#0FFH,JAJ3      ;无借位则转向 JAJ3
        INC    R0                  ;指向 36H
        DEC    @R0                 ;(36H)-1
JAJ3:   DJNZ   R2,JAJ4             ;判断该级步数是否走完
        INC    R1                  ;走完,速度升 1 级
```

```
        MOV     A,R1                ;计算级步数
        MOV     B,#N                ;立即数 N
        MUL     AB
        MOV     R2,A                ;保存级步数
JAJ4:   MOV     A,35H               ;检查加速步数=0
        ORL     A,36H
        JNZ     JAJ10               ;不等于 0,转向 JAJ10
        MOV     R3,#37H             ;等于 0,加速结束,指针指向恒速
        SJMP    JAJ10
JAJ5:   CJNE    R3,#37H,JAJ7        ;不是恒速则转向 JAJ7
        MOV     R0,#37H             ;指向恒速步数低位 37H
        DEC     @R0                 ;恒速步数减 1
        CJNE    @R0,#0FFH,JAJ6
        INC     R0
        DEC     @R0
        CJNE    @R0,#0FFH,JAJ6
        INC     R0
        DEC     @R0
JAJ6:   MOV     A,37H               ;检查恒速步数=0
        ORL     A,38H
        ORL     A,39H
        JNZ     JAJ10               ;不等于 0,转向 JAJ10
        MOV     R3,#3AH             ;等于 0,恒速结束,指针指向减速
        DEC     R1                  ;减速 1 级
        MOV     A,R1                ;计算级步数
        MOV     B,#N
        MUL     AB
        MOV     R2,A                ;保存级步数
        SJMP    JAJ10
JAJ7:   MOV     R0,#3AH             ;指向减速步数低位 3AH
        DEC     @R0                 ;减速步数减 1
        CJNE    @R0,#0FFH,JAJ8
        INC     R0
        DEC     @R0
JAJ8:   DJNZ    R2,JAJ9             ;判断该级步数是否走完
        DEC     R1                  ;走完,速度降 1 级
```

```
        MOV     A,R1               ;计算级步数
        MOV     B,#N
        MUL     AB
        MOV     R2,A               ;保存级步数
JAJ9:   MOV     A,3AH              ;检查减速步数=0
        ORL     A,3BH
        JNZ     JAJ10              ;不等于0,转向JAJ10
        CLR     TR0                ;等于0,停定时器
        SJMP    JAJ11              ;退出
JAJ10:  MOV     DPTR,#ABC          ;指向定时常数存放的首地址
        MOV     A,R1               ;取速度级数
        RL      A                  ;每级定时常数占2字节,乘以2
        MOV     B,A                ;暂存
        MOVC    A,@A+DPTR          ;取定时常数(低8位)
        CLR     C
        ADD     A,#09H             ;加9个机器周期
        CLR     TR0                ;停定时器
        ADD     A,TL0              ;加定时常数(低8位)
        MOV     TL0,A              ;重装定时常数(低8位)
        MOV     A,B
        INC     A
        MOVC    A,@A+DPTR          ;取定时常数(高8位)
        ADDC    A,TH0              ;加定时常数(高8位)
        MOV     TH0,A              ;重装定时常数(高8位)
        SETB    TR0                ;开定时器
JAJ11:  POP     DPTH               ;恢复现场
        POP     DPTL
        POP     B
        POP     PSW
        POP     ACC
        RETI                       ;返回
ABC:    DB …                       ;定时常数序列表
```

习题与思考题

8-1 简述反应式步进电动机的工作原理。

8-2 比较三相步进电动机工作在单三拍、双三拍、六拍方式时，电动机的性能有何不同？为什么会产生不同？

8-3 如何减小或消除步进电动机的振荡现象?

8-4 如何提高步进电动机的负载能力?

8-5 如何改善步进电动机的高频性能和低频性能?

8-6 简述细分驱动的原理。

8-7 一台五相步进电动机,工作在十拍方式,转子齿数为48,在单相绕组中测得电流频率为600 Hz,试求电动机的齿距角、步距角和转速。

8-8 三相步进电动机工作在双三拍方式,已知步距角为3°,最大转矩 $T_{max}=0.685\ N\cdot m$,转动部分的转动惯量 $J=1.725\times10^{-5}\ kg\cdot m^2$,试求该步进电动机的自由振荡频率和周期。

8-9 利用8713脉冲分配器,用8051单片机控制三相步进电动机,试分别画出当电动机工作在双三拍和六拍方式时的接口电路。

8-10 在图8-28所示的接口电路中,采用定时器中断的方法控制步进电动机的速度。若定时器T0工作在工作方式2,中断服务子程序AA应该怎样改写?与原来的方法有何区别?

8-11 请画出二相混合式步进电动机单相整步、两相整步和半步的相电压波形图。

第9章 无刷直流电动机的原理及单片机控制

直流电动机具有非常优秀的线性机械特性、宽的调速范围、大的启动转矩、简单的控制电路等优点，长期以来一直广泛地应用在各种驱动装置和伺服系统中。但是，直流电动机的电刷和换向器却成为阻碍它发展的障碍。机械电刷和换向器因强迫性接触，造成它结构复杂、可靠性差、接触电阻变化、产生火花、噪声等一系列问题，影响了直流电动机的调速精度和性能，因此，长期以来人们一直在寻找一种不用电刷和换向器的直流电动机。随着电子技术、功率元件技术和高性能的磁性材料制造技术的飞速发展，这种想法已成为现实。无刷直流电动机利用电子换向器取代了机械电刷和机械换向器，因此，使这种电动机不仅保留了直流电动机的优点，而且又具有交流电动机的结构简单、运行可靠、维护方便等优点，使它一经出现就以极快的速度得到发展和普及。从 1962 年问世以来，尤其经过近 20 多年来的发展，目前，无刷直流电动机已广泛应用在计算机外围设备（如软驱、硬盘、光驱等）、办公自动化设备（如打印机、复印机、扫描仪、绘图仪、复印机等）、家电产品（如洗衣机、空调、风扇等）、音像设备（如 VCD、摄像机、录像机等）、汽车、数控机床、机器人、医疗设备等方面和领域。

9.1 无刷直流电动机的结构和原理

9.1.1 无刷直流电动机的结构

无刷直流电动机是由电动机本体、转子位置传感器和电子开关线路 3 部分组成的，其原理框图如图 9－1 所示。图中，直流电源通过开关电路向电动机定子绕组供电，位置传感器随时检测到转子所处的位置，并根据转子的位置信号来控制开关管的导通和截止，从而自动地控制哪些相绕组通电，哪些相绕组断电，实现了电子换相。

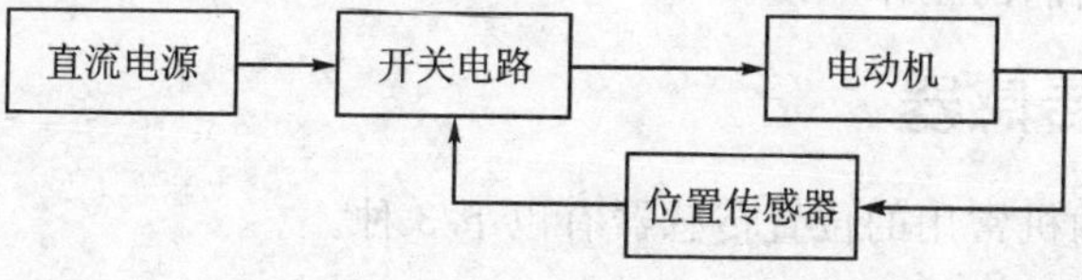

图 9－1　无刷直流电动机的原理框图

无刷直流电动机的基本结构如图 9-2 所示。无刷直流电动机的转子是由永磁材料制成的具有一定磁极对数的永磁体。

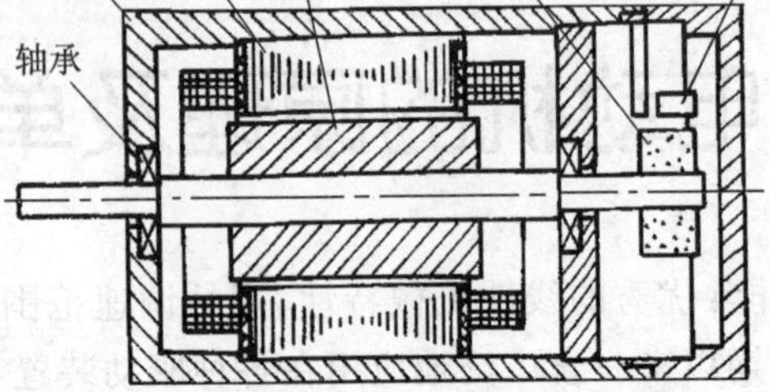

图 9-2　无刷直流电动机结构示意图

转子的结构分为两种:第一种是将瓦片状的永磁体贴在转子外表上,如图 9-3(a)所示,称为凸极式;另一种是将永磁体内嵌到转子铁芯中,如图 9-3(b)所示,称为内嵌式。定子上有电枢,这一点与永磁有刷直流电动机正好相反,永磁有刷直流电动机的电枢装在转子上,而永磁体装在定子上。

无刷直流电动机的定子上开有齿槽,齿槽数与转子极数和相数有关,应是它们的整数倍。绕组的相数有二、三、四、五相,但应用最多的是三相和四相。各相绕组分别与电子开关电路相连,开关电路中的开关管受位置传感器的信号控制。

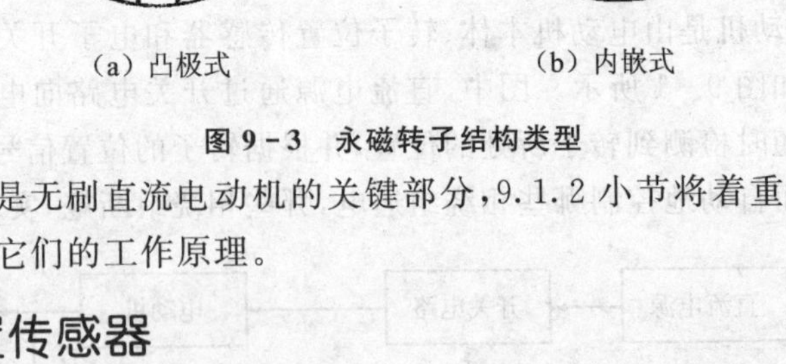

图 9-3　永磁转子结构类型

位置传感器是无刷直流电动机的关键部分,9.1.2 小节将着重介绍各种位置传感器的结构以及它们的工作原理。

9.1.2　位置传感器

无刷直流电动机常用的位置传感器有以下 3 种。

1. 电磁式位置传感器

电磁式位置传感器是利用电磁效应来实现位置测量的。它的结构如图 9-4 所示。它由转子和定子两部分组成。转子是一个用非导磁材料(如铝合金)制成的圆盘,其上面镶嵌有扇形的导磁材料,如图 9-4 中剖面线部分所示。扇形导磁片的个数与无刷直流电动机转子磁极的极对数相等。转子与电动机轴连在一起,随电动机同步转动。定子是由高频导磁材料的铁心制成,一般有 6 个极,等间距分布,每个极上都缠有线圈。其中互相间隔的3 个极为同一绕组,接高频电源,作为励磁极;另外 3 个极各有自己的独立绕组,作为感应极,是传感器的输出端。

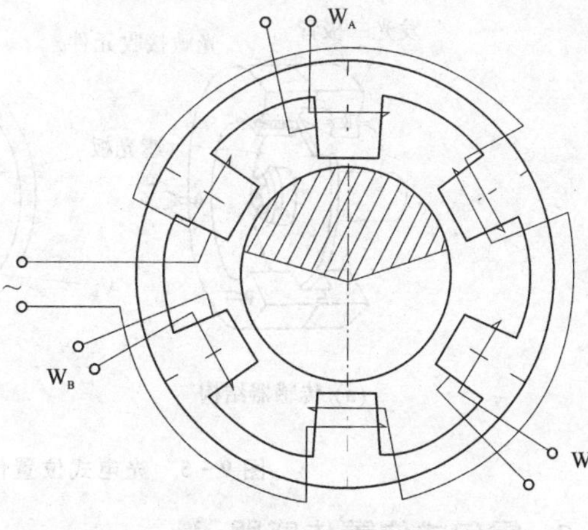

图 9-4 电磁式位置传感器原理图

当转子处在图 9-4 所示的位置时,励磁极所产生的高频磁通通过转子上的导磁材料耦合到感应极上的绕组 W_A上,在绕组上产生感应电压 U_A。而在其他 2 个绕组 W_B、W_C上,因为非导磁材料的阻隔而不能形成磁路,所以感应电压为 0。假设随着电动机的逆时针转动,导磁扇片也跟着转动,并逐渐靠近绕组 W_B,远离绕组 W_A,使绕组 W_B产生感应电压 U_B,并逐渐增大,绕组 W_A上的感应电压 U_A逐渐减小为 0。这样循环下去,电磁式位置传感器就可以得到 3 个输出电压 U_A、U_B、U_C,它们呈脉动形状,互相间隔 120°相位。

虽然电磁式位置传感器输出信号强,工作可靠,适应性强,但它的信噪比较低,体积大,输出是交流信号,需要经整流和滤波后才能使用,所以,它在早期应用较多,现在已逐渐退出。

2. 光电式位置传感器

光电式位置传感器利用光电效应进行工作。它由发光二极管、光敏接收元件、遮光板组成,如图 9-5(a)所示。其中,发光二极管和光敏接收元件分别安装在遮光板的两侧,固定不动;遮光板安装在转子上,随转子转动。

遮光板上开有 120°的扇形开口,如图 9-5(b)所示,扇形开口的数目等于无刷直流电动机转子磁极的极对数。当遮光板上的扇形开口对着某个光敏接收元件时,该光敏元件因接收到对面的发光二极管发出的光而产生光电流输出;而其他光敏接收元件由于被遮光板挡住光而接收不到光信号,所以没有输出。这样,随着转子的转动,遮光板使光敏接收元件轮流接收光信号,所以产生不同的输出。根据输出就可以判断转子所处的位置。

光电元件一般是砷化镓发光二极管和光敏三极管或光敏二极管。光敏三极管或光敏二极管的输出较弱,需要整形放大,图 9-6 是它的放大整形集成电路。经过放大整形输出的是脉冲信号,易于与数字电路接口。

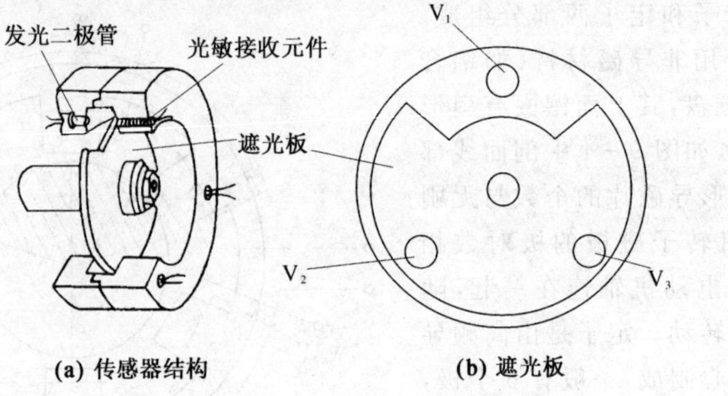

图 9-5 光电式位置传感器原理图

3. 霍尔式位置传感器

霍尔式位置传感器是利用"霍尔效应"进行工作的。利用霍尔式位置传感器工作的无刷直流电动机的永磁转子，同时也是霍尔式传感器的转子。通过感知转子上的磁场强弱变化来辨别转子所处的位置。

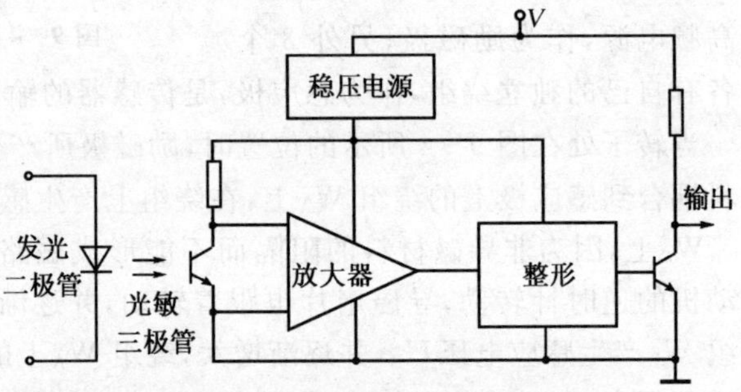

图 9-6 光电输出的放大整形电路

先来认识一下霍尔效应。

如图 9-7所示，在长方形半导体薄片上通入电流 I，电流方向如图所示，当在垂直于薄片的方向上施加磁感应强度为 B 的磁场时，则在与电流 I 和磁场强度 B 构成的平面相垂直的方向上会产生一个电动势 E，称其为霍尔电动势，其大小为

$$E = K_H IB \tag{9-1}$$

式中 K_H——灵敏度系数。

称这种效应为霍尔效应。

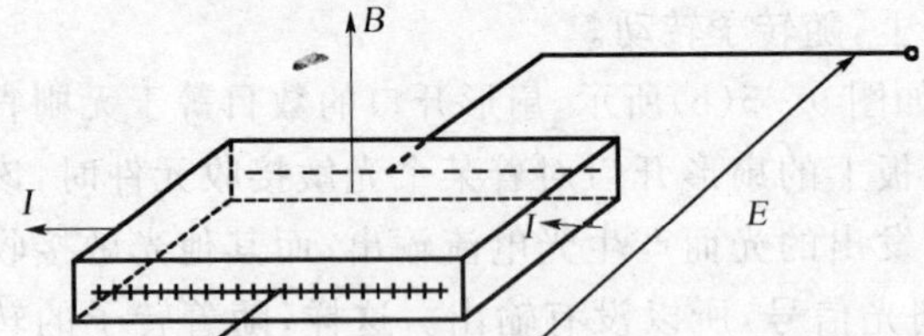

图 9-7 霍尔效应原理

当磁场强度方向与半导体薄片不垂直，而是成 θ 角时，霍尔电动势的大小改为

$$E = K_H IB\cos\theta \tag{9-2}$$

所以，利用永磁转子的磁场，对霍尔半导体通入直流电，当转子的磁场强度大小和方向随着它的位置不同而发生变化时，霍尔半导体就会输出霍尔电动势，霍尔电动势的大小和相位随转子位置而发生变化，从而起到检测转子位置的作用。

常用开关型霍尔集成电路作为传感元件，它的外形像一只普通晶体管，如图 9-8(a)所示，集成电路原理图如图 9-8(b)所示。

霍尔式位置传感器由于结构简单，性能可靠，成本低，因此是目前在无刷直流电动机上应用最多的一种位置传感器。

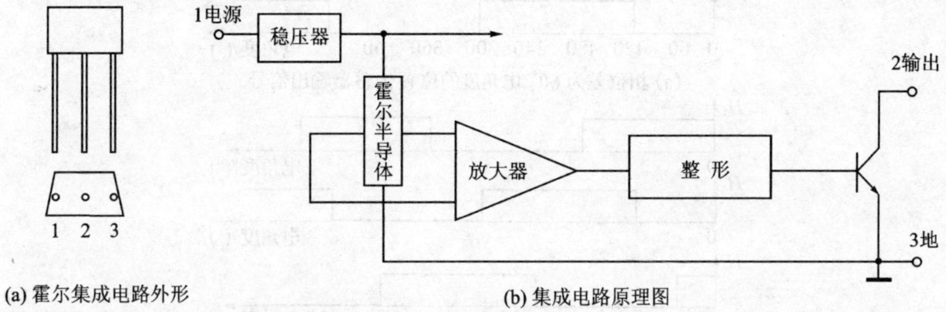

图 9-8 霍尔集成电路

4. 位置传感器的放置

虽然位置传感器如何放置在电动机上是由制造厂家决定的，但是作为使用者，在设计控制系统时应该知道这方面的一些知识。

二相和四相无刷直流电动机一般有两个位置传感器，输出相位差为 90°电角度的波形，如图 9-9 所示。对于转子磁极对数为 1 的电动机，传感器空间位置间隔为 90°机械角度；对于转子磁极对数为 2 的电动机，传感器空间位置间隔为 45°机械角度（机械角度＝点角度/磁极对数），如图 9-10 所示。

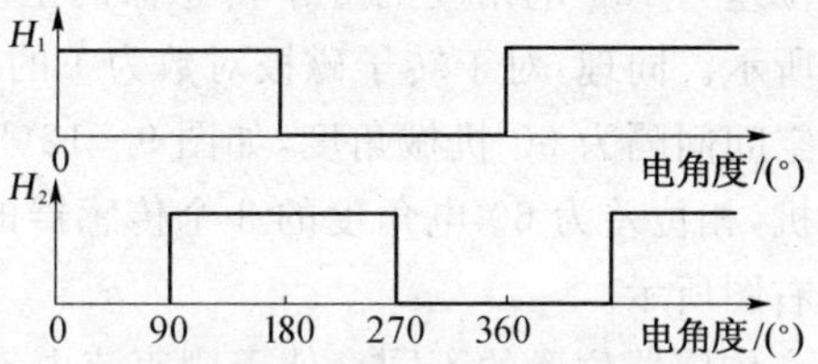

图 9-9 二相和四相电动机的位置传感器输出信号波形

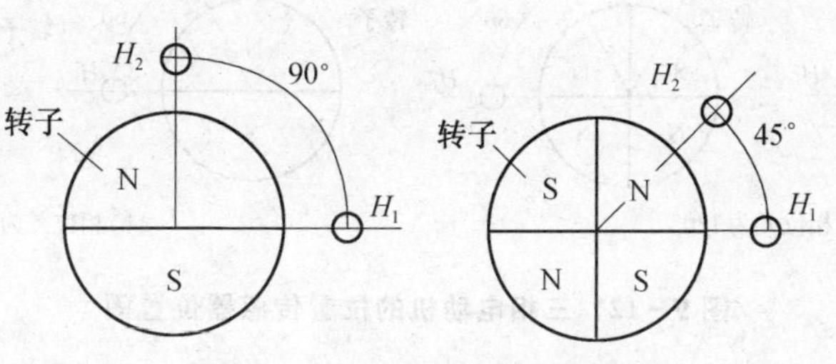

图 9-10 两相和四相电动机的位置传感器位置图

常用的三相无刷直流电动机一般有 3 个位置传感器，输出波形有 2 种：一种是相位差为 60°电角度，如图 9-11(a)所示；另一种是相位差为 120°电角度，如图 9-11(b)所示。

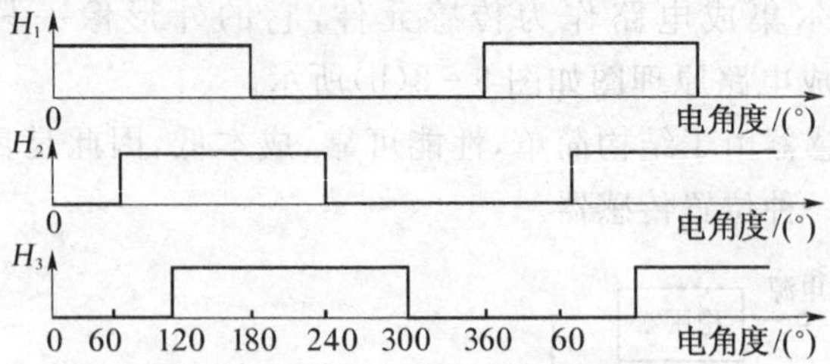

(a) 相位差为60°电角度的位置传感器输出信号

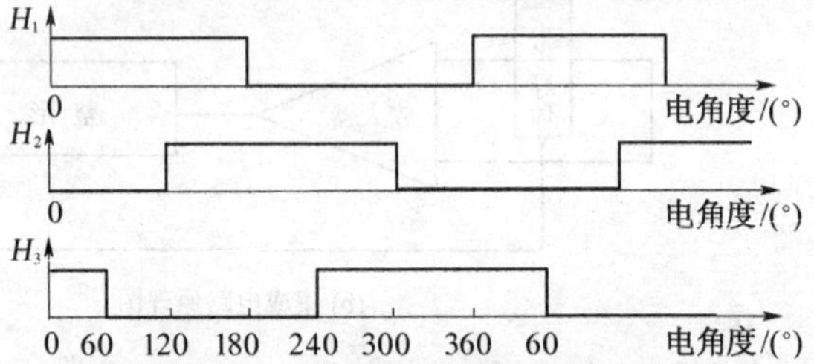

(b) 相位差为120°电角度的位置传感器输出信号

图 9-11 三相电动机的位置传感器输出信号波形

因此,对于转子磁极对数为1的电动机,相位差为120°电角度的3个传感器的空间间隔为120°机械角,如图9-12(a)的左图所示;对于转子磁极对数为2的电动机,相位差为120°电角度的3个传感器的空间间隔为60°机械角度,如图9-12(a)的右图所示。同理,对于转子磁极对数为1的电动机,相位差为60°电角度的3个传感器的空间间隔为60°机械角度,如图9-12(b)的左图所示;对于转子磁极对数为2的电动机,相位差为60°电角度的3个传感器的空间间隔为30°机械角度,如图9-12(b)的右图所示。

传感器位置的不同会使无刷直流电动机的控制系统有所区别;但是对于三相无刷直流电动机,两种相位差不同的传感器输出波形可以通过某些方法进行转换。

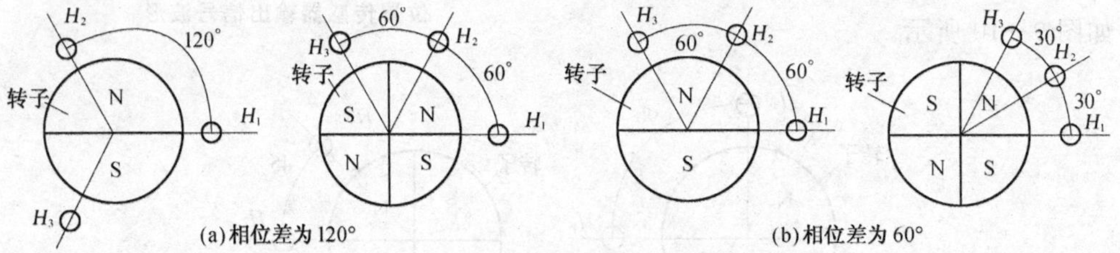

(a) 相位差为120°　　(b) 相位差为60°

图 9-12 三相电动机的位置传感器位置图

9.1.3 无刷直流电动机的工作原理

普通直流电动机的电枢在转子上,而定子产生固定不动的磁场。为了使直流电动机旋转,需要通过换向器和电刷不断地改变电枢绕组中电流的方向,使两个磁场的方向始终保持相互垂直，从而产生恒定的转矩驱动电动机不断旋转。

无刷直流电动机为了去掉电刷，将电枢放到定子上，而转子做成永磁体，这样的结构正好与普通直流电动机相反；然而，即使这样改变还不够，因为定子上的电枢通入直流电以后，只能产生不变的磁场，电动机依然转不起来。为了使电动机的转子转起来，必须使定子电枢各相绕组不断地换相通电，这样才能使定子磁场随着转子的位置在不断地变化，使定子磁场与转子永磁磁场始终保持 90°左右的空间角，产生转矩推动转子旋转。

为了详细说明无刷直流电动机的工作原理，下面以三相无刷直流电动机为例，来分析它的转动过程。

图 9－13 是三相无刷直流电动机的工作原理图。采用光电式位置传感器，电动机的定子绕组分别为 A 相、B 相、C 相，因此，光电式位置传感器上也有 3 个光敏接收元件 V_1、V_2、V_3与之对应。3 个光敏接收元件在空间上间隔 120°，分别控制 3 个开关管 V_A、V_B、V_C（本例为半桥式驱动，只用 3 个开关管）。这 3 个开关管则控制对应相绕组的通电与断电。遮光板安装在转子上，安装的位置与图中转子的位置相对应。为了简化，转子只有一对磁极。

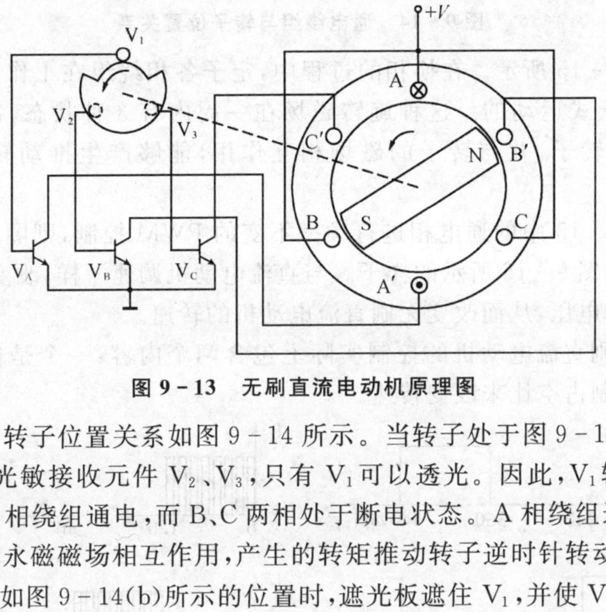

图 9－13　无刷直流电动机原理图

通电绕组与转子位置关系如图 9－14 所示。当转子处于图 9－14(a)所示的位置时，遮光板遮住光敏接收元件 V_2、V_3，只有 V_1 可以透光。因此，V_1 输出高电平使开关管 V_A 导通，A 相绕组通电，而 B、C 两相处于断电状态。A 相绕组通电使定子产生的磁场与转子的永磁磁场相互作用，产生的转矩推动转子逆时针转动。

当转子转到如图 9－14(b)所示的位置时，遮光板遮住 V_1，并使 V_2 透光。因此，V_1 输出低电平使开关管 V_A 截止，A 相断电。同时，V_2 输出高电平使开关管 V_B 导通，B 相通电，C 相状态不变。这样由于通电相发生了变化，使定子磁场方向也发生了变化，与转子永磁磁场相互作用，仍然会产生与前面过程同样大的转矩，推动转子继续逆时针转动。当转子转到如图 9－14(c)所示的位置时，遮光板遮住 V_2，同时使 V_3 透光。因此，B 相断电，C 相通电，定子磁场方向又发生变化，继续推动转子转到如图 9－14(d)所示的位置，使转子转过一周又回到原来位置。如此循环下去，电动机就转动起来了。

上述过程可以看成按一定顺序换相通电的过程或者说磁场旋转的过程，各相导

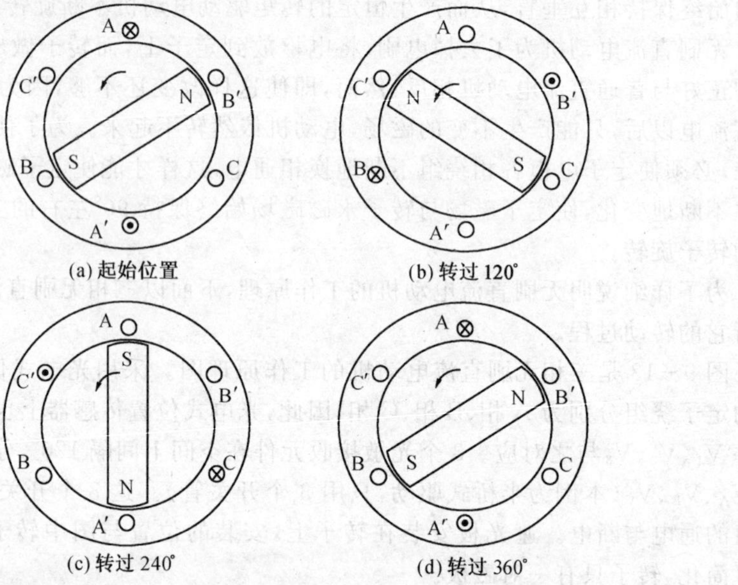

图 9-14　通电绕组与转子位置关系

通的顺序如图 9-15 所示。在换相的过程中,定子各相绕组在工作气隙中所形成的旋转磁场是跳跃式运动的。这种旋转磁场在一周内有 3 种状态,每种磁状态持续 120°。它们跟踪转子,并与转子的磁场相互作用,能够产生推动转子继续转动的转矩。

如果对图 9-15 中的通电相进行频率不变的 PWM 控制,则图 9-15 中的相电压波形就变成如图 9-16 所示的样子。与直流电动机调速一样,改变 PWM 占空比,就可以改变平均电压,从而改变无刷直流电动机的转速。

因此,对无刷直流电动机的控制实际上包含两个内容:一个是保证如何正确换相,另一个是控制占空比来改变转速。

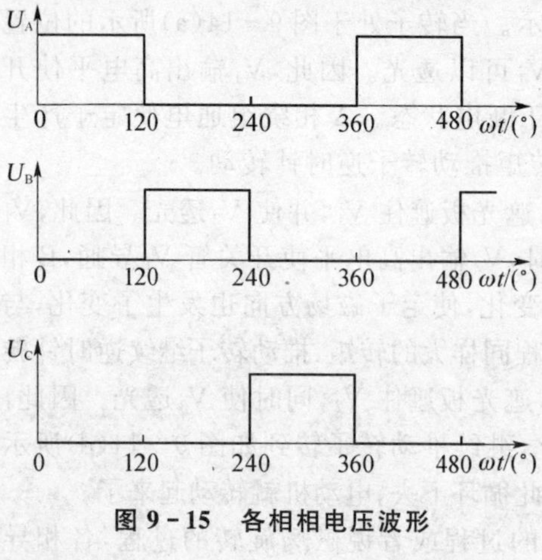

图 9-15　各相相电压波形

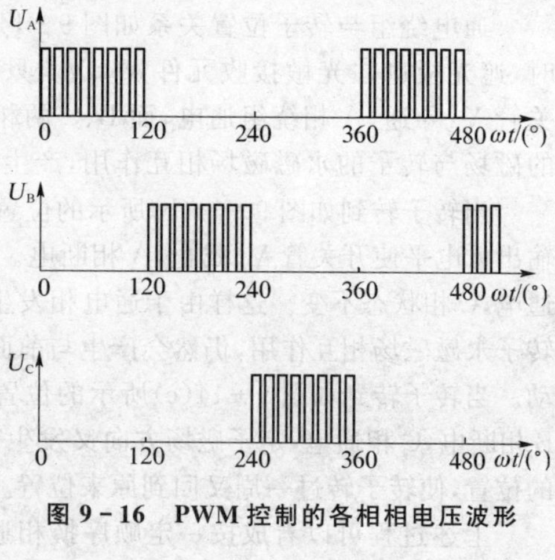

图 9-16　PWM 控制的各相相电压波形

9.2 无刷直流电动机的驱动

在9.1节中介绍的例子属于三相半桥式驱动方式，这种方式具有结构简单的优点。但由图9－15可以看出，每相每转通电时间只占1/3，即120°，其绕组利用率很低；另外，它的输出转矩波动较大。因此，这种方式只在要求较低的场合中应用，而应用较多的方式则是全桥式驱动。

9.2.1 三相无刷直流电动机全桥驱动的连接方式

全桥式驱动下的绕组分为星形连接和角形连接。三相星形连接全桥驱动电路如图9－17所示。其通电方式有2种：二二导通和三三导通。

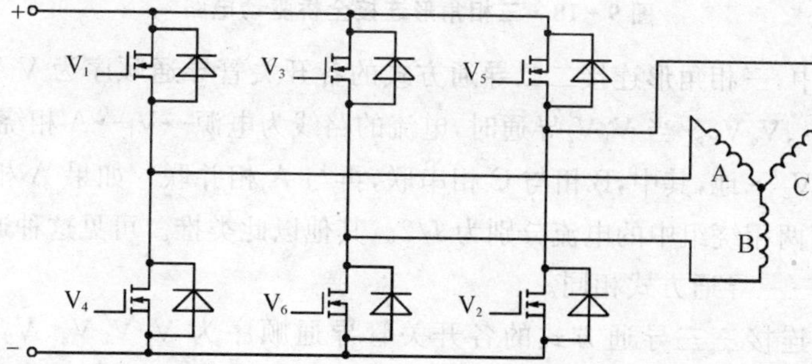

图9－17 三相星形连接全桥驱动电路

星形连接的二二导通方式是每次使两个开关管同时导通。根据如图9－17所示的开关管命名关系，开关管的导通顺序为V_1V_2、V_2V_3、V_3V_4、V_4V_5、V_5V_6、V_6V_1。可见，共有6种导通状态，因此每隔60°电角度改变一次导通状态，每改变一次状态更换一个开关管，每个开关管导通120°电角度。当V_1V_2导通时，电流的路线为电源→V_1→A相绕组→C相绕组→V_2→地，其中A相和B相相当于串联，每相通电电流均为I。其他以此类推。与三相半桥式驱动方式相比较，三相全桥星形连接二二导通方式的每个开关管导通时间为120°，每相绕组通电240°，绕组的利用率增加了，输出的转矩也增加了。

星形连接的三三导通方式指的是每次使三个开关管同时导通。参看图9－17，各开关管导通的顺序为$V_1V_2V_3$、$V_2V_3V_4$、$V_3V_4V_5$、$V_4V_5V_6$、$V_5V_6V_1$、$V_6V_1V_2$。由此可见，三三导通方式也有6种导通状态，同样也是每隔60°电角度改变一次导通状态，每改变一次状态更换一个开关管，但是每个开关管导通180°电角度，导通的时间增加了。当$V_1V_2V_3$导通时，电流的路线为电源→V_1V_3→A相绕组和B相绕组→C相绕组→V_2→地，其中A相和B相相当于并联，再与C相串联。所以A、B相通电电流为$I/2$，C相为I。其他以此类推。由于三相同时通电，产生的转矩分量互有抵消，所以总的转矩并不比二二导通方式的大。

三相角形连接全桥驱动电路如图9-18所示，与星形连接一样，角形连接的控制方式也有二二导通方式和三三导通方式。

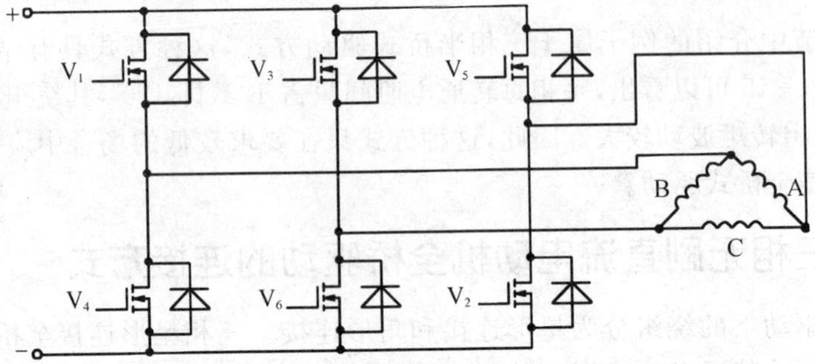

图9-18　三相角形连接全桥驱动电路

图9-18中，三相角形连接二二导通方式的各开关管导通顺序为V_1V_2、V_2V_3、V_3V_4、V_4V_5、V_5V_6、V_6V_1。当V_1V_2导通时，电流的路线为电源→V_1→A相绕组、B相绕组和C相绕组→V_2→地，其中，B相与C相串联，再与A相并联。如果A相绕组中的电流为I，则B、C两相绕组中的电流分别为$I/2$。其他以此类推。可见这种通电方式与三相星形连接的三三导通方式相同。

三相角形连接三三导通方式的各开关管导通顺序为$V_1V_2V_3$、$V_2V_3V_4$、$V_3V_4V_5$、$V_4V_5V_6$、$V_5V_6V_1$、$V_6V_1V_2$。当$V_1V_2V_3$导通时，电流的路线为电源→V_1V_3→A相绕组和C相绕组→V_2→地。流经A、C两相的电流大小相同。其他以此类推。可见这种通电方式与三相星形连接二二导通方式相同。

综上所述，从产生转矩的作用上来讲，三相星形连接二二导通方式与三相角形连接三三导通方式相同；三相星形连接的三三导通方式与三相角形连接二二导通方式相同；并且可以证明，三相星形连接二二导通方式和三相角形连接三三导通方式所产生的转矩，要比三相星形连接三三导通方式和三相角形连接二二导通方式大。由于三三导通方式使开关管导通的时间长，增加损耗，并且容易发生上下桥臂直通的事故，所以三相星形连接二二导通方式是最佳的驱动方式，因此最为常用。

绝大多数无刷直流电动机的气隙磁密度是呈梯形分布的。由于无刷直流电动机每相绕组的感应电动势与气隙磁密度成正比，所以感应电动势也是呈梯形分布的。

根据表9-1所列的通电规律，三相无刷直流电动机全桥驱动星形连接二二导通方式理想的电流与感应电动势波形如图9-19所示。

无刷直流电动机有多相结构，每种电动机可分为半桥驱动和全桥驱动，全桥驱动又可分为星形连接和角形连接以及不同的通电方式。因此，不同的选择会使电动机产生不同的性能和成本，这是每一个应用系统设计者都要考虑的问题。下面作一下对比。

表 9-1　星形连接二二导通方式的正转通电规律

通电顺序	正转（逆时针）					
转子位置（电角度/(°)）	0～60	60～120	120～180	180～240	240～300	300～360
开关管序号	1、2	2、3	3、4	4、5	5、6	1、6
A 相	+		−	−		+
B 相		+	+		−	−
C 相	−	−		+	+	

① 绕组的利用率。与普通直流电动机不同，无刷直流电动机的绕组是断续通电的。适当地提高绕组通电利用率可以使同时通电导体数增加，使电阻下降，提高效率。从这个角度来看，三相比四相好，四相比五相好，全桥比半桥好。

② 转矩的波动。无刷直流电动机的输出转矩波动比普通直流电动机的大，因此希望尽量减小转矩波动。一般相数越多，转矩的波动越小。全桥驱动比半桥驱动转矩的波动小。

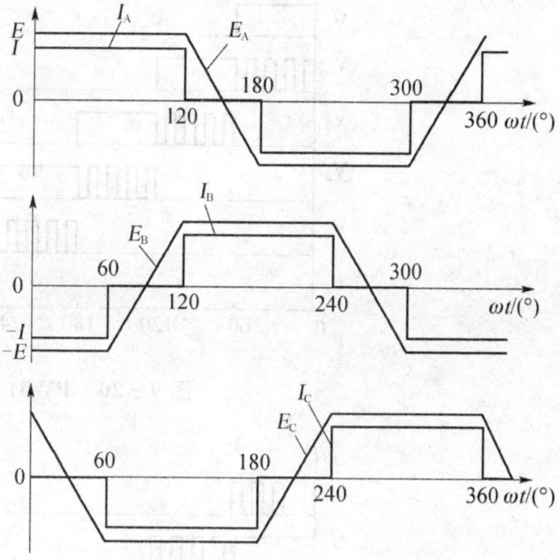

图 9-19　星形连接二二导通时电流与感应电动势波形

③ 电路的成本。相数越多，驱动电路所使用的开关管越多，成本越高。全桥驱动比半桥驱动所使用的开关管多一倍，因此成本要高。多相电动机的结构复杂，成本也高。

综合上述分析，目前以三相星形全桥驱动方式应用最多。

9.2.2　无刷直流电动机的 PWM 控制方式

与直流电动机调速的方法一样，通过调整 PWM 占空比的方法来调速，也是一种无刷直流电动机最常用的调速方法。

对于三相星形连接二二导通方式的无刷直流电动机，其 PWM 控制的方式有以下 5 种。

(1) PWM_ON 方式

PWM_ON 方式是指每个开关管在 120°导通区间内，前 60°进行 PWM 控制，后 60°保持常开。根据图 9-17 所示的开关管命名关系，各开关管导通情况如图 9-20 所示，从图中可以看出，这种方式的特点是上下桥臂开关管交替 PWM 控制，每个 60°区间总有一个开关管保持常开，另一个开关管 PWM 控制。

(2) ON_PWM 方式

ON_PWM 方式是指每个开关管在 120°导通区间内,前 60°保持常开,后 60°进行 PWM 控制。各开关管导通情况如图 9-21 所示,从图中可以看出,这种方式的特点也是上下桥臂开关管交替 PWM 控制,每个 60°区间总有一个开关管保持常开,另一个开关管 PWM 控制。

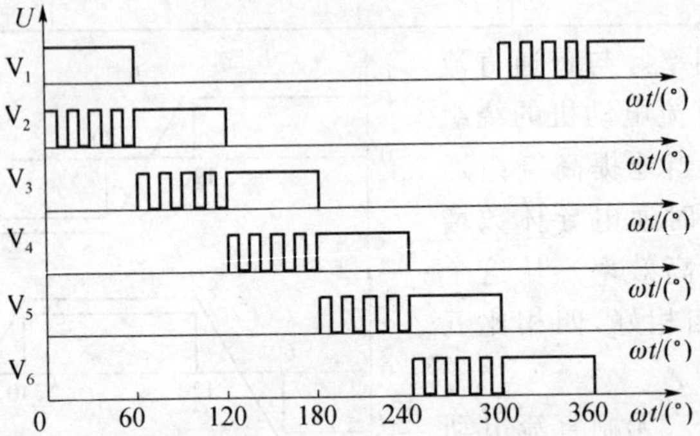

图 9-20　PWM_ON 方式

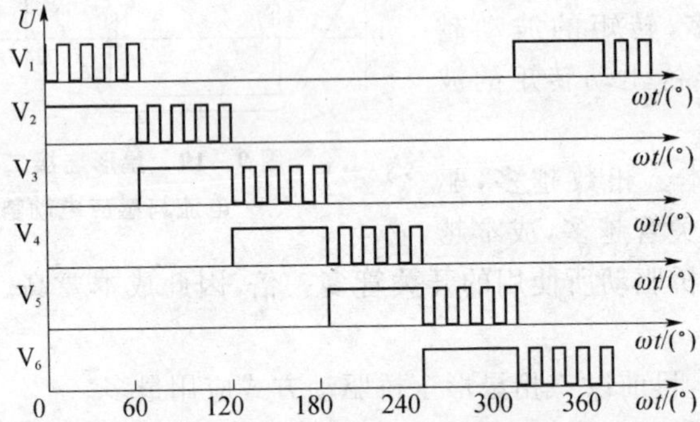

图 9-21　ON_PWM 方式

(3) H_PWM-L_ON 方式

H_PWM-L_ON 方式是指在 120°导通区间内,上桥臂开关管进行 PWM 控制,下桥臂开关管保持常开。各开关管导通情况如图 9-22 所示。从图中可以看出,这种方式的特点是上桥臂开关管总是负责 PWM 控制,同样也使每个 60°区间总有一个开关管保持常开,另一个开关管 PWM 控制。

(4) L_PWM-H_ON 方式

L_PWM-H_ON 方式是指在 120°导通区间内,下桥臂开关管进行 PWM 控制,上桥臂开关管保持常开。各开关管导通情况如图 9-23 所示。从图中可以看出,这种方式的特点是下桥臂开关管总是负责 PWM 控制,同样也使每个 60°区间总有一个开关管保持常开,另一个开关管 PWM 控制。

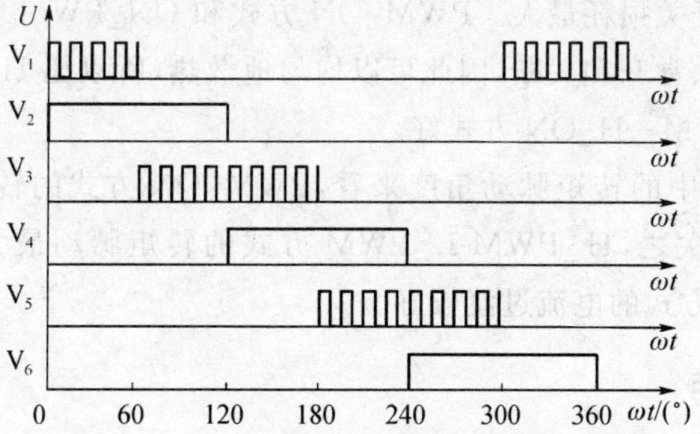

图 9-22 H_PWM-L_ON 方式

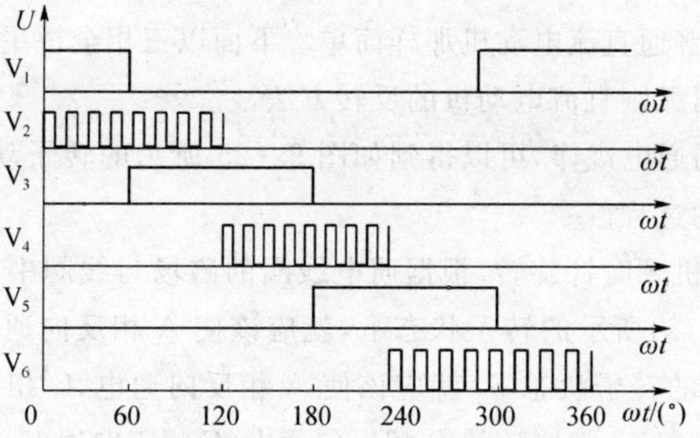

图 9-23 L_PWM-H_ON 方式

(5) H_PWM-L_PWM 方式

H_PWM-L_PWM 方式是指在 120°导通区间内，上、下桥臂的开关管同时进行 PWM 控制。各开关管导通情况如图 9-24 所示。从图中可见，上、下桥臂开关管同时导通和关断。

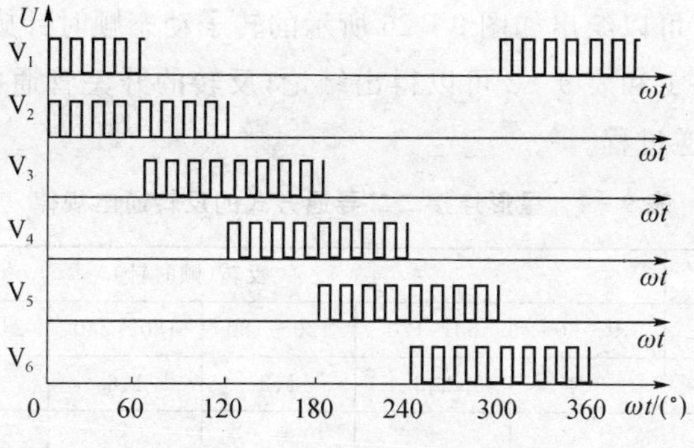

图 9-24 H_PWM-L_PWM 方式

上述 5 种 PWM 控制方式比较如下：

➢ 从开关损耗和散热角度来看，H_PWM-L_PWM方式中的每个开关管都不停地工作,开关损耗最大。PWM_ON 方式和 ON_PWM 方式中的每个开关管轮流导通、常开和关断,因此可以均匀地散热,所以比 H_PWM - L_ON 方式和 L _PWM - H_ON 方式好。

➢ 从换相过程中的转矩脉动角度来看,PWM_ON 方式的转矩脉动最小,ON_PWM 方式次之,H_PWM-L_PWM 方式的转矩脉动最大。这主要是因为 PWM_ON 方式的电流过渡较好。

9.2.3 正反转

对于无刷直流电动机,虽然实现电动机反转的原理与普通直流电动机一样(即只要改变励磁磁场的极性或改变电枢电流的方向),但是由于开关管具有单向导通性,因此做起来就不像普通直流电动机那样简单。下面以三相全桥星形连接的二二导通方式驱动为例,介绍无刷直流电动机的反转方法。

根据表 9 - 1 的通电规律,可以得到如图 9 - 25 所示的转子动态逆时针旋转(假设逆时针为正转)的过程。

如果希望电动机顺时针旋转,根据通电线圈的磁场与线圈中磁铁磁场的相互作用原理,在图 9 - 25(a)所示的转子状态下,就应该使 A 相反向通电,B 相正向通电;在图 9 - 25(c)所示的转子状态下,就应该使 A 相反向通电,C 相正向通电;在图 9 - 25(e)所示的转子状态下,就应该使 B 相反向通电,C 相正向通电;在图 9 - 25(g)所示的转子状态下,就应该使 B 相反向通电,A 相正向通电;在图 9 - 25(i)所示的转子状态下,就应该使 C 相反向通电,A 相正向通电;在图 9 - 25(k)所示的转子状态下,就应该使 C 相反向通电,B 相正向通电。

如果将上述通电关系按照顺时针旋转的顺序连贯起来,就可以得到如表 9 - 2 所列的反转通电规律。

根据这一规律,可以绘出如图 9 - 26 所示的转子动态顺时针旋转的过程。

通过比较表 9 - 1 和表 9 - 2 可以得出结论,反转的开关管通电顺序恰好是正转开关管通电顺序的逆过程。

表 9 - 2 星形连接二二导通方式的反转通电规律

通电顺序	反转(顺时针)					
转子位置(电角度/(°))	0~60	60~120	120~180	180~240	240~300	300~360
开关管序号	3、4	2、3	1、2	1、6	5、6	4、5
A 相	−		+	+		−
B 相	+	+		−	−	
C 相		−	−		+	+

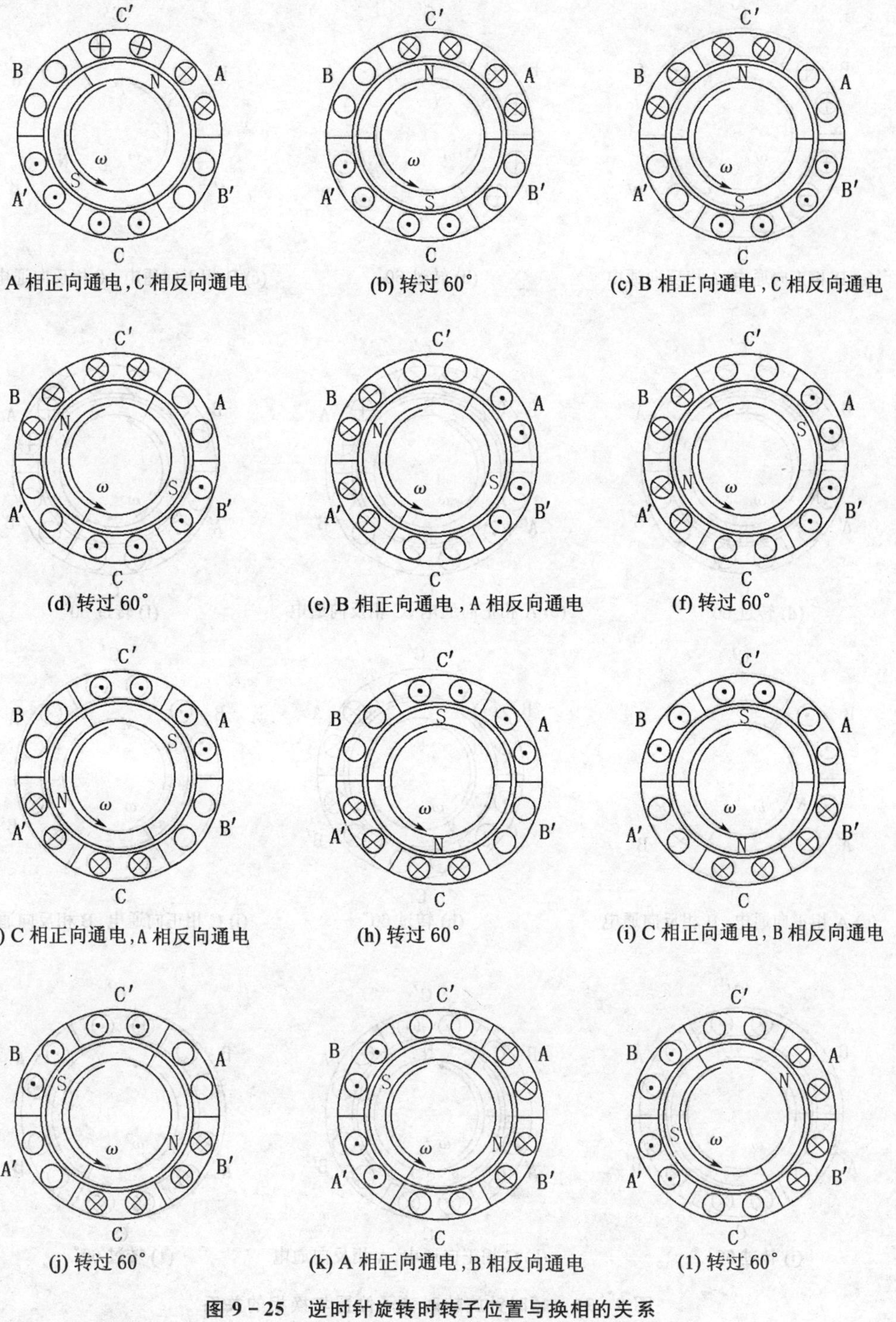

(a) A 相正向通电，C 相反向通电
(b) 转过 60°
(c) B 相正向通电，C 相反向通电
(d) 转过 60°
(e) B 相正向通电，A 相反向通电
(f) 转过 60°
(g) C 相正向通电，A 相反向通电
(h) 转过 60°
(i) C 相正向通电，B 相反向通电
(j) 转过 60°
(k) A 相正向通电，B 相反向通电
(l) 转过 60°

图 9－25　逆时针旋转时转子位置与换相的关系

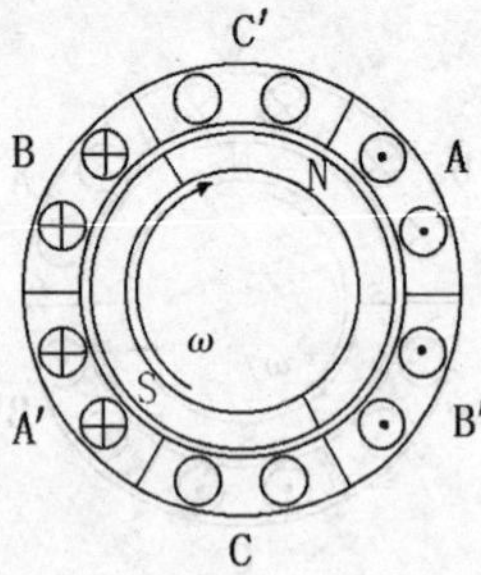

(a) B 相正向通电，A 相反向通电

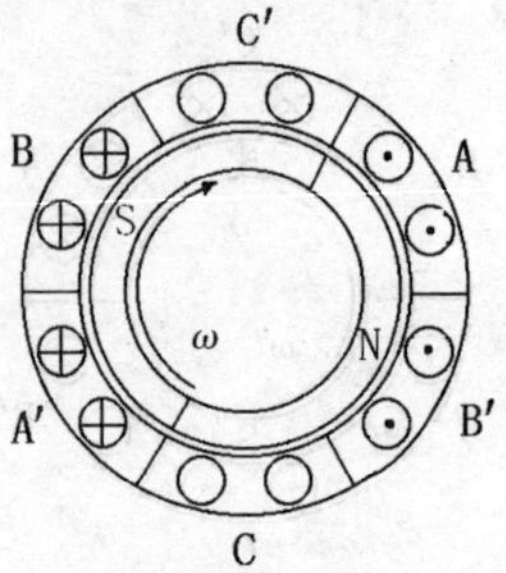

(b) 转过 60°

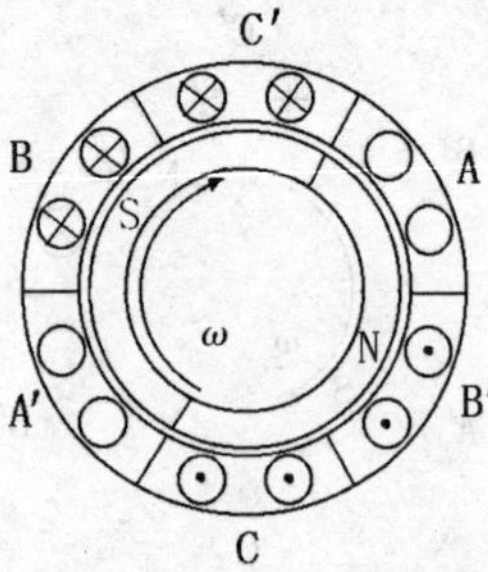

(c) B 相正向通电，C 相反向通电

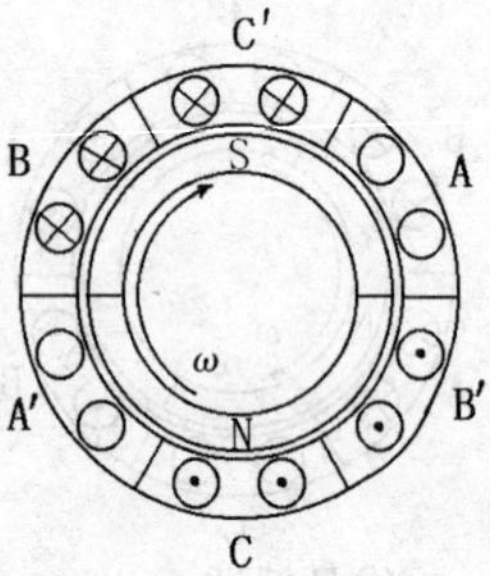

(d) 转过 60°

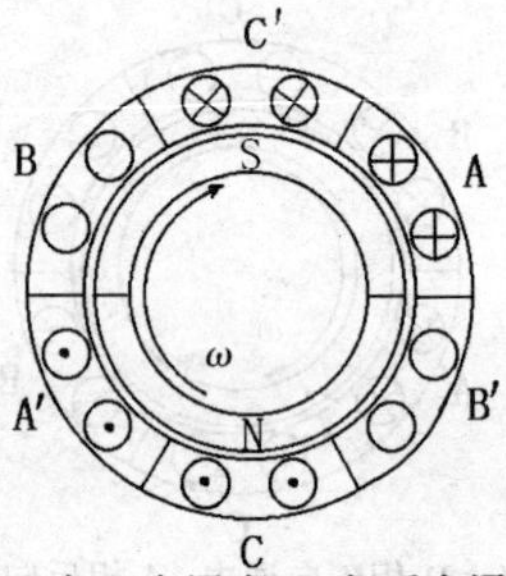

(e) A 相正向通电，C 相反向通电

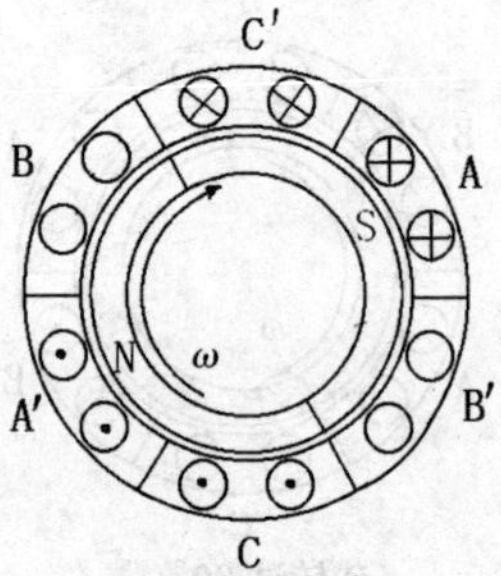

(f) 转过 60°

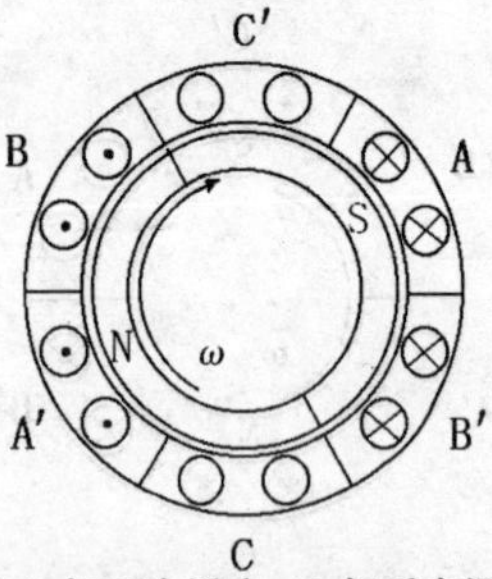

(g) A 相正向通电，B 相反向通电

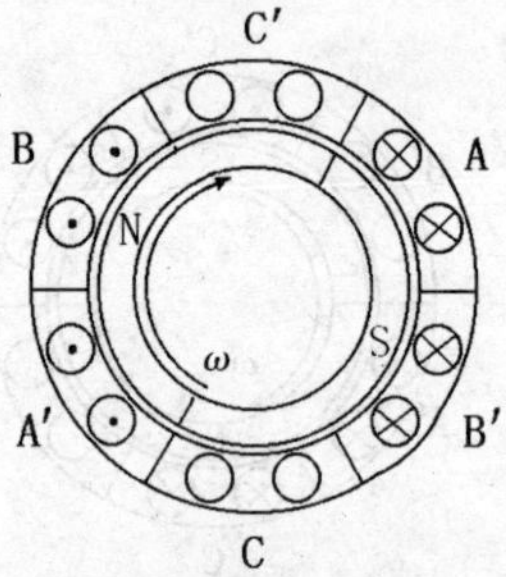

(h) 转过 60°

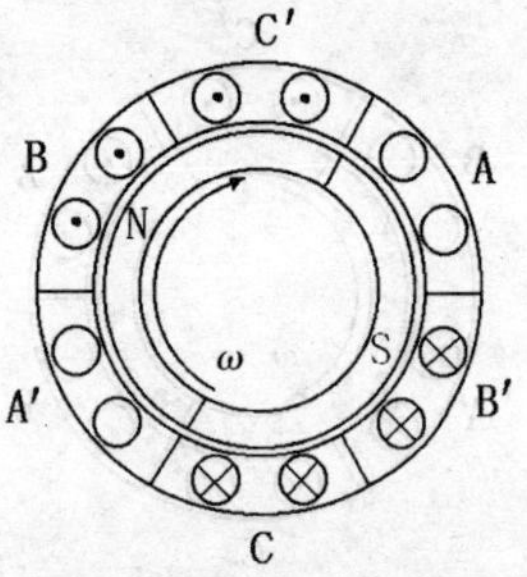

(i) C 相正向通电，B 相反向通电

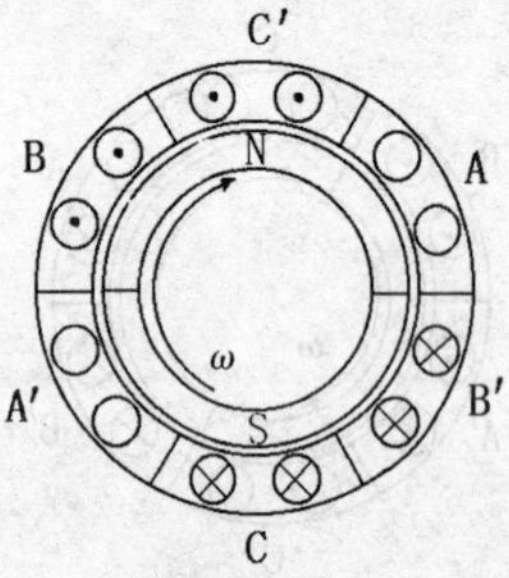

(j) 转过 60°

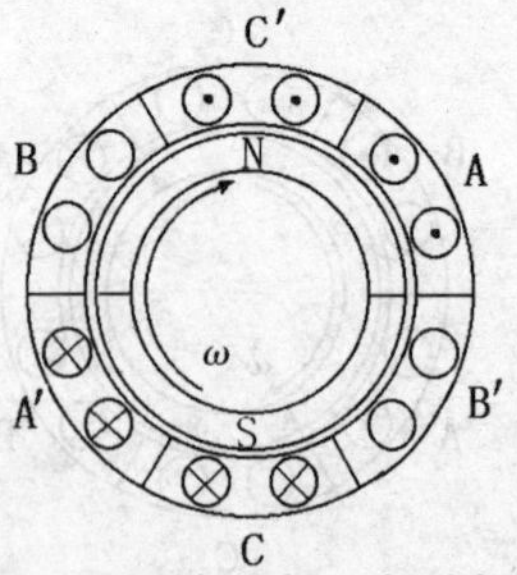

(k) C 相正向通电，A 相反向通电

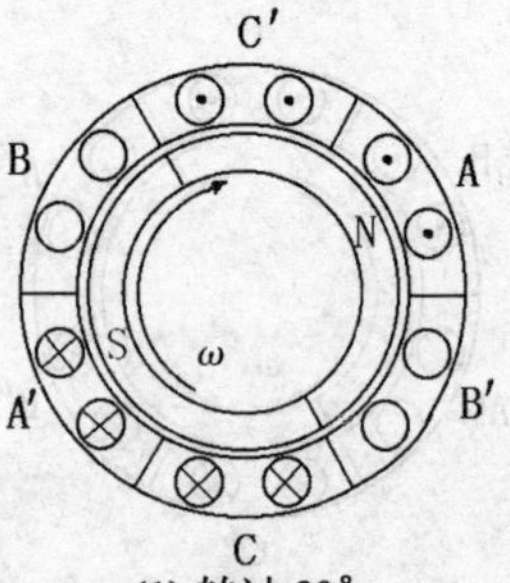

(1) 转过 60°

图 9-26　顺时针旋转时转子位置与换相的关系

9.3 无刷直流电动机的单片机控制

无刷直流电动机是伴随着数字控制技术而产生和发展起来的，因此，采用以单片机和 DSP 为主的数字控制是无刷直流电动机的主要控制手段。

无刷直流电动机主要完成以下几个方面的控制。

- 换相控制：对于有位置传感器的系统，要根据位置传感器的信号进行有规律的换相，正确选择哪些相通电、哪些相断电；对于无位置传感器系统，要根据感应电动势信号计算换相点，判断哪些相应该通电、哪些相应该断电。
- 转速控制：无刷直流电动机的转速控制原理与普通直流电动机一样，可以通过 PWM 方法来控制电枢的平均电压，实现转速的控制。利用有 PWM 口的单片机，可以自动地输出 PWM 波，使控制变得非常容易。
- 转向控制：只要改变换相的通电顺序就可以实现电动机的正、反转控制。

纯粹利用单片机编程来控制无刷直流电动机是一个比较复杂的过程，对一般的专业技术人员来讲，总是感到费时费力。现在世界上许多半导体生产商都开发了各种各样的无刷直流电动机专用控制芯片。相比之下，通过单片机来控制这些芯片，不仅可以大大地简化编程、提高控制性能，还可以使单片机从繁重的电动机控制工作中解脱出来，转而完成其他工作。

用于无刷直流电动机的专用集成电路芯片有很多种，它们大多是针对有霍尔式位置传感器的三相无刷直流电动机而设计的。

它们多数具有换相功能、PWM 调速功能、转向控制功能、制动控制功能、电动机相数和工作方式选择功能、保护功能（例如限流保护、欠压保护、过热保护等）。

有些芯片还集成了驱动电路，可以方便地驱动小功率无刷直流电动机。

下面，通过实例重点介绍单片机结合专用集成电路控制无刷直流电动机的方法。

9.3.1 有位置传感器无刷直流电动机的单片机控制

1. 专用集成电路 Si9979

Si9979 芯片是 Vishay Siliconix 公司生产的。它可用于控制三相或单相无刷直流电动机。要求无刷直流电动机带有霍尔传感器，可选择相位差为 60°或 120°电角度的传感器位置关系。

可接收的外部控制信号有：PWM 速度控制信号、转向控制信号、L_PWM－H_ON 方式和 H_PWM－L_PWM 方式选择信号、制动信号、使能信号。

可输出的控制信号有故障信号和转速信号。

该芯片内部集成电压调节器,允许使用 20～40 V 宽范围直流功率电源。集成自举电路和充电泵电路,可以为上桥臂开关管驱动电路供电,因此允许三相逆变桥的开关管全部使用N 沟道的 MOSFET。

保护功能包括:直通保护、电流限制和欠压保护。当有故障信号输出时,表示可能出现欠压、过流、失效或传感器信号错误组合。

采用内部的延时电路防止直通,它使每个 MOSFET 延时 250 ns 开通。

为了限流,外接一个电流传感电阻,电阻的两端与内部比较器的两个输入端相连。如果电阻上的电压降达到 100 mV,就会使比较器产生输出(见图 9－27),触发单稳态触发器,从而使电动机的驱动输出关断。这种状态持续一段时间后(时间的长短由 R_T 和 C_T 决定),恢复输出。如果电压降又达到 100 mV,则上述过程重复进行。这样就形成了电流斩波,达到限流的目的。

Si9979 芯片的内部功能结构如图 9－27 所示。

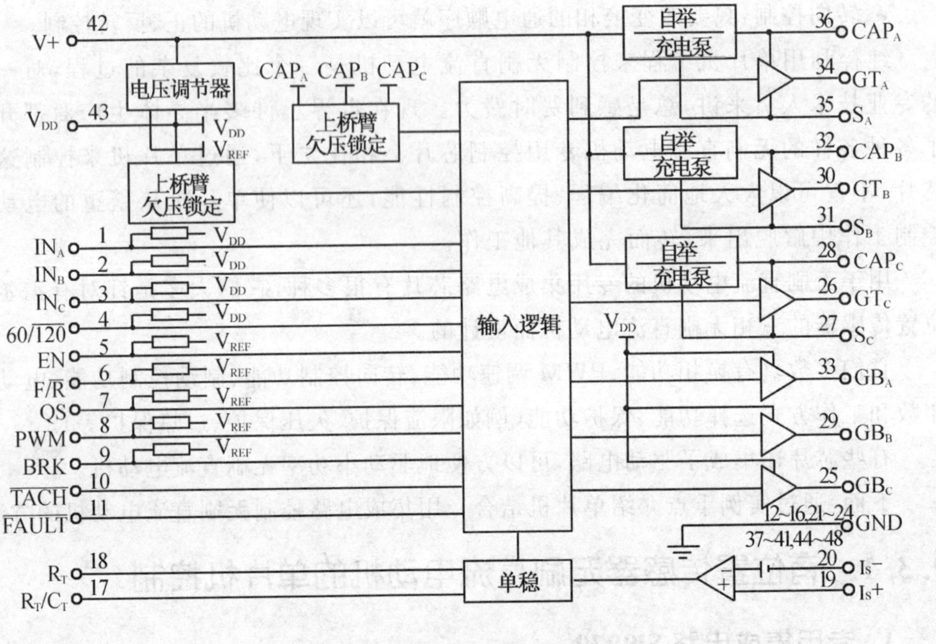

图 9－27 Si9979 内部功能结构

Si9979 芯片采用 SQFP 封装,分为工作温度 0～70℃的一般级(C)和工作温度－40～85℃的工业级(D)两类。

Si9979 芯片的引脚图如图 9－28 所示。

引脚功能如表 9－3所列。

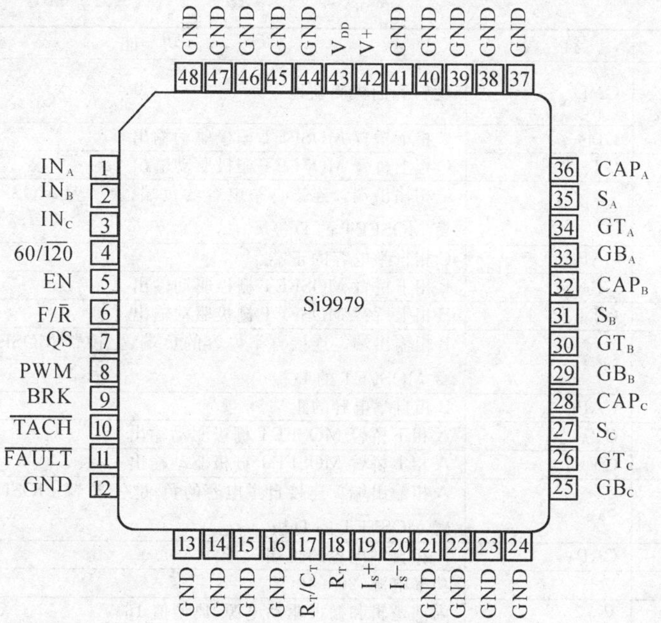

图 9-28　Si9979 引脚图

表 9-3　Si9979 引脚功能

引脚号	符　号	功　能
1～3	IN_A、IN_B、IN_C	霍尔传感器输入引脚。内部集成上拉电阻
4	60/$\overline{120}$	两种位置关系的传感器选择引脚：1——60°；0——120°。内部集成上拉电阻
5	EN	使能引脚：1——使能；0——关闭全部输出。内部集成上拉电阻
6	F/$\overline{R}$	正反转控制引脚：1——正转；0——反转。内部集成上拉电阻
7	QS	PWM 方式选择引脚：1——L_PWM-H_ON 方式；0——H_PWM-L_PWM 方式。内部集成上拉电阻
8	PWM	PWM 输入引脚
9	BRK	制动控制引脚。逻辑 1 时有效，上桥臂全部关断，下桥臂全部开通，使电机三相绕组短接，实现制动，其制动转矩与转速有关。内部集成上拉电阻
10	$\overline{TACH}$	转速输出引脚。每次换相输出一个至少 300 ns 脉宽的负脉冲，每 360°电角度输出6 个脉冲。该引脚为漏极开路输出
11	$\overline{FAULT}$	故障输出引脚：0——有故障。该引脚为漏极开路输出
17	R_T/C_T	连接限流延时电阻和电容的引脚。当过流时，输出被关断一段时间，以达到斩波的目的，该时间由 R_T 和 C_T 决定
18	R_T	连接电阻 R_T 的另一端引脚
19	I_S+	电流传感电阻与比较器正输入端连接。当电流传感电阻的压降达到 100 mV 时，触发限流动作
20	I_S-	电流传感电阻与比较器负输入端连接

续表 9-3

引脚号	符　号	功　能
12～16、21～24、37～41、44～48	GND	逻辑和栅极驱动地
25	GB_C	C相下桥臂 MOSFET 栅极驱动输出
26	GT_C	C相上桥臂 MOSFET 栅极驱动输出
27	S_C	C相输出端。连接自举电容的负端、上桥臂 MOSFET 的 S 极、下桥臂 MOSFET 的 D 极
28	CAP_C	C相自举电容的正端
29	GB_B	B相下桥臂 MOSFET 栅极驱动输出
30	GT_B	B相上桥臂 MOSFET 栅极驱动输出
31	S_B	B相输出端。连接自举电容的负端、上桥臂 MOSFET 的 S 极、下桥臂 MOSFET 的 D 极
32	CAP_B	B相自举电容的正端
33	GB_A	A相下桥臂 MOSFET 栅极驱动输出
34	GT_A	A相上桥臂 MOSFET 栅极驱动输出
35	S_A	A相输出端。连接自举电容的负端、上桥臂 MOSFET 的 S 极、下桥臂 MOSFET 的 D 极
36	CAP_A	A相自举电容的正端
42	V+	功率电源,20～40 V
43	V_{DD}	内部逻辑和栅极驱动电源,典型值 16 V

电动机换相真值表如表 9-4 所列,电动机换相与输出时序如图 9-29 所示。

表 9-4　换相真值表

输　入										输　出							条　件
60°			120°			EN	$F/\overline{R}$	BRK	I_S+	上桥臂驱动			下桥臂驱动			$\overline{FAULT}$	
IN_A	IN_B	IN_C	IN_A	IN_B	IN_C					GT_A	GT_B	GT_C	GB_A	GB_B	GB_C		
0	0	0	1	0	1	1	1	0	0	1	0	0	0	1	0	1	
1	0	0	1	0	0	1	1	0	0	1	0	0	0	0	1	1	
1	1	0	1	1	0	1	1	0	0	0	1	0	0	0	1	1	
1	1	1	0	1	0	1	1	0	0	0	1	0	1	0	0	1	
0	1	1	0	1	1	1	1	0	0	0	0	1	1	0	0	1	
0	0	1	0	0	1	1	1	0	0	0	0	1	0	1	0	1	
0	0	0	1	0	1	1	0	0	0	0	1	0	1	0	0	1	
1	0	0	1	0	0	1	0	0	0	0	0	1	1	0	0	1	
1	1	0	1	1	0	1	0	0	0	0	0	1	0	1	0	1	
1	1	1	0	1	0	1	0	0	0	1	0	0	0	1	0	1	
0	1	1	0	1	1	1	0	0	0	1	0	0	0	0	1	1	
0	0	1	0	0	1	1	0	0	0	0	1	0	0	0	1	1	
×	×	×	×	×	×	0	×	0	×	0	0	0	0	0	0	0	禁止
×	×	×	×	×	×	0	×	1	×	0	0	0	1	1	1	0	停电
L	L	L	L	L	L	1	×	1	0	0	0	0	1	1	1	1	制动
L	L	L	L	L	L	1	×	1	1	0	0	0	1	1	1	0	制动过流
L	L	L	L	L	L	1	×	0	1	0	0	0	0	0	0	0	过流
1	0	1	1	1	1	1	×	0	×	0	0	0	0	0	0	0	
1	0	1	1	1	1	1	×	1	×	0	0	0	1	1	1	0	
0	1	0	0	0	0	1	×	0	×	0	0	0	0	0	0	0	
0	1	0	0	0	0	1	×	1	×	0	0	0	1	1	1	0	

2. 单片机控制

采用 PIC 单片机控制 Si9979 专用集成电路,驱动有位置传感器三相无刷直流电动机的电路图如图 9-30 所示。

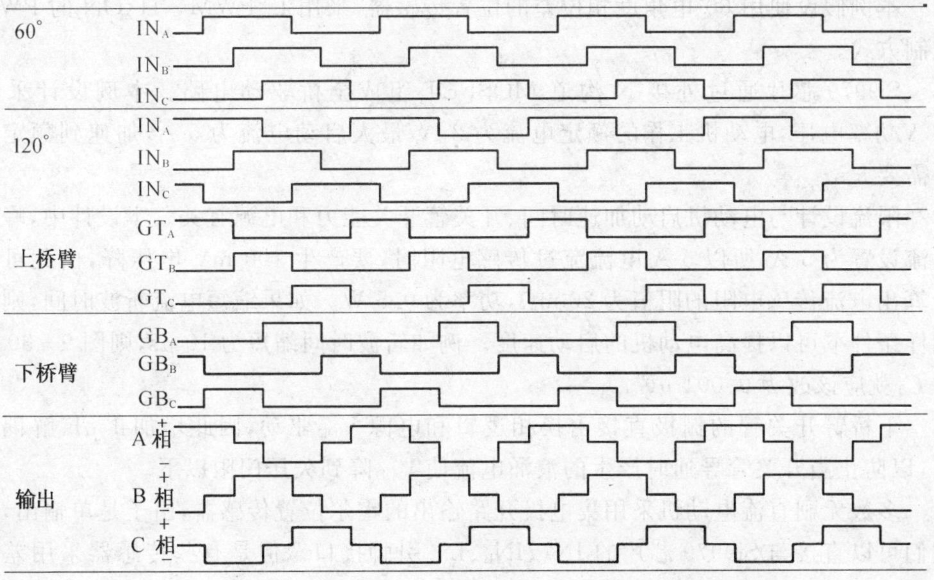

图 9-29 换相与输出时序

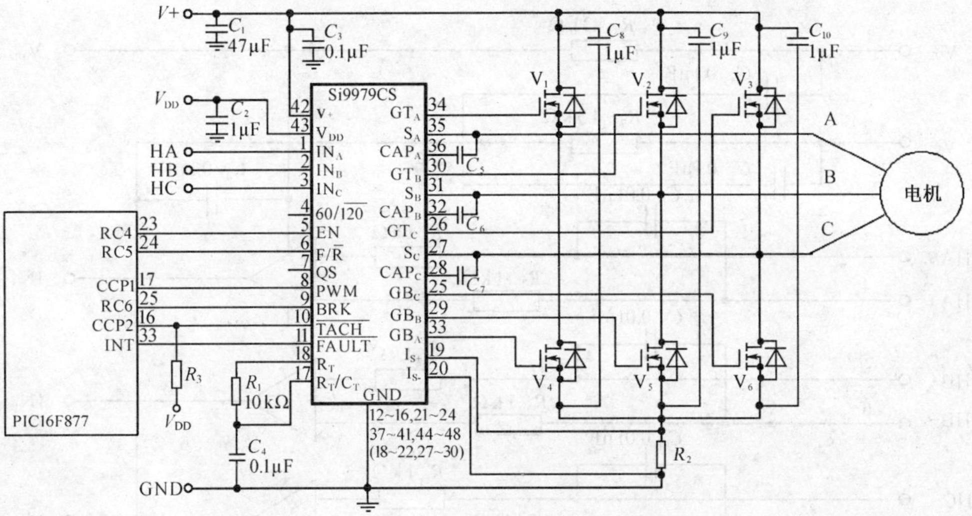

图 9-30 PIC 单片机控制 Si9979 驱动三相电动机

PIC 单片机通过 CCP1 PWM 口发出 PWM 波给 Si9979 芯片，来控制电动机的转速；通过 RC4 引脚控制 Si9979 芯片的使能；通过 RC5 引脚控制电动机的转向；通过 RC6 引脚控制电动机的制动；通过 CCP2 捕捉口检测电动机的转速；通过 INT 外中断口检测 Si9979 芯片的故障信号，一旦有故障发生，中断子程序立即切断输出并报警。

本例假设使用 60°电角度相位差的位置传感器,采用 L_PWM - H_ON 的 PWM 控制方式。

Si9979 芯片通过外接 N 沟道 MOSFET 组成全桥驱动电路。本例设计采用 24 V功率电压,电动机工作的额定电流为 2 A,最大启动电流为 5 A,加速到额定转速需要 5 s。

限流设计与电动机启动加速时间、开关管开关能力和电源有关。本设计中,峰值电流设置为 5 A,所以 5 A 电流流过传感电阻时,要产生 100 mV 电压降,由此可以计算出电流传感电阻的阻值为 20 mΩ,功率为 0.5 W。如果缩短电流斩波时间,则在同样条件下可以提高电动机的启动速度。例如斩波时间缩短为 10 μs,则图 9 - 30 中的 C_4 就应该改为 0.001 μF。

下桥臂开关管的栅极直接由换相逻辑和电源 V_{DD} 驱动,因此增加 1 μF 解耦电容,以防止当开关管导通时产生的浪涌电流使 V_{DD} 降到欠压门限以下。

多数无刷直流电动机采用集电极开路输出的霍尔位置传感器,由于是单输出,故它们可以直接与 Si9979 芯片的 IN_A、IN_B、IN_C 引脚接口。但是有些传感器采用差分输出,所以必须通过转换电路才能与 Si9979 芯片接口。

图 9 - 31 所示为一种转换电路的例子。

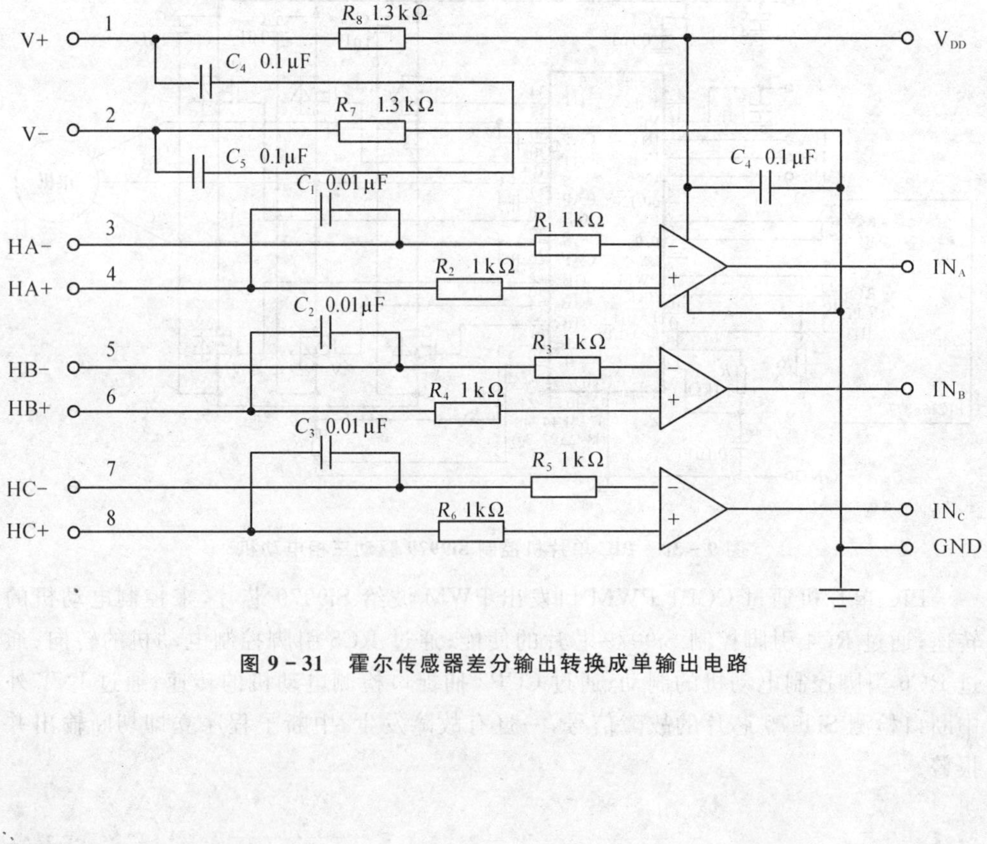

图 9 - 31　霍尔传感器差分输出转换成单输出电路

9.3.2 无位置传感器无刷直流电动机的单片机控制

在无刷直流电动机工作过程中，各相绕组轮流交替导通，绕组表现为断续通电。在绕组不通电时，由于绕组线圈的蓄能释放，会产生感应电动势，该感应电动势波形在该绕组的端点有可能被检测出来。利用感应电动势的一些特点，可以取代转子上的位置传感器功能，来得到需要换相的信息。这样，就出现了无转子位置传感器的无刷直流电动机。由于取消了转子位置传感器，无刷直流电动机的结构更加简单，可靠性进一步提高，因此，它们更多地应用在对体积和可靠性有要求的领域（如光盘驱动、硬盘驱动等），以及不适合安装位置传感器的场合（如转子浸没在液体中或在高温高压环境下）。随着新技术的出现，无转子位置传感器无刷直流电动机的应用范围也会越来越广。

1. 利用感应电动势检测转子位置原理

检测无刷直流电动机转子位置的方法有多种，其中感应电动势过零点检测法是目前最常用的方法。

三相无刷直流电动机每转 60°电角度就需要换相 1 次，每转 360°电角度需要换相 6 次，因此需要 6 个换相信号。由图 9-19 可见，每相的感应电动势都有 2 个过零点，这样三相共有6 个过零点。如果能够通过一种方法测量和计算出这 6 个过零点，再将其延迟 30°，就可以获得 6 个换相信号。

(1) 端电压法

端电压法可以实现针对三相全桥星形连接二二导通方式无刷直流电动机的感应电动势过零点的检测。下面介绍这种方法的原理。

图 9-32 给出了电动机某一相的模型。图中，L 为相电感，R 为相电阻，E_x 为相感应电动势，I_x 为相电流；V_x 为相电压，V_n 为星形连接中性点电压。

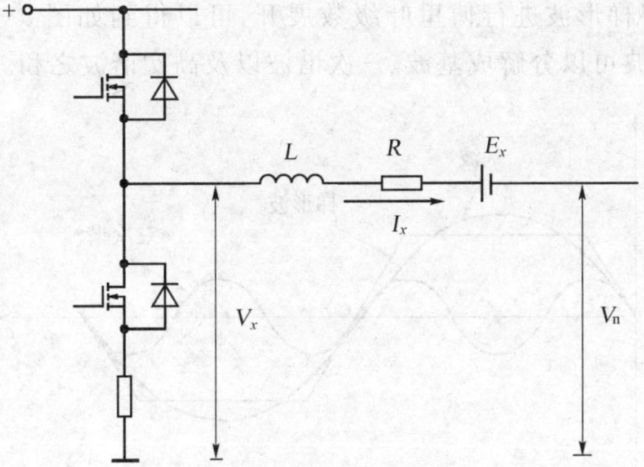

图 9-32 电动机定子某一相的模型

根据图 9-32,可以列出相电压方程:

$$V_x = RI_x + L\frac{dI_x}{dt} + E_x + V_n \tag{9-3}$$

对于三相二二导通方式的无刷直流电动机,每次只有两相通电,两相通电电流方向相反,同时另一相断电,相电流为零。因此,利用这个特点,将 x 分别等于 A、B、C 代入式(9-3),列出 A、B、C 三相的电压方程,并将三个方程相加,使 RI_x 项和 $L\frac{dI_x}{dt}$ 项相抵消,可以得到

$$V_A + V_B + V_C = E_A + E_B + E_C + 3V_n \tag{9-4}$$

由图 9-19 可见,无论哪个相的感应电动势的过零点,都有 $E_A + E_B + E_C = 0$ 的关系成立。因此在感应电动势过零点有

$$V_A + V_B + V_C = 3V_n \tag{9-5}$$

对于断电的那一相,$I_x = 0$,因此根据式(9-3),其感应电动势为

$$E_x = V_x - V_n \tag{9-6}$$

所以,只要测量出各相的相电压 V_A、V_B、V_C,根据式(9-5)计算出 V_n,就可以通过式(9-6)计算出任一个断电相的感应电动势。通过判断感应电动势的符号变化,确定过零点时刻。

得到的过零点时刻并不是换相时刻,还需要延迟 30°电角度才能得到换相时刻。通常采用估算法来实现 30°的延迟。具体方法是:先测得前次换相的时间间隔,将这个时间除以 2 作为延迟 30°的时间。

在转速比较低的情况下,感应电动势不容易测量,所以,感应电动势过零点检测法不能用于低速场合。另外,在电动机启动时,也不能使用这种方法进行位置检测,需要采用其他技术。

(2) 感应电动势三次谐波检测法

对感应电动势梯形波进行傅里叶级数展开,可以得到如图 9-33 所示的波形。从图中可见,梯形波可以分解成基波、三次谐波以及高次谐波之和。

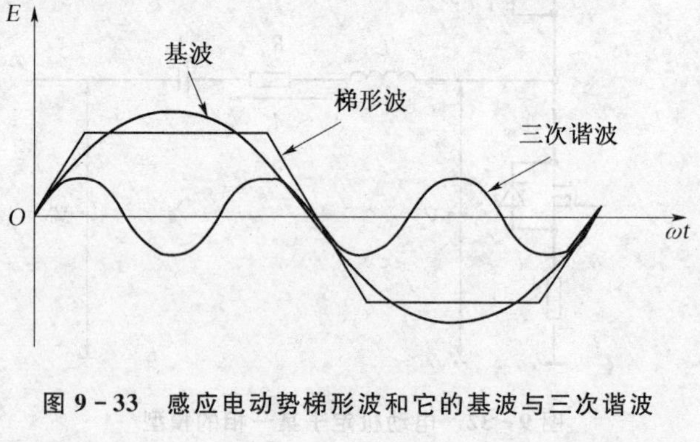

图 9-33 感应电动势梯形波和它的基波与三次谐波

三次谐波在一个基波周期内共有 6 个过零点，如图 9-34 所示。这些过零点恰好与感应电动势梯形波的过零点相吻合。所以，只要能测得三次谐波，就能得到感应电动势的过零点，进而通过延迟获得换相点。

可以证明，采用星形连接的无刷直流电动机，其三相绕组中的感应电动势之和也等于三次谐波与高次谐波之和。因此，根据式(9-4)，只需测得三相绕组对中性点的电压之和，再滤除高次谐波，就可以得到用于检测感应电动势过零点的三次谐波。对于没有中性点引出线的电动机，可以用直流电源中点电压作为虚拟中性点。

显然，无转子位置传感器无刷直流电动机的控制要复杂得多，使用分立元件去控制是不实用的。因此，根据感应电动势换相的原理，世界上许多芯片制造商已经开发了各种无转子位置传感器的无刷直流电动机专用集成电路。

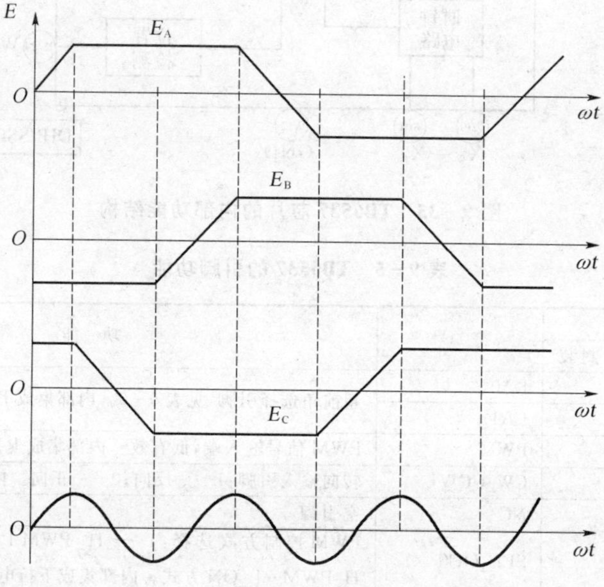

图 9-34　三相感应电动势与三次谐波

2. 专用集成电路 TB6537

TB6537 是一种无转子位置传感器无刷直流电动机的专用控制芯片。它是由东芝公司制造的，有 DIP 和 SSOP 两种封装，工作电压为 5 V，PWM 频率为 16 kHz。

TB6537 芯片易于与单片机接口，可以实现 PWM 控制和正反转控制，可以选择 H_PWM-L_PWM控制方式和 H_PWM-L_ON 控制方式，可以选择超前角设置和重叠通电功能，内部有过流保护功能。

TB6537 芯片的内部功能结构如图 9-35 所示。

TB6537 芯片的引脚功能如表 9-5 所列。

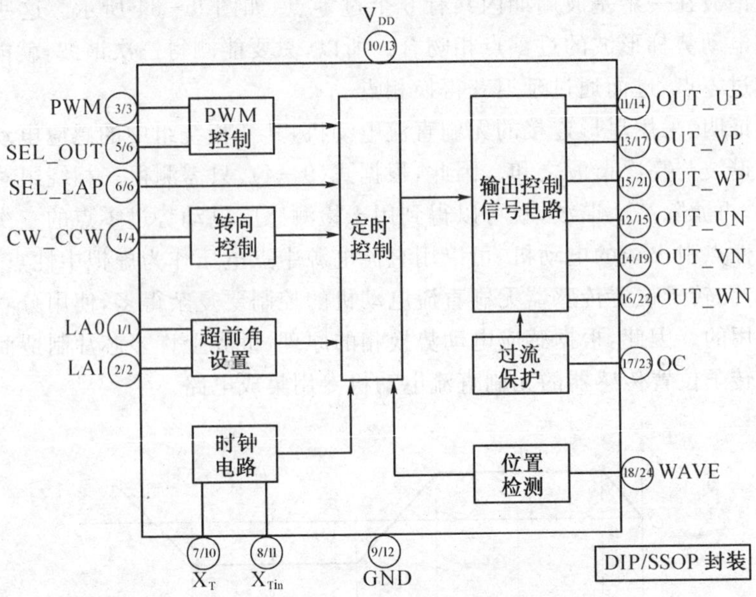

图 9-35　TB6537 芯片的内部功能结构

表 9-5　TB6537 的引脚功能

引脚号		符　号	功　能
DIP 封装	SSOP 封装		
1	1	LA0	超前角选择引脚,见表 9-6。内部集成下拉电阻
2	2	LA1	
3	3	PWM	PWM 信号输入端,低有效。内部集成上拉电阻
4	4	CW_CCW	转向输入引脚:1——反向;0——正向。内部集成下拉电阻
—	5	NC	空引脚
5	6	SEL_OUT	PWM 控制方式选择:1——H_PWM-L_PWM 方式;0——H_PWM-L_ON 方式。内部集成下拉电阻
—	7	NC	空引脚
6	8	SEL_LAP	重叠通电选择:1——不用;0——选用。内部集成上拉电阻
—	9	NC	空引脚
7	10	X_T	振荡器连接引脚
8	11	X_{Tin}	
9	12	GND	地
10	13	V_{DD}	5 V 电源
11	14	OUT_UP	U 相上桥臂控制信号输出:1——关;0——开
12	15	OUT_UN	U 相下桥臂控制信号输出:1——开;0——关
—	16	NC	空引脚
13	17	OUT_VP	V 相上桥臂控制信号输出:1——关;0——开
—	18	NC	空引脚
14	19	OUT_VN	V 相下桥臂控制信号输出:1——开;0——关
—	20	NC	空引脚
15	21	OUT_WP	W 相上桥臂控制信号输出:1——关;0——开

续表 9-5

引脚号		符 号	功 能
DIP 封装	SSOP 封装		
16	22	OUT_WN	W 相下桥臂控制信号输出：1——开；0——关
17	23	OC	过流信号输入引脚：1——控制 PWM 输出；0——不控制。内部集成上拉电阻
18	24	WAVE	位置信号输入引脚。内部集成上拉电阻

(1) 启动与停止

启动与停止控制通过 PWM 引脚进行。当 PWM 引脚上的低电平(低有效)脉宽大于 2 个振荡周期时，可以确认是启动命令；当 PWM 引脚上信号的占空比为 0(全部高电平)时，可以认为是停止命令。启动与停止信号的检测需要 512 个振荡周期的时间。

由于启动时绕组内不会产生感应电动势，因此不能通过检测感应电动势过零点来得到换相信号。所以，一旦确认启动，内部电路首先控制强制换相，强制换相与转子位置无关。通过强制换相使电动机开始旋转，绕组中开始有感应电动势产生。当感应电动势随着转速增加达到一定的幅值后，芯片内部电路自动地切换到通过检测感应电动势过零点来获得换相信号。

强制换相的频率由外接的振荡器频率和内部计数器决定，可由下式计算，即

$$f_{st}=f_{xt}/(6\times 2^{17}) \tag{9-7}$$

式中 f_{st}——强制换相频率；

f_{xt}——振荡器频率，范围为 1～10 MHz。

强制换相频率可根据转子磁极对数和负载的惯性来调整。当转子磁极对数多时，可选择高一些的频率；当负载的惯性较大时，可选择低一些的频率。

(2) PWM 控制

注意：TB6537 芯片的 PWM 信号低电平有效。

由于位置检测信号必须与 PWM 的上升沿同步，但是当 PWM 的占空比为 0 和 100％时都不产生上升沿，所以要求 PWM 信号的占空比不能为 0 或 100％，同时保证最窄脉宽必须在 250 ns 以上，如图 9-36 所示。

PWM 的控制方式有两种选择：H_PWM-L_PWM 控制方式和 H_PWM-L_ON 控制方式。

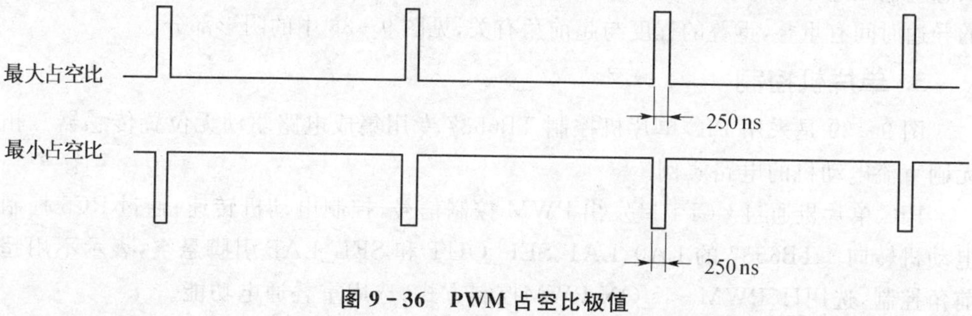

图 9-36 PWM 占空比极值

(3) 超前角和重叠通电

采用感应电动势过零点检测位置法存在着理论误差。同时，检测端电压时需要滤波器滤除杂波和干扰，滤波器的相移也会影响换相点的准确性。因此需要使用超前角对换相点进行调整。

TB6537 芯片提供 3 种超前角供选择。LA0 和 LA1 引脚用于选择超前角，如表 9-6 所列。不同超前角的输出信号波形如图 9-37 所示。

表 9-6　超前角设置

LA0	LA1	超前角/(°)	强制换相时的超前角/(°)
0	0	0	0
0	1	7.5	0
1	0	15	0
1	1	30	30

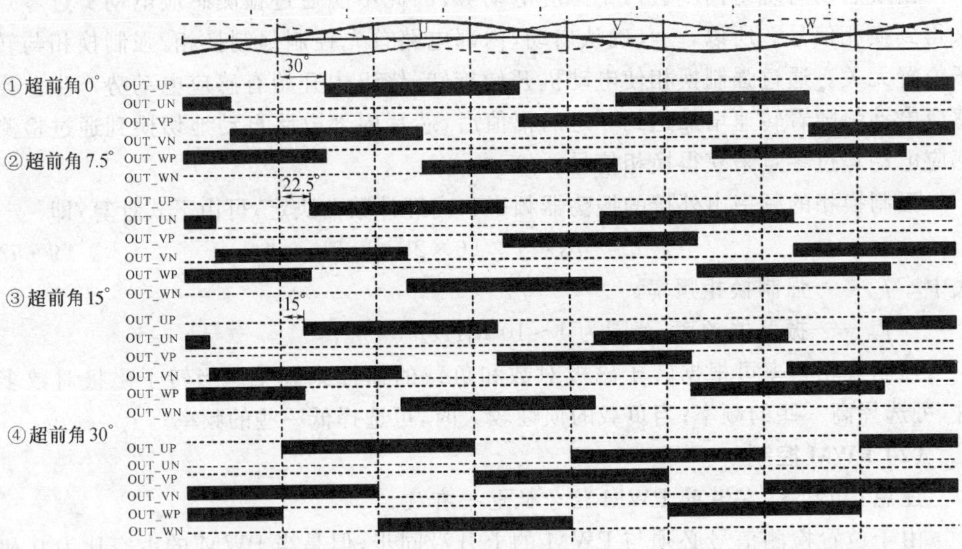

图 9-37　不同超前角的输出信号波形

换相也是引起输出转矩波动的原因之一。采用重叠通电技术可以对其进行抑制。当 SEL_LAP 引脚低电平时，选择了重叠通电功能。在重叠通电模式下，每相通电提前从感应电压过零点开始。这样，通电的时间比正常导通 120°时要长。所以，相与相之间的导通时间有重叠，重叠的程度与超前角有关，见图 9-38 中的阴影部分。

3. 单片机控制

图 9-39 是采用 PIC 单片机控制 TB6537 专用集成电路驱动无位置传感器三相无刷直流电动机的电路实例。

PIC 单片机通过 CCP1 口发出 PWM 控制信号，控制电动机转速；通过 RC5 控制电动机转向。TB6537 的 LA0、LA1、SEL_OUT 和 SEL_LAP 引脚悬空，表示不用超前角控制，选用H_PWM-L_ON PWM控制方式，选用重叠通电功能。

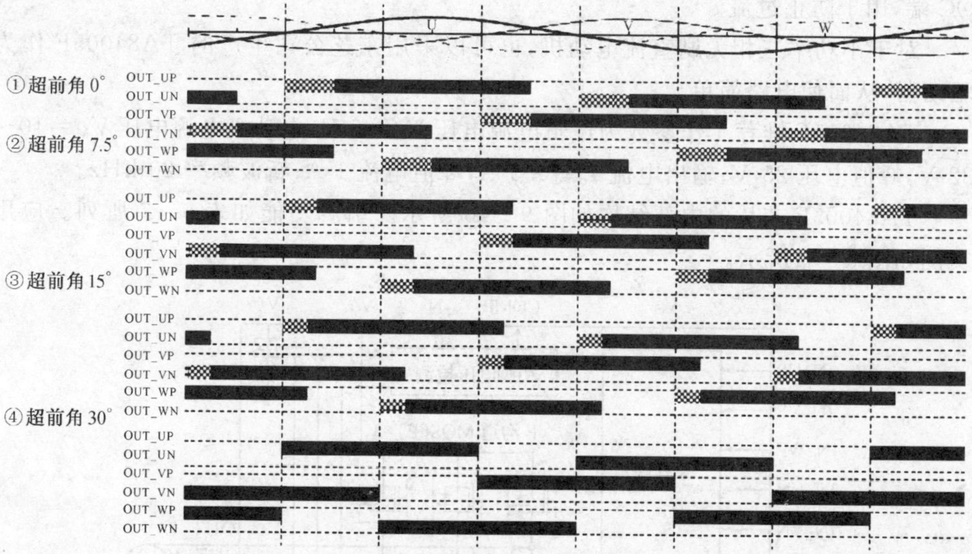

图 9-38　有重叠通电时的输出信号波形

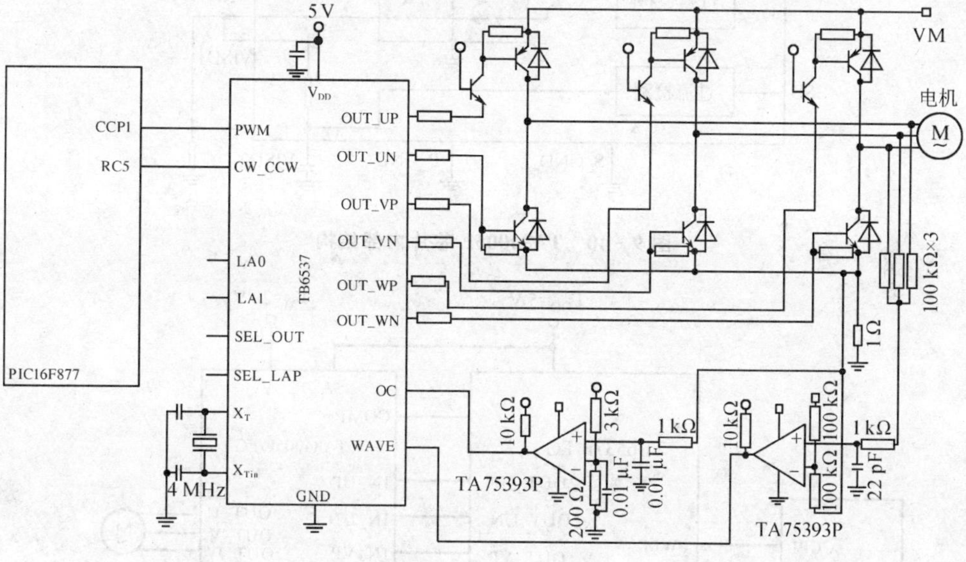

图 9-39　PIC 单片机控制 TB6537 驱动三相电动机

TB6537 的输出外接全桥驱动电路，注意上桥臂和下桥臂采用不同类型的开关管。

采用三次谐波法检测感应电动势过零点，通过在三个相绕组上外接 100 kΩ 的电阻测量对地电压，经过滤波后通过比较器 TA75393P 送入 WAVE 端，经内部位置检测电路处理后产生换相信号。

外接一个 1 Ω 电阻，作为电流传感电阻。电流信号通过比较器 TA75393P 送入

OC端,用于防止过流。

对于小功率三相无刷直流电动机,也可以采用东芝公司生产的TA84005F作为驱动器,从而使电路简单。

TA84005F推荐工作参数为逻辑电源电压V_{cc}=5 V;电动机电源电压V_M=10~22 V,峰值电压25 V;输出电流I_o=0.5 A,峰值电流1 A;斩波频率20 kHz。

TA84005F芯片的内部结构如图9-40所示。引脚功能如表9-7所列。应用实例如图9-41所示。

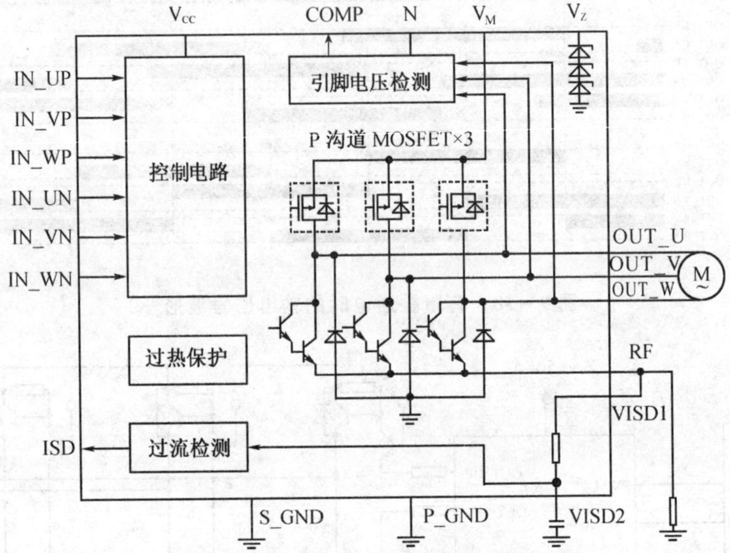

图9-40 TA84005F芯片内部结构

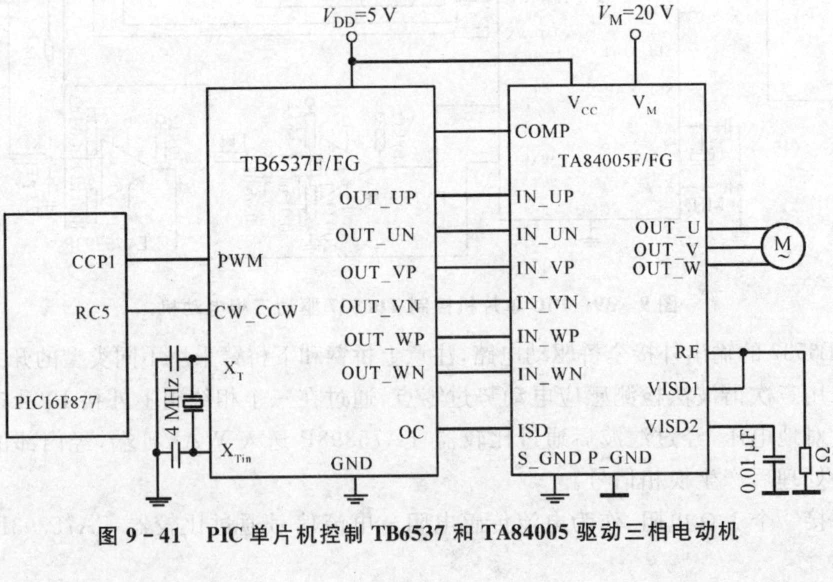

图9-41 PIC单片机控制TB6537和TA84005驱动三相电动机

表 9-7 TA84005F 芯片的引脚功能

引脚号	符 号	功 能	引脚号	符 号	功 能
1	L_V	V 相上桥臂 P 沟道栅极。不接	16	S_GND	信号地
2	L_W	W 相上桥臂 P 沟道栅极。不接	17	V_{CC}	逻辑电源
3	OUT_W	W 相输出	18	N	中性点
4	V_{M2}	电动机电源	19	COMP	位置检测信号输出
5	V_Z	参考电压	20	VISD1	过流检测输入 1
6	RF1	电流检测	21	VISD2	过流检测输入 2
7	P_GND1	功率地	22	NC	不用
8	NC	不用	23	NC	不用
9	ISD	过流检测输出	24	P_GND2	功率地
10	IN_WN	W 相下桥臂驱动输入。内部有下拉电阻	25	RF2	电流检测
11	IN_WP	W 相上桥臂驱动输入。内部有上拉电阻	26	NC	不用
12	IN_VN	V 相下桥臂驱动输入。内部有下拉电阻	27	L_U	U 相上桥臂 P 沟道栅极。不接
13	IN_VP	V 相上桥臂驱动输入。内部有上拉电阻	28	OUT_U	U 相输出
14	IN_UN	U 相下桥臂驱动输入。内部有下拉电阻	29	V_{M1}	电动机电源
15	IN_UP	U 相上桥臂驱动输入。内部有上拉电阻	30	OUT_V	V 相输出

习题与思考题

9-1 无刷直流电动机与普通直流电动机相比有何区别?

9-2 位置传感器在无刷直流电动机中起什么作用?

9-3 简述使用霍尔式位置传感器控制四相半桥驱动无刷直流电动机的工作原理。

9-4 如果电动机转子是多极对数,如何设计位置传感器结构?

9-5 试比较无刷直流电动机各种 PWM 控制方式的特点。

9-6 比较表 9-1 和表 9-2 可得到什么结论?

9-7 参考图 9-25、图 9-26,请画出 2 对磁极转子的正反转转子位置与换相关系图。

9-8 针对图 9-30 所示控制电路,请编写无刷直流电动机的正反转驱动程序。

9-9 试述端电压感应电动势过零点检测法原理。

9-10 参考图 9-41 所示电路,试编写单片机控制程序。

第10章

交流永磁同步伺服电动机的磁场定向矢量控制

交流永磁同步伺服电动机作为一种最常用的伺服电动机，广泛地应用在机器人、数控机床、医疗设备、轻工机械以及石油化工设备中。可以通过它实现设备的速度或位置的精密控制。

矢量控制和磁场定向控制是实现交流永磁同步伺服电动机控制最常用的方法。这些技术也可以应用到对交流异步电动机的控制中。本章将详细介绍交流电动机的矢量控制技术、SVPWM技术和磁场定向控制技术，并结合例子给出用单片机实现交流永磁同步伺服电动机的磁场定向矢量控制的方法。

10.1 矢量控制技术

10.1.1 矢量控制的基本思想

一个三相交流的磁场系统和一个旋转体上的直流磁场系统，通过两相交流系统作为过渡，可以互相进行等效变换。所以，如果将用于控制交流调速的给定信号变换成类似于直流电动机磁场系统的控制信号，也就是说，假想由两个互相垂直的直流绕组同处于一个旋转体上，两个绕组中分别独立地通入由给定信号分解而得的励磁电流信号 i_M 和转矩电流信号 i_T，并把 i_M、i_T 作为基本控制信号，通过等效变换，可以得到与基本控制信号 i_M 和 i_T 等效的三相交流控制信号 i_A、i_B、i_C，用它们去控制逆变电路。同样，对于电动机在运行过程中系统的三相交流数据，又可以等效变换成两个互相垂直的直流信号，反馈到控制端，用来修正基本控制信号 i_M、i_T。

在进行控制时，可以和直流电动机一样，使其中一个磁场电流信号（例如 i_M）不变，而控制另一个磁场电流（例如 i_T）信号，从而获得和直流电动机类似的控制效果。

矢量控制的基本原理也可以用如图10-1所示的框图加以说明。给定信号分解成两个互相垂直而且独立的直流信号 i_M、i_T，然后通过“直/交变换”将 i_M、i_T 变换成两相交流信号 i_α、i_β，又经“2/3变换”，得到三相交流的控制信号 i_A、i_B、i_C，去控制逆变电路。

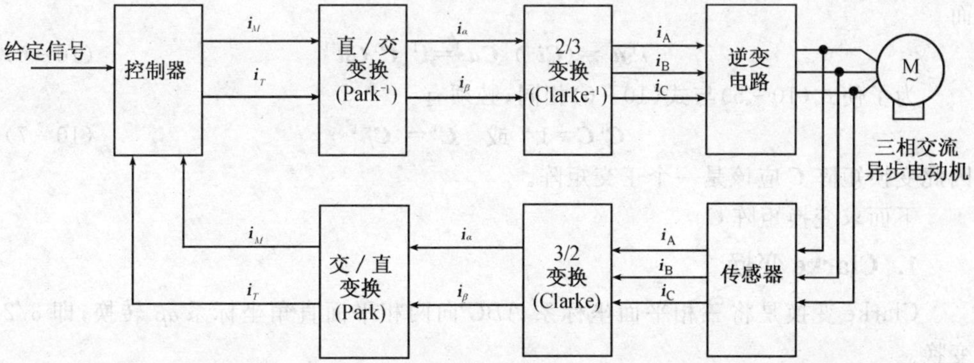

图 10-1　矢量控制原理框图

电流反馈信号经"3/2 变换"和"交/直变换"后，传送到控制端，对直流控制信号的转矩分量 i_T 进行修正，从而模拟出类似于直流电动机的工作状况。

10.1.2　矢量控制的坐标变换

电动机内的磁场是由定子、转子三相绕组的磁势（或磁动势）产生的，根据电动机旋转磁场理论可知，向对称的三相绕组（所谓对称是指定子、转子各绕组分别具有相同的匝数和分布电阻）中通以对称的三相正弦电流时，就会产生合成磁势，它是一个在空间以 ω 速度旋转的空间矢量。如果用磁势或电流空间矢量来描述前面所述的三相磁场、两相磁场和旋转直流磁场，并对它们进行坐标变换，就称为矢量坐标变换。

矢量坐标变换必须遵循以下原则：

- 变换前后电流所产生的旋转磁场等效；
- 变换前后两个系统的电动机功率不变。

将原来坐标下的电压 $\boldsymbol{u}$ 和电流 $\boldsymbol{i}$ 变换为新坐标下的电压 $\boldsymbol{u}'$和电流 $\boldsymbol{i}'$，希望它们有相同的变换矩阵 $\boldsymbol{C}$，因此有

$$\boldsymbol{u}=\boldsymbol{C}\boldsymbol{u}' \tag{10-1}$$

$$\boldsymbol{i}=\boldsymbol{C}\boldsymbol{i}' \tag{10-2}$$

为了能实现逆变换，变换矩阵 $\boldsymbol{C}$ 必须存在逆阵 $\boldsymbol{C}^{-1}$，因此变换矩阵 $\boldsymbol{C}$ 必须是方阵，而且其行列式的值必须不等于零。

因为 $\boldsymbol{u}=\boldsymbol{Z}\boldsymbol{i}$，$\boldsymbol{Z}$ 是阻抗矩阵，所以

$$\boldsymbol{u}'=\boldsymbol{C}^{-1}\boldsymbol{u}=\boldsymbol{C}^{-1}\boldsymbol{Z}\boldsymbol{C}\boldsymbol{i}'=\boldsymbol{Z}'\boldsymbol{i}' \tag{10-3}$$

式中　$\boldsymbol{Z}'$——变换后的阻抗矩阵，且

$$\boldsymbol{Z}'=\boldsymbol{C}^{-1}\boldsymbol{Z}\boldsymbol{C} \tag{10-4}$$

为了满足功率不变的原则，在一个坐标下的电功率 $\boldsymbol{i}^{\mathrm{T}}\boldsymbol{u}=u_1i_1+u_2i_2+\cdots+u_ni_n$ 应该等于另一个坐标下的电功率 $\boldsymbol{i}^{\mathrm{T}\prime}\boldsymbol{u}'=u_1'i_1'+u_2'i_2'+\cdots+u_n'i_n'$，即

$$\boldsymbol{i}^{\mathrm{T}}\boldsymbol{u}=\boldsymbol{i}^{\mathrm{T}\prime}\boldsymbol{u}' \tag{10-5}$$

而

$$i^{\mathrm{T}}u=(Ci')^{\mathrm{T}}Cu'=i^{\mathrm{T}'}C^{\mathrm{T}}Cu' \tag{10-6}$$

为了使式(10-5)与式(10-6)相同,必须有

$$C^{\mathrm{T}}C=1 \quad 或 \quad C^{\mathrm{T}}=C^{-1} \tag{10-7}$$

因此变换矩阵 C 应该是一个正交矩阵。

下面求变换矩阵 C。

1. Clarke 变换

Clarke 变换是将三相平面坐标系 ABC 向两相平面直角坐标系 $\alpha\beta$ 转换,即 3/2 变换。

(1) 定子绕组的 Clarke 变换

图 10-2 是定子三相电动机绕组 A、B、C 的磁势矢量与两相电动机绕组 α、β 的磁势矢量的空间位置关系。其中选定 A 轴与 α 轴重合。

根据矢量坐标变换的原则,两者的磁场应该完全等效,即合成磁势矢量分别在两个坐标系坐标轴上的投影应该相等。因此有

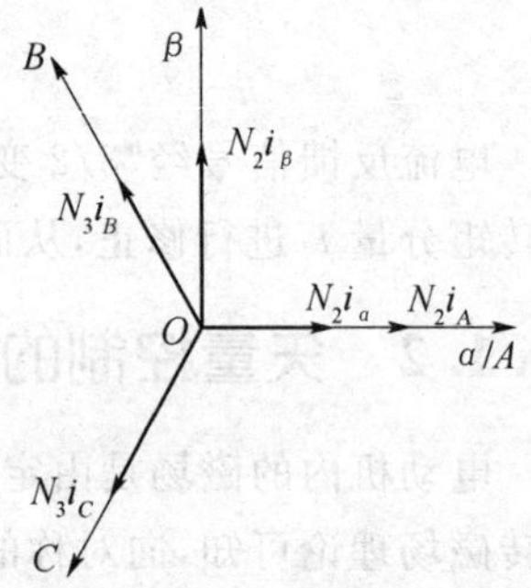

图 10-2 三相 ABC 绕组和两相 αβ 绕组各相的磁势

$$\left.\begin{aligned}N_2i_\alpha&=N_3i_A+N_3i_B\cos 120^\circ+N_3i_C\cos(-120^\circ)\\N_2i_\beta&=0+N_3i_B\sin 120^\circ+N_3i_C\sin(-120^\circ)\end{aligned}\right\} \tag{10-8}$$

也即

$$\left.\begin{aligned}i_\alpha&=\frac{N_3}{N_2}\left(i_A-\frac{1}{2}i_B-\frac{1}{2}i_C\right)\\i_\beta&=\frac{N_3}{N_2}\left(0+\frac{\sqrt{3}}{2}i_B-\frac{\sqrt{3}}{2}i_C\right)\end{aligned}\right\} \tag{10-9}$$

式中 N_2、N_3——三相电动机和两相电动机定子每相绕组的有效匝数。

式(10-9)用矩阵表示为

$$\begin{bmatrix}i_\alpha\\i_\beta\end{bmatrix}=\frac{N_3}{N_2}\begin{bmatrix}1&-\frac{1}{2}&-\frac{1}{2}\\0&\frac{\sqrt{3}}{2}&-\frac{\sqrt{3}}{2}\end{bmatrix}\begin{bmatrix}i_A\\i_B\\i_C\end{bmatrix} \tag{10-10}$$

转换矩阵 $\begin{bmatrix}1&-\frac{1}{2}&-\frac{1}{2}\\0&\frac{\sqrt{3}}{2}&-\frac{\sqrt{3}}{2}\end{bmatrix}$ 不是方阵,因此不能求其逆阵,所以需要引进一个独立于 i_α 和 i_β 的新变量 i_0,称它为零轴电流。零轴同时垂直于 α 轴和 β 轴,因此形成 $O\alpha\beta$ 轴坐标系。定义为

$$N_2i_0=KN_3i_A+KN_3i_B+KN_3i_C$$

或

$$i_0=\frac{N_3}{N_2}(Ki_A+Ki_B+Ki_C) \tag{10-11}$$

式中 K——待定系数。

所以式(10-10)改写成

$$\begin{bmatrix} i_\alpha \\ i_\beta \\ i_0 \end{bmatrix}=\frac{N_3}{N_2}\begin{bmatrix} 1 & -\frac{1}{2} & -\frac{1}{2} \\ 0 & \frac{\sqrt{3}}{2} & -\frac{\sqrt{3}}{2} \\ K & K & K \end{bmatrix}\begin{bmatrix} i_A \\ i_B \\ i_C \end{bmatrix} \tag{10-12}$$

式中

$$\boldsymbol{C}^{-1}=\frac{N_3}{N_2}\begin{bmatrix} 1 & -\frac{1}{2} & -\frac{1}{2} \\ 0 & \frac{\sqrt{3}}{2} & -\frac{\sqrt{3}}{2} \\ K & K & K \end{bmatrix} \tag{10-13}$$

因此

$$\boldsymbol{C}=\frac{2N_2}{3N_3}\begin{bmatrix} 1 & 0 & \frac{1}{2K} \\ -\frac{1}{2} & \frac{\sqrt{3}}{2} & \frac{1}{2K} \\ -\frac{1}{2} & -\frac{\sqrt{3}}{2} & \frac{1}{2K} \end{bmatrix} \tag{10-14}$$

其转置矩阵为

$$\boldsymbol{C}^{\mathrm{T}}=\frac{2N_2}{3N_3}\begin{bmatrix} 1 & -\frac{1}{2} & -\frac{1}{2} \\ 0 & \frac{\sqrt{3}}{2} & -\frac{\sqrt{3}}{2} \\ \frac{1}{2K} & \frac{1}{2K} & \frac{1}{2K} \end{bmatrix} \tag{10-15}$$

为了满足功率不变的变换原则，有 $\boldsymbol{C}^{-1}=\boldsymbol{C}^{\mathrm{T}}$。因此令式(10-13)与式(10-15)相等，可求得

$$\left.\begin{aligned} \frac{N_2}{N_3}&=\sqrt{\frac{3}{2}} \\ K&=\frac{1}{\sqrt{2}} \end{aligned}\right\} \tag{10-16}$$

将式(10-16)代入式(10-14)中得

$$C=\sqrt{\frac{2}{3}}\begin{bmatrix}1 & 0 & \frac{1}{\sqrt{2}}\\ -\frac{1}{2} & \frac{\sqrt{3}}{2} & \frac{1}{\sqrt{2}}\\ -\frac{1}{2} & -\frac{\sqrt{3}}{2} & \frac{1}{\sqrt{2}}\end{bmatrix} \tag{10-17}$$

因此,Clarke 变换(3/2 变换)式为

$$\begin{bmatrix}i_\alpha\\ i_\beta\\ i_0\end{bmatrix}=\sqrt{\frac{2}{3}}\begin{bmatrix}1 & -\frac{1}{2} & -\frac{1}{2}\\ 0 & \frac{\sqrt{3}}{2} & -\frac{\sqrt{3}}{2}\\ \frac{1}{\sqrt{2}} & \frac{1}{\sqrt{2}} & \frac{1}{\sqrt{2}}\end{bmatrix}\begin{bmatrix}i_A\\ i_B\\ i_C\end{bmatrix} \tag{10-18}$$

Clarke 逆变换(2/3 变换)式为

$$\begin{bmatrix}i_A\\ i_B\\ i_C\end{bmatrix}=\sqrt{\frac{2}{3}}\begin{bmatrix}1 & 0 & \frac{1}{\sqrt{2}}\\ -\frac{1}{2} & \frac{\sqrt{3}}{2} & \frac{1}{\sqrt{2}}\\ -\frac{1}{2} & -\frac{\sqrt{3}}{2} & \frac{1}{\sqrt{2}}\end{bmatrix}\begin{bmatrix}i_\alpha\\ i_\beta\\ i_0\end{bmatrix} \tag{10-19}$$

对于三相绕组不带零线的星形接法,有 $i_A+i_B+i_C=0$,因此 $i_C=-i_A-i_B$,分别代入式(10-18)、式(10-19)得

$$\begin{bmatrix}i_\alpha\\ i_\beta\end{bmatrix}=\begin{bmatrix}\sqrt{\frac{3}{2}} & 0\\ \frac{\sqrt{2}}{2} & \sqrt{2}\end{bmatrix}\begin{bmatrix}i_A\\ i_B\end{bmatrix} \tag{10-20}$$

$$\begin{bmatrix}i_A\\ i_B\end{bmatrix}=\begin{bmatrix}\sqrt{\frac{2}{3}} & 0\\ -\frac{1}{\sqrt{6}} & \frac{1}{\sqrt{2}}\end{bmatrix}\begin{bmatrix}i_\alpha\\ i_\beta\end{bmatrix} \tag{10-21}$$

(2) 转子绕组的 Clarke 变换

图 10-3 所示为对称的三相转子绕组坐标系 abc 和两相转子绕组坐标系 dq 的位置关系。其中,d 轴(也称直轴)位于转子的轴线上,q 轴(也称交轴)超前 d 轴 90°。这里取 a 轴与 d 轴重合。

转子绕组被看成是经频率和绕组归算后到定子侧的,即将转子绕组的频率、相数、每相有效匝数以及绕组系数都归算成与定子绕组一样。

当转子绕组也遵循旋转磁场等效和电动机功率不变的原则时，可以证明，与定子绕组一样，转子三相绕组的 Clarke 变换矩阵与式(10-17)相同。

但是与定子绕组坐标系不同的是，不管是 abc 转子绕组还是 dq 转子绕组，都在以 ω_r 的速度随转子转动，也就是说，这些绕组相对于转子是不动的。

2. Park 变换

Park 变换是将两相静止直角坐标系向两相旋转直角坐标系的转换，即交/直变换。

(1) 定子绕组的 Park 变换

图 10-4 所示为定子电流矢量 $\boldsymbol{i}_s$ 在 $\alpha\beta$ 坐标系与 MT 旋转坐标系的投影。图中，MT 坐标系是以定子电流角频率 ω_s 在旋转。$\boldsymbol{i}_s$ 与 M 轴的夹角为 θ_s，M 轴与 α 轴的夹角为 φ_s，因为 MT 坐标系是旋转的，因此 φ_s 随时间而变化，$\varphi_s=\omega_s t+\varphi_0$，$\varphi_0$ 是初始角。

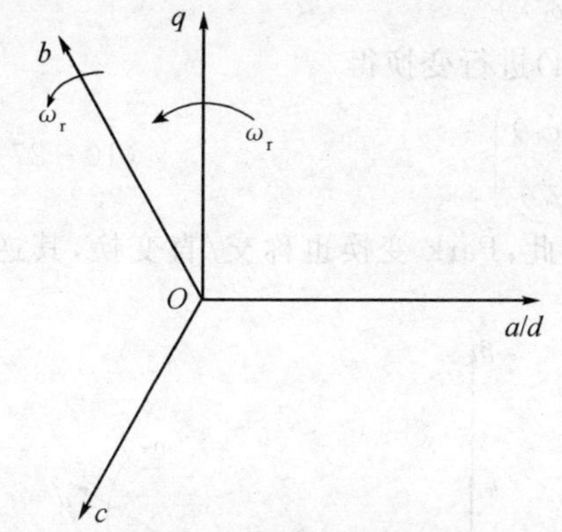

图 10-3 转子三相 *abc* 绕组和两相 *dq* 绕组位置关系

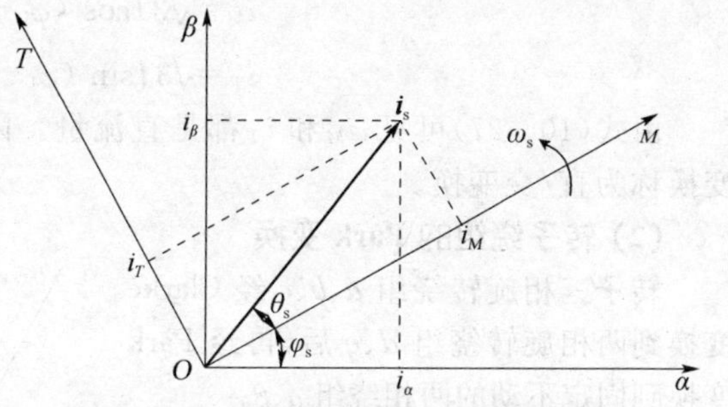

图 10-4 定子电流矢量在 $\alpha\beta$ 坐标系和 *MT* 坐标系上的投影

根据图 10-4，可以得到 i_α、i_β 与 i_M、i_T 的关系为

$$\left.\begin{aligned} i_\alpha &= i_M\cos\varphi_s - i_T\sin\varphi_s \\ i_\beta &= i_M\sin\varphi_s + i_T\cos\varphi_s \end{aligned}\right\} \tag{10-22}$$

其矩阵关系式为

$$\begin{bmatrix} i_\alpha \\ i_\beta \end{bmatrix} = \begin{bmatrix} \cos\varphi_s & -\sin\varphi_s \\ \sin\varphi_s & \cos\varphi_s \end{bmatrix} \begin{bmatrix} i_M \\ i_T \end{bmatrix} \tag{10-23}$$

式中，$\begin{bmatrix} \cos\varphi_s & -\sin\varphi_s \\ \sin\varphi_s & \cos\varphi_s \end{bmatrix}=\boldsymbol{C}$ 是两相旋转坐标系 MT 到两相静止坐标系 $\alpha\beta$ 的变换矩阵。很明显，这是一个正交矩阵，因此有 $\boldsymbol{C}^{\mathrm{T}}=\boldsymbol{C}^{-1}$。所以从两相静止坐标系 $\alpha\beta$ 到两相旋转坐标系 MT 的变换为

$$\begin{bmatrix} i_M \\ i_T \end{bmatrix} = \begin{bmatrix} \cos\varphi & \sin\varphi \\ -\sin\varphi & \cos\varphi \end{bmatrix} \begin{bmatrix} i_\alpha \\ i_\beta \end{bmatrix} \tag{10-24}$$

式(10－24)和式(10－23)分别是定子绕组的 Park 变换和逆变换。

假如定子三相电流为

$$\left.\begin{aligned} i_A &= \sqrt{2}I\cos(\omega_s t+\varphi_1) \\ i_B &= \sqrt{2}I\cos(\omega_s t+\varphi_1+120°) \\ i_C &= \sqrt{2}I\cos(\omega_s t+\varphi_1+240°) \end{aligned}\right\} \tag{10-25}$$

式中 I——定子电流有效值；

φ_1——定子 A 相电流初始相位角。

根据式(10－18)进行变换得

$$\left.\begin{aligned} i_\alpha &= \sqrt{3}I\cos(\omega_s t+\varphi_1) \\ i_\beta &= \sqrt{3}I\sin(\omega_s t+\varphi_1) \end{aligned}\right\} \tag{10-26}$$

将 $\varphi_s=\omega_s t+\varphi_0$ 和式(10－26)代入式(10－24)进行变换得

$$\left.\begin{aligned} i_M &= \sqrt{3}I\cos(\varphi_1-\varphi_0) \\ i_T &= \sqrt{3}I\sin(\varphi_1-\varphi_0) \end{aligned}\right\} \tag{10-27}$$

由式(10－27)可见，i_M 和 i_T 都是直流量。因此，Park 变换也称交/直变换，其逆变换称为直/交变换。

(2) 转子绕组的 Park 变换

转子三相旋转绕组 a、b、c 经 Clarke 变换到两相旋转绕组 d、q 后，再经 Park 变换到固定不动的两相绕组 α、β。

图 10－5 所示为两个坐标系 dq 和 $\alpha\beta$ 上的电流分量之间的位置关系。图中两个坐标系的绕组完全相同，dq 坐标系以 ω_r 速度旋转，它与 $\alpha\beta$ 坐标系的夹角 θ_r ($\theta_r=\omega_r t$) 随时间在变化。

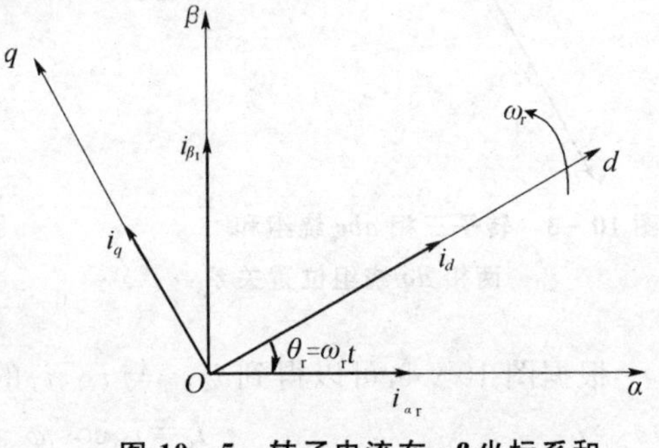

图 10－5 转子电流在 $\alpha\beta$ 坐标系和 dq 坐标系轴上的分量

根据矢量坐标变换原则，由图 10－5可得

$$\left.\begin{aligned} i_{\alpha r} &= i_d\cos\theta_r - i_q\sin\theta_r \\ i_{\beta r} &= i_d\sin\theta_r + i_q\cos\theta_r \end{aligned}\right\} \tag{10-28}$$

其矩阵形式为

$$\begin{bmatrix} i_{\alpha r} \\ i_{\beta r} \end{bmatrix} = \begin{bmatrix} \cos\theta_r & -\sin\theta_r \\ \sin\theta_r & \cos\theta_r \end{bmatrix} \begin{bmatrix} i_d \\ i_q \end{bmatrix} \tag{10-29}$$

如果变换前转子电流的频率是转差频率，则有

$$\left.\begin{aligned} i_d &= I_{rm}\sin(\omega_s-\omega_r)t \\ i_q &= -I_{rm}\cos(\omega_s-\omega_r)t \end{aligned}\right\} \tag{10-30}$$

将其代入式(10-28)有

$$\left.\begin{aligned} i_{ar} &= i_d\cos\theta_r - i_q\sin\theta_r = I_{rm}\sin[\theta_r+(\omega_s-\omega_r)t] = I_{rm}\sin\omega_s t \\ i_{\beta r} &= i_d\sin\theta_r + i_q\cos\theta_r = -I_{rm}\cos[\theta_r+(\omega_s-\omega_r)t] = -I_{rm}\cos\omega_s t \end{aligned}\right\} \tag{10-31}$$

式(10-31)说明了变换后转子电流的频率是定子频率。

10.2 电压空间矢量 SVPWM 技术

10.2.1 电压矢量与磁链矢量的关系

当用三相平衡的正弦电压向交流电动机供电时，电动机的定子磁链空间矢量幅值恒定，并以恒速旋转，磁链矢量的运动轨迹形成圆形的空间旋转磁场（磁链圆）。因此如果有一种方法使逆变电路能向交流电动机提供可变频电源，并能保证电动机形成定子磁链圆，就可以实现交流电动机的变频调速。

电压空间矢量是按照电压加在绕组的空间位置来定义的。电动机的三相定子绕组可以定义一个三相平面静止坐标系，如图 10-6 所示。这是一个特殊的坐标系，它有三个轴，互相间隔 120°，分别代表三个相。三相定子相电压 U_A、U_B、U_C 分别施加在三相绕组上，形成三个相电压空间矢量 $\boldsymbol{u}_A$、$\boldsymbol{u}_B$、$\boldsymbol{u}_C$。它们的方向始终在各相的轴线上，大小随时间按正弦规律变化。因此，三个相电压空间矢量相加所形成的一个合成电压空间矢量 $\boldsymbol{u}$ 是一个以电源角频率 ω 速度旋转的空间矢量：

$$\boldsymbol{u} = \boldsymbol{u}_A + \boldsymbol{u}_B + \boldsymbol{u}_C \tag{10-32}$$

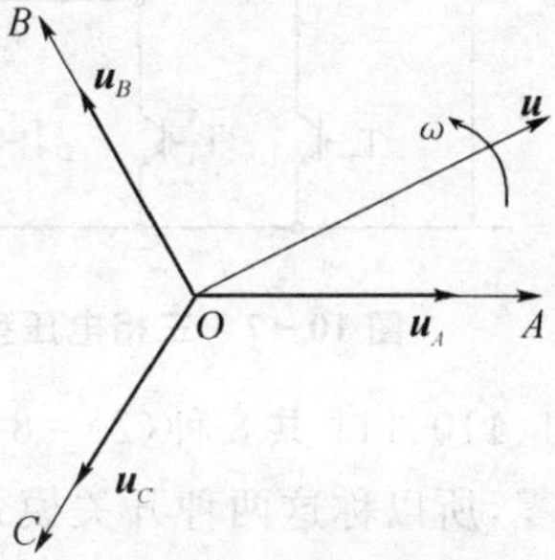

图 10-6 电压空间矢量

同样也可以定义电流和磁链的空间矢量 $\boldsymbol{I}$ 和 $\boldsymbol{\Psi}$。因此有

$$\boldsymbol{u} = R\boldsymbol{I} + \frac{d\boldsymbol{\Psi}}{dt} \tag{10-33}$$

当转速不是很低时，定子电阻 R 的压降相对较小，上式可简化为

$$\boldsymbol{u} \approx \frac{d\boldsymbol{\Psi}}{dt}$$

或

$$\boldsymbol{\Psi} \approx \int \boldsymbol{u}\,dt \tag{10-34}$$

因为

$$\boldsymbol{\Psi} = \Psi_m e^{j\omega t} \tag{10-35}$$

所以

$$u=\frac{d}{dt}(\Psi_m e^{j\omega t})=j\omega\Psi_m e^{j\omega t}=\omega\Psi_m e^{j(\omega t+\pi/2)} \tag{10-36}$$

该式说明，当磁链幅值 Ψ_m 一定时，u 的大小与 ω 成正比，或者说供电电压与频率 f 成正比，其方向是磁链圆轨迹的切线方向。当磁链矢量在空间旋转一周时，电压矢量也连续地按磁链圆的切线方向运动 2π 弧度，其运动轨迹与磁链圆重合。这样，电动机旋转磁场的形状问题就可转化为电压空间矢量运动轨迹的形状问题来讨论。

10.2.2 基本电压空间矢量

图 10-7 所示为一个典型的电压型 PWM 逆变器。利用这种逆变器功率开关管的开关状态和顺序组合以及开关时间的调整，以保证电压空间矢量圆形运行轨迹为目标，就可以产生谐波较少的且直流电源电压利用率较高的输出。

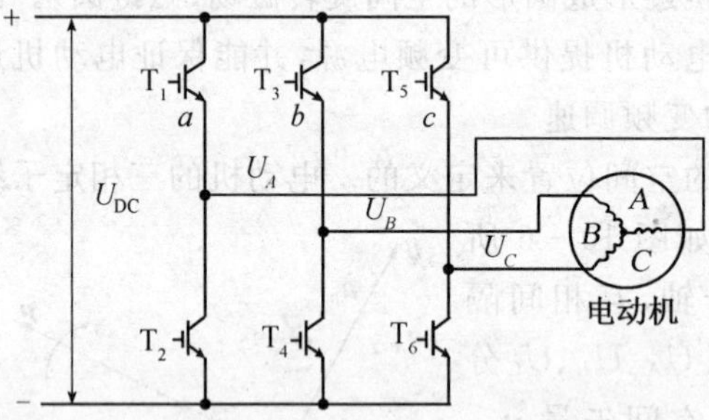

图 10-7 三相电压型逆变电路

图 10-7 中的 T_1～T_6 是 6 个功率开关管，a、b、c 分别代表 3 个桥臂的开关状态。规定：当上桥臂开关管为“开”状态时（此时下桥臂开关管必然是“关”状态），开关状态为 1；当下桥臂开关管为“开”状态时（此时上桥臂开关管必然是“关”状态），开关状态为 0。3 个桥臂只有 1 或 0 两种状态，因此 a、b、c 形成 000、001、010、011、100、101、110、111 共 8 种（$2^3=8$）开关模式。其中 000 和 111 开关模式使逆变器输出电压为零，所以称这两种开关模式为零状态。

可以导出，三相逆变器输出的线电压矢量 $[U_{AB}\ U_{BC}\ U_{CA}]^T$ 与开关状态矢量 $[a\ b\ c]^T$ 的关系为

$$\begin{bmatrix}U_{AB}\\U_{BC}\\U_{CA}\end{bmatrix}=U_{DC}\begin{bmatrix}1&-1&0\\0&1&-1\\-1&0&1\end{bmatrix}\begin{bmatrix}a\\b\\c\end{bmatrix} \tag{10-37}$$

三相逆变器输出的相电压矢量 $[U_A\ U_B\ U_C]^T$ 与开关状态矢量 $[a\ b\ c]^T$ 的关系为

$$\begin{bmatrix}U_A\\U_B\\U_C\end{bmatrix}=\frac{1}{3}U_{DC}\begin{bmatrix}2&-1&-1\\-1&2&-1\\-1&-1&2\end{bmatrix}\begin{bmatrix}a\\b\\c\end{bmatrix} \tag{10-38}$$

式中 U_{DC}——直流电源电压或称总线电压。

式(10-37)和式(10-38)的对应关系也可用表 10-1 来表示。

表 10-1　开关状态与相电压和线电压的对应关系

a	b	c	U_A	U_B	U_C	U_{AB}	U_{BC}	U_{CA}
0	0	0	0	0	0	0	0	0
1	0	0	$2U_{DC}/3$	$-U_{DC}/3$	$-U_{DC}/3$	U_{DC}	0	$-U_{DC}$
1	1	0	$U_{DC}/3$	$U_{DC}/3$	$-2U_{DC}/3$	0	U_{DC}	$-U_{DC}$
0	1	0	$-U_{DC}/3$	$2U_{DC}/3$	$-U_{DC}/3$	$-U_{DC}$	U_{DC}	0
0	1	1	$-2U_{DC}/3$	$U_{DC}/3$	$U_{DC}/3$	$-U_{DC}$	0	U_{DC}
0	0	1	$-U_{DC}/3$	$-U_{DC}/3$	$2U_{DC}/3$	0	$-U_{DC}$	U_{DC}
1	0	1	$U_{DC}/3$	$-2U_{DC}/3$	$U_{DC}/3$	U_{DC}	$-U_{DC}$	0
1	1	1	0	0	0	0	0	0

将表 10-1 中的 8 组相电压值代入式(10-32)，就可以求出这些相电压的矢量和与相位角。这 8 个矢量和就称为基本电压空间矢量，根据其相位角的特点分别命名为 $\boldsymbol{O}_{000}$、$\boldsymbol{U}_{0}$、$\boldsymbol{U}_{60}$、$\boldsymbol{U}_{120}$、$\boldsymbol{U}_{180}$、$\boldsymbol{U}_{240}$、$\boldsymbol{U}_{300}$、$\boldsymbol{O}_{111}$。其中 $\boldsymbol{O}_{000}$、$\boldsymbol{O}_{111}$ 称为零矢量。图 10-8 给出了 8 个基本电压空间矢量的大小和位置。其中非零矢量的幅值相同，相邻的矢量间隔 60°，而 2 个零矢量幅值为零，位于中心。

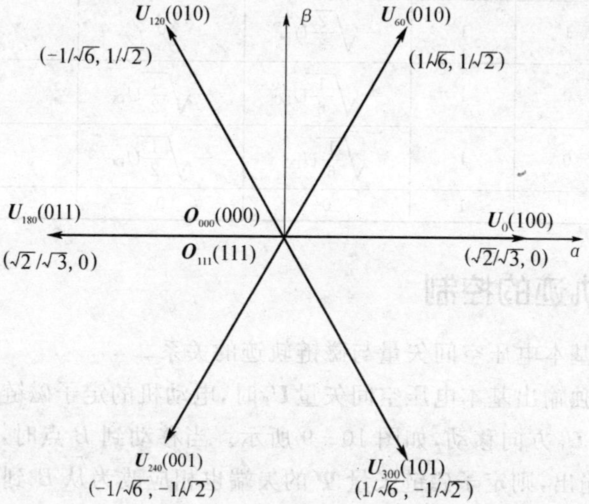

图 10-8　基本电压空间矢量

表 10-1 中的线电压和相电压值是在图 10-6 所示的三相 ABC 平面坐标系中。根据 Clarke 变换式(10-18)，可以得到下式：

$$\boldsymbol{T}_{ABC-\alpha\beta}=\sqrt{\frac{2}{3}}\begin{bmatrix}1 & -\frac{1}{2} & -\frac{1}{2}\\ 0 & \frac{\sqrt{3}}{2} & -\frac{\sqrt{3}}{2}\end{bmatrix} \tag{10-39}$$

利用这个变换矩阵，就可以将三相 ABC 平面坐标系中的相电压转换到 $\alpha\beta$ 平面直角坐标系中去。其转换式为

$$\begin{bmatrix} U_\alpha \\ U_\beta \end{bmatrix} = \sqrt{\frac{2}{3}} \begin{bmatrix} 1 & -\frac{1}{2} & -\frac{1}{2} \\ 0 & \frac{\sqrt{3}}{2} & -\frac{\sqrt{3}}{2} \end{bmatrix} \begin{bmatrix} U_A \\ U_B \\ U_C \end{bmatrix} \tag{10-40}$$

根据式(10－40)，可将表 10－1 中与开关状态 a、b、c 相对应的相电压转换成 $\alpha\beta$ 平面直角坐标系中的分量，转换结果如表 10－2 所列和图 10－8 所示。

表 10－2　开关状态与相电压在 $\alpha\beta$ 坐标系的分量的对应关系

a	b	c	U_α	U_β	矢量符号
0	0	0	0	0	$\boldsymbol{O}_{000}$
1	0	0	$\sqrt{\frac{2}{3}}U_{DC}$	0	$\boldsymbol{U}_0$
1	1	0	$\sqrt{\frac{1}{6}}U_{DC}$	$\sqrt{\frac{1}{2}}U_{DC}$	$\boldsymbol{U}_{60}$
0	1	0	$-\sqrt{\frac{1}{6}}U_{DC}$	$\sqrt{\frac{1}{2}}U_{DC}$	$\boldsymbol{U}_{120}$
0	1	1	$-\sqrt{\frac{2}{3}}U_{DC}$	0	$\boldsymbol{U}_{180}$
0	0	1	$-\sqrt{\frac{1}{6}}U_{DC}$	$-\sqrt{\frac{1}{2}}U_{DC}$	$\boldsymbol{U}_{240}$
1	0	1	$\sqrt{\frac{1}{6}}U_{DC}$	$-\sqrt{\frac{1}{2}}U_{DC}$	$\boldsymbol{U}_{300}$
1	1	1	0	0	$\boldsymbol{O}_{111}$

10.2.3　链轨迹的控制

下面来看看基本电压空间矢量与磁链轨迹的关系。

当逆变器单独输出基本电压空间矢量 $\boldsymbol{U}_0$ 时，电动机的定子磁链矢量 $\boldsymbol{\Psi}$ 的矢端从 A 到 B 沿平行于 $\boldsymbol{U}_0$ 方向移动，如图 10－9 所示。当移动到 B 点时，如果改基本电压空间矢量为 $\boldsymbol{U}_{60}$ 输出，则定子磁链矢量 $\boldsymbol{\Psi}$ 的矢端也相应改为从 B 到 C 的移动。这样下去，当全部 6 个非零基本电压空间矢量分别依次单独输出后，定子磁链矢量 $\boldsymbol{\Psi}$ 矢端的运动轨迹是一个正六边形，如图 10－9所示。

显然，按照这样的供电方式只能形成正六边形的旋转磁场，而不是所希望的圆形旋转磁场。

怎样获得圆形旋转磁场呢？一个思路是，如果在定子里形成的旋转磁场不是正六边形，而是正多边形，就可以得到近似的圆形旋转磁场。显然，正多边形的边越多，近似程度就越好。

但是非零的基本电压空间矢量只有 6 个，如果想获得尽可能多的多边形旋转磁

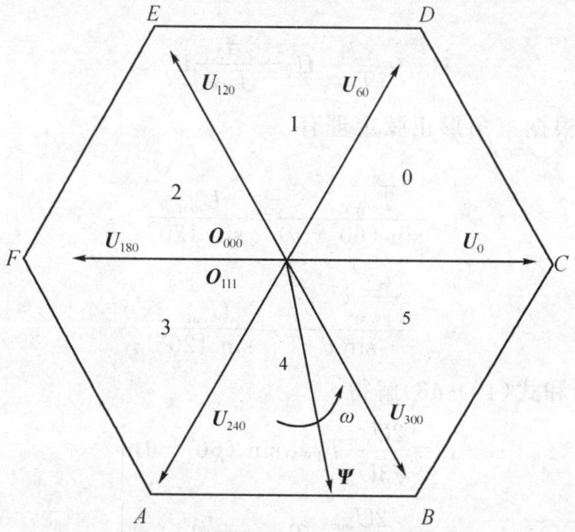

图 10-9　正六边形磁链轨迹

场，就必须有更多的逆变器开关状态。一种方法是利用 6 个非零的基本电压空间矢量的线性时间组合来得到更多的开关状态。下面介绍这种线性时间组合的方法。

在图 10-10 中，$\boldsymbol{U}_x$ 和 $\boldsymbol{U}_{x\pm60}$ 代表相邻的两个基本电压空间矢量；$\boldsymbol{U}_{\text{out}}$ 是输出的参考相电压矢量，其幅值代表相电压的幅值，其旋转角速度就是输出正弦电压的角频率。$\boldsymbol{U}_{\text{out}}$ 可由 $\boldsymbol{U}_x$ 和 $\boldsymbol{U}_{x\pm60}$ 线性时间组合来合成，它等于 (t_1/T_{PWM}) 倍的 $\boldsymbol{U}_x$ 与 (t_2/T_{PWM}) 倍的 $\boldsymbol{U}_{x\pm60}$ 的矢量和。其中 t_1 和 t_2 分别是 $\boldsymbol{U}_x$ 和 $\boldsymbol{U}_{x\pm60}$ 作用的时间，T_{PWM} 是 $\boldsymbol{U}_{\text{out}}$ 作用的时间。

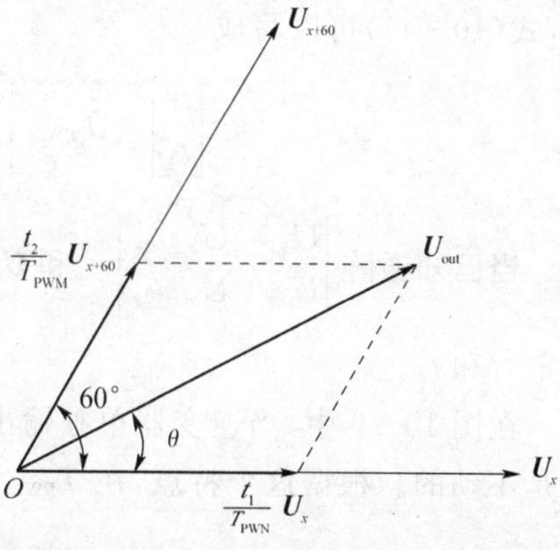

图 10-10　电压空间矢量的线性组合

按照这种方式，在下一个 T_{PWM} 期间，仍然用 $\boldsymbol{U}_x$ 和 $\boldsymbol{U}_{x\pm60}$ 的线性时间组合，但作用的时间 t_1' 和 t_2' 与上一次的不同，它们必须保证所合成的新的电压空间矢量 $\boldsymbol{U}_{\text{out}}'$ 与原来的电压空间矢量 $\boldsymbol{U}_{\text{out}}$ 的幅值相等。

如此下去，在每一个 T_{PWM} 期间，都改变相邻基本矢量作用的时间，并保证所合成的电压空间矢量的幅值都相等，因此，当 T_{PWM} 取足够小时，电压空间矢量的轨迹是一个近似圆形的正多边形。

10.2.4　t_1、t_2、t_0 的计算和扇区号的确定

下面再来看 t_1 和 t_2 的确定方法。

线性时间组合的电压空间矢量 $\boldsymbol{U}_{\text{out}}$ 是 (t_1/T_{PWM}) 倍的 $\boldsymbol{U}_x$ 与 (t_2/T_{PWM}) 倍的 $\boldsymbol{U}_{x\pm60}$

的矢量和,即

$$\boldsymbol{U}_{\text{out}}=\frac{t_1}{T_{\text{PWM}}}\boldsymbol{U}_x+\frac{t_2}{T_{\text{PWM}}}\boldsymbol{U}_{x\pm 60} \tag{10-41}$$

由图10-10,根据三角形正弦定理有

$$\frac{\dfrac{t_1}{T_{\text{PWM}}}U_x}{\sin\,(60^\circ-\theta)}=\frac{U_{\text{out}}}{\sin 120^\circ} \tag{10-42}$$

$$\frac{\dfrac{t_2}{T_{\text{PWM}}}U_{x\pm 60}}{\sin\theta}=\frac{U_{\text{out}}}{\sin 120^\circ} \tag{10-43}$$

由式(10-42)和式(10-43)解得

$$\left.\begin{aligned} t_1&=\frac{2U_{\text{out}}}{\sqrt{3}U_x}T_{\text{PWM}}\sin\,(60^\circ-\theta)\\ t_2&=\frac{2U_{\text{out}}}{\sqrt{3}U_{x\pm 60}}T_{\text{PWM}}\sin\theta \end{aligned}\right\} \tag{10-44}$$

式中,T_{PWM}可事先选定;U_{out}可由U/f曲线确定;θ可由输出正弦电压角频率ω和nT_{PWM}的乘积确定。因此,当已知两相邻的基本电压空间矢量$\boldsymbol{U}_x$和$\boldsymbol{U}_{x\pm 60}$后,就可以根据式(10-44)确定t_1和t_2。

t_1和t_2还有另一种确定方法。当$\boldsymbol{U}_{\text{out}}$、$\boldsymbol{U}_x$和$\boldsymbol{U}_{x\pm 60}$投影到平面直角坐标系$\alpha\beta$中时,式(10-41)可以写成

$$\begin{bmatrix} t_1\\ t_2 \end{bmatrix}=T_{\text{PWM}}\begin{bmatrix} U_{x\alpha} & U_{x\pm 60\alpha}\\ U_{x\beta} & U_{x\pm 60\beta} \end{bmatrix}^{-1}\begin{bmatrix} U_{\text{out}\alpha}\\ U_{\text{out}\beta} \end{bmatrix} \tag{10-45}$$

当已知逆阵$\begin{bmatrix} U_{x\alpha} & U_{x\pm 60\alpha}\\ U_{x\beta} & U_{x\pm 60\beta} \end{bmatrix}^{-1}$和$\boldsymbol{U}_{\text{out}}$在平面直角坐标系$\alpha\beta$的投影$\begin{bmatrix} U_{\text{out}\alpha}\\ U_{\text{out}\beta} \end{bmatrix}$后,即可确定$t_1$和$t_2$。

在图10-9中,当逆变器单独输出零矢量$\boldsymbol{O}_{000}$和$\boldsymbol{O}_{111}$时,电动机的定子磁链矢量$\boldsymbol{\Psi}$是不动的。根据这个特点,在T_{PWM}期间插入零矢量作用的时间t_0,使

$$T_{\text{PWM}}=t_1+t_2+t_0 \tag{10-46}$$

通过这样的方法,可以调整角频率ω,从而达到变频的目的。

添加零矢量是遵循使功率开关管的开关次数最少的原则来选择$\boldsymbol{O}_{000}$或$\boldsymbol{O}_{111}$。

为了使磁链的运动速度平滑,零矢量一般都不是集中地加入,而是将零矢量平均分成几份,多点地插入到磁链轨迹中,但作用的时间和仍为t_0,这样可以减少电动机转矩的脉动。

将图10-9划分成6个区域,称为扇区。每个区域都有一个扇区号(如图中0、1、2、3、4、5)。确定$\boldsymbol{U}_{\text{out}}$位于哪个扇区是非常重要的,因为只有知道$\boldsymbol{U}_{\text{out}}$位于哪个扇区,才能知道用哪一对相邻的基本电压空间矢量去合成$\boldsymbol{U}_{\text{out}}$。

当U_{out}以幅值和相角的形式给出时，可直接根据相角来确定它所在的扇区。

10.3 转子磁场定向矢量控制

三相永磁同步伺服电动机的模型是一个多变量、非线性、强耦合系统。为了实现转矩线性化控制，就必须要对转矩的控制参数实现解耦。转子磁场定向控制是一种常用的解耦控制方法。

转子磁场定向控制实际上是将dq同步旋转坐标系放在转子上，随转子同步旋转。其d轴(直轴)与转子的磁场方向重合(定向)，q轴(交轴)逆时针超前d轴90°电角度，如图10-11所示。

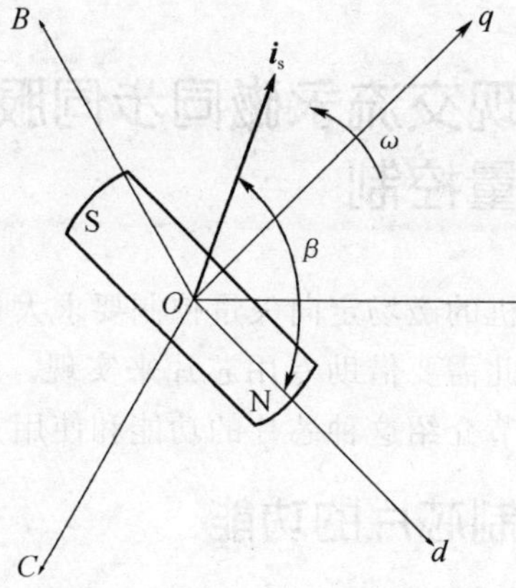

图10-11 永磁同步电动机定子*ABC*坐标系与转子*dq*坐标系的关系

图10-11(图中转子的磁极对数为1)表示了转子磁场定向后，定子三相不动坐标系ABC与转子同步旋转坐标系dq的位置关系。定子电流矢量$\boldsymbol{i}_s$在dq坐标系上的投影为i_d、i_q，i_d、i_q可以通过前面介绍的对i_A、i_B、i_C的Clarke变换和Park变换求得，因此i_d、i_q是直流量。

三相永磁同步伺服电动机的转矩方程为

$$T_m = p(\Psi_d i_q - \Psi_q i_d) = p[\Psi_f i_q - (L_d - L_q) i_d i_q] \quad (10-47)$$

式中 Ψ_d、Ψ_q——定子磁链在d、q轴的分量；

Ψ_f——转子磁钢在定子上的耦合磁链，它只在d轴上存在；

p——转子的磁极对数；

L_d、L_q——永磁同步电动机d、q轴的主电感。

式(10-47)说明了转矩由两项组成，括号中的第1项是由三相旋转磁场和永磁磁场相互作用所产生的电磁转矩；第2项是由凸极效应引起的磁阻转矩。

对于嵌入式转子，$L_d < L_q$，电磁转矩和磁阻转矩同时存在。可以灵活有效地利用这个磁阻转矩，通过调整和控制β角，用最小的电流幅值来获得最大的输出转矩。

对于凸极式转子，$L_d = L_q$，因此只存在电磁转矩，而不存在磁阻转矩。转矩方程变为

$$T_m = p\Psi_f i_q = p\Psi_f i_s \sin\beta \qquad (10-48)$$

由式(10－48)可以明显看出，当三相合成的电流矢量$\boldsymbol{i}_s$与d轴的夹角β等于90°时可以获得最大转矩，也就是说，$\boldsymbol{i}_s$与q轴重合时转矩最大。这时，$i_d = i_s\cos\beta = 0$，$i_q = i_s\sin\beta = i_s$。式(10－48)可以改写为

$$T_m = p\Psi_f i_q = p\Psi_f i_s \qquad (10-49)$$

因为是永磁转子，Ψ_f是一个不变的值，所以式(10－49)说明了只要保持$\boldsymbol{i}_s$与d轴垂直，就可以像直流电动机控制那样，通过调整直流量i_q来控制转矩，从而实现三相永磁同步伺服电动机的控制参数的解耦，实现三相永磁同步伺服电动机转矩的线性化控制。

10.4 用单片机实现交流永磁同步伺服电动机的磁场定向矢量控制

交流永磁同步伺服电动机的磁场定向矢量控制要求大量的、快速的实时计算，单片机没有这种计算能力。因此需要借助专用芯片来实现。IRMCK201是IR公司推出的交流电机控制芯片。本节介绍这种芯片的功能和使用方法。

10.4.1 交流伺服控制芯片的功能

IRMCK201芯片有如下功能：

① 可以实现对交流永磁同步伺服电动机或交流异步电动机的开环控制或闭环控制；

② 可以实现电流闭环控制和速度闭环控制；

③ 可以与单片机接口或外接E^2PROM实现电动机控制；

④ 可以选择8位并行、SPI、异步串行3种与单片机的接口形式；

⑤ 提供与IR2175反馈电流传感芯片的专用接口；

⑥ 提供与增量式编码器的接口；

⑦ 内部硬件实现磁场定向控制。

IRMCK201芯片的主要性能参数如下：

① 使用3.3 V电源；

② 最大时钟输入33.3 Hz；

③ 引脚输出电流±30 mA；

④ 电流环最长计算时间6 μs；

⑤ 速度环更新频率5 kHz/10 kHz；

⑥ PWM最高载波频率83.3 kHz；

⑦ PWM计数器12位。

1. IRMCK201 芯片的引脚功能

IRMCK201 芯片的引脚功能如表 10－3 所列。

表 10－3 IRMCK201 芯片的引脚功能

引脚	符 号	类型	有效	功 能	引脚	符 号	类型	有效	功 能
1	BYPASSMODE	I	H	内部测试引脚	42	PID0	I	—	电源 ID
2	BYPASSCLK	I	H	内部测试引脚	43	PID1	I	—	电源 ID
3	OSC1CLK	I	—	33.3 MHz 晶振输入	44	LVDD	P		逻辑电源
4	LVDD	P		逻辑电源	45	D3	I		不用
5	OSC2CLK	O	—	33.3 MHz 晶振输入	46	CSN	I	L	SPI 片选
6	VSS	P		地	47	VSS	P		地
7	PLLTEST	I	H	内部测试引脚	48	MOSI	I	—	SPI 主出从入
8	XPD	I	L	PLL 复位	49	MISO	O	—	SPI 主入从出
9	VSSHC	P		锁相环电源地	50	SCLK	I	上升沿	SPI 时钟
10	MVDD	P		锁相环电源	51	TX	O	—	RS－232 数据输出
11	VSSHC	P		锁相环电源地	52	RX	I	—	RS－232 数据输入
12	AVDD	P		模拟电源	53	BAUDSEL	I	H	RS－232 波特率选择
13	CHGO	O	—	低通滤波器	54	LVDD	P		逻辑电源
14	LPVSS	P	—	低通滤波器地	55	ADMUX0	O	H	模拟输入通道选择
15	CLKI	I		不用	56	N2	I		不用
16	CLKSEL	I		不用	57	VSS	P		地
17	CPT0	I		不用	58	ADMUX1	O	H	模拟输入通道选择
18	CPT1	I		不用	59	RESSAMPLE	O	—	采样
19	LVDD	P		逻辑电源	60	ADCONVST	O	L	启动 A/D 转换
20	REDLED	O	H	红色 LED	61	ADCLK	O	下降沿	串行 ADC 时钟
21	GREENLED	O	H	绿色 LED	62	ADOUT	I	—	串行 ADC 数据
22	VSS	P		地	63	SYNC	O	L	PWM 同步信号
23	TSTCLK	I		不用	64	FAULT	O	H	故障状态
24	TSTSEL	I		不用	65	START	I	H	启动
25	OLAP	I		不用	66	STOP	I	H	停止
26	PWMWL	O	—	W 相下桥臂	67	IFBCAL	I	H	电流偏移校正
27	PWMWH	O	—	W 相上桥臂	68	FLTCLR	I	H	故障解除
28	PWMVL	O	—	V 相下桥臂	69	LVDD	P		逻辑电源
29	LVDD	P		逻辑电源	70	PWMACTIVE	O	H	PWM 状态
30	PWMVH	O	—	V 相上桥臂	71	DAC3	O	—	诊断信号 DAC 输出
31	PWMUL	O	—	U 相下桥臂	72	VSS	P		地
32	VSS	P		地	73	DAC2	O	—	诊断信号 DAC 输出
33	PWMUH	O	—	U 相上桥臂	74	DAC1	O	—	诊断信号 DAC 输出
34	BREAKE	O	L	IGBT 制动控制	75	DAC0	O	—	诊断信号 DAC 输出
35	RESETN	I	L	数字逻辑复位	76	HPD0	B	—	并行数据
36	FLTCLR	O		清除 IPM 故障	77	HPD1	B	—	并行数据
37	GATEKILL	I	—	输出关断信号	78	HPD2	B	—	并行数据
38	IFB0	I	—	V 相电流反馈	79	VDD	P		电源
39	IFB1	I	—	W 相电流反馈	80	HPD3	B	—	并行数据
40	SD	O	—	关断 PWM 输出	81	HPD4	B	—	并行数据
41	D0	I		不用	82	VSS	P		地

续表 10-3

引脚	符号	类型	有效	功能	引脚	符号	类型	有效	功能
83	HPD5	B	—	并行数据	92	ENCB	I	—	编码器输入信号 B
84	HPD6	B	—	并行数据	93	ENCA	I	—	编码器输入信号 A
85	HPD7	B	—	并行数据	94	LVDD	P		逻辑电源
86	HPNOE	I	L	并行数据输出允许	95	HALLC	I	—	HALL 输入 C
87	HPNWE	I	L	并行数据写允许	96	HALLB	I	—	HALL 输入 B
88	HPA	I	H	并行数据地址信号	97	VSS	P		地
89	N11	I		不用	98	HALLA	I	—	HALL 输入 A
90	HPNCS	I	L	片选	99	SCL	O	上升沿	E^2 PROM 时钟
91	ENCZ	I	—	编码器输入信号 Z	100	SDA	B	—	E^2 PROM 数据

2. IRMCK201 芯片的内部结构

IRMCK201 芯片的结构框图如图 10-12 所示。由图可见,IRMCK201 芯片可以通过 RS-232/RS-422 异步通信口、SPI 同步通信口或者 8 位并行口与单片机接口,实现电动机的控制。它也可以不用单片机,仅仅通过 E^2 PROM 保存初始化数据,通过串行 ADC 接受用户速度参考,来实现电动机的控制。

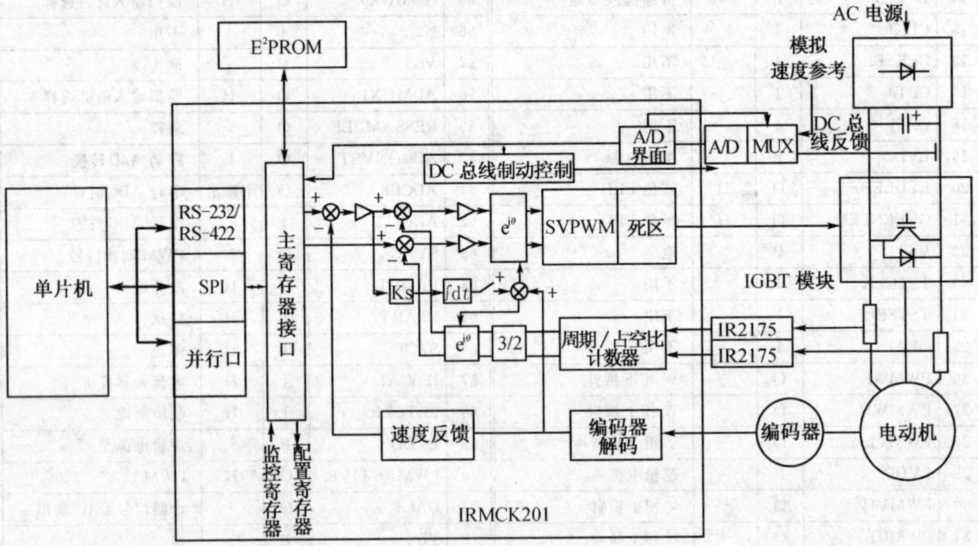

图 10-12 IRMCK201 芯片结构框图

所有的控制数据和工作状态都通过 IRMCK201 的寄存器接口进出。

通过编码器接口获得电动机的速度信号和位置信号,通过电流传感器接口获得来自 IR2175 的电流反馈信号。

在 IRMCK201 芯片的内部,通过硬件实现 2/3 变换和 3/2 变换,实现电流和速度的 PI 调节,实现 SVPWM 信号的生成以及死区的插入。

3. IRMCK201 芯片的寄存器

IRMCK201 芯片的寄存器非常重要，通过它接收外部的控制命令，或向外部传送电动机的工作状态。IRMCK201 芯片的寄存器共有 128 字节的寻址范围，分成写寄存器和读寄存器两类。写寄存器用于接收外部控制数据，读寄存器用于保存状态数据。写寄存器和读寄存器的地址可以重复。

(1) 写寄存器

1) 增量式编码器寄存器组

增量式编码器寄存器组的地址和功能如表 10-4 所列。

表 10-4　增量式编码器寄存器组的地址和功能

地　址	位 7	位 6	位 5	位 4	位 3	位 2	位 1	位 0
0H	16 位增量式编码器新值低 8 位							
1H	16 位增量式编码器新值高 8 位							
3H	16 位增量式编码器最大值低 8 位。编码器达到这个值后，复位为 0。该值应该对应 360°机械角							
4H	16 位增量式编码器最大值高 8 位							
6H	当收到 Z 脉冲时编码器里的值的低 8 位。该值在 Z 脉冲出现时由硬件自动装载							
7H	当收到 Z 脉冲时编码器里的值的高 8 位。该值在 Z 脉冲出现时由硬件自动装载							
9H	低 8 位。该值设置为(磁极数/2)×$4\,096^2$/(编码器最大值+1)。它用于将编码器值转换成 0～4 095 范围的角度							
AH	高 8 位							
BH	不用			RedSig	PwrOnRedSig	ZPulseEnb	ZPulsePol	CntEnb

CntEnb：编码器使能。

ZPulsePol：Z 脉冲沿选择。1——Z 脉冲上升沿时装载编码器值；0——Z 脉冲下降沿时装载编码器值。

ZPulseEnb：Z 脉冲使能。1 有效。

PwrOnRedSig：上电时霍尔信号选择位，用于 E^2PROM。

RedSig：无霍尔传感器使能位。1——从编码器 A/B/Z 输出读霍尔 A/B/C 值。

2) PWM 配置寄存器组

PWM 配置寄存器组的地址和功能如表 10-5 所列。

表 10-5　PWM 配置寄存器组的地址和功能

地　址	位 7	位 6	位 5	位 4	位 3	位 2	位 1	位 0
CH	GateKillSns	不用	GateSnsL	GateSnsU	不用		SD	不用
DH	PWM 周期命令字低 8 位。周期命令字=33 333 000/(2×PWM 频率)-1							
EH	不用		PwmConfig		PWM 周期命令字高 4 位			
FH	PWM 死区时间，以系统时钟为单位，30 ns(当系统时钟为 33.33 MHz 时)							

SD：关断 PWM 输出。

GateSnsU：上桥臂 IGBT 极性。1——高有效；0——低有效。

GateSnsL：下桥臂 IGBT 极性。1——高有效；0——低有效。

GateKillSns:GATEKILL 信号极性。1——高有效;0——低有效。

PwmConfig:0——中心不对称 PWM;1～3——中心对称 PWM。

3) 电流反馈配置寄存器组

电流反馈配置寄存器组的地址和功能如表 10-6 所列。

表 10-6 电流反馈配置寄存器组的地址和功能

地 址	位7	位6	位5	位4	位3	位2	位1	位0
10H	12 位有符号 V 相电流反馈偏移值。当系统控制寄存器组的 IfbOffsEnb 位为 0 时,这个数被自动地加到每次电流测量值中							
11H	W 相电流反馈偏移值的低 4 位				V 相电流反馈偏移值的高 4 位			
12H	12 位有符号 W 相电流反馈偏移值。当系统控制寄存器组的 IfbOffsEnb 位为 0 时,这个数被自动地加到每次电流测量值中							
13H	旋转坐标系电流反馈 i_d 分量的放大倍数低 8 位。10 位小数位的 15 位定点有符号常数,它的范围:-16～+(16+1 023/1 024)							
14H	i_d 分量的放大倍数的高 8 位							
15H	旋转坐标系电流反馈 i_q 分量的放大倍数低 8 位。10 位小数位的 15 位定点有符号常数,它的范围:-16～+(16+1 023/1 024)							
16H	i_q 分量的放大倍数高 8 位							

4) 系统控制寄存器组

系统控制寄存器组的地址和功能如表 10-7 所列。

表 10-7 系统控制寄存器组的地址和功能

地 址	位7	位6	位5	位4	位3	位2	位1	位0
17H	DcCompEnb	IfbOffsEnb	不用			保留	FocEnbW	PwmEnbW

PwmEnbW:PWM 使能位。1——使能;默认 0。故障信号自动清该位。

FocEnbW:磁场定向控制使能位。1——使能磁场定向控制;默认 0。故障信号自动清该位。

IfbOffsEnb:当 PwmEnbW=1,FocEnbW=0 时,电流反馈偏移量被计算并保存在"电流反馈偏移量(读)寄存器"中。当该位为 1 时,在这个(读)寄存器的电流反馈偏移量用于每一次电流反馈测量;当该位为 0 时,在电流反馈配置(写)寄存器的电流反馈偏移量用于每一次电流反馈测量。

DcCompEnb:直流母线电压补偿使能。1——PWM 输出通过下式补偿,即

$$\text{PWM(comp)}=\text{PWM}\times 310\ \text{V}/\text{实际直流母线电压}$$

式中 PWM(comp)——补偿后的电压;PWM——没补偿的电压;310 V——额定直流母线电压。

5) 电流环配置寄存器组

电流环配置寄存器组的地址和功能如表 10-8 所列。

表 10-8　电流环配置寄存器组的地址和功能

地　址	位 7	位 6	位 5	位 4	位 3	位 2	位 1	位 0
18H	15 位有符号交轴电流参考输入低 8 位							
19H	15 位有符号交轴电流参考输入高 8 位							
1AH	15 位有符号电流 PI 调节比例系数低 8 位。化成 14 位小数格式，有效范围为 0～1							
1BH	15 位有符号电流 PI 调节比例系数高 8 位							
1CH	15 位有符号电流 PI 调节积分系数低 8 位。化成 19 位小数格式，有效范围为 0～0.031 25							
1DH	15 位有符号电流 PI 调节积分系数高 8 位							
1EH	15 位有符号直轴电流参考输入低 8 位							
1FH	15 位有符号直轴电流参考输入高 8 位							
20H	(低 8 位)用于感应电动机控制升降速比率。升降速比率＝$2\ 048^2$×(额定升降速率，Hz)/(电流循环更新频率，Hz)。不用时必须为 0							
21H	(高 8 位)用于感应电动机控制升降速比率							
22H	16 位交轴电流 PI 调节器输出电压极限(低 8 位)							
23H	16 位交轴电流 PI 调节器输出电压极限(高 8 位)							
26H	16 位直轴电流 PI 调节器输出电压极限(低 8 位)							
27H	16 位直轴电流 PI 调节器输出电压极限(高 8 位)							

6) 速度控制寄存器组

速度控制寄存器组的地址和功能如表 10-9 所列。

表 10-9　速度控制寄存器组的地址和功能

地　址	位 7	位 6	位 5	位 4	位 3	位 2	位 1	位 0
31H	不用				SpdLpRate			SpdLpEnb
32H	15 位速度环比例系数(低 8 位)。有 5 位小数的定点数，范围为 0～512							
33H	15 位速度环比例系数(高 8 位)							
34H	15 位速度环积分系数(低 8 位)。有 13 位小数的定点数，范围为 0～2							
35H	15 位速度环积分系数(高 8 位)							
36H	16 位速度 PI 调节器输出正极限(低 8 位)							
37H	16 位速度 PI 调节器输出正极限(高 8 位)							
38H	16 位速度 PI 调节器输出负极限(低 8 位)(二进制补码)							
39H	16 位速度 PI 调节器输出负极限(高 8 位)(二进制补码)							
3AH	电机速度比例系数(低 8 位)。电机速度比例系数＝60×16 383×(33.333 MHz/32)/(最高转速×编码器线数)/2；速度范围是±16 384 对应正负最高转速							
3BH	电机速度比例系数(高 8 位)							
3CH	速度环速度设定值(低 8 位)。由用户通过上一个寄存器设置							
3DH	速度环速度设定值(高 8 位)							
3EH	速度环加速。单位：速度/速度环运行时间							
3FH	速度环减速。单位：速度/速度环运行时间							

SpdLpEnb：速度环使能。1——使能速度环 PI 调节器；0——复位速度环 PI 调节器。

SpdLpRate：速度环更新率。0——不用；N——在每第 N 次电流环更新时，更新速度环。

7）故障控制寄存器组

故障控制寄存器组的地址和功能如表10-10所列。

表10-10　故障控制寄存器组的地址和功能

地　址	位7	位6	位5	位4	位3	位2	位1	位0
42H	不用						FltClr	DcBusMEnb

DcBusMEnb：直流母线电压监控使能。1——使能监控，当有故障时，适当地制动并禁止PWM输出；GateKillFlt和OvrSpdFlt故障不能被禁止。直流母线电压门限：过压——410 V；制动ON——380 V；制动OFF——360 V；正常——310 V；欠压OFF——140 V；欠压——120 V。

FltClr：故障状态清除位。根据"故障状态寄存器组"的状态，置1清除所有故障状态。一个故障自动清0"系统控制寄存器组"的PwmEnbW和FocEnbW位。注意这个位也控制2137的FLTCLR引脚。清除故障后，用户必须将这个位清0来重新使能故障处理。

8）SVPWM比例寄存器组

SVPWM比例寄存器组的地址和功能如表10-11所列。

表10-11　SVPWM比例寄存器组的地址和功能

地　址	位7	位6	位5	位4	位3	位2	位1	位0
44H	空间矢量调节器比例系数(低8位)。比例系数＝PWM周期控制字×$\sqrt{3}$×4 096/2 355							
45H	空间矢量调节器比例系数(高8位)							

9）诊断PWM控制寄存器组

诊断PWM控制寄存器组的地址和功能如表10-12所列。

表10-12　诊断PWM控制寄存器组的地址和功能

地　址	位7	位6	位5	位4	位3	位2	位1	位0
4EH	PwmData1Sel				PwmData0Sel			
4FH	PwmData3Sel				PwmData2Sel			

PwmDataSel：选择诊断数据经DACPWM0～DACPWM3引脚输出，用于RC滤波后在示波器显示。1——直流母线电压；2——V相电流；3——W相电流；5——速度PI参考；6——速度PI反馈；7——速度PI偏差；8——Iq参考；9——Q轴电压Qv；10——D轴电压Dv；11——12位电角度；12——Q轴电流Qi；13——D轴电流Di；14——A轴电压Av；15——B轴电压Bv。

10）系统配置寄存器组

系统配置寄存器组的地址和功能如表10-13所列。

表10-13　系统配置寄存器组的地址和功能

地　址	位7	位6	位5	位4	位3	位2	位1	位0
50H	ExtCtrlW	SpdRefSel		IqRefSel		HostAngEnb	HostVdEnb	RmpRefSel

RmpRefSel:速度参考选择。0——速度控制寄存器的设定值;1——外部模拟参考。

HostVdEnb:D轴电压前向控制使能。当置1时,D轴PI控制器不连接到前向通道的矢量旋转变换,而是从"直轴电压控制寄存器组"的"直轴电压"中得到输入。

HostAngEnb:电角度控制使能。当置1时,矢量旋转变换从"直轴电压控制寄存器组"的"电角度"中得到角度输入。

IqRefSel:Q轴电流PI控制参考输入选择。0——速度PI控制器输出;1——电流环配置寄存器的"交轴电流参考输入";2——模拟参考经ADC输入。

SpdRefSel:速度PI控制参考输入选择。0——内部加/减速发生器;1——速度控制寄存器组的"速度环速度设定值";2——模拟参考经ADC输入。

ExtCtrlW:该位置1允许通过用户界面引脚的直接控制,系统控制寄存器组的FocEnbW和PwmEnbW位被忽略。

11)直轴电压控制寄存器组

直轴电压控制寄存器组的地址和功能如表10-14所列。

表10-14 直轴电压控制寄存器组的地址和功能

地址	位7	位6	位5	位4	位3	位2	位1	位0
52H	12位有符号同步坐标直轴电压(低8位),当直轴电压控制使能时,该值用于U/f控制							
53H	12位有符号同步坐标交轴电压(低4位)				12位有符号同步坐标直轴电压(高4位)			
54H	12位有符号同步坐标交轴电压(高8位),它被加到Q轴PI控制输出中。该值用于前馈或U/f控制							
55H	12位电角度(低8位),当电角度控制使能时,该值用于U/f控制							
56H	不用				12位电角度(高4位)			

12)32位增量式编码器寄存器组

32位增量式编码器寄存器组的地址和功能如表10-15所列。

表10-15 32位增量式编码器寄存器组的地址和功能

地址	位7	位6	位5	位4	位3	位2	位1	位0
58H	32位增量式编码器计数器新值(低8位)							
59H	32位增量式编码器计数器新值(次低8位)							
5AH	32位增量式编码器计数器新值(次高8位)							
5BH	32位增量式编码器计数器新值(高8位)							

13)E^2PROM控制寄存器

加电后,写寄存器能够被E^2PROM中存储的值初始化。E^2PROM控制写寄存器组和E^2PROM状态读寄存器组被用于读/写这些E^2PROM值。为了加电时使写寄存器初始化,需向5DH地址写一个适当的值。

E^2PROM控制寄存器组的地址和功能如表10-16所列。

表 10-16 E^2PROM 控制寄存器组的地址和功能

地 址	位7	位6	位5	位4	位3	位2	位1	位0
5CH	不用					EeWrite	Eeread	Eerst
5DH	E^2PROM 地址寄存器，是下一次要读/写 E^2PROM 的地址							
5EH	E^2PROM 数据寄存器，是下一次要写 E^2PROM 的数据							

Eerst：自清 0 E^2PROM 复位。该位写 1 使 E^2PROM I^2C 界面复位。

Eeread：自清 0 I^2C E^2PROM 读。该位写 1 开始读 5DH 中指定的 E^2PROM 地址中的值。同时，用户需测试 E^2PROM 状态寄存器组的 EeBusy 位，来判定是否读结束。然后从 E^2PROM 状态寄存器组的 39H 中读数据。

EeWrite：自清 0 I^2C E^2PROM 写。该位置 1，将 5EH 中的数据写到 5DH 指定的 E^2PROM 中。

14）霍尔传感器编码初始化寄存器组

在没有单片机的情况下，需要在 E^2PROM 中设置这些值来初始化编码器计数器和角度。在加电后，系统根据霍尔传感器值 A/B/C 自动地将这些值装入编码器计数器中。

霍尔传感器编码初始化寄存器组的地址和功能如表 10-17 所列。

表 10-17 霍尔传感器编码初始化寄存器组的地址和功能

地 址	位7	位6	位5	位4	位3	位2	位1	位0
72H	为霍尔传感器 C/B/A 初始化编码计数器。共 6 个 16 位数据							
73H								
74H								
75H								
76H								
77H								
78H								
79H								
7AH								
7BH								
7CH								
7DH								

(2) 读寄存器

1）增量式编码器状态寄存器组

增量式编码器状态寄存器组的地址和功能如表 10-18 所列。

表 10-18 增量式编码器状态寄存器组的地址和功能

地 址	位 7	位 6	位 5	位 4	位 3	位 2	位 1	位 0
00H	16 位编码器当前值(低 8 位)							
01H	16 位编码器当前值(高 8 位)							
03H	不用	PwOnHallC	PwOnHallB	PwOnHallA	不用	HallC	HallB	HallA

HallA、HallB、HallC:霍尔传感器 ABC 的值。

PwOnHallA、PwOnHallB、PwOnHallC:上电时,霍尔传感器 ABC 的值。

2) 系统状态寄存器组

系统状态寄存器组的地址和功能如表 10-19 所列。

表 10-19 系统状态寄存器组的地址和功能

地 址	位 7	位 6	位 5	位 4	位 3	位 2	位 1	位 0
07H	Start	Stop	不用	PwrID		GateKill	FocEnbR	PwmEnbR
08H	芯片版本代码(低 8 位)							
09H	芯片版本代码(高 8 位)							

PwmEnbR:PWM 使能位状态。

FocEnbR:FOC 使能位状态。

GateKill:GATEKILL 状态。该位被 IR2137 GATEKILL 位置 1,必须由故障控制寄存器组的 FAULTClr 位写 1 来清 0。

PwrID:PowerID。0——3 kW;1——2 kW;2——500 W。

Stop:用户 Stop 输入状态。

Start:用户 Star 输入状态。

3) 直流母线电压寄存器组

直流母线电压寄存器组的地址和功能如表 10-20 所列。

表 10-20 直流母线电压寄存器组的地址和功能

地 址	位 7	位 6	位 5	位 4	位 3	位 2	位 1	位 0
0AH	直流母线电压(低 8 位)。范围 0~4 095,对应 0~500 V							
0BH	不用			Brake	直流母线电压(高 4 位)			

Brake:制动状态。0 有效。

4) FOC 诊断数据寄存器组

FOC 诊断数据寄存器组的地址和功能如表 10-21 所列。

表 10-21 FOC 诊断数据寄存器组的地址和功能

地 址	位 7	位 6	位 5	位 4	位 3	位 2	位 1	位 0
0CH	对 IR2175 V 相电流修正后的值(低 8 位)。范围:0~4 096;2 048 对应 0 电流。电流反馈放大倍数(电流反馈配置寄存器)和电流传感电阻决定了电流值							
0DH	对 IR2175 W 相电流修正后的值(低 4 位)				对 IR2175 V 相电流修正后的值(高 4 位)			
0EH	对 IR2175 W 相电流修正后的值(高 8 位)。范围:0~4 096;2 048 对应 0 电流。电流反馈放大倍数(电流反馈配置寄存器)和电流传感电阻决定了电流值							
0FH	同步或旋转坐标直轴电流(低 8 位)。补码范围:-16 384~+16 383							
10H	同步或旋转坐标直轴电流(高 8 位)							

续表 10-21

地址	位7	位6	位5	位4	位3	位2	位1	位0
11H	同步或旋转坐标交轴电流(低8位)。补码范围:-16 384~+16 383							
12H	同步或旋转坐标交轴电流(高8位)							
13H	同步或旋转坐标直轴电压(低8位)。补码范围:电流环配置寄存器的正负直轴电压输出极限							
14H	同步或旋转坐标直轴电压(高8位)							
15H	同步或旋转坐标交轴电压(低8位)。补码范围:电流环配置寄存器的正负交轴电压输出极限							
16H	同步或旋转坐标交轴电压(高8位)							
17H	静止坐标α电压输出(低8位)。补码范围:电流环配置寄存器的正负直轴电压输出极限							
18H	静止坐标β电压输出(低4位)				静止坐标α电压输出(高4位)			
19H	静止坐标β电压输出(高8位)。补码范围:电流环配置寄存器的正负交轴电压输出极限							

5) 故障状态寄存器组

故障状态寄存器记录了故障的发生。故障发生时,PWM输出被自动切断。用户应该连续监测这个寄存器。

向故障控制寄存器组的FaultClr位写1来清故障状态,但是这并不会自动地重新使能PWM输出。

故障状态寄存器组的地址和功能如表10-22所列。

表 10-22 故障状态寄存器组的地址和功能

地址	位7	位6	位5	位4	位3	位2	位1	位0
1EH	不用			ExecTmFlt	OvrSpdFlt	OvFlt	LvFlt	GatekillFlt

GatekillFlt:过滤并锁存来自IGBT的故障信号。

LvFlt:直流母线欠压故障(低于120 V)。

OvFlt:直流母线过压故障(高于410 V)。

OvrSpdFlt:超速故障,即电机达到正负速度极限时出现故障。用户应该将电机速度乘以速度控制寄存器组中的速度比例系数,换算成-16 384~+16 383之间的数,作为速度极限。

ExecTmFlt:执行时间故障。

6) 速度状态寄存器组

速度状态寄存器组的地址和功能如表10-23所列。

表 10-23 速度状态寄存器组的地址和功能

地址	位7	位6	位5	位4	位3	位2	位1	位0
26H	当前电机速度(低8位)							
27H	当前电机速度(高8位)							

7) 电流反馈偏移量寄存器组

电流反馈偏移量寄存器组的地址和功能如表10-24所列。

表 10－24　电流反馈偏移量寄存器组的地址和功能

地　址	位 7	位 6	位 5	位 4	位 3	位 2	位 1	位 0
30H	根据上一次 IFB 偏移量计算的 V 相电流反馈值(低 8 位)。该值被自动用于电流反馈测量中,不管系统控制寄存器的 IfbOffsEnb 是否置 1							
31H	W 相电流反馈值(低 4 位)				V 相电流反馈值(高 4 位)			
32H	根据上一次 IFB 偏移量计算的 W 相电流反馈值(高 8 位)。该值被自动用于电流反馈测量中,不管系统控制寄存器的 IfbOffsEnb 是否置 1							

8) 32 位编码器状态寄存器组

32 位编码器状态寄存器组的地址和功能如表 10－25 所列。

表 10－25　32 位编码器状态寄存器组的地址和功能

地　址	位 7	位 6	位 5	位 4	位 3	位 2	位 1	位 0
34H	32 位编码器计数器的当前值(低 8 位)							
35H	32 位编码器计数器的当前值(次低 8 位)							
36H	32 位编码器计数器的当前值(次高 8 位)							
37H	32 位编码器计数器的当前值(高 8 位)							

9) E^2PROM 状态寄存器组

E^2PROM 状态寄存器组的地址和功能如表 10－26 所列。

表 10－26　E^2PROM 状态寄存器组的地址和功能

地　址	位 7	位 6	位 5	位 4	位 3	位 2	位 1	位 0
38H	不用							EeBusy
39H	E^2PROM 数据							
3AH	对应 E^2PROM 控制(写)寄存器组的 5DH 中的内容							
3BH	当前寄存器地址图							

EeBusy:I^2C E^2PROM 接口忙标志位。用户在初始化 E^2PROM 读/写操作前,应该等待该位清 0。

10) FOC 诊断补充数据寄存器组

FOC 诊断补充数据寄存器组的地址和功能如表 10－27 所列。

表 10－27　FOC 诊断补充数据寄存器组的地址和功能

地　址	位 7	位 6	位 5	位 4	位 3	位 2	位 1	位 0
3CH	电角度(低 8 位)							
3DH	不用				电角度(高 4 位)			
3EH	速度 PI 调节器参考输入(低 8 位)							
3FH	速度 PI 调节器参考输入(高 8 位)							
40H	速度 PI 调节器偏差(低 8 位)							
41H	速度 PI 调节器偏差(高 8 位)							
42H	速度 PI 调节器输出(低 8 位)							
43H	速度 PI 调节器输出(高 8 位)							

10.4.2 应用举例

图10-13是利用PIC单片机控制IRMCK201驱动交流永磁同步伺服电动机实现磁场定向矢量控制的例子。

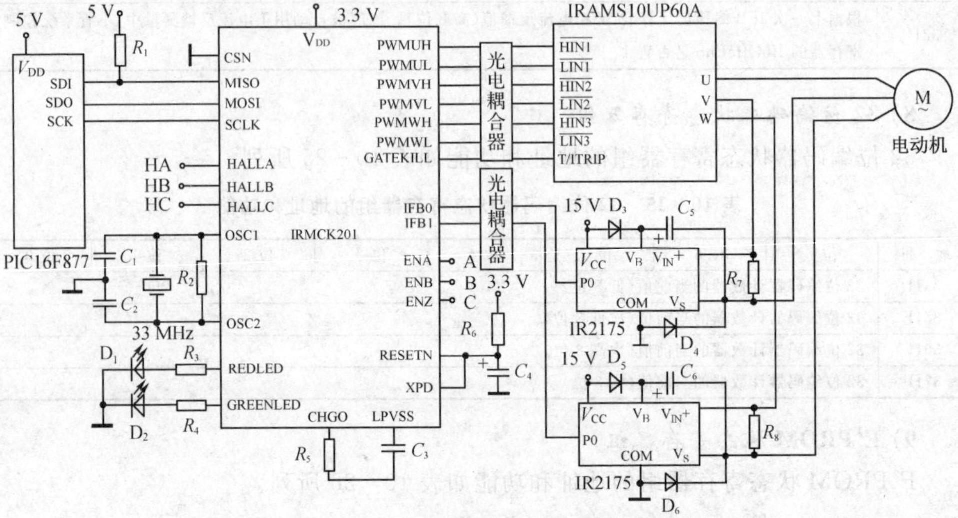

图10-13 PIC单片机控制IRMCK201驱动三相电动机

在该电路中,PIC单片机PIC16F877通过SPI串行口与IRMCK201接口,完成向IRMCK201传送命令和数据,并从IRMCK201读出工作状态的任务。

IRMCK201通过霍尔传感器接口HALLA、HALLB和HALLC获得电动机的初始位置信号,帮助实现电动机的启动;通过编码器接口ENA、ENB和ENC获得电动机的转角位置信号和速度信号,实现矢量控制和速度控制;通过电流反馈专用接口IFB0和IFB1获得来自电流传感器芯片IR2175的相电流信号(R_7、R_8分别是V相和W相电流反馈电阻),实现电流控制;通过PWM口发出SVPWM信号,控制IPM驱动电动机运行。

以三洋Denki400W交流永磁同步伺服电动机为例,电动机的参数如下:

① 额定转速3 000 r/min;

② 相电感6.44×10^{-3} H;

③ 相电阻1.4 Ω;

④ 额定电流2.7 A;

⑤ 电动机转动惯量2.55×10^{-5} kg·m^2;

⑥ 转矩常数0.533 N·m/A;

⑦ 磁极数8;

⑧ 编码器线数2 000;

⑨ 编码器信号单输出；

⑩ Z 脉冲与 U 相零度的角度差为 15.5°机械角。

电动机计算参数如下：

① 最高转速 4 500 r/min；

② 额定母线电压 310 V(220 V×$\sqrt{2}$)；

③ 速度调节带宽 200 rad/s；

④ 电流调节带宽 2 500 rad/s；

⑤ 加速极限 1 000 r/(min·s^{-1})；

⑥ 减速极限 1 000 r/(min·s^{-1})；

⑦ 每 2 次电流调节后做 1 次速度调节；

⑧ 工作电流极限为 200%倍额定电流；

⑨ 再生电流极限为 200%倍额定电流。

电动机控制参数如下：

① PWM 载波频率 10 kHz；

② 死区时间 0.5 μs；

③ 选择对称的 PWM 模式；

④ 电流传感电阻 20 mΩ；

⑤ IRMCK201 晶振频率 33.33 MHz。

程序设计分成单片机初始化程序、IRMCK201 初始化程序和控制程序设计，如图 10－14 所示。

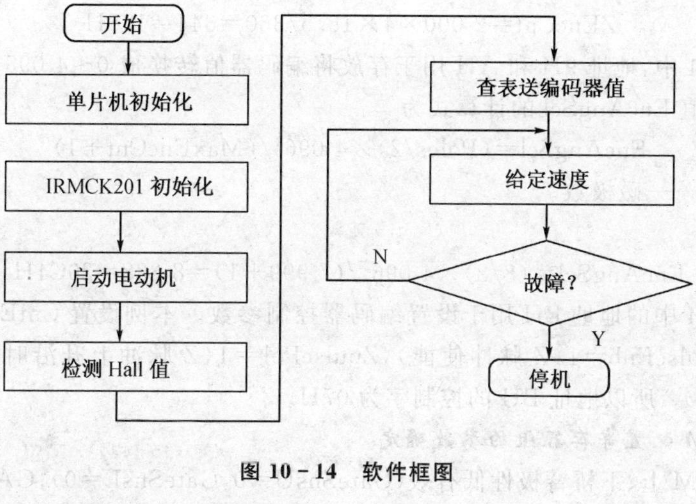

图 10－14　软件框图

1. 单片机初始化程序设计

采用 PIC 单片机，初始化包括：对 RC 口方向的设置，即 RC3/SCK 为输出口，RC4/SDI 为输入口，RC5/SDO 为输出口；对 SPI 控制寄存器的设置，即选择时钟频

率 $f_{osc}/4$,既可以使 SPI 时钟与指令执行周期同步,又可以提高 SPI 数据传送速度。

采用查询方式,不使用中断资源,所以不需要中断初始化。

2. IRMCK201 初始化程序设计

IRMCK201 初始化程序设计主要是对写寄存器进行设计。

1) 增量式编码器寄存器组的初始化参数确定

表 10-4 中,地址 3H 和 4H 用于存放 16 位增量式编码器最大值。IRMCK201 的编码器接口可以对编码器信号进行 4 倍频处理,因此编码器的最大值 MaxEncCnt 按下式计算,即

$$\text{MaxEncCnt} = \text{EncPPR} \times 4 - 1 \quad (10-50)$$

式中 EncPPR——编码器线数。

本例中:

$$\text{MaxEncCnt} = 2\,000 \times 4 - 1 = 7\,999 = \text{1F3FH}$$

表 10-4 中,地址 6H 和 7H 用于存放当收到 Z 脉冲时编码器中的值。

通常将转子的 0°定义为 U 相的 0°。当然也希望编码器的 Z 脉冲也最好对应转子的 0°。但是由于制造上的原因,Z 脉冲往往不能对应转子的 0°,所以必须将 Z 脉冲与转子 0°的角度差(厂家给出)在初始化时存入 6H 和 7H 地址中,以保证转子在 0°位置时编码器计数器的值是 0。计算式如下:

$$\text{ZEncCnt} = \text{EncPPR} \times 4 \times \text{Zpulse}/360 \quad (10-51)$$

式中 Zpulse——Z 脉冲与 U 相 0°的角度差(机械角)。

本例中:

$$\text{ZEncCnt} = 2\,000 \times 4 \times 15.5/360 = 344 = \text{158H}$$

表 10-4 中,地址 9H 和 AH 用于存放将编码器值转换成 0~4 095 的角度的比例系数。该值 EncAngScl 的计算式为

$$\text{EncAngScl} = (\text{Poles}/2) \times 4\,096^2/(\text{MaxEncCnt}+1) \quad (10-52)$$

式中 Poles——磁极数。

本例中:

$$\text{EncAngScl} = (8/2) \times 4\,096^2/(7\,999+1) = 8\,388 = \text{20C4H}$$

表 10-4 中的地址 BH 用于设置编码器控制参数。本例设置 CntEnb=1(使能编码器),ZpulseEnb=1(Z 脉冲使能),ZpulsePol=1(Z 脉冲上升沿时装载编码器值),其他为 0。所以地址 BH 的控制字为 07H。

2) PWM 配置寄存器组的参数确定

选择 IPM 上、下桥臂极性低有效(GateSnsU=0,GateSnsL=0);GATEKILL 信号极性高有效(GateKillSns=1);开通 PWM 输出(SD=0),根据表 10-5,地址 CH 应存放 80H(10000000B)。

表 10-5 中,地址 DH 和 EH 用于存放 PWM 周期命令字和 PWM 模式。PWM 周期命令字 PwmPeriod 的计算式为

$$\text{PwmPeriod}=\text{晶振频率}/(2\times\text{PWM 频率})-1 \tag{10-53}$$

本例中，PWM 频率为 10 kHz，晶振频率为 33.333 MHz，所以

$$\text{PwmPeriod}=\frac{33\ 333\ 000\ \text{Hz}}{2\times 10\ 000\ \text{Hz}}-1=1\ 666=682\text{H}$$

采用中心对称的 PWM 模式，PwmConfig＝1。

表 10－5 中，地址 FH 用于存放 PWM 死区时间控制字节，以系统时钟周期(本例为30 ns)为单位。本例中，取死区时间为 0.5 μs，所以死区时间控制字节 PwmDeadTm 为

$$\text{PwmDeadTm}=0.5\ \mu\text{s}\times\frac{1\ 000}{30\ \text{ns}}=17=11\text{H}$$

3）电流反馈配置寄存器组的参数确定

表 10－6 中，地址 13H～16H 用于存放 d 轴和 q 轴的电流反馈放大倍数。

IR2175 的最大输入电压为±260 mV；输出频率固定不变，为 130 MHz；输出的占空比随输入变化。d 轴或 q 轴的电流反馈放大倍数 IdScl/IqScl 的计算式为

$$\text{IdSc1/IqSc1}=\frac{\text{MHC}\times 4\ 096\times 1\ 024}{\text{RC}\times 2\ 047\times\sqrt{2}\times 1.647\times 0.82} \tag{10-54}$$

式中，MHC 为最大电流值，MHC＝260 mV/电流传感电阻值；RC 为电动机的额定电流值。

本例中，额定电流为 2.7 A，电流传感电阻为 20 mΩ，所以 MHC＝13 A，因此

$$\text{IdSc1/IqScl}=\frac{13\ \text{A}\times 4\ 096\times 1\ 024}{2.7\ \text{A}\times 2\ 047\times\sqrt{2}\times 1.647\times 0.82}=5\ 165=142\text{DH}$$

4）系统控制寄存器组的参数确定

不使能直流母线电压补偿(DcCompEnb＝0)，(读)寄存器的电流反馈偏移量用于每一次电流反馈测量(IfbOffsEnb＝1)，使能 PWM 和磁场定向控制(PwmEnbW＝1，FocEnbW＝1)。所以地址 17H 的内容为 43H。

5）电流环配置寄存器组

选择速度 PI 控制器输出作为交轴电流 PI 控制的参考(见系统配置寄存器组的参数确定)；不采用弱磁控制，所以直轴电流参考输入为零。

电流 PI 调节器的比例系数和积分系数根据实际应用来确定，本例假定 PI 调解比例系数为 1 965＝7ADH，PI 调解积分系数为 683＝2ABH。同样，取交轴电流 PI 调节器输出电压极限为 1 023＝3FFH，直轴电流 PI 调节器输出电压极限为 999＝3E7H。

6）速度控制寄存器组

速度环使能(SpdLpEnb＝1)，电流环每 2 次循环时更新一次速度环(SpdLpRate＝2)，所以地址 31H 中的内容应为 05H。

速度 PI 调节器的比例系数和积分系数根据实际应用来确定，本例假定 PI 调解比例系数为 13＝DH，PI 调解积分系数为 14＝EH。同样，取速度 PI 调节器输出正

极限为 8 190＝1FFEH，取速度 PI 调节器输出负极限为－8 190＝E002H。

电机速度比例系数 SpdScl 根据下式确定，即

$$\text{SpdScl}=\frac{60\times 16\ 383\times 33.333\times 10^6/32}{2\times \text{EncPPR}\times \text{MaxRpm}} \qquad (10-55)$$

式中 MaxRpm——电动机最高转速。

本例中，电动机的最高转速为 4 500 r/min，编码器线数为 2 000，所以

$$\text{SpdScl}=\frac{60\times 16\ 383\times 33.333\times 10^6/32}{2\times 2\ 000\times 4\ 500}=56\ 885=\text{DE35H}$$

速度环加/减速分别取 1。

7) 故障控制寄存器组的参数确定

直流母线电压监控使能(DcBusMEnb＝1)，所以地址 42H 的内容应为 01H。

8) SVPWM 比例寄存器组的参数确定

地址 44H 和 45H 用于存放空间矢量调节器比例系数 ModScl，由下式来确定，即

$$\text{ModScl}=\text{PwmPeriod}\times \sqrt{3}\times 4\ 096/2\ 355 \qquad (10-56)$$

本例中：

$$\text{ModScl}=1\ 666\times \sqrt{3}\times 4\ 096/2\ 355=5\ 019=139\text{BH}$$

9) 系统配置寄存器组的参数确定

速度输入由速度控制寄存器决定(RmpRefSel＝0)，d 轴电压前向控制不使能(HostVdEnb＝0)，速度 PI 控制器输出作为 q 轴电流 PI 控制的参考(IqRefSel＝00)，速度 PI 控制参考输入选择内部加/减速发生器(SpdRefSel＝00)，不用界面引脚控制(ExtCtrlW＝0)。所以地址 50H 中的值应为 00H。

其他寄存器组不用。

以上计算数据与寄存器地址的对应关系如表 10－28 所列。

表 10－28 IRMCK201 初始化的数据与存放地址的对应关系

地 址	数 据	地 址	数 据	地 址	数 据	地 址	数 据
3H	3FH	13H	2DH	22H	FFH	38H	02H
4H	1FH	14H	14H	23H	03H	39H	E0H
6H	58H	15H	2DH	26H	E7H	3AH	35H
7H	01H	16H	14H	27H	03H	3BH	DEH
9H	C4H	17H	43H	31H	05H	3EH	01H
AH	20H	1AH	ADH	32H	0DH	3FH	01H
BH	07H	1BH	07H	33H	00H	42H	01H
CH	80H	1CH	ABH	34H	0EH	44H	9BH
DH	82H	1DH	02H	35H	00H	45H	13H
EH	06H	1EH	00H	36H	FEH	50H	00H
FH	11H	1FH	00H	37H	1FH		

IRMCK201 采用 SPI 数据传送的格式为：命令字节＋数据字节 0＋数据字节 1＋…＋数据字节 N。其中命令字节是由读/写位(最高位)和 7 位地址组成的。

当最高位为 0 时，对 IRMCK201 寄存器写操作；当最高位为 1 时，对 IRMCK201 寄存器读操作。

7 位地址代表了第 1 个寄存器地址，如果是对寄存器的写操作，以后 IRMCK201 系统会自动将地址加 1，顺序存放数据字节 1～N。

3. 控制程序设计

为了简单，控制程序只设计了启动时编码器初始化、给定速度输入和故障检测功能。

电动机在刚启动时，并不知道转子的确切位置。由于电动机自带了霍尔传感器，故可以根据霍尔信号大致估计转子的位置。

本例所使用的电动机的霍尔信号与编码器值的对应关系如图 10-15 所示。由图可见，霍尔信号只能给出转子所在的区域，转子位置误差最大为 30°电角度。我们的目的仅仅是利用这种方法使电动机转起来。当编码器的第 1 个 Z 脉冲产生时，系统会自动恢复测量转子的精确位置。

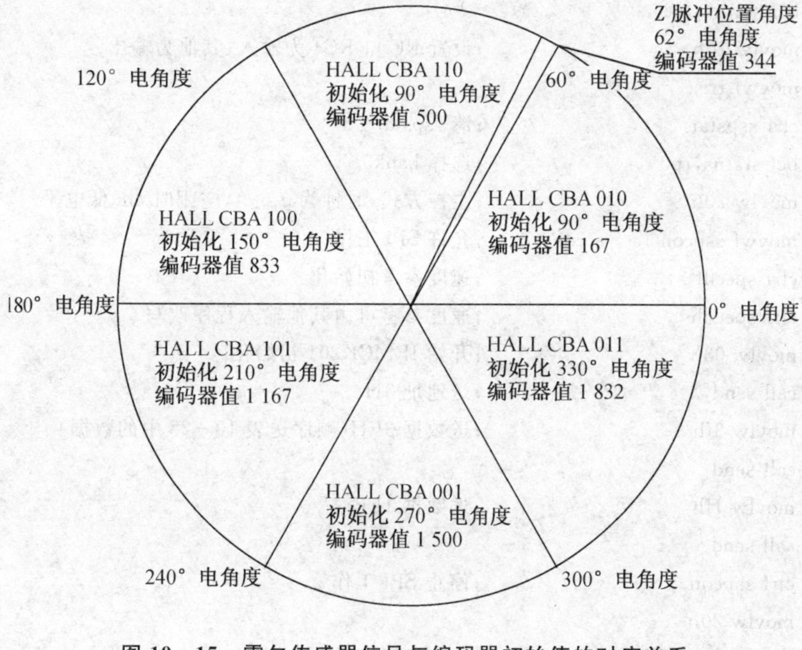

图 10-15 霍尔传感器信号与编码器初始值的对应关系

注意：给定速度值有符号，符号决定电动机的转向。

如果监测故障状态寄存器有变化，则说明有故障发生，应采取停机处理。

程序清单如下：

```
status equ 03h          ;状态寄存器
trisc equ 87h           ;RC 口方向寄存器
sspbuf equ 13h          ;SPI 收发缓冲器
```

```
sspcon equ 14h              ;SPI 控制寄存器
sspstat equ 94h             ;SPI 状态寄存器
pcl equ 02h                 ;PC 低 8 位寄存器
wxm equ 20h                 ;临时计算单元
speedl equ 21h              ;速度参考低 8 位
speedh equ 22h              ;速度参考高 8 位
bf equ 0h                   ;bf 标志位
rp0 equ 5h                  ;rp0 标志位
rp1 equ 6h                  ;rp1 标志位
c equ 0h                    ;c 标志位
z equ 2h                    ;z 标志位

org 0000h
nop
bsf status,rp0              ;选择 bank1
bcf status,rp1
movlw 10h                   ;设置 RC 口 RC4 为输入,其他为输出
movwf trisc
clrf sspstat                ;清 sspstat
bcf status,rp0              ;选择 bank0
movlw 20h                   ;主控方式,时钟为 fosc/4,空闲时 clk 低电平
movwf sspcon                ;允许 SPI 工作
clrf speedl                 ;速度参考初始化
clrf speedh                 ;速度参考可由其他输入程序改写
movlw 03h                   ;开始 IRMCK201 初始化
call send                   ;送地址 3H
movlw 3fh                   ;送数据 3FH(顺序送表 10-28 中的数据)
call send
movlw 1fh                   ;送数据 1FH
call send
clrf sspcon                 ;停止 SPI 工作
movlw 20h
movwf sspcon                ;允许 SPI 工作
movlw 06h                   ;送地址 6H
call send
movlw 58h                   ;送数据 58H
call send
movlw 01h                   ;送数据 1H
call send
```

```
clrf sspcon         ;停止 SPI 工作
movlw 20h
movwf sspcon        ;允许 SPI 工作
movlw 09h           ;送地址 9H
call send
movlw 0c4h          ;送数据 C4H
call send
movlw 20h           ;送数据 20H
call send
movlw 07h           ;送数据 7H
call send
movlw 80h           ;送数据 80H
call send
movlw 82h           ;送数据 82H
call send
movlw 06h           ;送数据 6H
call send
movlw 11h           ;送数据 11H
call send
clrf sspcon         ;停止 SPI 工作
movlw 20h
movwf sspcon        ;允许 SPI 工作
movlw 13h           ;送地址 13H
call send
movlw 2dh           ;送数据 2DH
call send
movlw 14h           ;送数据 14H
call send
movlw 2dh           ;送数据 2DH
call send
movlw 14h           ;送数据 14H
call send
movlw 43h           ;送数据 43H
call send
clrf sspcon         ;停止 SPI 工作
movlw 20h
movwf sspcon        ;允许 SPI 工作
movlw 1ah           ;送地址 1AH
```

```
call send
movlw 0adh                    ;送数据 ADH
call send
movlw 07h                     ;送数据 7H
call send
movlw 0abh                    ;送数据 ABH
call send
movlw 02h                     ;送数据 2H
call send
movlw 00h                     ;送数据 0H
call send
movlw 00h                     ;送数据 0H
call send
clrf sspcon                   ;停止 SPI 工作
movlw 20h
movwf sspcon                  ;允许 SPI 工作
movlw 22h                     ;送地址 22H
call send
movlw 0ffh                    ;送数据 FFH
call send
movlw 03h                     ;送数据 3H
call send
clrf sspcon                   ;停止 SPI 工作
movlw 20h
movwf sspcon                  ;允许 SPI 工作
movlw 26h                     ;送地址 26H
call send
movlw 0e7h                    ;送数据 E7H
call send
movlw 03h                     ;送数据 3H
call send
clrf sspcon                   ;停止 SPI 工作
movlw 20h
movwf sspcon                  ;允许 SPI 工作
movlw 31h                     ;送地址 31H
call send
movlw 05h                     ;送数据 5H
```

```
call send
movlw 0dh                    ;送数据 0DH
call send
movlw 00h                    ;送数据 0H
call send
movlw 0eh                    ;送数据 0EH
call send
movlw 00h                    ;送数据 0H
call send
movlw 0feh                   ;送数据 FEH
call send
movlw 1fh                    ;送数据 1FH
call send
movlw 02h                    ;送数据 2H
call send
movlw 0e0h                   ;送数据 E0H
call send
movlw 35h                    ;送数据 35H
call send
movlw 0deh                   ;送数据 DEH
call send
clrf sspcon                  ;停止 SPI 工作
movlw 20h
movwf sspcon                 ;允许 SPI 工作
movlw 3eh                    ;送地址 3EH
call send
movlw 01h                    ;送数据 1H
call send
movlw 01h                    ;送数据 1H
call send
clrf sspcon                  ;停止 SPI 工作
movlw 20h
movwf sspcon                 ;允许 SPI 工作
movlw 42h                    ;送地址 42H
call send
movlw 01h                    ;送数据 1H
call send
```

```
    clrf sspcon                  ;停止 SPI 工作
    movlw 20h
    movwf sspcon                 ;允许 SPI 工作
    movlw 44h                    ;送地址 44H
    call send
    movlw 9bh                    ;送数据 9BH
    call send
    movlw 13h                    ;送数据 13H
    call send
    clrf sspcon                  ;停止 SPI 工作
    movlw 20h
    movwf sspcon                 ;允许 SPI 工作
    movlw 50h                    ;送地址 50H
    call send
    movlw 00h                    ;送数据 0H
    call send                    ;IRMCK201 初始化结束
    clrf sspcon                  ;停止 SPI 工作
    movlw 20h
    movwf sspcon                 ;允许 SPI 工作
    movf sspbuf,0                ;清 sspbuf
    movlw 83h                    ;读 IRMCK201 编码器状态寄存器 03H 的内容
    call send
lp1 bsf status,rp0               ;选择 bank1
    btfss sspstat,bf             ;检测是否收到数据
    goto lp1                     ;没收到,继续检测
    bcf status,rp0               ;选择 bank0
    swapf sspbuf,0               ;交换高低 4 位,送 w
    andlw 07h                    ;屏蔽高 5 位
    movwf wxm                    ;保存
    bcf status,c                 ;清 0 c
    rlf wxm,1                    ;乘 2
    clrf sspcon                  ;停止 SPI 工作
    movlw 20h
    movwf sspcon                 ;允许 SPI 工作
    movlw 00h                    ;编码器写寄存器地址
    call send                    ;送地址
    decf wxm,0                   ;减 1 送 w
```

```
      call table                    ;查表
      call send                     ;送编码器值低 8 位
      movf wxm,0
      call table                    ;继续查表
      call send                     ;送编码器值高 8 位
      clrf sspcon                   ;停止 SPI 工作
      movlw 20h
      movwf sspcon                  ;允许 SPI 工作
 lp2  movlw 3ch                     ;指向地址 3CH
      call send
      movf speedl,0                 ;取速度参考低 8 位
      call send                     ;送速度参考低 8 位
      movf speedh,0                 ;取速度参考高 8 位
      call send                     ;送速度参考高 8 位
      clrf sspcon                   ;停止 SPI 工作
      movlw 20h
      movwf sspcon                  ;允许 SPI 工作
      movf sspbuf,0                 ;清 sspbuf
      movlw 9eh                     ;读 IRMCK201 故障状态寄存器 1EH 的内容
      call send
 lp3  bsf status,rp0                ;选择 bank1
      btfss sspstat,bf              ;检测是否收到数据
      goto lp3                      ;没收到,继续检测
      bcf status,rp0                ;选择 Bank0
      movf sspbuf,0                 ;读数据到 w
      andlw 1fh                     ;屏蔽高 3 位,同时得到 z 标志
      btfsc status,z                ;测试是否为 0
      goto lp2                      ;是 0,没有故障,跳转
 lp4  clrf sspcon                   ;停止 SPI 工作
      movlw 20h
      movwf sspcon                  ;允许 SPI 工作
      movlw 0ch                     ;有故障,指向地址 CH
      call send
      movlw 82h                     ;送数据 82H
      call send                     ;关断 PWM 输出
      goto lp4
send
```

```
    movwf sspbuf                ;发送数据
    nop                         ;等待发送结束
    nop
    nop
    nop
    nop
    nop
    return
table
    addwf pcl,1
    nop
    retlw 0dch                  ;十进制 1 500 的低 8 位
    retlw 05h                   ;十进制 1 500 的高 8 位
    retlw 0a7h                  ;十进制 167 的低 8 位
    retlw 00h                   ;十进制 167 的高 8 位
    retlw 28h                   ;十进制 1 832 的低 8 位
    retlw 07h                   ;十进制 1 832 的高 8 位
    retlw 41h                   ;十进制 833 的低 8 位
    retlw 03h                   ;十进制 833 的高 8 位
    retlw 8fh                   ;十进制 1 167 的低 8 位
    retlw 04h                   ;十进制 1 167 的高 8 位
    retlw 0f4h                  ;十进制 500 的低 8 位
    retlw 01h                   ;十进制 500 的高 8 位
    end
```

习题与思考题

10-1 试述矢量控制的基本思路。

10-2 什么是 Clarke 变换？

10-3 什么是 Park 变换？

10-4 试述 SVPWM 技术的基本原理。

10-5 请给出基本电压空间矢量与 8 种开关状态的对应关系。

10-6 如何保证电压空间矢量的轨迹是一个近似圆？

10-7 试述时间 t_1、t_2 和 t_0 的作用与计算方法。

10-8 试述转子磁场定向矢量控制的原理。

10-9 参考本章实例，试设计用 51 单片机与 IRMCK201 并行接口的电路。

10-10 根据上题的结果，试编写初始化程序。

第11章

开关磁阻电动机的单片机控制

开关磁阻电动机与步进电动机一样属于利用磁阻工作的电动机。磁阻式电动机早在100多年以前就出现了，但由于其性能不高，因此很少采用。通过最近20多年的研究和改进，其性能有了很大的提高。其结构简单、工作可靠、效率高的特点引起了人们广泛的关注，它已开始应用在电动车驱动、工业控制和家电产品中。良好的发展前景使其成为当今电气传动领域最热门的课题之一。

11.1 开关磁阻电动机的结构、工作原理和特点

开关磁阻电动机的定子、转子采用双凸极结构，图11-1是一台四相电动机的结构原理图。电动机的定子凸极、转子凸极均由普通矽钢片叠压而成。在转子上既无绕组也无永磁体，也不像步进电动机那样分布许多小齿，所以结构简单、成本低。在定子上与径向相对的磁极对儿采用同一绕组，称为一相，如图11-1所示。转子凸极数要少于定子凸极数，根据相数的不同而不同。通常三者的关系可参见表11-1。

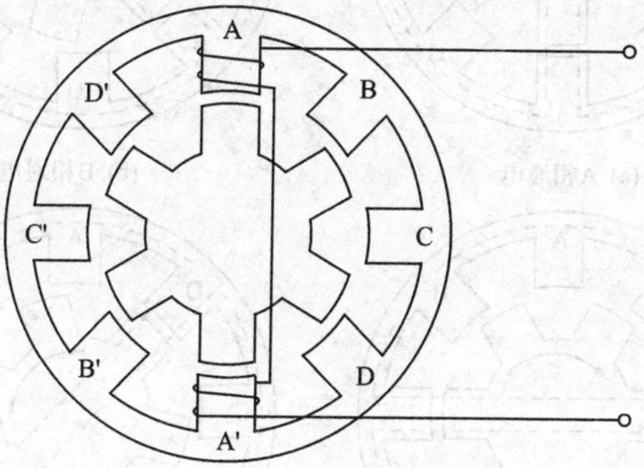

图11-1 四相8/6开关磁阻电动机结构(只画一相绕组)

根据相数、定子凸极数和转子凸极数的不同，形成了对不同结构的开关磁阻电动机的习惯称呼，例如三相6/4结构、五相10/8结构。

开关磁阻电动机的极距角和步距角的计算方法与步进电动机的齿距角和步距角的计算方法一样。

表 11-1　相数、定子凸极数与转子凸极数的关系

相数 m	3	4	5	6	7	8
定子凸极数 N_s	6	8	10	12	14	16
转子凸极数 N_r	4	6	8	10	12	14

开关磁阻电动机的相数越多，步距角越小，越有利于减小输出转矩的波动；但电动机的结构复杂了，驱动电路的开关器件数增多了，成本增加了。常用的电动机为三相 6/4 结构和四相 8/6 结构。

开关磁阻电动机是根据磁阻工作的，与步进电动机一样，它也遵循"磁阻最小原则"，即磁通总是沿着磁阻最小的路径闭合，从而迫使磁路上的导磁体运动到使磁阻最小的位置为止。

如图 11-2 所示是一台四相电动机。当 A 相绕组单独通电时，通过导磁体的转子凸极在 A-A′轴线上建立磁路，并迫使转子凸极转到与 A-A′轴线重合的位置，如图 11-2(a)所示。这时将 A 相断电，B 相通电，就会通过转子凸极在 B-B′轴线上建立磁路，因为此时转子并不处于磁阻最小的位置，磁阻转矩驱动转子继续转动到如图 11-2(b)所示的位置。这时将 B 相断电，C 相通电，根据"磁阻最小原则"，转子转

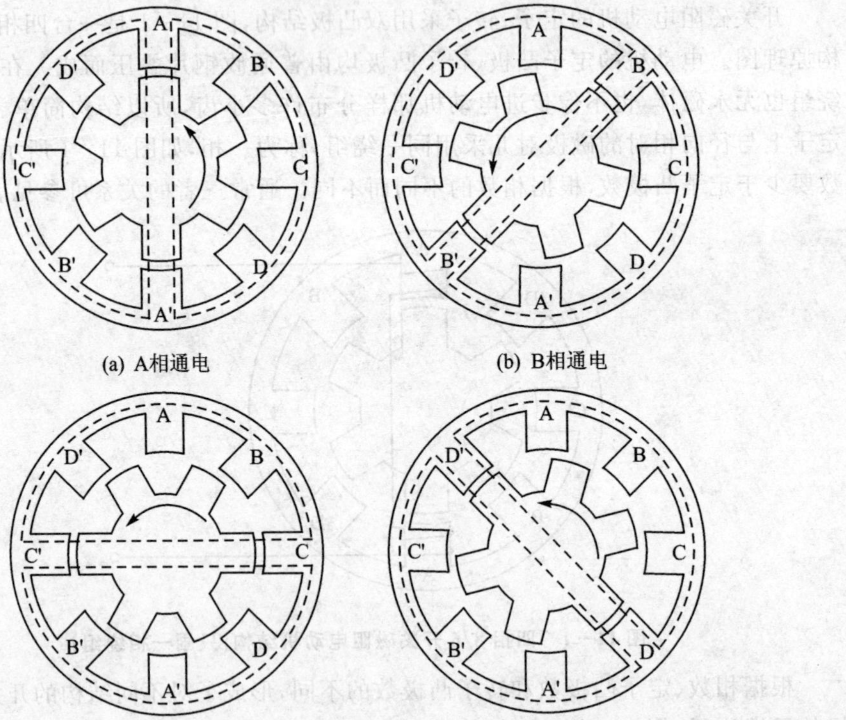

(a) A相通电　(b) B相通电　(c) C相通电　(d) D相通电

图 11-2　四相轮流通电示意图

到如图 11-2(c)所示的位置。当 C 相断电,D 相通电后,转子又转到如图 11-2(d)所示的位置。这样,四相绕组按 A—B—C—D 的顺序轮流通电,磁场旋转一周,转子逆时针转过一个极距角。不断按照这个顺序换相通电,电动机就会连续转动。

若改变换相通电顺序为 D—C—B—A,则电动机就会反转。由此还可以得出一个结论:改变电动机转向与电流方向无关,而只与通电顺序有关。

若改变相电流的大小,就会改变电动机的转矩,从而改变电动机的转速。

因此,如果能控制开关磁阻电动机的换相、换相顺序和电流的大小,就能达到控制该电动机的目的。

换相是使开关磁阻电动机能够正常运行所必需的重要环节。为了能够正确地换相,必须知道转子运行到什么位置,这就需要转子位置传感器。转子位置传感器是开关磁阻电动机必不可少的重要组成部分之一。

能够作为开关磁阻电动机转子位置传感器的种类有许多,如霍尔传感器、光电式传感器、接近开关式传感器、谐振式传感器和高频耦合式传感器。

根据开关磁阻电动机的结构和性能,可以得出该电动机具有以下特点:

(1) 电动机结构简单、成本低

开关磁阻电动机的结构比鼠笼式异步电动机的结构还要简单。其转子没有绕组和永磁体,也不用像鼠笼式异步电动机那样要求较高的铸造工艺,因此转子机械强度极高,可用于高速运行。电损耗发热主要在定子上,定子易于冷却。

(2) 驱动电路简单可靠

由于电动机的转矩方向与相电流的方向无关,因此每相驱动电路可以实现只用一个功率开关管,这使得驱动电路简单、成本低。另外,功率开关管直接与相绕组串联,不会产生直通短路故障,增加了可靠性。

(3) 电动机系统可靠性高

电动机的各相绕组能够独立工作,各相控制和驱动电路也是独立工作的,因此当有一相绕组或电路发生故障时,不会影响其他相的工作。这时只需停止故障相的工作,除了使电动机的总输出有所减少外,不会妨碍电动机的正常运行,所以其系统的可靠性极高,可用于航空等高可靠性要求的场合。

(4) 效率高、损耗小

当开关磁阻电动机以效率为目标优化控制参数时,可以获得比其他电动机高得多的效率。其系统效率在很宽的调速和功率范围内都能达到 87 %以上。

(5) 可以实现高启动转矩和低启动电流

可以实现低启动电流但却能获得高启动转矩。典型对比为:为了获得相当于 100 %额定转矩的启动转矩,开关磁阻电动机所用的启动电流为 15 %额定电流;直流电动机所用的启动电流为 100 %额定电流;鼠笼式异步电动机所用的启动电流为 300 %额定电流。

(6) 可控参数多,可灵活掌握

电动机的可控参数包括:开通角、关断角、相电流幅值、相电压。各种参数的单独控制可产生不同的控制功能,可根据具体应用要求灵活运用,或者组合运用。

(7) 适用于频繁启停和正反转运行

电动机具有完全相同的四象限运行能力,具有较强的再生制动能力,加上启动电流小的特点,可适用于频繁启停和正反转运行的场合。

(8) 转矩波动大、噪声大

转矩波动大是其最大的缺点。因转矩波动所导致的噪声以及在特定频率下的共振问题也较为突出。这些已成为今后需要改进的课题之一。

11.2 开关磁阻电动机的功率驱动电路

开关磁阻电动机的功率驱动电路是用于开关磁阻电动机运行时为其提供所需能量的。它在整个系统中所占的成本最高,因此一个最优的开关磁阻电动机的功率驱动电路应该是使用尽可能少的开关器件,有尽可能高的工作效率和可靠性,满足尽可能多的应用要求、尽可能广的使用范围。

目前使用的开关磁阻电动机的功率驱动电路有许多种,以下介绍常用的三种电路。

1. 双绕组型驱动电路

三相双绕组型驱动电路如图11-3所示。电动机每相有两个绕组:主绕组 W_1 和辅助绕组 W_2。主绕组和辅助绕组采用双股并绕,使它们可以紧密地耦合在一起。工作中,当开关管V接通时,电源通过开关管V向主绕组 W_1 供电,如图中虚线1所示;当开关管V断开时,磁场蓄能通过辅助绕组 W_2 经续流二极管D向电源回馈,如图中虚线2所示。

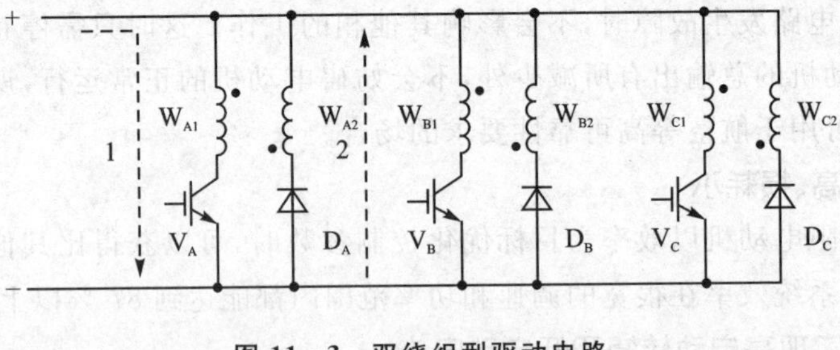

图11-3 双绕组型驱动电路

双绕组型驱动电路的优点是每相只用一个开关管,电路简单,成本低。其缺点是电动机结构复杂,铜线利用率低;开关管要承受2倍的电源电压和漏电感引起的尖峰电压,为消除尖峰电压还要增加缓冲电路。尽管如此,由于驱动电路简单,其多用于电源电压低的场合。

2. 双开关管型驱动电路

三相双开关管型驱动电路如图 11－4 所示。该电路的每一相都是由两个开关管 V_1、V_2 和两个续流二极管 D_1、D_2 组成的。工作时，两个开关管可以控制同时通断，也可以使一个开关管常开，另一个开关管受控通断。

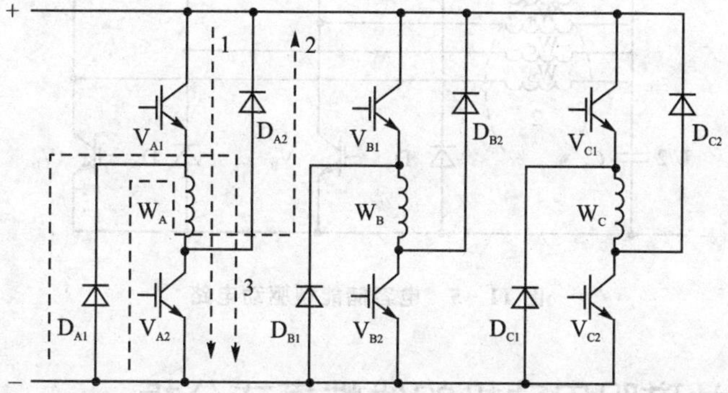

图 11－4　双开关管型驱动电路

在采用两个开关管同时通断的控制方式中，当 V_{A1}、V_{A2} 导通时，电源通过开关管向相绕组供电，如图 11－4 中虚线 1 所示；当开关管 V_{A1}、V_{A2} 断开时，磁场蓄能经续流二极管 D_{A1}、D_{A2} 续流，如图 11－4 中虚线 2 所示。

在单个开关管受控通断的控制方式中，V_{A2} 开关管常开，V_{1A} 开关管受控。与双开关管同时受控不同的是，当 V_{A1} 关断时，通过 D_{A1}、V_{A2} 组成续流回路，如图 11－4 中虚线 3 所示。

双开关管型驱动电路的优点是，每个开关管只承受额定电源电压；相与相之间的电路是完全独立的，适用性较强。其缺点是每相使用两个开关管，成本高；但由于两个开关管与相绕组是串联关系，不存在上下桥臂直通的故障隐患，因此这种电路适用于高压、大功率、相数少的场合。

3. 共用电容储能型驱动电路

四相共用电容储能型驱动电路如图 11－5 所示。该电路中的每一相都由一个开关管和一个续流二极管组成。图中的双电源是通过两个电容器分压而成的。以 A 相为例，当开关管 V_A 导通时，A 相通电，电容 C_1 放电，电流如图中虚线 1 所示流动；当开关管 V_A 断电时，续流经二极管 D_A 向电容 C_2 充电，如图中虚线 2 所示。换到 B 相时正好与 A 相相反，当开关管 V_B 导通时，B 相通电，电容 C_2 放电；当开关管 V_B 断电时，续流经二极管 D_B 向电容 C_1 充电。

当四相轮流平衡工作时，将使 C_1、C_2 电压相等。如果长时间使用一个相，则电路将不会正常工作。因此在电动机启动时，一般采用相邻两相同时通电的方式。

共用电容储能型驱动电路的特点是加到相绕组两端的电压均是电容 C_1、C_2 上的电压，它们是电源电压的 1/2；电路虽然简单，但要求使用价格较高的大容量电容器。

因此只适用于偶数相电动机且能够保证相邻相在工作时能够平衡的场合。

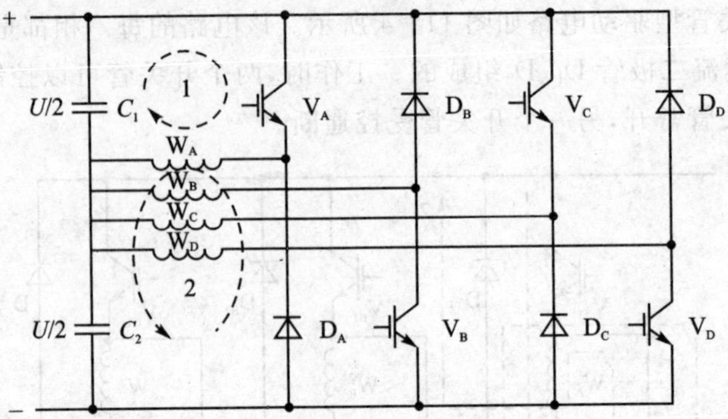

图 11-5　电容储能型驱动电路

11.3　开关磁阻电动机的线性模式分析

尽管开关磁阻电动机的电磁结构和工作原理非常简单,但电动机内磁场的分布比较复杂,因此传统交流电动机的基本理论和方法对开关磁阻电动机不太适用,因而要得到一个简单的、统一的数学模型和解析式是非常困难的。

有许多研究论文和书籍给出了各种分析方法,本节只对开关磁阻电动机进行线性模式分析,其目的是至少给读者一个关于影响开关磁阻电动机运行的相关参数的定性分析,从而找出开关磁阻电动机的控制方法。

11.3.1　开关磁阻电动机理想的相电感线性分析

如果不计电动机磁饱和的影响,并假设相绕组的电感与电流的大小无关,而只与转子位置角 θ 有关,则这样的相电感称为理想化的相电感。

理想化的相电感随转子位置角 θ 变化的规律可用图 11-6 来说明。

如图 11-6 所示,设定子凸极中心与转子凹槽中心重合的位置为 $\theta=0$ 的位置。这时相电感最小,且由于在 $\theta_1 \sim \theta_2$ 范围内转子凸极与定子凸极不重叠,相电感始终保持最小值,故此时磁阻最大。当转子转到 θ_2 位置后,转子凸极的前沿开始与定子凸极的后沿对齐,两者开始随着转子角的增加而部分重叠,相电感开始线性增加,直到 θ_3 位置为止,此时转子凸极的前沿与定子凸极的前沿对齐。由于转子与定子凸极全部重合,相电感最大,磁阻最小,这种状况一直保持到 θ_4 位置。θ_4 是转子凸极的后沿与定子凸极的后沿对齐的位置,转过 θ_4 后,两者开始随着转子角的增加而部分重叠,相电感开始线性下降,直到转子凸极的后沿与定子凸极的前沿对齐,即 θ_5 位置。之后,转子凹槽开始进入定子凸极区域,相电感重新减到最小值,磁阻最大。如此下去又进入新一轮循环。

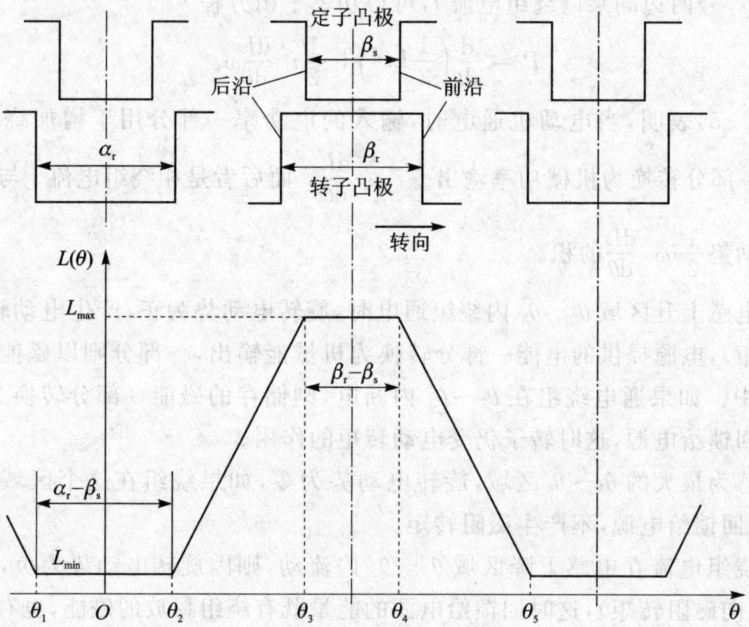

图 11-6　相绕组电感波形

理想化相电感的线性方程式为

$$L(\theta)=\begin{cases}L_{\min}, & \theta_1\leqslant\theta<\theta_2\\ K(\theta-\theta_2)+L_{\min}, & \theta_2\leqslant\theta<\theta_3\\ L_{\max}, & \theta_3\leqslant\theta<\theta_4\\ L_{\max}-K(\theta-\theta_4), & \theta_4\leqslant\theta<\theta_5\end{cases} \tag{11-1}$$

式中，$K=(L_{\max}-L_{\min})/\beta_s$。

11.3.2　开关磁阻电动机转矩的定性分析

当使用恒定直流电源 U 供电时，如果忽略绕组电阻压降，则某一相的电压方程为

$$\pm U=\frac{d\psi}{dt} \tag{11-2}$$

式中　$+U$——功率器件开通时绕组的端电压；

$-U$——功率器件断开时绕组的端电压；

ψ——绕组磁链。

如果假设磁路是线性磁路，则可用下式表示 ψ，即

$$\psi(\theta)=L(\theta)i(\theta) \tag{11-3}$$

将式(11-3)代入式(11-2)，可得

$$\pm U=\frac{d\psi}{dt}=L\frac{di}{dt}+i\frac{dL}{dt}=L\frac{di}{dt}+i\frac{dL}{d\theta}\frac{d\theta}{dt} \tag{11-4}$$

式(11-3)等号两边同乘以绕组电流 i,可得功率平衡方程

$$P=\frac{\mathrm{d}}{\mathrm{d}t}\left(\frac{1}{2}Li^2\right)+\frac{1}{2}i^2\frac{\mathrm{d}L}{\mathrm{d}\theta}\omega_r \tag{11-5}$$

式(11-5)表明,当电动机通电时,输入的电功率一部分用于增加绕组的储能 $\frac{1}{2}Li^2$,另一部分转换为机械功率输出 $\frac{1}{2}i^2\omega_r\frac{\mathrm{d}L}{\mathrm{d}\theta}$,而后者是相绕组电流 i 与定子电路的旋转电动势 $\frac{1}{2}i\omega_r\frac{\mathrm{d}L}{\mathrm{d}\theta}$ 的积。

当在电感上升区域 $\theta_2 \sim \theta_3$ 内绕组通电时,旋转电动势为正,产生电动转矩(或正向磁阻转矩),电源提供的电能一部分转换为机械能输出,一部分则以磁能的形式储存在绕组中。如果通电绕组在 $\theta_2 \sim \theta_3$ 内断电,则储存的磁能一部分转换为机械能,另一部分回馈给电源,这时转子仍受电动转矩的作用。

在电感为最大的 $\theta_3 \sim \theta_4$ 区域,旋转电动势为零,如果绕组在这个区域有电流流过,则只能回馈给电源,不产生磁阻转矩。

如果绕组电流在电感下降区域 $\theta_4 \sim \theta_5$ 内流动,则因旋转电动势为负,产生制动转矩(即反向磁阻转矩),这时回馈给电源的能量既有绕组释放的磁能,也有制动转矩产生的机械能,即电动机运行在再生发电状态。

由以上分析可知,在不同的电感区域中通电和断电,可以得到正转、反转、正向制动和反向制动的不同结果,可以控制开关磁阻电动机工作在四个象限上。

显然,为得到较大的有效转矩,一方面,在绕组电感随转子位置上升区域应尽可能地流过较大的电流,因此,开通角 θ_{on} 通常设计在 θ_2 之前;另一方面,应尽量减少制动转矩,即在绕组电感开始随转子位置减小之前,应尽快使绕组电流衰减到零,因此,关断角 θ_{off} 通常设计在 θ_3 之前。主开关器件关断后,反极性的电压($-U$)加至绕组两端,使绕组电流迅速下降,以保证在电感下降区域内流动的电流很小。

11.4 开关磁阻电动机的控制方法

影响开关磁阻电动机调速的参数较多,对这些参数进行单独控制或组合控制就会产生各种不同的控制方法。以下介绍几种常用的控制方法。

1. 角度控制法

角度控制法是指对开通角 θ_{on} 和关断角 θ_{off} 的控制,通过对它们的控制来改变电流波形以及电流波形与绕组电感波形的相对位置。在电动机电动运行时,应使电流波形的主要部分位于电感波形的上升段;在电动机制动运行时,应使电流波形位于电感波形的下降段。

改变开通角 θ_{on},可以改变电流的波形宽度、电流波形的峰值和有效值的大小,以及改变电流波形与电感波形的相对位置。这样就可以改变电动机的转矩,从而改变

电动机的转速。图 11－7 是不同开通角所对应的电流波形。

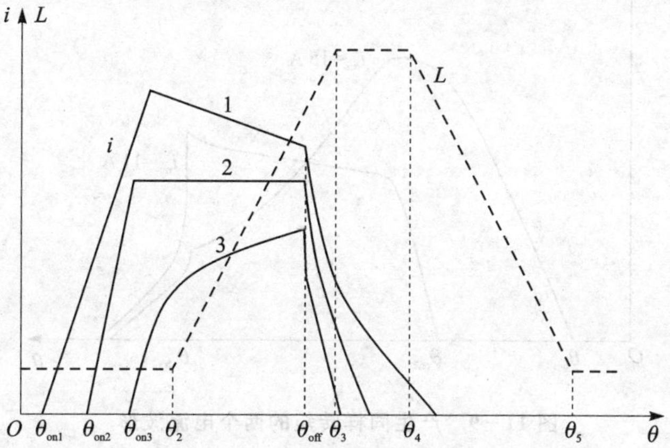

图 11－7　开通角不同时的电流波形

改变关断角 θ_{off} 一般不影响电流峰值，但可以影响电流波形宽度以及与电感曲线的相对位置，电流有效值也随之变化，因此 θ_{off} 同样对电动机的转矩和转速产生影响，只是其影响程度没有 θ_{on} 那么大。图 11－8 给出了不同关断角对电流波形的影响。

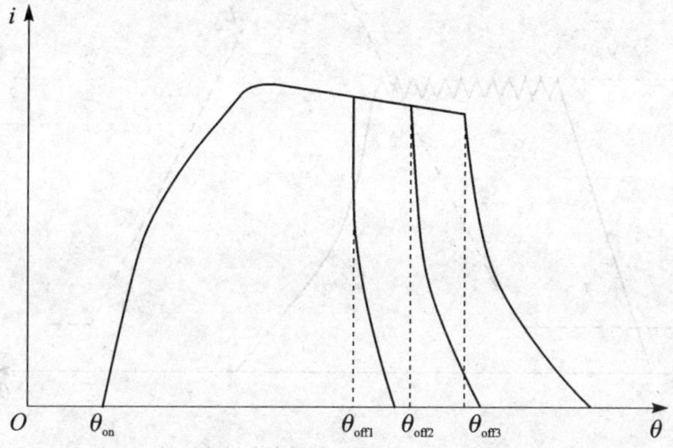

图 11－8　关断角不同时的电流波形

角度控制产生的结果是复杂的。如图 11－9 所示，虽然两个不同的开通角 θ_{on} 会产生两个差异很大的电流波形，但其所产生的转矩却是相同的。这是因为电流波形不同时，对应的绕组铜损耗和电动机效率也会不同。因此就可以以效率最优的 θ_{on}、θ_{off} 角度优化控制，并以输出转矩最优的 θ_{on}、θ_{off} 角度优化控制。寻优过程可通过计算机辅助分析实现，也可通过实验方法完成。

角度控制的优点是：转矩调节范围大；可允许多相同时通电，以增加电动机输出转矩，且转矩脉动较小；可实现效率最优控制或转矩最优控制。

角度控制不适用于低速，因为转速降低时，旋转电动势减小，使电流峰值增大，必须进行限流，因此角度控制一般应用于转速较高的场合。

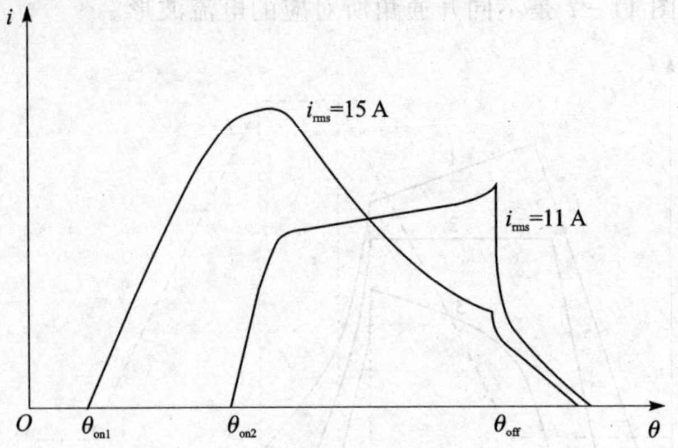

图 11-9　产生同样转矩的两个电流波形

2. 电流斩波控制

电流斩波控制方法如图 11-10 所示。在这种控制方式中，θ_{on} 和 θ_{off} 保持不变，主要靠控制 i_T 的大小来调节电流的峰值，从而起到调节电动机转矩和转速的作用。

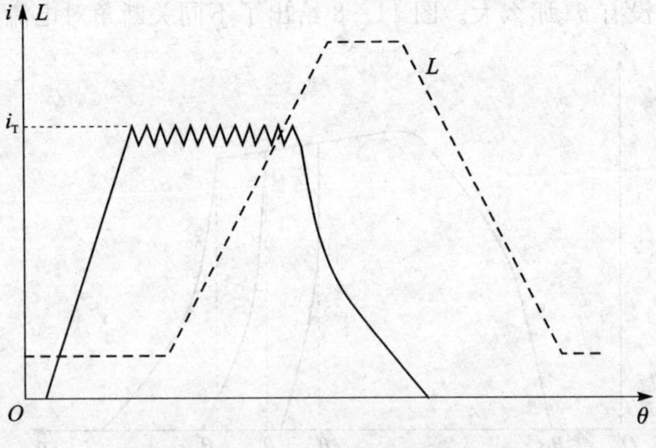

图 11-10　电流斩波控制

电流斩波控制的优点是：适用于电动机低速调速系统，电流斩波控制可限制电流峰值的增长，并具有良好的调节效果；因为每个电流波形呈较宽的平顶状，故产生的转矩也比较平稳，电动机转矩脉动一般也比采用其他控制方式时要明显减小。

电流斩波控制抗负载扰动的动态响应较慢，在负载扰动下的转速响应速度与系统自然机械特性硬度有非常大的关系。由于在电流斩波控制中电流的峰值受限制，当电动机转速在负载扰动作用下发生变化时，电流峰值无法相应地自动改变，电机转矩也无法自动地改变，使之成为特性非常软的系统，因此系统在负载扰动下的动态响应十分缓慢。

3. 电压 PWM 控制

电压 PWM 控制也是在保持 θ_{on} 和 θ_{off} 不变的前提下，通过调整占空比，来调整相绕组的平均电压，以改变相绕组电流的大小，从而实现转速和转矩的调节。PWM 控制的电压和电流波形如图 11－11 所示。

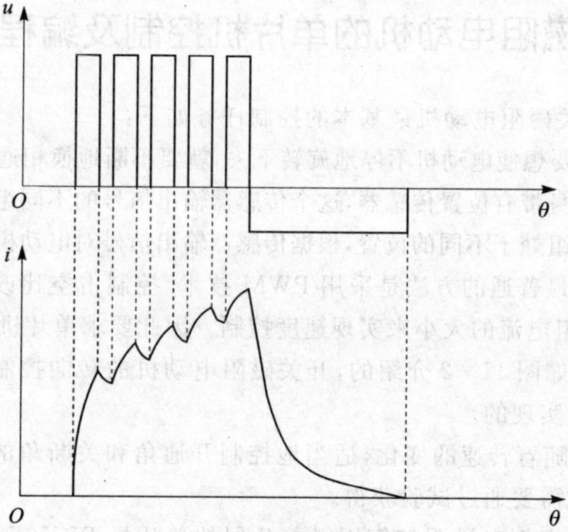

图 11－11　电压 PWM 控制

电压 PWM 控制的特点是：电压 PWM 控制通过调节相绕组电压的平均值，进而能间接地限制和调节相电流，因此既能用于高速调速系统，又能用于低速调速系统，而且控制简单。但低速运行时转矩脉动较大。

4. 组合控制

开关磁阻电动机调速系统可使用多种控制方式，并根据不同的应用要求可选用几种控制方式的组合。以下是两种常用的组合控制方式。

(1) 高速角度控制和低速电流斩波控制组合

高速时采用角度控制，低速时采用电流斩波控制，以利于发挥二者的优点。这种控制方式的缺点是在中速时的过渡不容易掌握。因此要注意在两种方式转换时参数的对应关系，避免存在较大的不连续转矩；注意两种方式在升速时的转换点和在降速时的转换点间要有一定回差，一般应使前者略高于后者，一定避免电动机在该速度附近运行时处于频繁的转换状态。

(2) 变角度电压 PWM 控制组合

这种控制方式是靠电压 PWM 调节电动机的转速和转矩，并使 θ_{on} 和 θ_{off} 随转速改变。

由于开关磁阻电动机的特点，所以工作时希望尽量将绕组电流波形置于电感的上升段。但是电流的建立过程和续流消失过程是需要一定时间的，当转速越高时，通电区间对应的时间越短,电流波形滞后得就越多,因此应通过使 θ_{on} 提前的方法来加以纠正。

在这种工作方式下,转速和转矩的调节范围大,高速和低速均有较好的电动机性能,且不存在两种不同控制方式互相转换的问题,因此该方式得到普遍采用。其缺点是控制方式的实现稍显复杂。

11.5 开关磁阻电动机的单片机控制及编程例子

如上所述,开关磁阻电动机最基本的控制任务如下:

① 换相控制:要想使电动机不停地旋转下去,就要不断地换相通断电,使之产生驱动转矩。电动机自身带有位置传感器,这个传感器输出信号的不同组合,就代表电动机的转子相对定子绕组处于不同的位置,根据传感器输出信号对电动机进行换相控制。

② 速度控制:最普通的方法是采用 PWM 技术,控制占空比改变相电压的平均值,进而改变相绕组电流的大小来实现速度控制。因此要求单片机必须有 PWM 口。

③ 转向控制:如图 11-2 介绍的,开关磁阻电动机的转向控制实质上是通过改变换相通电顺序来实现的。

④ 角度控制:随着转速的变化,适当地控制开通角和关断角的大小来改善转矩的波动。最佳参数需要通过试验获得。

以下结合一个实例来说明如何用微芯公司的单片机 PIC16F877 对开关磁阻电动机进行控制。

开关磁阻电动机参数如下:

① 相数为 4;

② 定子磁极数为 8;

③ 转子磁极数为 6;

④ 额定电压为 24 V;

⑤ 额定电流为 3 A;

⑥ 额定功率为 370 W;

⑦ 转速范围为 100~1 200 r/min;

⑧ 内置光电传感器。

1. 驱动电路的设计

由于该开关磁阻电动机内部 A、B、C、D 各相有一个连接点,因此采用 H 桥型驱动电路,只需要 4 个开关管即可。四相 8/6 结构的开关磁阻电动机驱动电路原理如图 11-12 所示。这种驱动电路适用于四相或四的倍数相的开关磁阻电动机。

用分立功率器件搭驱动电路比较麻烦,而且可靠性低。这里我们选择飞兆半导体公司生产的专用小功率智能功率模块 FCAS30DN60BB 作为功率开关器件。

FCAS30DN60BB 是飞兆半导体公司专为二相开关磁阻电动机所设计的驱动模块,我们利用它的特点把它应用于这种有连接点的四相电动机。

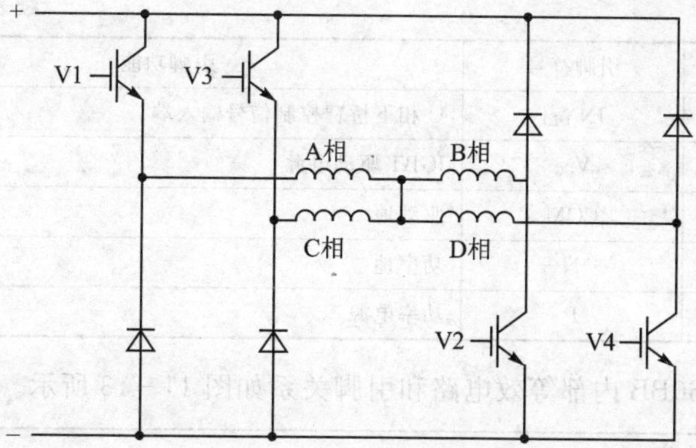

图 11-12 四相 8/6 结构开关磁阻电动机驱动电路原理

FCAS30DN60BB 模块集成了两个上桥臂和一个下桥臂 IGBT 驱动电路、四个 IGBT、四个快速恢复二极管、两个自举二极管、一个热敏电阻和欠压短路保护电路。可提供 600 V 和 30 A 的驱动能力；IGBT 驱动采用单 15 V 电源；提供与 5 V 控制信号接口功能；对上桥臂提供欠压保护，对下桥臂提供欠压保护和短路保护，对整个芯片提供热保护。

FCAS30DN60BB 采用 20 引脚的 SIP 封装。各引脚功能如表 11-2 所列。

表 11-2 FCAS30DN60BB 引脚功能

引脚号	引脚符号	引脚功能
1	V−	V 相下桥臂输出引脚
2	(V−)	V 相下桥臂输出引脚
3	(U−)	U 相下桥臂输出引脚
4	U−	U 相下桥臂输出引脚
5	$V_{S(V)}$/V+	V 相上桥臂输出引脚/上桥臂泵升电容接入端
6	$V_{B(V)}$	V 相上桥臂 IGBT 驱动电源接入端
7	$V_{(TH)}$	热敏电阻输出
8	$IN_{(VH)}$	V 相上桥臂控制信号输入端
9	$V_{S(U)}$/U+	U 相上桥臂输出引脚/上桥臂泵升电容接入端
10	$V_{B(U)}$	U 相上桥臂 IGBT 驱动电源接入端
11	$IN_{(UH)}$	U 相上桥臂控制信号输入端
12	C_{SC}	短路检测端
13	C_{FOD}	故障信号输出延时电容
14	V_{FO}	故障信号输出
15	$IN_{(VL)}$	V 相下桥臂控制信号输入端

续表 11-2

引脚号	引脚符号	引脚功能
16	$IN_{(UL)}$	U 相下桥臂控制信号输入端
17	V_{CC}	IGBT 驱动电源
18	COM	驱动地
19	N	功率地
20	P	功率电源

FCAS30DN60BB 内部等效电路和引脚关系如图 11-13 所示。

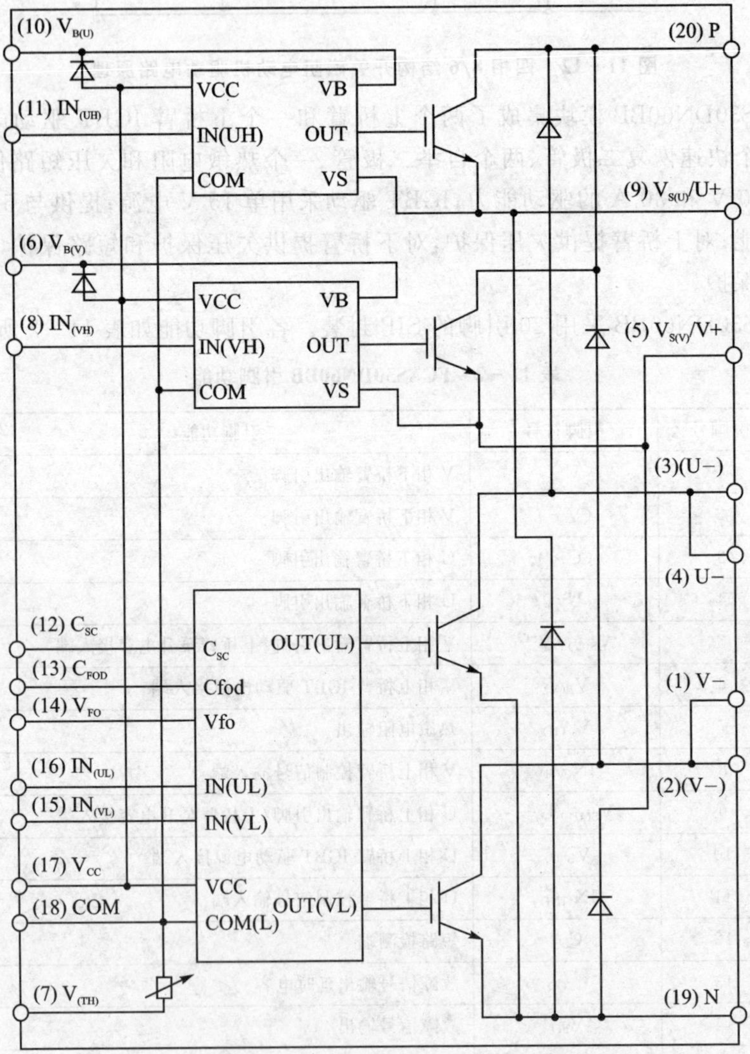

图 11-13 FCAS30DN60BB 内部等效电路

采用这个功率模块后,驱动电路设计就很简单了,只需按照厂家的要求做即可。

2. 控制电路的设计

这种带连接点的四相开关磁阻电动机每次通电只能工作在两相通电状态下。根据图 11-2 和图 11-12,可以推出各相通电顺序与开关管的开通关系,如表 11-3 所列。

表 11-3 各相通电顺序与开关管的开通关系

逆时针转时(正转)各相通电顺序	AD 相	AB 相	BC 相	CD 相
	V1V4 通电	V1V2 通电	V2V3 通电	V3V4 通电
顺时针转时(反转)各相通电顺序	AD 相	CD 相	BC 相	AB 相
	V1V4 通电	V3V4 通电	V2V3 通电	V1V2 通电

由表 11-3 可以看出,每次通电都是控制 1 个上桥臂开关管(V1 或 V3)和 1 个下桥臂开关管(V2 或 V4)导通,另 2 个开关管关闭。为简单起见,我们设计导通的这 2 个开关管的上桥臂为 PWM 控制,下桥臂为常开。

因此设计了如图 11-14 所示的单片机控制电路来实现这种控制。其中,单片机的 RC1 口输出 PWM 波,RE0 口用来控制 RC1 输出的 PWM 波送到 V1 还是 V3 开关管。当 RE0=1 时,与门 Y2 输出为 0,PWM 送到 V1;当 RE0=0 时,与门 Y1 输出为 0,PWM 送到 V3。单片机的 RE1 和 RE2 口分别直接控制下桥臂的 2 个开关管 V2 和 V4。

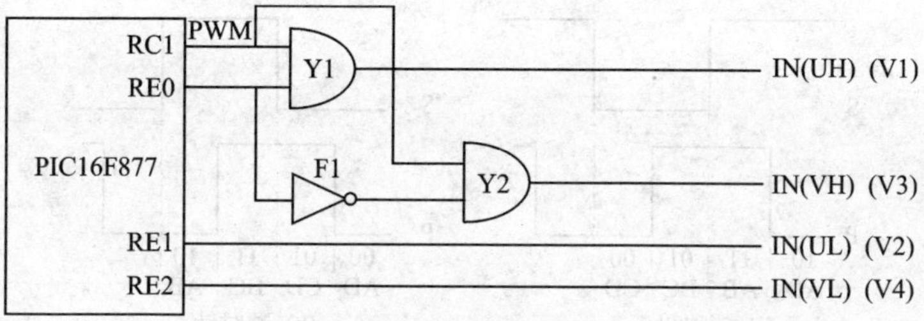

图 11-14 单片机控制 4 个开关管接口电路

图 11-14 中的 IN(UH)、IN(VH)、IN(UL)、IN(VL)分别是驱动模块 FCAS30DN60BB 的控制输入端符号,它们对应图 11-12 的开关管 V1、V3、V2、V4。

为了使电机持续运转并获得恒定的最大转矩,就必须不断地对开关磁阻电机换相。掌握好恰当的换相时刻,可以减小转矩的波动,使电机平稳运行。因此位置检测是非常重要的。

为了保证正确地获得换相信号,必须使用位置传感器来检测转子位置。本例电动机自带两个固定在定子上、夹角为 75°的光电脉冲发生器 S、P,以及一个固定在转子上、齿槽数为 6 且均匀分布的转盘,组成电动机的位置传感器,如图 11-15 所示。

可以输出两路相位差为15°(机械角)的方波信号。

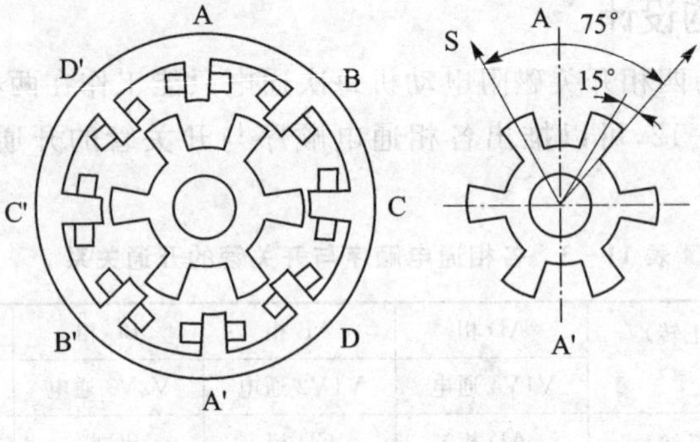

图 11-15 位置传感器结构

根据开关磁阻电动机的工作原理,四相8/6结构的开关磁阻电动机采用双相通电工作模式,其步距角=360°/6/4=15°,也就是说每隔15°机械角,必须换相一次。

本例使用PIC单片机的I/O口RB4、RB5作为位置信号S、P的输入端,通过RB口电平变化中断来触发换相时刻进行换相。

在一个转子角周期(60°机械角)内,S、P产生的两路逻辑信号可组合成四种不同的状态,分别代表电动机四相绕组不同的参考位置。

很明显,最简单的方法是采用换相控制字来确定应该给哪两相通电。图11-16给出了逆时针和顺时针转动时S、P的输出。由此可得电动机的通电逻辑如表11-4所列。

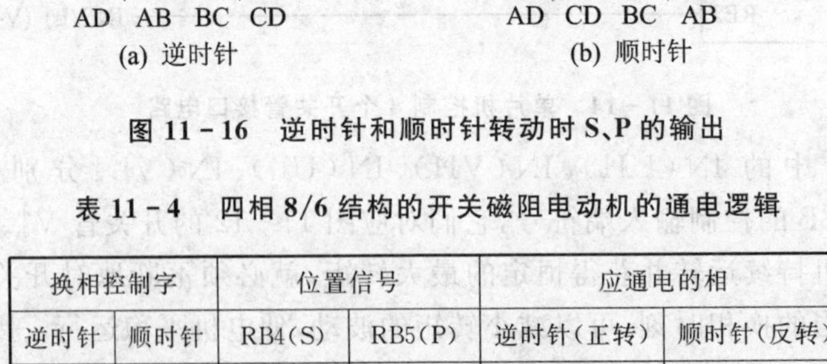

图 11-16 逆时针和顺时针转动时S、P的输出

表 11-4 四相8/6结构的开关磁阻电动机的通电逻辑

换相控制字		位置信号		应通电的相	
逆时针	顺时针	RB4(S)	RB5(P)	逆时针(正转)	顺时针(反转)
04H	05H	0	0	CD	AD
02H	04H	0	1	BC	CD
05H	03H	1	0	AD	AB
03H	02H	1	1	AB	BC

将 I/O 口 RB4、RB5 设置为输入及启用电平变化中断。当从一个通电状态转到下一个通电状态时，S、P 逻辑信号就会相应地发生变化，从而触发电平变化中断。在电平变化中断子程序中，根据转向标志和当前通电相判断出下一个通电状态，实现换相控制。

这里的位置信号除用于换相控制外，还可用于转速计算。转子每转过 15°机械角，换相一次，电机转动一圈需换相 24 次。只要测得两次换相的时间间隔 Δt，就可根据 $\omega=15(°)/\Delta t$，计算出两次换相间的平均转速。这样只要精度满足要求，就可以省去速度传感器并作为速度反馈量参与速度调节计算。

设计单片机的 RB3 口作为电机正反转信号输入端，配以内部弱上拉，通过按键来控制。规定当 RB3＝1 时，电动机正转；当 RB3＝0 时，电动机反转。

设计单片机 RB0 口作为外中断信号输入端，连接到驱动模块 FCAS30DN60BB 的 V_{FO}引脚。当驱动模块发生短路、欠压故障时，通知单片机进行相应的处理。

硬件电路设计原理图如图 11－17 所示。

四相 8/6 结构的开关磁阻电动机驱动电路见图 11－17 右侧。图中的 R 是电流反馈电阻，R_f 和 C_{sc} 组成滤波电路，这些器件的值视具体应用而定。

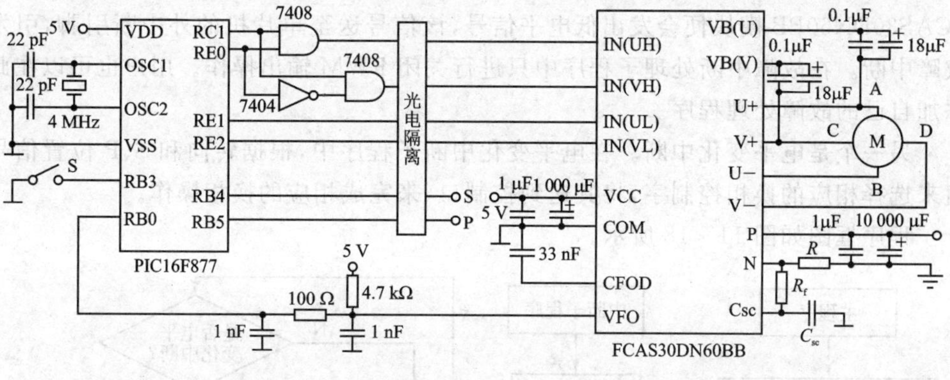

图 11－17　开关磁阻电动机控制和驱动原理图

3. 程序设计

本例程序主要分为主程序和中断子程序。

(1) 主程序

主程序主要是对系统设置进行初始化。主程序的其他广大空间都留给用户的应用程序。

对系统的设置包括：对 RA、RB、RE 口的设置，对 RB 电平变化中断和外中断的设置；对定时器 TMR2 的设置；CCP2 模块设置成 PWM 模式，PWM 频率设为 4 kHz，因此 PR2 的值根据下式计算：

$$\text{PWM 周期} = (\text{PR2}+1)\times 4T_{OSC}\times(\text{TMR2 预分频比}) \qquad (11-6)$$

本例中系统时钟周期 $T_{OSC}=1/4$ MHz，TMR2 预分频比为 1，所以 PR2 的值为

$$\text{PR2} = (1\,000/4)-1 = 249 = \text{F9H}$$

控制电动机速度的PWM占空比由下式计算：

$$\text{PWM 占空比} = \frac{\text{CCP2L}:\text{CCP2CON} < 5:4 >}{4(\text{PR2}+1)} \quad (11-7)$$

式中，CCP2L：CCP2CON＜5：4＞表示CCP2CON寄存器的第4、5位和8位CCP2L寄存器组成一个10位寄存器的值，CCP2CON寄存器的第4、5位是10位寄存器的最低2位。

本例PR2的值为249，所以式(11－7)变成

$$\text{PWM 占空比} = \frac{\text{CCP2L}:\text{CCP2CON} < 5:4 >}{1\,000} \quad (11-8)$$

当给定占空比时，就可以根据式(11－8)计算10位寄存器的值，分别填写到CCP2L和CCP2CON寄存器的相应位中即可。

(2) 中断子程序

由于PIC单片机只有一个中断入口，所以实际这个中断子程序包括2个程序：电平变化中断子程序和故障中断子程序。

故障中断子程序优先级最高。在本例中，当系统发生欠压、过流和短路时，FCAS30DN60BB模块便会发出低电平信号，该信号送至单片机的外中断引脚，引发故障中断。在故障中断处理子程序中只进行关闭PWM输出操作。用户也可以在此添加自己的故障处理程序。

另一个是电平变化中断。在电平变化中断子程序中，根据转向和S、P位置信号值来选择相应的换相控制字，将其送到控制口，来完成相应的换相操作。

程序框图如图11－18所示。

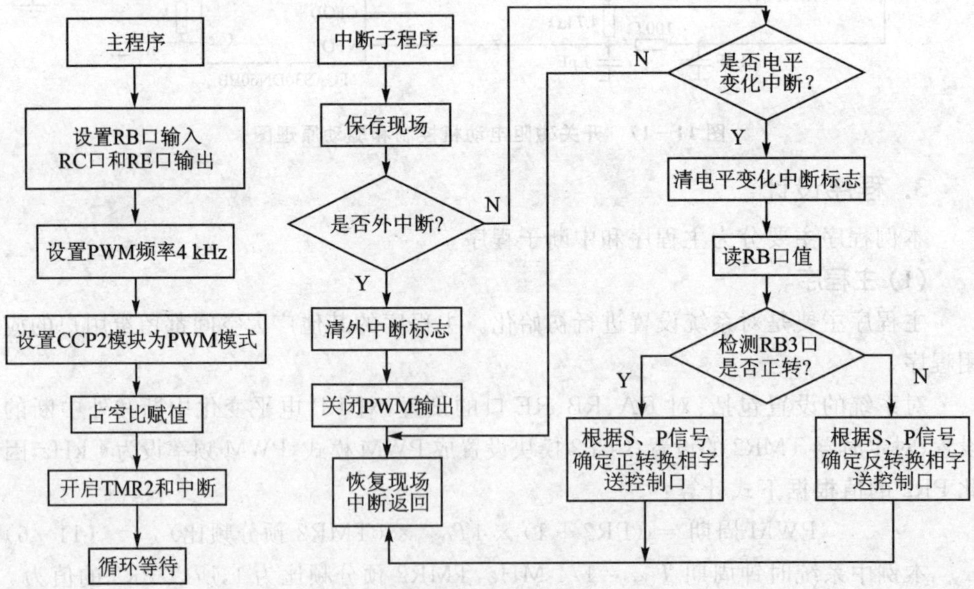

图11－18 程序框图

以下是四相 8/6 结构开关磁阻电动机调速控制程序。

```
    INCLUDE <P16F877A.INC>
    W_TEMP          EQU     70H             ;伪指令定义中断保护区
    STATUS_TEMP     EQU     71H
    PCLATH_TEMP     EQU     72H
    PCL_TEMP        EQU     73H
    ORG             00H                     ;主程序入口地址
    NOP
    GOTO            MAIN
    ORG             04H                     ;中断入口地址
    GOTO            SERV
MAIN                                        ;主程序
    BSF             STATUS,RP0              ;选择体 1
    MOVLW           0FFH
    MOVWF           TRISB                   ;RB 口输入
    MOVLW           B'11111100'             ;RC1 口 PWM 输出
    MOVWF           TRISC                   ;RC1 设置为输出
    CLRF            TRISE                   ;RE 口作为控制字输出
    MOVLW           0F9H
    MOVWF           PR2                     ;设 PWM 的载波频率为 4 kHz
    CLRF            OPTION_REG              ;RB 口弱上拉,下降沿触发外中断
    BCF             STATUS,RP0              ;选择体 0
    MOVLW           0CH                     ;设 CCP2 模块为 PWM 模式
    MOVWF           CCP2CON
    MOVLW           0F5H                    ;给定占空比=98 %,修改此值可改
                                            ;变电机速度
    MOVWF           CCPR2L
    MOVLW           04H                     ;设 TMR2 预分频比为 1:1
    MOVWF           T2CON                   ;开启 TMR2
    MOVLW           B'10011000'
    MOVWF           INTCON                  ;使能外中断和 RB 中断
LOOP
    GOTO LOOP                               ;在此可加入用户程序

SERV                                        ;中断子程序
    MOVWF           W_TEMP                  ;保存现场,备份 W 寄存器
    SWAPF           STATUS,0
    CLRF            STATUS                  ;选择体 0
```

```
        MOVWF   STATUS_TEMP             ;备份状态寄存器
        MOVF    PCLATH,W
        MOVWF   PCLATH_TEMP             ;备份 PCLATH

        BTFSS   INTCON,1                ;是故障中断,则跳过一条指令
        GOTO    NEXT                    ;不是,则检查是否是换相中断
        BCF     INTCON,1                ;故障中断,清外中断标志位
        CLRF    CCP2CON                 ;关闭 PWM 输出
        ;;;                             ;用户可在此添加故障处理程序
        GOTO    SEVR_RETFIE0            ;退出中断

NEXT
        BTFSS   INTCON,0                ;是否发生电平变化中断?
        GOTO    SEVR_RETFIE0            ;否,退出中断
RB                                      ;是,进入电平变化中断子程序
        BCF INTCON,0                    ;对 RB 电平变化中断标志位清 0
        MOVF PORTB,0                    ;读 RB 端口到 W 中
        BTFSS PORTB,3                   ;检测 RB3 口是否为 1
        GOTO LOOPS                      ;否,反转,进入 LOOPS
        GOTO LOOPN                      ;是,正转,进入 LOOPN

LOOPN                                   ;正转,逆时针
LOP1    BTFSS PORTB,5                   ;检测 RB5 口是否为 1
        GOTO LOP2                       ;否,进入 LOP2
        GOTO LOP3                       ;是,进入 LOP3
LOP2    BTFSC PORTB,4                   ;检测 RB4 口是否为 0
        GOTO LOP4                       ;否,进入 LOP4
        GOTO LOP5                       ;是,进入 LOP5
LOP3    BTFSC PORTB,4                   ;检测 RB4 口是否为 0
        GOTO LOP6                       ;否,进入 LOP6
        GOTO LOP7                       ;是,进入 LOP7
LOP4    MOVLW 05H                       ;给 RE 口赋值,AD 相通电
        MOVWF PORTE
        GOTO SEVR_RETFIE0               ;中断返回
LOP5    MOVLW 04H                       ;RE 口赋值,CD 相通电
        MOVWF PORTE
        GOTO SEVR_RETFIE0               ;中断返回
LOP6    MOVLW 03H                       ;给 RE 口赋值,AB 相通电
        MOVWF PORTE
```

```
        GOTO SEVR_RETFIE0                                  ;中断返回
LOP7    MOVLW 02H                                          ;给 RE 口赋值,BC 相通电
        MOVWF PORTE
        GOTO SEVR_RETFIE0                                  ;中断返回

LOOPS                                                      ;反转,顺时针
        BTFSS PORTB,5                                      ;检测 RB5 口是否为 1
        GOTO LOPS1                                         ;否,进入 LOPS1
        GOTO LOPS2                                         ;是,进入 LOPS2
LOPS1   BTFSC PORTB,4                                      ;检测 RB4 口是否为 0
        GOTO LOPS3                                         ;否,进入 LOPS3
        GOTO LOPS4                                         ;是,进入 LOPS4
LOPS2   BTFSC PORTB,4                                      ;检测 RB4 口是否为 0
        GOTO LOPS5                                         ;否,进入 LOPS5
        GOTO LOPS6                                         ;是,进入 LOPS6
LOPS3   MOVLW 03H
        MOVWF PORTE                                        ;给 RE 口赋值,AB 相通电
        GOTO SEVR_RETFIE0                                  ;中断返回
LOPS4   MOVLW 05H
        MOVWF PORTE                                        ;给 RE 口赋值,AD 相通电
        GOTO SEVR_RETFIE0                                  ;中断返回
LOPS5   MOVLW 02H
        MOVWF PORTE                                        ;给 RE 口赋值,BC 相通电
        GOTO SEVR_RETFIE0                                  ;中断返回
LOPS6   MOVLW 04H
        MOVWF PORTE                                        ;给 RE 口赋值,CD 相通电
        GOTO SEVR_RETFIE0                                  ;中断返回
SEVR_RETFIE0
        MOVF      PCLATH_TEMP,W                            ;恢复现场
        MOVWF     PCLATH                                   ;恢复 PCLATH
        SWAPF     STATUS_TEMP,0
        MOVWF     STATUS                                   ;恢复 STATUS
        SWAPF     W_TEMP,1
        SWAPF     W_TEMP,0                                 ;恢复 W
        RETFIE

END
```

习题与思考题

11-1 什么是最小磁阻原则?

11-2 开关磁阻电动机具有什么特点?

11-3 改变电流方向是否可以改变开关磁阻电动机的转向? 如何改变开关磁阻电动机转向?

11-4 参照图11-2,试画出五相10/8结构的电动机单相轮流通电示意图。

11-5 双开关型驱动电路中,采用两个开关管同时通断控制方式与采用单个开关管受控通断方式相比,有何不同?

11-6 如何提高开关磁阻电动机的能源利用率?

11-7 开通角和关断角各有什么作用?

11-8 开通角和关断角有哪两种优化目标?

11-9 角度控制用于什么场合? 为什么?

11-10 如何通过电压PWM来控制开关磁阻电动机的转速? 有何特点?

参考文献

[1] 李华. MCS－51 系列单片机实用接口技术. 北京:北京航空航天大学出版社,2004.

[2] 余永权,李小青,陈林康. 单片机应用系统的功率接口技术. 北京:北京航空航天大学出版社,1993.

[3] 吴守箴,臧英杰. 电气传动的脉宽调制控制技术. 2 版. 北京:机械工业出版社,2004.

[4] 张燕宾. SPWM 变频调速应用技术. 4 版. 北京:机械工业出版社,2012.

[5] 王晓明. 电动机的 DSC 控制——微芯公司 dsPIC 应用. 北京:北京航空航天大学出版社,2009.

[6] 王晓明. 电动机的 DSP 控制——TI 公司 DSP 应用. 2 版. 北京:北京航空航天大学出版社,2009.

[7] 王晓明. 电动机的 ADSP 控制——ADI 公司 ADSP 应用. 北京:北京航空航天大学出版社,2010.

[8] 陶永华,尹怡欣,葛芦生. 新型 PID 控制及其应用. 北京:机械工业出版社,2000.

[9] 秦继荣,沈安俊. 现代直流伺服控制技术及其系统设计. 北京:机械工业出版社,1999.

[10] 谭建成. 新编电机控制专用集成电路与应用. 北京:机械工业出版社,2005.

[11] 刘宝廷,程树康. 步进电动机及其驱动控制系统. 2 版. 哈尔滨:哈尔滨工业大学出版社,2007.

[12] 廖晓钟. 电力电子技术与电气传动. 北京:北京理工大学出版社,2000.

[13] 李爱文,张承慧. 现代逆变技术及其应用. 北京:科学技术出版社,2000.

[14] 张琛. 直流无刷电动机原理及其应用. 2 版. 北京:机械工业出版社,2006.

[15] 曲家骐,王季秩. 伺服控制系统中的传感器. 北京:机械工业出版社,1999.

[16] 王季秩,曲家骐. 执行电动机. 北京:机械工业出版社,1999.

[17] 胡崇岳. 现代交流调速技术. 北京:机械工业出版社,1998.

[18] 邓星钟. 机电传动控制. 5 版. 武汉:华中理工大学出版社,2011.

[19] 徐灏. 机械设计手册:第 5 卷. 北京:机械工业出版社,1992.

[20] Cygnal 公司. C8051F0XX 数据手册 Revision 1.3. 2001.

[21] MITSUBISHI 公司. USING INTELLIGENT POWER MODULES. 1998.

[22] MITSUBISHI 公司. PM50RLA060 数据手册. 2005.

[23] IR 公司. IRAMS06UP60A 数据手册. 2004.
[24] Agilent Technologies 公司. Quadrature Decoder/Counter Interface ICs. 2003.
[25] ST 公司. DMOS DRIVER FOR BIPOLAR STEPPER MOTOR. 2003.
[26] 包向华,章跃进. 五种 PWM 方式对无刷电动机换相转矩脉动的分析和比较. 中小型电机,2005(6).
[27] Vishay Siliconix 公司. 3-Phase Brushless DC Motor Controller. 2004.
[28] Vishay Siliconix 公司. A Compact Controller for Brushless DC Motors. 2000.
[29] TOSHIBA 公司. TB6537 3-PHASE FULL-WAVE SENSORLESS CONTROLLER FOR BRUSHLESS DC MOTORS. 2006.
[30] IR 公司. High Performance Configurable Digital AC Servo Control IC. 2004.
[31] 王宏华. 开关磁阻电动机调速控制技术. 2 版. 北京:机械工业出版社,2014.
[32] 李学海. PIC 单片机原理. 北京:北京航空航天大学出版社,2004.
[33] FAIRCHAILD 公司. FCAS30DN60BB 数据手册. 2008.